普通高等教育“十二五”规划教材

Access应用技术基础教程（2010版）

主　编　何春林　宋运康

副主编　王军民　刘吉林　李国华

中国水利水电出版社
www.waterpub.com.cn

内 容 提 要

本书是根据教育部考试中心颁布的全国计算机等级考试——Access 数据库程序设计大纲编写的，同时也适用于教育部提出的非计算机专业计算机基础教学三层次的要求。

本书以 MS Access 2010 关系型数据库为背景，介绍 Access 数据库的基础知识和基本操作方法。全书内容对应 Access 的 6 个对象进行组织，共 7 章。主要内容包括：数据库基础知识、数据库和表、查询、窗体、报表、宏、模块与 VBA 编程等。

"罗斯文"商贸系统（NORTHWIND TRADERS）是微软公司推出的范例数据库，该范例有不容置疑的专业性、权威性和实用性。本书选用该系统为案例，对 6 个对象的教学层层推进，最后形成一个完整的数据库管理系统。

本书每章后都附有习题，包括等级考试题型，帮助读者巩固和应用所学内容。

该书另外还配实用的习题和实验实训教材《Access 应用技术实验指导（2010 版）》，以及免费的电子教案。

本书结构严谨、可操作性和实用性强，既适合作为高等院校各专业计算机公共基础课程数据库方面的教材，还可作为计算机等级考试的培训教材及自学人员用书。

图书在版编目（CIP）数据

Access应用技术基础教程 : 2010版 / 何春林，宋运康主编. -- 北京 : 中国水利水电出版社，2015.2
普通高等教育"十二五"规划教材
ISBN 978-7-5170-2984-7

Ⅰ. ①A… Ⅱ. ①何… ②宋… Ⅲ. ①关系数据库系统－高等学校－教材 Ⅳ. ①TP311.138

中国版本图书馆CIP数据核字(2015)第033689号

策划编辑：陈宏华　　责任编辑：石永峰　　封面设计：李　佳

书　　名	普通高等教育"十二五"规划教材 Access 应用技术基础教程（2010 版）
作　　者	主　编　何春林　宋运康 副主编　王军民　刘吉林　李国华
出版发行	中国水利水电出版社 （北京市海淀区玉渊潭南路 1 号 D 座　100038） 网址：www.waterpub.com.cn E-mail：mchannel@263.net（万水） sales@waterpub.com.cn 电话：（010）68367658（发行部）、82562819（万水）
经　　售	北京科水图书销售中心（零售） 电话：（010）88383994、63202643、68545874 全国各地新华书店和相关出版物销售网点
排　　版	北京万水电子信息有限公司
印　　刷	北京上元柏昌印刷有限公司
规　　格	184mm×260mm　16 开本　16.75 印张　424 千字
版　　次	2015 年 2 月第 1 版　2015 年 2 月第 1 次印刷
印　　数	0001—5000 册
定　　价	35.00 元

前　　言

计算机信息处理技术是现代信息技术的核心，其基础之一是数据库技术。随着社会信息化程度的不断提高，数据库技术的应用已越来越广泛，越来越深入。理解数据库技术及基本工作原理，掌握数据库技术的基本操作与基本技能是现代信息社会所必需的知识。因此现在高校几乎都开设了“数据库技术应用”这门课程。这是因为现代信息社会，信息在计算机系统中的组织形式多为数据库。学会数据库就了解了信息的组织方法，使我们具备信息处理的基本技能，就会利用信息为自己的工作服务。

作为目前世界上最流行的关系型桌面数据库管理系统，微软公司的 Access 可以有效地组织、管理和共享数据库的信息，并且数据库信息与 Web 结合在一起，为在局域网和互联网共享数据库的信息奠定了基础。同时，Access 概念清楚，简单易学，功能完备，不仅成为初学者的首选，而且被越来越广泛地运用于开发各类管理软件。

本书全面介绍 MS Access 关系数据库管理系统的各项功能、操作方法以及应用 MS Access DBMS 开发数据库应用系统的基本原理与方法。全书以“罗斯文”商贸系统的设计与开发过程作为实例贯穿始终，理论联系实际，通过实例讲解知识、介绍操作技能，采用层层递进的方式组织教学过程。本书叙述详尽，概念清晰，读者学习完后，不仅能够掌握 Access 应用技术，还通过实践完成一个数据库应用系统实例的设计与开发过程，进而具备应用 Access 开发小型数据库应用系统的基本能力。

全书共分 7 章，基于 Microsoft Office Access 2010，构成 Access 数据库应用技术的整个知识体系。第 1 章主要介绍数据库的基础知识以及 Access 简介；第 2 章主要介绍数据库和表的创建，表的维护、操作以及数据的导入与导出；第 3 章主要介绍查询对象、各种查询的创建方法、SQL 查询以及编辑和使用查询的方法；第 4 章主要介绍窗体和窗体的创建方法、窗体的格式化及应用实例；第 5 章主要介绍报表、报表的创建与编辑方法、数据的排序和分组、报表的输出以及综合应用实例；第 6 章主要介绍宏的创建以及宏的运行与调试；第 7 章主要介绍模块与 VBA 编程、VBA 的流程控制、创建 VBA 模块以及 VBA 代码调试与运行。

本书由何春林、宋运康组织统稿并任主编，由王军民、刘吉林、李国华任副主编。参加本书初稿编写的主要有：李国华编写第 1、5 章，宋运康和赵圆圆编写第 2、3 章，王军民编写第 4 章，刘吉林和梁丽莎编写第 6 至 7 章。

限于作者水平，书中遗漏和不妥之处敬请读者批评指正。

编　者

2014 年 12 月

目　　录

前言
第 1 章　数据库基础和 Access 概述……1
1.1　数据库基本概念……1
1.1.1　数据处理……1
1.1.2　数据模型……2
1.1.3　数据库系统……5
1.2　关系数据库……7
1.2.1　关系数据结构定义……7
1.2.2　关系运算……9
1.2.3　关系数据库……11
1.3　数据库设计基础……11
1.3.1　数据库设计步骤……11
1.3.2　数据库设计原则……12
1.3.3　数据库设计过程……12
1.4　Access 2010 简介……15
1.4.1　Access 的安装、启动和退出……16
1.4.2　Access 的特点……16
1.4.3　Access 2010 的主界面……17
1.4.4　Access 2010 数据库的系统结构一数据库对象……20
1.4.5　Access 2010 新增功能简介……20
本章小结……23
习题 1……24
第 2 章　数据库和表……28
2.1　创建数据库……28
2.1.1　创建数据库……28
2.1.2　数据库的简单操作……31
2.2　建立数据表……33
2.2.1　表的组成……34
2.2.2　建立表结构……34
2.2.3　向表中输入数据……36
2.2.4　设置字段属性……45
2.2.5　建立表之间的关系……53
2.3　维护表……57
2.3.1　维护表结构……57
2.3.2　维护表的内容……58
2.3.3　修饰表的外观……59
2.4　操作表……61
2.4.1　复制、重命名及删除表……61
2.4.2　查找与替换数据……62
2.4.3　记录排序……63
2.4.4　筛选记录……66
本章小结……69
习题 2……69
第 3 章　查询……72
3.1　查询概述……72
3.1.1　查询的功能……72
3.1.2　查询与数据表的关系……73
3.1.3　查询的类型……73
3.1.4　查询视图……74
3.2　使用向导创建查询……74
3.2.1　使用简单查询向导创建查询……74
3.2.2　使用交叉表查询向导创建查询……77
3.2.3　使用查找重复项查询向导创建查询…80
3.2.4　使用查找不匹配项查询向导创建查询……81
3.3　使用设计视图创建查询……83
3.3.1　认识查询设计视图……84
3.3.2　创建不带条件的查询……85
3.3.3　创建带条件的查询……87
3.3.4　查询中函数的使用……92
3.3.5　在查询中进行计算……95
3.3.6　交叉表查询……99
3.4　创建参数查询……101
3.4.1　单参数查询……101
3.4.2　多参数查询……103
3.5　创建操作查询……104

3.5.1 生成表查询 ······ 104
3.5.2 删除查询 ······ 106
3.5.3 更新查询 ······ 108
3.5.4 追加查询 ······ 108
3.6 SQL 查询 ······ 110
3.6.1 查询与 SQL 视图 ······ 110
3.6.2 SQL 的数据定义语言 ······ 110
3.6.3 SQL 的数据操作语言 ······ 112
3.6.4 SQL 的特定查询语言 ······ 114
本章小结 ······ 115
习题 3 ······ 115
第 4 章 窗体 ······ 118
4.1 窗体概述 ······ 118
4.1.1 窗体的功能 ······ 118
4.1.2 窗体的类型 ······ 119
4.1.3 窗体的视图 ······ 121
4.1.4 窗体创建功能按钮介绍 ······ 122
4.1.5 创建窗体的方法 ······ 123
4.2 快速创建窗体 ······ 124
4.2.1 使用“窗体”按钮创建窗体 ······ 124
4.2.2 使用“空白窗体”工具创建窗体 ······ 125
4.2.3 使用窗体向导创建窗体 ······ 126
4.3 在设计视图中创建窗体 ······ 126
4.3.1 窗体设计视图 ······ 126
4.3.2 常用控件的功能 ······ 130
4.3.3 常用控件的使用 ······ 133
4.3.4 窗体和控件的属性 ······ 140
4.4 格式化窗体 ······ 143
4.4.1 使用主题统一格式 ······ 143
4.4.2 设置窗体的“格式”属性 ······ 144
4.4.3 添加当前日期和时间 ······ 144
4.4.4 对齐窗体中的控件 ······ 145
4.5 窗体综合实例 ······ 145
本章小结 ······ 153
习题 4 ······ 153
第 5 章 报表与标签 ······ 156
5.1 报表概述 ······ 156
5.1.1 报表的功能 ······ 156
5.1.2 报表的类型 ······ 156
5.1.3 报表的视图 ······ 157
5.1.4 报表的创建方法 ······ 158
5.2 快速创建报表 ······ 158
5.2.1 使用“报表”按钮创建报表 ······ 159
5.2.2 使用“空报表”按钮创建报表 ······ 160
5.2.3 使用“报表向导”按钮创建报表 ······ 160
5.2.4 使用“标签”按钮创建标签报表 ······ 163
5.3 使用设计视图创建报表 ······ 165
5.3.1 报表的组成 ······ 166
5.3.2 报表设计工具的选项卡 ······ 167
5.3.3 在设计视图中创建和修改报表 ······ 167
5.3.4 编辑报表 ······ 169
5.3.5 使用计算控件 ······ 172
5.3.6 记录排序 ······ 173
5.3.7 记录分组 ······ 174
5.4 报表的输出 ······ 177
5.4.1 报表页面设置 ······ 177
5.4.2 报表的打印 ······ 179
5.4.3 数据的导入/出 ······ 179
5.5 报表综合实例 ······ 181
本章小结 ······ 184
习题 5 ······ 184
第 6 章 宏 ······ 187
6.1 宏的概述 ······ 187
6.1.1 宏的基本概念 ······ 187
6.1.2 宏与 VBA ······ 188
6.1.3 宏的设计视图 ······ 188
6.1.4 常用的宏操作 ······ 189
6.2 创建宏 ······ 190
6.2.1 创建操作序列的独立宏 ······ 190
6.2.2 创建含子宏的独立宏 ······ 191
6.2.3 创建带条件的宏 ······ 192
6.2.4 创建嵌入宏 ······ 194
6.2.5 创建数据宏 ······ 195
6.3 运行与调试宏 ······ 196
6.3.1 运行宏 ······ 196
6.3.2 调试宏 ······ 197
6.4 宏应用实例 ······ 198
本章小结 ······ 208

习题 6……208
第 7 章 模块与 VBA 程序设计……211
7.1 模块的基本概念……211
7.1.1 类模块……211
7.1.2 标准模块……211
7.1.3 将宏转换为模块……211
7.2 创建模块……212
7.2.1 在模块中加入过程……212
7.2.2 在模块中执行宏……213
7.3 VBA 程序设计基础……214
7.3.1 面向对象程序设计基本概念……214
7.3.2 VBA 的编程环境……217
7.3.3 基本数据类型……220
7.3.4 常量与变量……221
7.3.5 运算符与表达式……225
7.3.6 常用标准函数……229
7.3.7 输入输出函数和过程……234
7.4 VBA 的基本控制结构……237
7.4.1 顺序控制……238
7.4.2 条件语句……239
7.4.3 循环结构……242
7.5 过程调用和参数传递……246
7.5.1 过程调用……246
7.5.2 参数传递……247
7.6 VBA 代码调试与出错处理……249
7.6.1 VBA 程序的错误类型……249
7.6.2 调试工具的使用……250
7.7 事件驱动程序设计……251
7.7.1 事件程序的基本结构……251
7.7.2 事件驱动程序举例……252
7.8 ADO 访问数据库程序设计……254
本章小结……256
习题 7……256
附录 VBA 常用函数……258
参考文献……260

第 1 章　数据库基础和 Access 概述

- 数据、信息、数据库系统的概念
- 关系数据库的概念及数学基础
- 数据库的设计基础
- Access 的发展简史及特点
- Access 的界面组成及特点

随着社会信息化进程的加快，以数据库系统为核心的信息系统、信息管理系统、决策支持系统等得到广泛的应用。在信息社会里，信息都是储存在计算机系统中的，它们的组织形式多为数据库。故学习数据库，就是学习信息的组织方法，就是学习利用信息为自己的工作服务。这就是学习数据库的必要性。

数据库是 20 世纪 60 年代后期发展起来的一项重要技术，70 年代以来数据库技术得到迅猛发展，已经成为计算机科学与技术的一个重要分支。经过 30 多年的发展，现已经形成相当规模的理论体系和应用技术，不仅应用于事务处理，并且进一步应用到人工智能、情报检索、计算机辅助设计等各个领域。本章主要介绍数据库的基本概念和基本理论，并结合 MS Access 讲解与关系数据库相关的基本概念。

1.1　数据库基本概念

1.1.1　数据处理

一、数据与数据处理

数据（Data）是对客观事物的某些特征及相互联系的表述，由型和值组成，是一种抽象化、符号化的表示。具体地说，数据是指存储在某一种介质上能够被识别的物理符号。例如：姓名张三，出生 1968 年 9 月，身高 1.78m，体重 62kg，性别男，部门代码 A01，职称副教授，其中张三、1968 年 9 月、1.78m、62kg、男、A01、副教授等都是数据，它们描述了该人的某些特征。

从上述可知，数据不仅包括文字（本）、日期、数值、其他特殊的符号组成，还可包括图形（像）和声音等多媒体的数据。即数据是数值、字符、文字、声音、图形图像等客观存在的东西。

信息是经过加工处理的有用数据。数据只有经过提炼和抽象变成有用的数据后才能成为信息。信息仍以数据的形式表示。

现实世界中的数据往往是原始的、非规范的，通过对这些数据的收集、记录、分类、排序、存储、计算/加工、传输、制表和递交等操作，以得到人们所需的信息（数据），我们把这一处理过程叫数据处理。即数据处理就是对数据的查找、统计、分类、修改、变换等处理过程。

二、数据管理技术的发展

计算机处理的中心问题就是数据管理。经过处理的数据应该是精炼的数据，它能反映事物或现象的本质、特征和内在联系。人类社会在处理数据的发展过程可以分为如下三个阶段。

（1）手工处理阶段：使用简单的手工工具，如算盘、纸笔等。处理数据数据量少，效率低，可靠性差。

（2）机械处理阶段：利用机械中的齿轮、卡片制表机处理。数据量、效率、可靠性都比手工有所提高。

（3）电子处理阶段：利用类似电子计算机进行数据处理，具有速度快、容量大、输入/出灵活、可靠，且把人的手工操作降低到最小程度等许多潜在的优点。数据库的应用就是电子处理方法之一。

使用计算机进行数据处理又可分如下几个阶段：

（1）人工管理阶段：程序完全依赖于数据，且成一一对应的关系，这是计算机早期的批处理方式。

（2）文件管理阶段：数据与程序在存储位置上完全分开，程序设计仍受数据存储格式和方法的影响，即程序不完全独立于数据。这是计算机操作系统的文件管理方式，文件之间相互独立，但缺乏联系。

（3）数据库系统管理阶段：其特点是数据具有数据结构化、数据共享、数据独立性、数据粒度小（记录、数据项）、独立的数据操作界面；且由 DBMS 对数据的安全性控制、一致性控制、并发性控制、数据库恢复等进行统一的管理等。

（4）面向对象第三代数据库管理阶段：其包括了分布式数据库、主动数据库、多媒体数据库等。通过计算机网络及通信线路把分布在不同地域的局部数据库系统连接和统一起来。具有可靠性高、地域范围广、数据量大、客户多、一定智能等新的特点。

从本质上说，Access 仍然是传统的关系型数据库系统，但它在用户界面、程序设计等方面进行了很好地扩充，提供了面向对象程序设计的强大功能。

1.1.2 数据模型

现实世界中客观存在并且相互区别的事物称为实体。实体可以是具体的人、事、物（如，一个学生、一个班级或一本书等），也可以是抽象的概念或事件（如，上一门课、借一杂志等）。

同类型实体的集合称实体集。如学校全部学生构成学校的学生实体集，学校全部教师构成学校的老师实体集，学校给学生授课构成学校的上课实体集等。

实体的特征称属性，属性是实体之间相互区别的标志，一个实体可以由若干属性来表征。如学生实体可用学生编号、姓名、班级、性别、出生日期等属性来描述。

1．实体联系

实体之间的对应关系称为联系，它反映了现实世界各个事物之间相互关系。实体之间的联系有以下三种。

（1）一对一联系（1:1，one-to-one relationship）：如果对于实体集 A 中的每一个实体，在实体集 B 中至多有一个（可没有）实体与之联系，反之亦然，则称实体 A 与实体集 B 具有一对一联系，记为 1:1。

如一个部门只有一个正职负责人，而一个正职负责人只在一个部门任职，则部门与正职负责人之间具有一对一联系，联系名可设定为“领导”。又如一个订单与一个货主等。一对一联系在数据库中较少讨论。

（2）一对多联系（1:N，one-to-many relationship）：如果对于实体集 A 中的每一个实体，在实体集 B 中有 N 个实体与之联系，反之，对于实体集 B 中每一个实体，在实体集 A 中至多只有一个实体与之联系，则称实体集 A 与实体集 B 具有一对多联系，记为 1:N。如“类别”与“产品”等。

如一个部门有若干名职员，而每个职员只在一个部门任职，则部门与职员之间具有一对多联系，联系名可设定为“任职”。一对多联系在数据库中较多地讨论与应用。

（3）多对多联系（M:N，many-to-many relationship）：如果对于实体集 A 中的每一个实体，在实体集 B 中有 N 个实体与之联系，反之，对于实体集 B 中每一个实体，在实体集 A 中也有 M 个实体与之联系，则称实体集 A 与实体集 B 具有多对多联系，记为 M:N。如“订单表”与“产品表”就是多对多关系，中间表是“订单明细表”。

如一项工作同时有若干名职员参与，而一个职员可以同时参与多项工作，则工作与职员之间具有多对多联系，联系名设定为“参与”。又如产品与客户实体之间等。

实际上，一对一联系是一对多联系的特例，而一对多联系是多对多联系的特例。可以用 E－R 图（实体－关系模型）来表示两个实体集之间的这三类联系，如图 1.1 所示。在数据库中多对多联系应当转变为一对多联系使用。

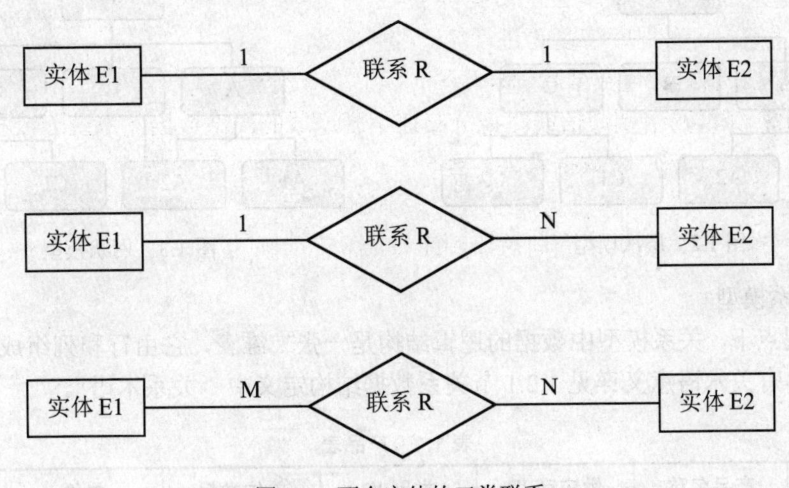

图 1.1　两个实体的三类联系

2．数据模型

模型：现实世界特征的模拟和抽象。

数据模型（Data Model）：数据模型是现实世界中的数据特征，包括事物之间联系的一种抽象表示。在数据库中用于表示实体和表示实体与实体之间的联系形式。

数据模型应满足三方面要求：

- 能比较真实地模拟现实世界；
- 容易为人所理解；

- 便于在计算机上实现。

数据模型分为两类，属于两个不同的层次：

- 概念模型（信息模型）：按用户的观点来对数据和信息建模，主要用于数据库设计。
- 数据模型：按计算机系统的观点对数据建模，主要用于 DBMS 的实现。数据库领域中常用的数据模型主要有层次、网状和关系模型三种。

（1）层次模型

满足下面两个条件的基本层次联系的集合称为层次模型。

- 有且只有一个结点没有双亲结点，这个结点称为根结点；
- 根以外的其他结点有且只有一个双亲结点。

在层次模型中，每个结点表示一个实体集，实体集之间的联系用结点之间的连线（有向边）表示，这种联系是父子之间的一对多的联系。层次模型只能处理一对多的实体联系，如图 1.2 所示。

（2）网状模型

满足以下两个条件的基本层次联系的集合称为网状模型。

- 允许一个以上的结点无双亲；
- 一个结点可以有多于一个的双亲。

网状模型去掉了层次模型的两个限制，允许多个结点没有双亲结点，允许一个结点有多个双亲结点，此外它还允许两个结点之间有多种联系（称之为复合联系），如图 1.3 所示。

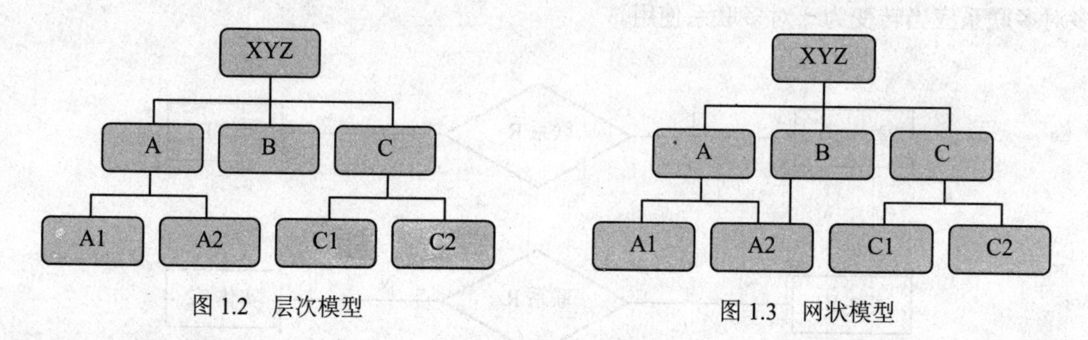

图 1.2 层次模型　　图 1.3 网状模型

（3）关系模型

在用户观点下，关系模型中数据的逻辑结构是一张二维表，它由行和列组成。表 1.1 产品表是其实例。有关术语意义详见 1.2.1 节关系数据结构定义中“关系术语”。

表 1.1 产品表

产品 ID	产品名称	供应商 ID	类别 ID	单位数量	单价	库存量
1	苹果汁	1	1	每箱 24 瓶	￥18.00	39
2	牛奶	1	1	每箱 24 瓶	￥19.00	17
3	蕃茄酱	1	2	每箱 12 瓶	￥10.00	13
4	盐	2	2	每箱 12 瓶	￥22.00	53
5	麻油	2	2	每箱 12 瓶	￥21.35	0
6	酱油	3	2	每箱 12 瓶	￥25.00	120

简单地说，关系模型就是数据表，就是一个规范二维表（关系），其列是字段（数据项、

或属性），行是记录（元组）。

关系模型的特点：数据结构单一、采用集合运算、数据完全独立、数学理论支持。故操作运行简洁快捷。

1.1.3　数据库系统

一、数据库系统组成

1．数据库系统（DataBase System，DBS）：将引进数据库技术的计算机系统称为数据库系统。

2．数据库系统由以下几部分组成，如图 1.4 所示。

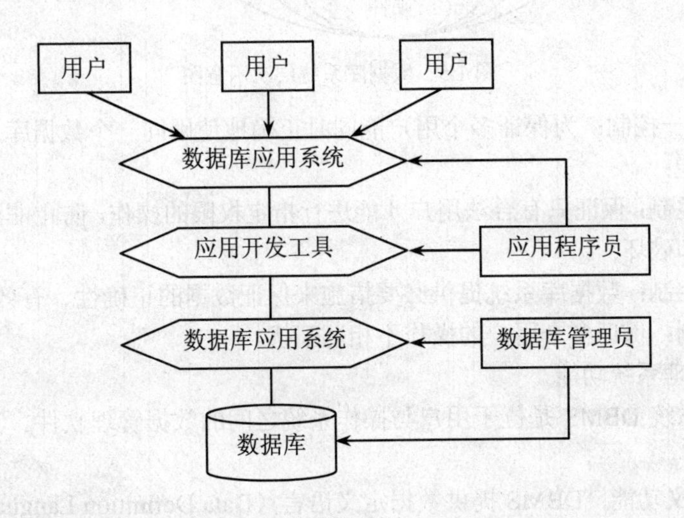

图 1.4　数据库系统（DBS）

（1）计算机硬件系统：用来运行操作系统、数据库管理系统、应用程序以及存储数据库的本地计算机系统和网络硬件环境。

（2）数据库集合：存储在本地计算机外存设备或网络存储设备上的若干个设计合理、满足应用需要的数据库；数据库包括有数据表、视图等相关的信息。

（3）数据库管理系统：数据库管理系统是数据库系统的核心，用于协助用户创建、维护和使用数据库的系统软件。

（4）相关软件：包括操作系统、编译系统、应用开发工具软件和计算机网络软件等。

（5）人员：包括数据库管理员和用户。数据库管理员负责数据库系统的建立、维护和管理。用户可分为专业用户和最终用户。

数据库系统由硬件－OS－DBMS－应用开发工具－应用系统－人等组成。

二、数据库系统特点

1．数据库系统的层次结构如图 1.5 所示，其主要特点如下：

（1）数据结构化：同一数据库中的数据文件是有联系的，且在整体上服从一定的结构形式。

（2）数据共享：数据库中的数据不仅可为同一企业或结构之内的各个部门所共享，也可为不同单位、地域甚至不同国家的用户所共享。

（3）数据独立：数据库系统力求减少这种依赖，实现数据的独立性。

（4）冗余度可控：在数据库系统中实现共享后，不必要的重复将删除，但为了提高查询效率，有时也保留少量重复数据，其冗余度可由设计人员控制。

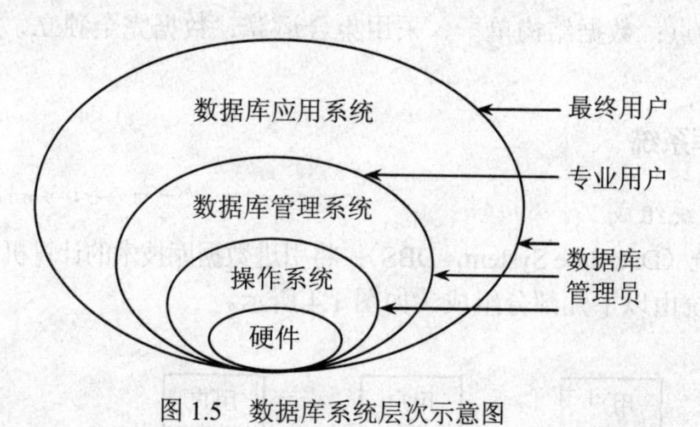

图 1.5 数据库系统层次示意图

（5）数据统一控制：为保证多个用户能同时正确地使用同一个数据库，数据库系统提供以下数据控制功能：

- 安全性控制：保证只有合法用户才能进行指定权限的操作，防止非法使用所造成的数据泄密和破坏；
- 完整性控制：数据库系统提供必要措施来保证数据的正确性、有效性和相容性；
- 并发控制：保证多个用户的操作不相互干扰。

2．数据库管理系统功能

数据库管理系统 DBMS 是位于用户与操作系统之间的数据管理软件。它的主要功能包括以下几个方面：

（1）数据定义功能：DBMS 提供数据定义语言（Data Definition Language，DDL），用户通过它可以方便地对数据库中的数据对象进行定义。

（2）数据操纵功能：DBMS 提供数据操纵语言（Data Manipulation Language，DML），用户可以使用 DML 操纵数据实现对数据库的基本操作，如查询、插入、删除和修改等。

（3）数据库的运行管理功能：数据库在建立、运用和维护时由 DBMS 统一管理、统一控制，以保证数据的安全性、完整性、多用户对数据的并发使用及发生故障后的系统恢复。

（4）数据库的建立和维护功能：包括数据库初始数据的输入、转换功能，数据库的转储、恢复功能，数据库的重组织功能和性能监视、分析功能等。

3．用户

（1）用户分类：

- 第一类用户——终端用户（End User）。他们使用软件，是非计算机人员，主要利用已编制好的应用程序接口使用数据库；
- 第二类用户——应用程序员（Application Programmer）。他们为终端用户设计编制应用程序，并进行调试和安装；
- 第三类用户——数据库管理员（DataBase Administrator，DBA）。他们负责设计、建立、管理和维护数据库以及协调用户对数据库要求的个人或工作团队。DBA 应熟悉计算机软硬件系统，具有较全面的数据处理知识，熟悉本单位的业务、数据及其流程。

（2）从最终用户角度来看数据库的结构分类：

从最终用户角度来看数据库的结构分类为：单用户结构、主从结构、分布式结构、客户/服务器（C/S）、浏览/服务器（B/S）。

1.2　关系数据库

用关系数据模型建立的数据库就是关系数据库（Relational DataBase，RDB）。它是目前应用最广泛、最重要、最流行的数据库。关系模型的数据结构非常简单，只包含单一的数据结构——关系（二维表）。在关系模型中，无论是实体，还是实体之间的联系均由单一的结构类型即关系来表示。

1.2.1　关系数据结构定义

关系数据模型的用户界面非常简单，一个关系的逻辑结构就是一张二维表。这种用二维表的形式表示实体和实体间联系的数据模型称为关系数据模型。

一、关系术语

在 Access 中，一个“表”就是一个关系。图 1.6 给出了一张供应商表，图 1.7 给出了一张产品表，这是两个关系。这两个表中都有唯一和共同的标识——供应商 ID。产品表和供应商表的属性都有“供应商 ID”，根据“供应商 ID”通过一定的关系运算可以将两个关系联系起来。我们在这里把这种联系称为“关联”。

供应商　产品

供é	公司名和	联系人姓	联系人职务	地址	城ī	地[	邮政编	国;	电话	传真
1	佳佳乐	陈小姐	采购经理	西直门大街 110 号	北京	华北	100023	中国	(010) 85552222	
2	康富食品	黄小姐	订购主管	幸福大街 290 号	北京	华北	170117	中国	(010) 65554822	
3	妙生	胡先生	销售代表	南京路 23 号	上海	华东	248104	中国	(021) 85555735	(021)
4	为全	王先生	市场经理	永定路 342 号	北京	华北	100045	中国	(020) 65555011	
5	日正	李先生	出口主管	体育场东街 34 号	北京	华北	133007	中国	(010) 65987654	
6	德昌	刘先生	市场代表	学院北路 67 号	北京	华北	100545	中国	(010) 431-7877	
7	正一	方先生	市场经理	高邮路 115 号	上海	华东	203058	中国	(021) 444-2343	(021)
8	康堡	刘先生	销售代表	西城区灵镜胡同 310 号	北京	华北	100872	中国	(010) 555-4448	
9	菊花	谢小姐	销售代理	青年路 90 号	沈阳	东北	534567	中国	(031) 9876543	(031)
10	金美	王先生	市场经理	玉泉路 12 号	北京	华北	105442	中国	(010) 65554640	
11	小当	徐先生	销售经理	新华路 78 号	天津	华北	307853	中国	(020) 99845103	
12	义美	李先生	国际市场经理	石景山路 51 号	北京	华北	160439	中国	(010) 89927556	

记录: 第 1 项(共 29 项　无筛选器　搜索

图 1.6　供应商

供应商　产品

产品	产品名	供应	类别	单位数量	单价	库	订	再	中
1	苹果汁	1	1	每箱24瓶	¥18.00	39	0	10	☑
2	牛奶	1	1	每箱24瓶	¥19.00	17	40	25	☐
3	蕃茄酱	1	2	每箱12瓶	¥10.00	13	70	25	☐
4	盐	2	2	每箱12瓶	¥22.00	53	0	0	☐
5	麻油	2	2	每箱12瓶	¥21.35	0	0	0	☑
6	酱油	3	2	每箱12瓶	¥25.00	120	0	25	☐
7	海鲜粉	3	7	每箱30盒	¥30.00	15	0	10	☐
8	胡椒粉	3	2	每箱30盒	¥40.00	6	0	0	☐
9	鸡	4	6	每袋500克	¥97.00	29	0	0	☑
10	蟹	4	8	每袋500克	¥31.00	31	0	0	☐

记录: 第 1 项(共 77 项　无筛选器　搜索

图 1.7　产品

1. 关系（Relation，表）

一个关系就是一张二维表。在 Access 中，一个关系存储为一个表，具有一个表名。

对关系的描述称为关系模式，一个关系模式对应一个关系的结构。其格式为：

关系名（属性名 1，属性名 2，……，属性名 n）

在 Access 中，表示为表结构：

表名（字段名 1，字段名 2，……，字段名 n）。

2. 元组（Tuple，行）

二维表（关系）中的每一行，对应于表中的记录。例如，供应商表和产品表两个关系各包括多条记录（或多个元组）。

3. 属性（Attribute，列）

二维表中的每一列，对应于表中的字段。例如，产品表中的产品 ID、产品名称、供应商 ID、类别 ID、单位、数量、单价、库存量等就是属性，在数据库中又把它称为表的字段或数据项，是表的结构，通俗地说是表首行列标题。属性由名称、类型、长度构成其特征。

4. 域（Domain）

属性的取值范围称为域，也称为值域。例如，产品名称的域是 1～8 个字符，性别只能取“男”或“女”等。

分量：元组（行）对应的列的属性值，即记录中的一个属性值。

5. 关键字（Primary Key）

关键字是属性或属性的集合，关键字的值能够唯一地标识一个元组，也称为关键码或主码。例如，产品表中的产品 ID。在 Access 中，主关键字和候选关键字就起唯一标识一个元组的作用。

6. 外部关键字（Foreign Key）

如果表中的一个字段不是本表的主关键字，而是另外一个表的主关键字和候选关键字，这个字段（属性）就称为外关键字。产品表中的供应商 ID 就是产品表的外部关键字。

7. 关联

为了有效管理数据库中的表，表与表之间建立了联系，这种联系称为“关联”。如“供应商表”与“产品表”以“供应商 ID”字段建立关联，供应商表中“供应商 ID”是唯一的，是主关键字，其表称“主表”；“供应商 ID”在产品表中是外部关键字，其所在的产品表称为“子表”。

在 Access 中，将相互之间存在联系的表放在一个数据库中统一管理。例如，在“罗斯文”数据库中可以加入产品表、供应商表、订单表、雇员表、订单明细表、类别表、客户表和运货商表等。

- 关系模式：是对关系的描述，一般表示为，关系名（属性 1，属性 2，…，属性 n）。关系模式是关系模型的“型”，是关系的框架结构。如产品表（产品 ID、产品名称、供应商 ID、类别 ID、单位、数量、单价、库存量…）；在关系模型中，实体是用关系来表示的，实体间的联系也是用关系来表示的；
- 关系实例：关系实例是关系模式的“值”，是关系的数据，相当于二维表中的数据。

简单地说，数据表就是一个规范二维表（关系），其列是字段（数据项或属性），行是记录（元组）。

二、关系的特点

在关系模型中对关系有一定的要求，关系必须具有以下特点：

1. 关系必须规范化。关系模型中的每一个关系模式都必须满足一定的要求。最基本的要求是每个属性必须是不可分割的数据单元，即表中不能再包含表。

2. 属性名必须唯一，即一个关系中不能出现相同的属性名（但可有相同属性）。

3. 关系中不允许有完全相同的元组（即冗余）。

4. 在一个关系中元组和属性的顺序都是无关紧要的。

“关系”数据结构单一、采用集合运算、数据完全独立、有数学理论支持。故操作运行简洁快捷。

1.2.2 关系运算

对于关系数据库进行查询时，需要找到用户感兴趣的数据，这就需要对关系进行一定的关系运算。关系的基本运算有两类：一类是传统的集合运算（并、差、交等），另一类是专门的关系运算（选择、投影、联接），有些查询需要几个基本运算的组合。

一、传统的集合运算

进行并、差、交集合运算的两个关系必须具有相同的关系模式，即元组具有相同结构。

1. 并（Union）

两个相同结构关系的并是由属于这两个关系的元组组成的集合。

例如，设有两个结构相同的学生关系 R1 和 R2，分别存放两个班的学生，将第二个班的学生记录追加到第一个班的学生记录后面就是两个关系的并集。

2. 差（Difference）

设有两个相同的结构 R 和 S，R 差 S 的结构是由属于 R 但不属于 S 的元组组成的集合，即差运算的结果是从 R 中去掉 S 中也有的元组。

例如，设有选修计算机基础的学生关系 R，选修 C 语言程序设计的学生关系 S。求选修了计算机基础，但没有选修 C 语言程序设计的学生，就应当进行差运算。

3. 交（Intersection）

两个具有相同结构的关系 R 和 S，他们的交是由既属于 R 又属于 S 的元组组成的集合。交运算的结果是 R 和 S 中的共同元组。

例如，设有选修计算机基础的学生关系 R，选修 C 语言程序设计的学生关系 S。求既选修了计算机基础又选修了 C 语言程序设计的学生，就应当进行交运算。

二、专门的关系运算

关系数据库管理系统能完成选择、投影和联接 3 种关系操作。

1. 选择（Select）

从关系中找出满足给定条件的元组的操作称为选择。选择的条件以逻辑表达式给出，使得逻辑表达式的值为真的元组将被选取，以构成一个新关系的运算。例如，要从教师表中找出职称为“教授”的教师。SELECT 关系名 WHERE 条件，所进行的查询操作就属于选择运算。

2. 投影（Project）

从关系模式中指定若干属性（字段）组成新的关系称为投影。

PROJECT 关系名（字段名 1，字段名 2，…，字段名 n）

投影是从列的角度进行的运算，相当于对关系进行垂直分解。经过投影运算可以得到一个新的关系，其关系模式所包含的属性个数往往比原关系少，或者属性的排列顺序不同。投影运算提供了垂直调整关系的手段，体现出关系中列的次序无关紧要这一特点。例如，要从产品关系中查询产品的“产品名称”和“单价”，所进行的查询操作就属于投影运算。

3. 联接（Join）

连接运算是选取若干个指定关系中的字段满足给定条件的元组从左至右连接，从而构成一个新关系的运算，其表现形式为： JOIN 关系名1 AND 关系名2 …AND 关系名n WHERE 条件。

联接是关系的横向结合。联接运算将两个关系模式拼接成一个更宽的关系模式，生成的新关系中包含满足联接条件的元组。

联接过程是通过联接条件来控制的，联接条件中将出现两个表中的公共属性名，或者具有相同的语义、可比的属性。联接结果是满足条件的所有记录。

选择和投影运算的操作对象只是一个表，相当于对一个二维表进行切割。联接运算需要两个表作为操作对象。如果需要联接两个以上的表，应当两两进行联接。

4. 自然联接（Natural Join）

在联接运算中，按照字段值对应相等为条件进行的联接操作称为等值联接。自然联接是去掉重复属性的等值联接。自然联接是最常用的联接运算。

总之，在对关系数据库的查询中，利用关系的投影、选择和联接运算可以方便地分解或构成新的关系。

三、关系的完整性

1. 实体完整性（Entity Integrity）

实体完整性规则要求关系中记录的关键字字段不能为空；不同记录的关键字、字段值也不能相同，否则，关键字就失去了唯一标识记录的作用。

如产品表将产品ID字段作为主关键字，那么，该列不得有空值，否则无法对应某个具体的产品，这样的表格不完整，对应关系不符合实体完整性规则的约束条件。

2. 参照完整性（Referential Integrity）

参照完整性是一个规则系统，能确保相关表的记录之间关系的有效性，并且确保不会在无意中删除或更改相关数据。

当实施参照完整性时，必须遵守以下规则：

- 当主表中没有相关记录时，则不能将记录添加到相关表中，否则会创建孤立记录；
- 当相关表中存在匹配的记录时，则不能删除主表中的记录。但在操作中，可以通过选中“级联删除相关记录”复选框，删除主表的记录及所有相关记录；
- 当相关表中有相关的记录时，则不能更改主表中主键的值，否则会创建孤立记录。但在操作中，可以通过选中“级联更新相关记录”复选框，更新主表的记录及所有相关记录。

实施了参照完整性后，对表中主键字段进行操作时，系统会自动检查主键字段，查看该字段是否添、删、改。如果主键的修改违背了参照完整性的要求，那么系统会自动强制执行参照完整性，这样有助于数据的完整。

参照完整性规则要求关系中“不引用不存在的实体”，定义了外键与主键之间的引用规则。如产品表中的“产品 ID”字段是该表的主键，但在供应商表中是外键，则在供应商表中该字段的值只能取“空”或取产品表中产品ID的其中值之一。

3. 用户定义完整性（Definition Integrity）

实体完整性和参照完整性适用于任何关系型数据库系统，它主要是针对关系的主关键字和外部关键字取值必须有效而做出的约束。用户定义完整性则是根据应用环境的要求和实际的需要，对某一具体应用所涉及的数据提出约束性条件。这一约束机制一般不应由应用程序提供，而应由关系模型提供定义并检验。用户定义完整性主要包括字段有效性约束和记录有效性约束。如对订单明细表中的“折扣”字段的取值范围规定，只能取 0～100 之间的值。

4．域完整性约束：关系模式规定属性值应是域中的值。一个属性能否取空值，由其语义来确定。这是域完整性约束的主要内容。

1.2.3　关系数据库

在关系数据库中，关系模式是型，关系是值。一个关系需要描述以下两方面：

（1）必须指出这个元组集合的结构, 即字段，即它由哪些属性构成，这些属性来自哪些域，以及属性与域之间的映象关系；

（2）赋予关系的元组语义。即记录。

元组语义实质上是一个 N 目谓词（N 是属性集中属性的个数）,凡使该 N 目谓词为真的笛卡尔积中的元素的全体就构成了该关系模式的一个关系。

在一个给定的应用领域中，所有实体及实体之间联系的关系的集合构成一个关系数据库。

- 关系数据库的型：其也称为关系数据库模式，是对关系数据库的描述。即关系的结构；
- 关系数据库的值：是这些关系模式在某一时刻对应的关系的集合，通常就称为关系数据库。

关系实质上是一张二维表，表的每一行为一个元组，每一列为一个属性。一个元组就是该关系所涉及的属性集的笛卡尔积的一个元素。关系是元组的集合，因此关系模式必须指出这个元组集合的结构，即它由哪些属性构成，这些属性来自哪些域，以及属性与域之间的映射关系。

关系模式是静态的、稳定的，而关系是动态的、随时间不断变化的，因为关系操作在不断更新着数据库中表的数据。

1.3　数据库设计基础

本节将通俗地介绍在 Access 中设计关系数据库的方法，任何软件产品的开发过程都必须遵循一定的开发步骤。在创建数据库之前，应先对数据库进行设计。Access 2010 数据库文件的扩展名为.accdb（早期是.mdb）。在建立一个数据库管理系统之前，合理的设计数据库的结构是保障系统高效、准确完成任务的前提。

1.3.1　数据库设计步骤

一、需求分析

设计数据库的第 1 个步骤是确定新建数据库所需要完成任务的目的。用户需要明确希望从数据库中得到什么信息，需要解决什么问题，并说明需要生成什么样的报表，要充分与用户交流，并收集当前使用的各种记录数据的表格与数据。

二、确定所需要的表

要根据需求和输出的信息确定要创建的表，每个表应该只包含一个主题的信息，而且各个表不应该包含重复的信息。

三、确定所需要的字段

一个表包含一个主题的信息，表中的各个字段都是该主题的各个组成部分。具体来说，每个字段应满足以下要求：

1. 每个字段应直接与表的主题相关，例如，产品表的各个字段可以是“产品 ID”、“产品名称”、“供应商 ID”、“库存量”和“单价”等。

2. 字段不是推导或计算出的数据，例如，若已经存在“生日”字段，就不应该有“年龄”字段，因为年龄可以从“生日”推导出来。

3. 应该包含所需要的所有信息。

4. 字段是不可分割的数据单位，如“姓名”、“性别”。

四、定义主关键字

为了连接保存在不同表中的数据，唯一地确定一条记录，需要为每个表定义一个主关键字，如无主关键字，可以增加一个自动编号字段。

五、确定表之间的联系

将数据按不同主题保存在不同的表中，并确定了主关键字后，要通过外部关键字将相关的数据重新结合起来，也就是要定义表与表之间的联系（又称关联）。这样可以充分组合实际数据库的数据资源，大大降低数据库中的数据冗余。

六、优化设计

在初步设计数据库的表、字段及表的关系后，还需要对所做的设计进一步分析，检查可能存在的缺陷和需要改进的地方，使得设计更合理、更符合用户的需要、更符合输出信息的需要，同时使设计方案尽可能地提高系统的性能，以及便于数据的使用和维护。

1.3.2 数据库设计原则

为了合理地利用属性组织数据，数据库的设计应遵循以下原则：

（1）一个关系模式描述一个实体或实体间的一种联系。

（2）避免在表之间出现重复字段。

（3）表中的字段必须是原始数据和基本数据元素。

（4）用外部关键字保证有关联的表之间的联系。

1.3.3 数据库设计过程

下面将遵循上一小节给出的设计原则和步骤，以“罗斯文”数据库的设计为例，具体介绍在 Access 中设计数据库的过程。在本书后续章节中，也将采用这个数据库示例。

一、需求分析

对“罗斯文”进行业务分析后，列出“罗斯文”信息系统所要包括的基本功能：需要管理产品、供应商、运货商和雇员的基本信息；需要管理订单；需要管理订单明细，包括订单的录入、修改、查询、删除等功能；在使用过程中有时需要打印报表，所以还得有打印的功能；如果该系统规定专人负责，还需要规定用户名和登录密码，体现保密性等等，基本功能框架如图 1.8 所示。

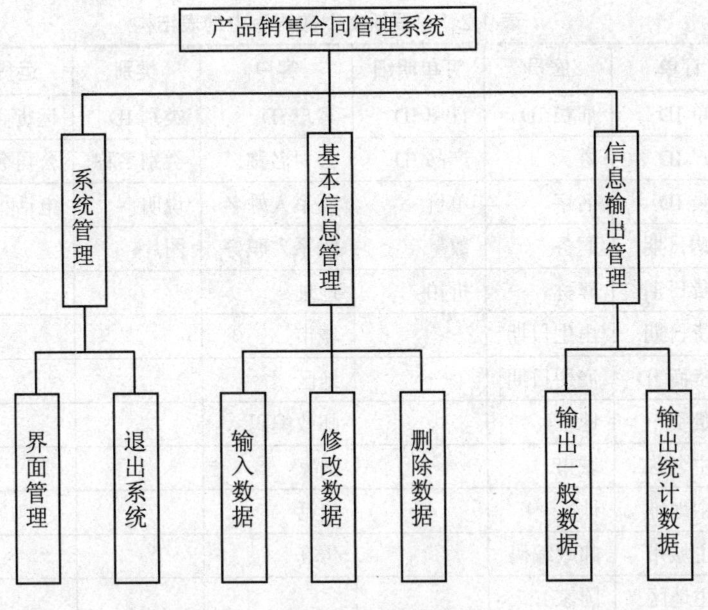

图 1.8　“罗斯文”功能框架图

二、确定所需要的表

确定数据库中的表是数据库设计过程中技巧性最强的一步。一般情况下，设计者不要急于在 Access 中建立表，而应先在纸上进行设计。根据“罗斯文”系统的需求，不难发现数据库中包含了 4 类信息：一是产品基本信息，如产品 ID、名称等；二是供应商、运货商、客户和雇员基本信息，如供应商 ID、公司名等；三是订单信息，如订单 ID、订货日期、到货日期、发货日期等；四是产品类别信息，如产品类别名称、说明等。如果将这些信息放在一个表中，必然出现大量的重复，不符合信息分类的原则。因此，根据已确定的“罗斯文”数据库应完成的任务以及信息分类原则，初步拟定该数据库应包含 8 个数据表，即产品表、供应商表、订单表、雇员表、订单明细表、类别表、客户表和运货商表等。

三、确定所需要的字段

对于上面已经确定的每一个表，还要设计它的结构，即要确定每个表应包含哪些字段。为了使保存在不同表中的数据产生联系，数据库中的每个表必须有一个字段能唯一标识每条记录，这个字段就是主关键字。主关键字可以是一个字段，也可以是一组字段。

Access 利用主关键字迅速关联多个表中的数据，不允许在主关键字字段中有重复值或空值。常使用唯一的标识作为这样的字段，例如，在“罗斯文”数据库中，可以将产品 ID、订单 ID、雇员 ID、订单 ID、客户 ID、类别 ID、运货商 ID 和供应商 ID 分别作为产品表、订单表、雇员表、订单明细表、客户表、类别表、运货商表和供应商表的主关键字字段。

根据以上分析，按照字段的命名规则，可以为“罗斯文”数据库的各个表设置表结构，如表 1.2 所示。

四、确定表之间的关联（关系）

在 Access 中，每个表不是完全孤立的部分，表与表之间有可能存在着相互的联系。例如，前面创建的“罗斯文”数据库中有 8 个表，仔细分析这 8 个表，不难发现，不同表中有相同的字段名，如产品表中有“供应商 ID”，供应商表中也有“供应商 ID”，通过这个字段，就可以建立起这两个表之间的关联（关系）。

表 1.2 “罗斯文”数据库中的表结构

产品	订单	雇员	订单明细	客户	类别	运货商	供应商
产品 ID	订单 ID	雇员 ID	订单 ID	客户 ID	类别 ID	运货商 ID	供应商 ID
产品名称	客户 ID	姓氏	产品 ID	公司名称	类别名称	公司名称	公司名称
供应商 ID	雇员 ID	名字	单价	联系人姓名	说明	电话	联系人姓名
类别 ID	订购日期	职务	数量	联系人职务	图片		联系人职务
单位数量	到货日期	尊称	折扣	地址			地址
单价	发货日期	出生日期		城市			城市
库存量	运货商 ID	雇用日期		地区			地区
订购量	运货费	地址		邮政编码			邮政编码
再订购量	货主名称	城市		国家			国家
中止	货主地址	地区		电话			电话
	货主城市	邮政编码		传真			传真
	货主地区	国家					主页
	货主邮码	家庭电话					
	货主国家	分机					
		照片					
		备注					
		上级					

确定联系的目的是使表的结构合理，不仅存储了所需要的实体信息，并且反映出实体之间客观存在的关联。前面各个步骤已经把数据分配到了各个表中。因为有些输出需要从几个表中得到信息，为了使 Access 能够将这些表中的内容重新组合，得到有意义的信息，就需要确定外部关键字。例如，在“罗斯文”数据库中，产品 ID 是产品表中的主关键字，也是订单明细表中的一个字段。在数据库术语中，订单明细表中的产品 ID 字段称为“外部关键字”，因为它是另外一个表的主关键字。

如果表中没有可作为主关键字的字段，可以在表中增加一个字段，该字段的值为序列号，以此来标识不同记录。主键是用于将表联系到其他表的外部关键字上，从而使不同表中的信息发生联系。

在“罗斯文”数据库中，供应商表和产品表之间就是一对多的关系，因为一个供应商可以供应多个产品。

而在多对多联系中，应将多对多关系分解成两个一对多关系，其方法就是在具有多对多关系的两个表之间创建第 3 个表，即纽带表。纽带表不一定需要自己的主关键字，如果需要，可以将它所联系的两个表的主关键字作为组合关键字指定为主关键字。

在“罗斯文”数据库中，（产品）类别表和供应商表之间就是多对多的关系。一个产品类别可以有多个供应商供给，同样一个供应商也可以供应多个产品类别。而产品表就是（产品）类别表和供应商表之间的纽带表，通过产品表把（产品）类别表和供应商表联系起来。例如，通过产品表和供应商表，可以查出某个产品的供应商，而通过产品表和类别表，可以查出某类别都有哪些产品及其说明等信息。

如果考虑到一个订单可能不止订一个产品，而同一个产品也可能有几个订单同时被订的情况，那么产品表和订单表也是多对多的关系。因此，也应该设置一个纽带表，以把产品表和订单表分解成两个一对多关系。

基于以上考虑，在“罗斯文”数据库中再增加一个表——订单明细表，该表作为订单表和产品表之间的纽带表，应将订单表的主关键字“订单 ID”和产品表的主关键字“产品 ID”放入其中。

新增加的订单明细表的表结构可以描述为订单明细表（订单 ID、产品 ID、单价、数量、折扣）。

根据上述考虑，在“罗斯文”数据库中共有 8 个表：产品、订单、雇员、订单明细、客户、类别、运货商和供应商。这 8 个表之间的关系如图 1.9 所示。

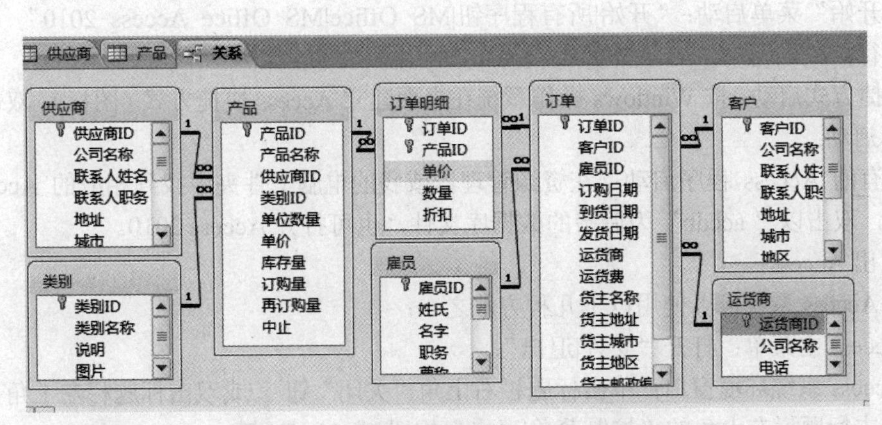

图 1.9　“罗斯文”数据库 8 个表间的关系

五、完善数据库

在设计数据库时，信息复杂和情况变化会造成考虑不周，如有些表没有包含属于自己主题的全部字段，或者包含了不属于自己的主题字段。此外，在设计数据库时经常忘记定义表与表之间的关系，或者定义的关系不确定。因此，在初步确定了数据库需要包含哪些表、每个表包含哪些字段以及各个表之间的关系以后，还要重新研究一下设计方案，检查可能存在的缺陷，并进行相应的修改。只有通过反复修改，才能设计出一个完善的数据库系统。

1.4　Access 2010 简介

作为 MS Office 套件之一的 Access 是一种运行于 Windows 平台上的关系数据库管理系统，它直观、易用，且功能强大，是目前最受欢迎的 PC 数据库软件。

它提供了表、查询、窗体、报表、宏、模块等 6 种用来建立数据库系统的对象；提供了多种向导、生成器和模板把数据存储、数据查询、界面设计、报表生成等操作的规范化实现过程；为建立功能完善的数据库管理系统提供了方便，使得普通用户不必编写代码，就可以完成大部分数据管理的任务。

Access 与其他数据库开发系统之间相当显著的区别是：可以在很短的时间里开发出一个功能强大而且相当专业的数据库应用程序，并且这一过程是完全可视的，如果能给它加上一些简短的 VBA 代码，那么开发出的程序决不比专业的程序员开发的程序差。

1.4.1 Access的安装、启动和退出

一、Access的安装

与常规软件安装类似，操作步骤如下：

启动安装程序/选择安装方式/安装系统组件/安装MSDN组件（Access的帮助文档）/重新启动系统/完成Access安装。

二、Access启动与退出

与常规的Windows程序一样，有多种方法。

1. Access启动

启动Access有多种方法，通常采用以下多种方式之一：

从“开始”菜单启动：“开始|所有程序钮|MS Office|MS Office Access 2010” 即可启动Access运行；

以快捷方式启动：按Windows操作系统在桌面建立Access快捷方式（图标），双击Access 2010图标启动；

以现有的Access程序启动：在资源管理器或我的电脑文件夹中找到相应的Access 2010应用程序，双击以“.accdb”为后缀的数据库文件，也可打开Access 2010。

2. 退出Access

退出Access系统可以使用以下几种方法之一：

在Access主菜单：打开“文件|退出”；

在Access系统环境窗口：单击标题栏右上角“关闭”钮 /或双击标题栏左上角“控制菜单”/或单击标题栏左上角的“控制菜单|退出”按钮/或Alt+F4键。

1.4.2 Access的特点

Access 2010除了具备关系数据库管理系统所共有的功能之外，拥有很多现代数据管理任务的独特功能，它具有以下特点：

1. 存储方式简单

Access创建的数据库中的各种对象（表、查询、窗体、报表、宏和模块）都存储在一个.accdb文件中，这样有利于整个数据库系统的迁移和维护；而象传统的VFP按文件扩展名，有.dbc/dbf/cdx/scx/frx/lbxt…等40多类文件。

2. 广泛支持各种数据类型

除了Access与MS Office中的Excel共享基本数据类型外，Access 2010还支持OLE数据和XML数据，从而大大提高了可管理的数据类型。

3. 方便快捷的图形化工具、向导和强大的帮助信息

采用了Office 2010统一用户界面，共享组件的集成，并提供了许多图形化的工具和向导，从而使用户不用编写代码便可轻松地创建和管理数据库系统。易学、易理解、易操作。

4. 提供大量的内置函数与宏

Access 2010提供大量的内置函数与宏，从而使数据库开发人员甚至不编写程序就可以快速地以一种无代码的方式实现各种复杂的数据操作与任务管理。

5. 增强的数据库网络功能与较强的安全性

Access提供了创建数据访问页的功能，这是一种可以发布到网络上的Web页面，用户通

过数据访问页可以直接查询和处理数据库中的数据。

6. 提供强大的开发工具 VBA 和 MS SQL Server

7. Access 的缺点：Access 是小型数据库，既然是小型就有他根本的局限性，以下几种情况下数据库基本上会吃不消：

（1）数据库过大，一般 Access 数据库达到 50M 左右的时候性能会急剧下降。

（2）网站访问频繁，经常达到 100 人左右的在线。

（3）记录数过多，一般记录数达到 10 万条左右的时候性能就会急剧下降。

1.4.3　Access 2010 的主界面

Access 2010 的主界面是打开数据库窗口创建数据库对象、显示查询结果以及显示报表的地方，它提供了完成数据库各种任务的工作界面。Access 2010 的主界面是典型的 Windows 窗口，包括标题栏、功能区（菜单栏、工具栏）以及状态栏。首次打开主窗口时会同时打开“新建文件”任务窗格。下面就 Access 2010 的主界面给以介绍。

1.4.3.1　Backstage 视图

Backstage 视图占据功能区上的“文件”选项卡，并包含很多以前出现在 Access 早期版本的“文件”菜单中的命令。Backstage 视图还包含适用于整个数据库文件的其他命令。

单击“文件”选项卡后，会看到 Microsoft Office Backstage 视图。如图 1.10 启动时的 Backstage 视图。在 1.4.5.5 节再给以介绍。

图 1.10　Access 启动时的 Backstage 视图

1.4.3.2　功能区

功能区是菜单和工具栏的主要替代部分，并提供了 Access 2010 中主要的命令界面。功能区的主要优势之一是，它将通常需要使用菜单、工具栏、任务窗格和其他用户界面组件才能显示的任务或入口点集中在一个地方，这样一来，用户只需在一个位置查找命令，而不用四处查找命令，这样用户使用起来更加方便。Access 2010 版默认的功能区包含“文件”、“开始”、“创建”、“外部数据”和“数据库工具”五个选项（卡），其功能区如图 1.11 所示。

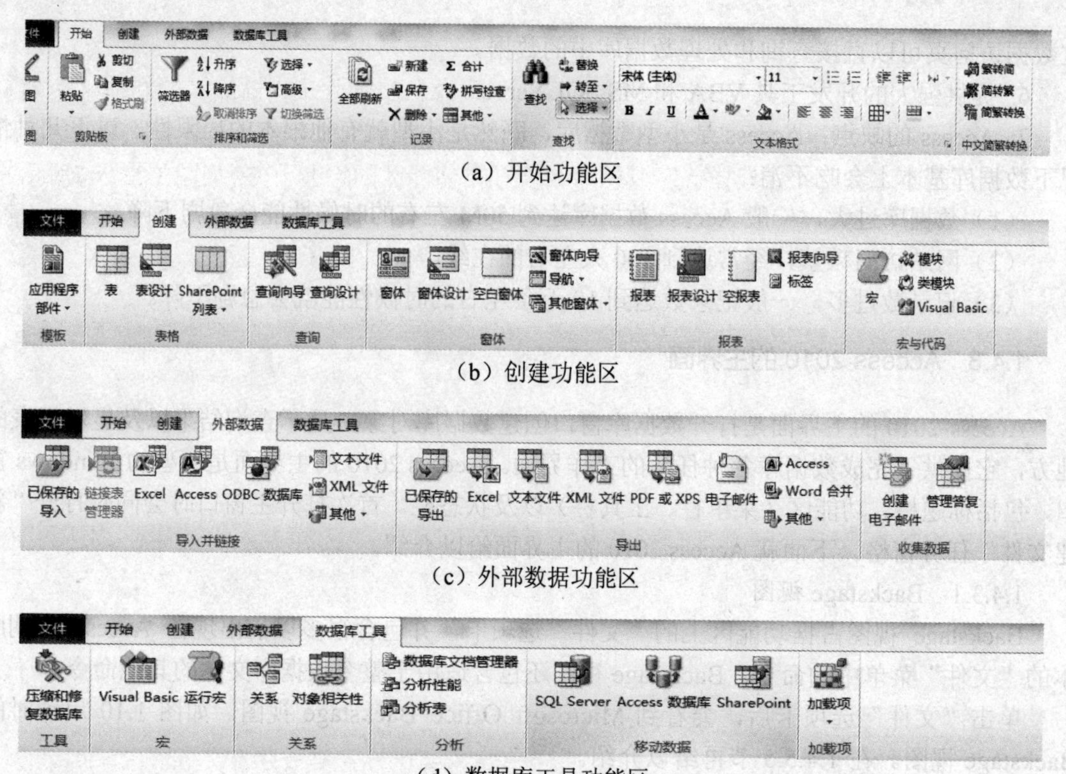

（a）开始功能区

（b）创建功能区

（c）外部数据功能区

（d）数据库工具功能区

图 1.11　Access 2010 各功能区示意图

每个选项卡都包含多组相关命令，这些命令组展现了其他一些新的 UI 元素（例如样式库，它是一种新的控件类型，能够以可视方式表示选择）。

功能区上提供的命令还反映了当前活动对象。例如，如果用户已在数据表视图中打开了一个表，并单击“创建”选项卡上的“窗体”，那么在“窗体”组中，Access 将根据活动表创建窗体。

除系统默认的功能区外，用户还可以对功能区进行个性化设置，用户可以创建自定义选项卡和自定义组来包含自己所常用的命令。打开“自定义功能区”的方法为：单击“文件”选项卡，在“帮助”下，单击“选项”，单击“自定义功能区”得到图 1.12，用户可以根据选项设置属于自己的个性化功能区。

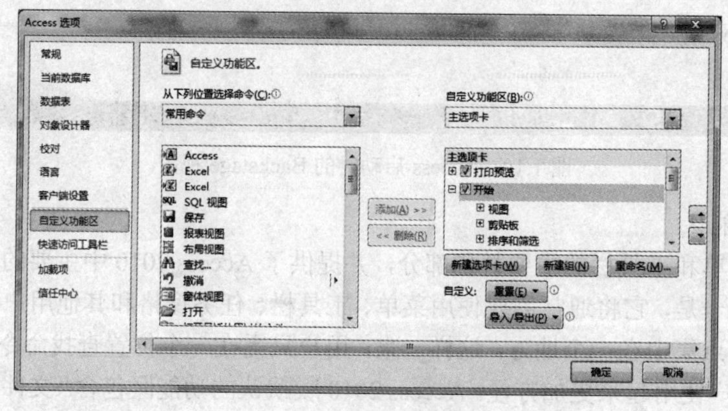

图 1.12　自定义功能区

1.4.3.3　快速访问工具栏

快速访问工具栏是一个可自定义的工具栏，它包含一组独立于当前显示的功能区选项卡上的命令。快速访问工具栏默认位置在 Microsoft Office 程序图标旁的左上角（如图 1.13（a）所示），也可以通过自定义快速访问工具栏将其设置在功能区的正文下方（如图 1.13（b）所示）。用户可以从上面两个可能的位置之一移动快速访问工具栏，并且可以向快速访问工具栏中添加代表命令的按钮。

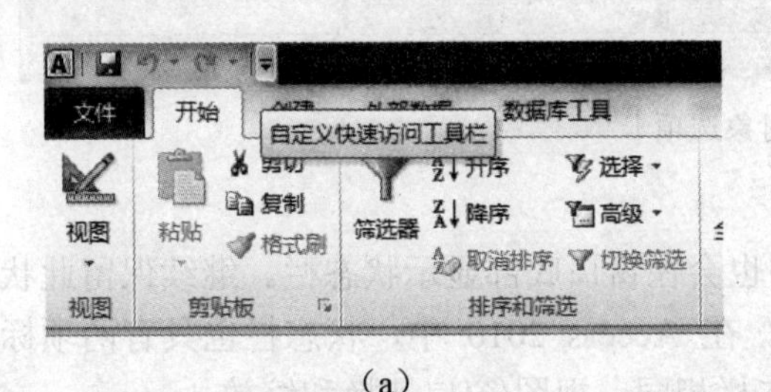

（a）

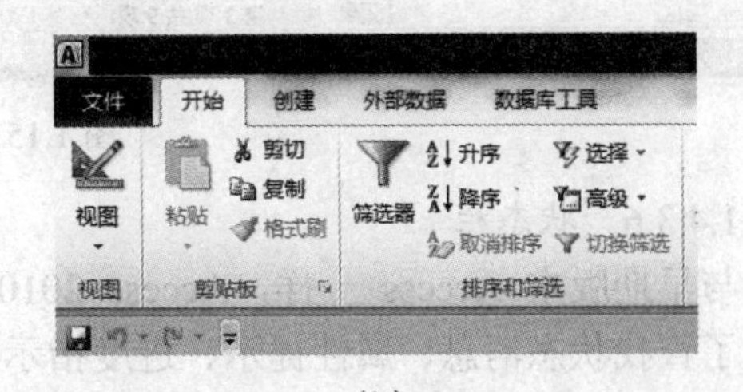

（b）

图 1.13　快速访问工具栏

1.4.3.4　导航窗格

在打开数据库或创建新数据库时，数据库对象的名称将显示在导航窗格中。数据库对象包括表、窗体、报表、页、宏和模块。导航窗格取代了早期版本的 Access 中所用的数据库窗口（如果在以前版本中使用数据库窗口执行任务，那么现在可以使用导航窗格来执行同样的任务）。例如，如果要在数据表视图中将行添加到表，则可以从导航窗格中打开该表，如图 1.14 所示。

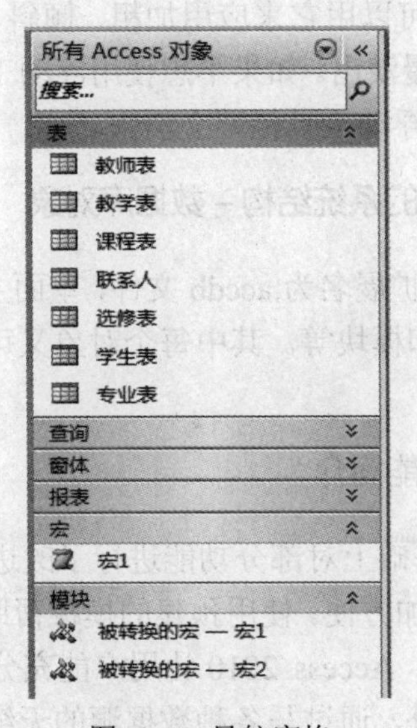

图 1.14　导航窗格

1.4.3.5　对象选项卡式文档

启动 Office Access 2010 后，可以用对象选项卡式文档代替重叠窗口来显示数据库对象。为便于日常的交互使用，用户可能更愿意采用选项卡式文档界面。通过设置 Access 选项可以启用或禁用选项卡式文档。不过，如果要更改选项卡式文档设置，则必须先关闭，然后重新打开数据库，新设置才能生效，如图 1.15 所示。

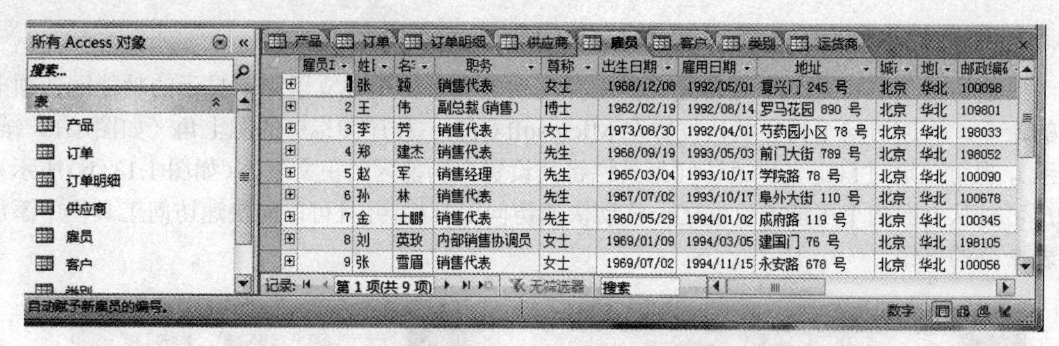

图 1.15 对象选项卡

1.4.3.6 状态栏

与早期版本 Access 一样，Access 2010 中也会在窗口底部显示状态栏。继续保留此状态是为了查找状态消息、属性提示、进度指示等。在 Access 2010 中，状态栏也具有两项标准功能，与在其他 Office 2010 程序中看到的状态栏相同：视图/窗口切换和缩放。

用户可以使用状态栏上的可用控件，在可用视图之间快速切换活动窗口。如果要查看支持可变缩放的对象，则可以使用状态栏上的滑块，调整缩放比例以放大或缩小对象。在“Access 选项”对话框中，可以启用或禁用状态栏。

1.4.3.7 浮动工具栏

在 Access 2007 之前的 Access 版本中，设置文本格式通常需要使用菜单或显示“设置格式”工具栏。使用 Access 2010 时，可以使用浮动工具栏更加轻松地设置文本格式。选择要设置格式的文本后，浮动工具栏会自动出现在所选文本的上方。如果将鼠标指针靠近浮动工具栏，则浮动工具栏会渐渐淡入，而且可以用它来应用加粗、倾斜、字号、颜色等等。如果将指针移开浮动工具栏，则该工具栏会慢慢淡出。如果不想使用浮动工具栏将文本格式应用于选择的内容，只需将指针移开一段距离，浮动工具栏即会消失。

1.4.4 Access 2010 数据库的系统结构 – 数据库对象

Access 将数据库定义为一个扩展名为.accdb 文件，里面主要包含有 6 种不同的对象，他们是表、查询、窗体、报表、宏、和模块等。其中每个对象又可以包含多个具体的实例。这些对象将在后面各章中逐一介绍。

1.4.5 Access 2010 新增功能简介

Access 2010 在以前版本的基础上对部分功能进行了改进，同时增加了许多功能。所有的改进和新增功能都是为了使用更加方便。使用预建的模板帮助用户开始使用数据库，使用强大的工具满足用户的数据增长需要。Access 2010 让用户能充分利用各种的信息，并且让学习和使用的代价更小、成本更低。此外，通过与各种数据源的无缝连接以及各种数据集工具，可以自然地进行协作。Access 2010 使数据变得更容易管理，更容易分析，更容易与他人共享，从而放大了数据的力量。使用新的 Web 数据库和 SharePoint Server 2010，用户与数据的距离永远只有一个 Web 浏览器而已。下面是 Access 2010 新增功能简介。

1.4.5.1 新的宏生成器

Access 2010 包含一个新的宏生成器，使用宏生成器不仅可以更轻松地创建、编辑和数据库逻辑自动化，还可以更高效地工作、减少编码错误，并轻松地整合更复杂的逻辑以创建功能强大的应用程序，如图 1.16 所示。

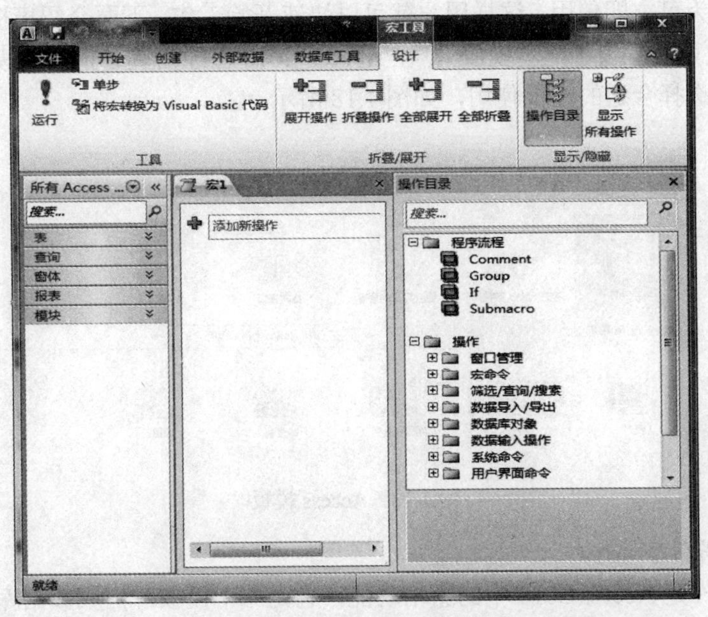

图 1.16 宏设计工具

数据宏：在数据表视图中查看表时，可从“表”选项卡管理数据宏（如图 1.17 所示），数据宏不显示在导航窗格的“宏”下。数据宏的类型主要有两种：一种是由表事件触发的数据宏（也称“事件驱动的”数据宏），一种是为响应按名称调用而运行的数据宏（也称“已命名的”数据宏）。

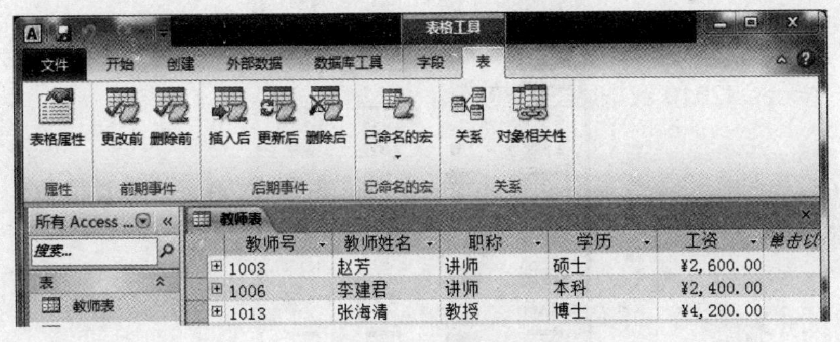

图 1.17 表的数据宏

（1）事件驱动的数据宏：每当在表中添加、更新或删除数据时，都会发生表事件。用户可以编写一个数据宏程序，使其在发生这三种事件中的任一种事件之后，或发生删除或更改事件之前立即运行。

（2）已命名的数据宏：已命名的或“独立的”数据宏与特定表有关，但不是与特定事件相关。用户可以从任何其他数据宏或标准宏调用已命名的数据宏。

1.4.5.2 专业的数据库模板

Access 2010 包括一套经过专业化设计的数据库模板，可用来跟踪联系人、任务、事件、学生和资产及其他类型的数据。用户可以立即使用它们，也可以对其进行增强和调整，以完全按照所需的方式跟踪信息。

模板是一个完整的跟踪应用程序，其中包含预定义表、窗体、报表、查询、宏和关系。这些模板被设计为可立即使用，这样用户就可以快速开始工作。下面介绍模板使用窗口，打开Access 2010，就可以看到“样本模板”，在 Access 2010 已经内置了很多款模板供用户选择，用户可根据需要选择合适的模板使用，如图 1.18 所示。

图 1.18　Access 模板

1.4.5.3　应用程序部件

应用程序部件是 Access 2010 中的新增功能，它是一个模板，构成数据库的一部分（如预设格式的表或者具有关联窗体和报表的表）。例如，如果向数据库中添加“任务”应用程序部件，用户将获得“任务”表、“任务”窗体以及用于将“任务”表与数据库中的其他表相关联的选项。窗体应用程序部件如图 1.19 所示。

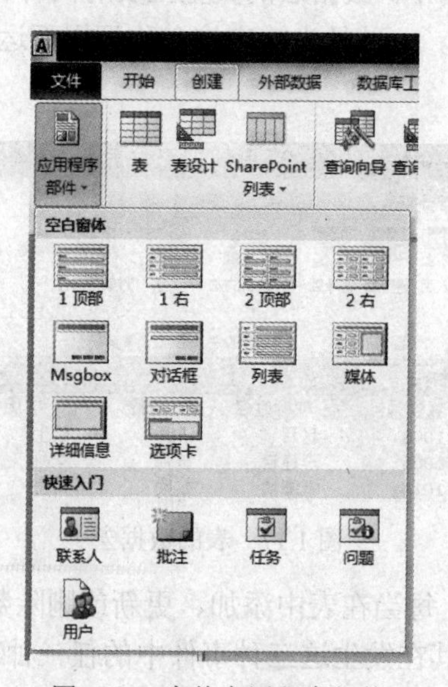

图 1.19　窗体应用程序部件

1.4.5.4　改进的数据表视图

在 Access 2010 中用户可无须提前定义字段即可创建表及开始使用表，用户只需单击“创建”选项卡上的“表”按钮，然后在出现的新数据表中输入数据即可。Access 2010 会自动确定适合每个字段的最佳数据类型，这样，用户便能立刻开始工作。“单击以添加”列显示添加新字段的位置。如果需要更改新字段或现有字段的数据类型或显示格式，可以通过使用功能区上“字段”选项卡下的命令进行更改，如图 1.20 所示。

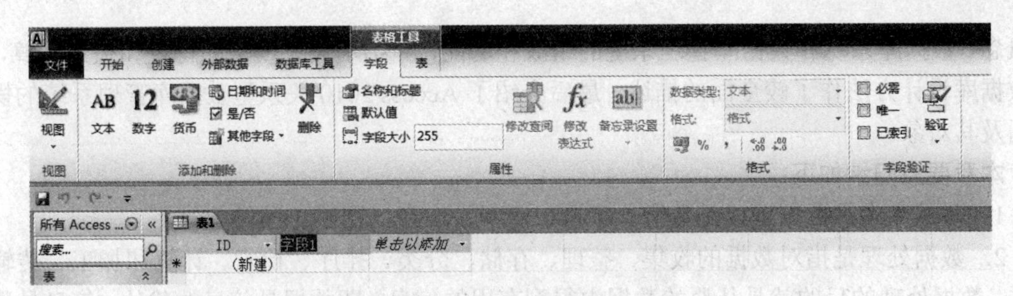

图 1.20　数据表视图

除此之外，它还可以将 Microsoft Excel 表中的数据粘贴到新的数据表中，Access 2010 会自动创建所有字段并识别数据类型。

1.4.5.5　Backstage 视图

在 Office 2010 应用程序中，用 Backstage 视图取代了传统的“文件”菜单。在 Access 2010 中用户可通过全新的 Microsoft Office Backstage™视图管理自己的数据库，并更快更直接地找到所需数据库工具，从而为管理数据库和自定义 Access 体验提供了一个集中的有序空间。

通过这个位置，用户可以创建新数据库、打开现有数据库、执行很多文件和数据库维护任务，通过 SharePoint Server 将数据库发布到 Web，可以检查数据库的 Web 兼容性，定义表格关系并设置密码打开数据库等。用户还可以查找共享选项，比如新添加的功能，将数据库保存为模板或者备份数据库等。

1.4.5.6　新增的计算字段

Access 2010 中新增的计算字段允许存储计算结果。

可以创建一个字段，以显示根据同一表中的其他数据计算而来的值。可以使用表达式生成器来创建计算，以便利用智能感知功能轻松访问有关表达式值的帮助。

但请注意，其他表中的数据不能用作计算数据的源，有些计算字段不支持某些表达式。

1.4.5.7　合并与分割单元格

Access 2010 中引入的布局是可作为一个单元移动和调整大小的控件组。在 Access 2010 中，对布局进行了增强，允许更加灵活地在窗体和报表上放置控件。可以水平或垂直拆分或合并单元格，从而能够轻松地重排字段、列或行。

1.4.5.8　条件格式功能

Access 2010 新增了设置条件格式的功能，使用户能够实现一些与 Excel 中提供的相同的格式样式。使用条件格式，可根据值本身或包含其他值的计算来对报表中的各个值应用不同的格式，这种方式可帮助用户了解以其他方式可能难以发现的数据模式和关系。

1.4.5.9　增强的安全性

Access 2010 利用增强的安全功能及与 Windows SharePoint Services 的高度集成，可以更有效地管理数据，并能使信息跟踪应用程序比以往更加安全。通过将跟踪应用程序数据存储在 Windows SharePoint Services 上的列表中，可以审核修订历史记录、恢复已删除的信息及配置数据访问权限。

本章小结

数据库是数据管理的最新技术，是计算机科学的重要分支。本章主要介绍了数据库的有关概念、数据库系统和数据库管理系统的组成和功能，介绍了关系模型的特点和关系运算，并对数据库设计方法作了较全面的描述，最后介绍了 Access 2010 关系型数据库管理系统的操作界面及其对象。

本章要点归纳如下：

1．数据库中的数据可以是数字、字符、汉字、声音、图形、图像等。

2．数据处理是指对数据的收集、整理、存储、分类、排序、检索、计算和加工、传输等操作。数据处理的目的就是从原始数据中得到有用的信息。即数据是信息的载体，信息是数据处理的结果。

3．数据处理技术发展经历了人工管理、文件系统、数据库系统、分布式系统。

4．数据库系统的特点，结构化、减少数据冗余、数据共享、数据完整性、安全性和并发控制等。

5．数据模型，数据联系（实体、属性、关键字、域、联系类型）；概念模型（E-R 图描述）、逻辑模型（层次、网状、关系、面向对象）。

6．数据库管理系统的功能有：定义、操纵、控制、维护、数据字典等。

7．数据库系统的组成，从硬件到数据库终端用户可划分七个层次：硬件、操作系统、数据库、数据库管理系统、数据库应用开发工具、数据库应用系统和数据库终端用户；

数据库管理系统是负责数据库存取、维护、管理的系统软件。

使用数据库系统的用户分为四种类型：数据库管理员（DataBase Administrator，DBA）、数据库设计员（系统分析员 System Analyst，SA）、应用程序员（Application Programmer，AP）和数据库终端用户（End User）。

8．关系数据库与相关的数学理论

（1）关系数据结构　域、笛卡儿积、关系、关键字（主关键字、候选关键字、外关键字）、关系模式。

（2）关系完整性　实体完整性、参照完整性、用户定义的完整性。

（3）关系代数　传统的集合运算（并、交、差、广义笛卡儿积）。

（4）专门的关系运算（选择、投影、连接、等值连接、自然连接）。

习题 1

一、选择题

1．用二维表来表示实体及实体之间联系的数据模型是（　　）。

A．实体－联系模型　　B．层次模型

C．网状模型　　D．关系模型

2．从关系中找出满足给定条件的元组的操作称为（　　）。

A．选择　　B．投影　　C．联接　　D．自然联接

3．Access 的数据库类型是（　　）。

A．层次数据库　　B．网状数据库

C．关系数据库　　D．面向对象数据库

4．数据库技术是从 20 世纪（　　）年代中期开始发展的。

A．60　　B．70　　C．80　　D．90

5．数据模型反映的是（　　）。

A．事物本身的数据和相关事物之间的联系

B．事物本身所包含的数据

C．记录中所包含的全部数据

D．记录本身的数据和相互关系

6．二维表由行和列组成，每一行表示关系的一个（　　）。

A．属性　　B．字段　　C．集合　　D．记录

7．为了合理组织数据，应遵从的设计原则是（　　）。

A．“一事一地”原则，即一个表描述一个实体或实体间的一种关系

B．表中的字段必须是原始数据和基本数据元素，并避免在之间出现重复字段

C．用外部关键字保证有关联的表之间的联系

D．以上各条原则都包括

8．关系数据库是以（　　）为基本结构而形成的数据集合。

A．数据表　　B．关系模型

C．数据模型　　D．关系代数

9．关系数据库中的数据表（　　）。

A．完全独立，相互没有关系　　B．相互联系，不能单独存在

C．既相对独立，又相互联系　　D．以数据表名来表现其相互间的联系

10．以下叙述中，正确的是（　　）。

A．Access 只能使用菜单或任务窗格创建数据库应用系统

B．Access 不具备程序设计能力

C．Access 只具备了模块化程序设计能力

D．Access 具有面向对象的程序设计能力，并能创建复杂的数据库应用系统

11．数据库系统的核心是（　　）。

A．数据模型　　B．数据库管理系统

C．数据库　　D．数据库管理员

12．下列实体的联系中，属于多对多联系的是（　　）。

A．学生与课程　　B．学生与校长

C．住院的病人与病床　　D．职工与工资

13．在关系运算中，投影运算的含义是（　　）。

A．在基本表中选择满足条件的记录组成一个新的关系

B．在基本表中选择需要的字段（属性）组成一个新的关系

C．在基本表中选择满足条件的记录和属性组成一个新的关系

D．上述说法均是正确的

14．在教师表中，如果要找出职称为“教授”的教师，所采用的关系运算是（　　）。

A．选择　　B．投影　　C．连接　　D．自然连接

15．常见的数据模型有 3 种，它们是（　　）。

A．网状、关系和语义　　B．层次、关系和网状

C．环状、层次和关系　　D．字段名、字段类型和记录

16. 新版本的 Access 2010 的默认数据库格式是（　）。

A. MDB　　B. ACCDB　　C. ACCDE　　D. MDE

17. Access 中表和数据库之间的关系是（　）。

A. 一个数据库可以包含多个表　　B. 数据库就是数据表

C. 一个表可以包含多个数据库　　D. 一个表只能包含两个数据库

（以下是多项选择题）

18. 在 Access 数据库的六大对象中，用于存储数据的数据库对象是（　），用于和用户进行交互的数据库对象是（　）。

A. 表　　B. 查询　　C. 窗体　　D. 报表

19. 在 Access 2010 中，随着打开数据库对象的不同而不同的操作区域称为（　）。

A. 命令选项卡　　B. 上下文命令选项卡

C. 导航窗格　　D. 工具栏

二、填空题

1. 计算机数据管理的发展分________、________、________、________等几个阶段。

2. 在关系数据库的基本操作中，从表中取出满足条件的元组的操作称为________；把两个关系中相同属性值的元组联接到一起形成新的二维表的操作称为________；从表中抽取属性值满足条件列的操作称为________。

3. 一个关系表的行称为________。

4. Access 2010 数据库的文件扩展名是________。

5. 在关系数据库中，将数据表示为二维表的形式，每一个二维表称为________。

6. 实体之间的对应关系称为联系，有如下 3 种类型：________、________和________。

7. 任何一个数据库管理系统都基于某种数据模型的。数据库管理系统所支持的数据模型有 3 种：________、________和________。

8. 两个结构相同的关系 R 和 S，R________S 的结构是由属于 R 但不属于 S 的元组组成的集合。

9. 目前常用的数据库管理系统软件有________、________和________等。

10. Access 2010 数据库由数据库对象组成，其中对象分为 6 种：________、________、________、________、________和________。

三、简答题

1. 什么是数据？什么是数据处理？

2. 实体之间联系有哪 3 种类型？举例说明。

3. 共有哪 3 种数据模型？各有什么特点？

4. 数据库系统由哪几部分组成？DBS 和 DBMS 什么关系？

5. 简述数据库管理系统的主要功能。

6. Access 2010 界面由哪几部分组成？

7. 简述下列工具的作用：（1）向导；（2）设计器；（3）生成器

8. 关系规范化的意义是什么？

9. 数据库的用户可分为哪几类？

10．关系、元组、属性指的是什么？

11．Access 的主要特点是什么？

12．Access 2010 版有哪些新功能？

13．如何将 Excel 表导入到 Access 2010 中？

14．简述 Access 数据库的六大对象的基本特点。

15．请自已分析下面关系中的关键字：

R1 学生（学号，姓名，性别，年龄，身份证号，专业，班级）

R2 班级（班级号，班级名，班主任）

R3 课程（课程号，课程名，学分）

R4 选课（学号，课程号，成绩）

16．实例分析：

假设一个关系为 R(A,B,C,D,E)，它的最小函数依赖集为 FD-{A->B,C->D,C->E}，则该关系的候选关键字为什么？该关系属于第几范式，请简要地说明理由，若要规范化到高一级的范式，则将得到什么样的关系。

解答：该关系的候选关键字是(A,C)。因为该关系中存在有非主属性对候选关键字的部分函数数据依赖，即 A->B，C->D，C->E，其中 B，D 和 E 只依赖于候选关键字的部分 A 和 C，所以该关系只属于第一范式。

若要规范化到高一级的范式，则需要将关系 R 根据属性对候选关键字的部分依赖拆分成三个关系，它们分别为：R1(A,B)和 R2(C,D,E)，R3(A,C)，这三个关系达到了 BC 范式要求。

第2章 数据库和表

- 数据库的创建及操作
- 数据表的创建
- 表与表之间关系的创建
- 维护表的结构、内容及外观
- 对数据表的操作

Access 是一个功能强大的关系数据库管理系统，就像一个容器，用于存储数据库应用系统中其他数据库对象，其中表对象是存储数据的基本单位，是整个数据库的基础。在 Access 中建立数据库之后，就可以建立从属与该数据库的表和建立相关表之间的关系。所谓关系就是各个数据表之间通过相关字段建立的联系。建立了表的组成结构以及表与表之间的关系之后，再输入数据，可以保证数据的完整性，数据库的其他对象才能在表的基础上进行创建。

本章将以“罗斯文”数据库为例，详细介绍建立 Access 数据库文件和数据表的操作步骤和方法，以及对表的各种基本操作。

2.1 创建数据库

创建 Access 数据库，首先应根据用户需求对数据库应用系统进行分析和研究，全面规划，然后再根据数据库系统的设计规范创建数据库。“罗斯文”数据库以 Access 自带的示例数据库“罗斯文库”为原型。罗斯文公司是一个虚构的商贸公司，该公司进行世界范围的食品的采购与销售，就是通常所讲的买进来再卖出去，赚取中间的差价。罗斯文公司销售的食品分为几大类，每类食品又细分出各类具体的食品。这些食品由多个供应商提供，然后再由销售人员售给客户。销售时需要填写订单，并由货运公司将产品运送给客户。通过罗斯文数据库的学习，能对数据库的表、关系、查询、报表、窗体、切换面板等内容有个全面的了解。

2.1.1 创建数据库

Access 2010 提供了两种创建数据库的方法，第一种是使用模板，此方法是利用系统提供的多个比较标准的数据库模板，在数据库向导的提示步骤下进行一些简单的操作。这样，可以快速创建一个新的数据库。这种方法简单，适合初学者；第二种是先创建一个空白数据库，然后添加所需的表、查询、窗体、报表等对象。这种方法灵活，可以创建出用户需要的各种数据库，但操作较为复杂。无论哪一种方法，在数据库创建之后，都可以在任何时候修改或扩展数据库。创建数据库的结果是在磁盘上生成一个扩展名为.accdb 的数据库文件。

一、使用模板创建数据库

例 2.1　利用系统提供的“罗斯文”模板，快速建立一个“罗斯文”的数据库，并将建好的数据库保存在 D 盘 Access 文件夹中。

步骤 1：启动 Access，选择“文件 | 新建”菜单命令，在右边的任务窗格中单击“样本模板”选项（见图 2.1），弹出图 2.2 所示的对话框。

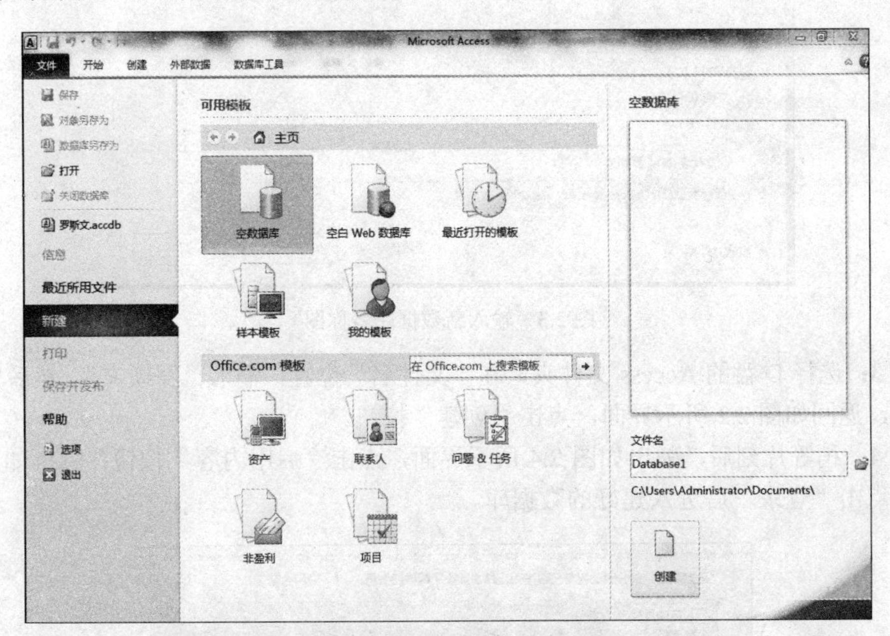

图 2.1　“新建文件”任务窗格

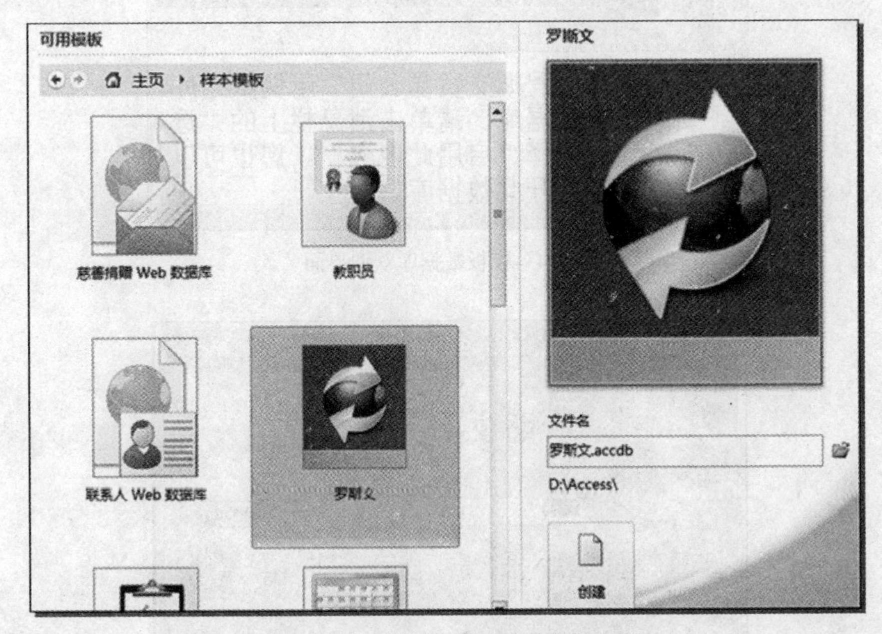

图 2.2　在“模板”中选取数据库种类

步骤 2：在图 2.2 中，单击右边按钮来选择数据库存放的位置，弹出如图 2.3 所示的对话框。

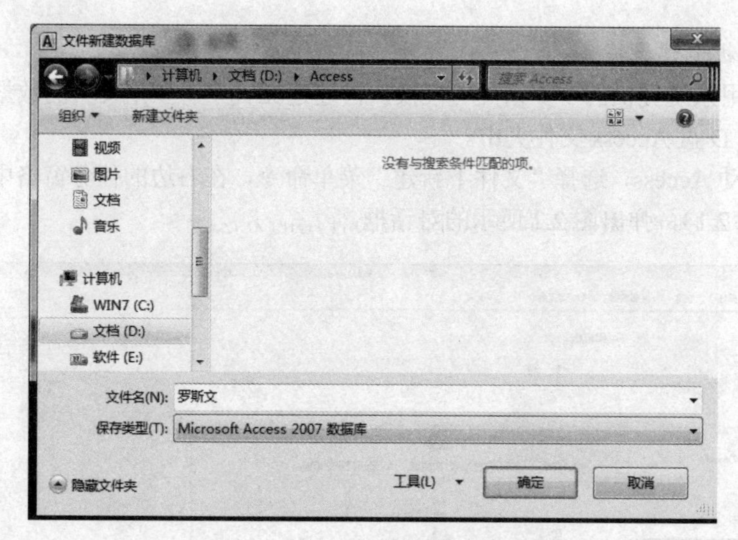

图 2.3 输入新数据库名称图

步骤 3：选择 D 盘的 Access 文件夹，在“文件名”位置，输入“罗斯文”，然后单击“确定”按钮，返回如图 2.2 所示界面，点击“创建”按钮。

步骤 4：稍等片刻后，弹出如图 2.4 所示界面，点击“启用内容”按钮，弹出如图 2.5 所示窗口，点击“登录”后进入建好的数据库。

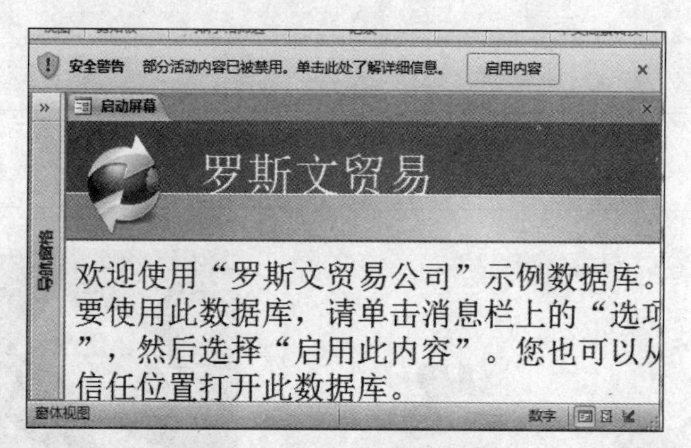

图 2.4 模板数据库欢迎界面

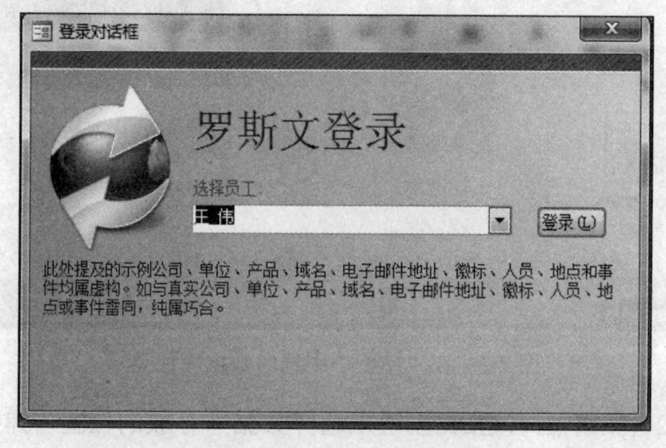

图 2.5 模板数据库登录界面

完成上述操作后，“罗斯文”数据库的结构框架就建立完毕。但是，由于“数据库向导”创建的表可能与需要的表不完全相同，表中包含的字段可能与需要的字段不完全一样。因此，通常使用“数据库向导”创建数据库后，还需要对其进行补充和修改。

二、创建空数据库

创建空数据库是除了数据库向导以外，最常使用的方法。

例 2.2　创建一个名为“罗斯文”的空数据库，并将建好的数据库保存在 D 盘的 Access 文件夹中。

步骤 1：启动 Access，选择“文件 | 新建”菜单命令，在右边的任务窗格（见图 2.1）中选中“空数据库”选项后，单击右边按钮来选择数据库存放的位置，弹出图 2.3 所示的对话框。

步骤 2：选择 D 盘的 Access 文件夹，在“文件名”位置中输入数据库的名称，即“罗斯文”，单击“确定”按钮，返回新建数据库界面，点击“创建”按钮，出现如图 2.6 所示的界面。

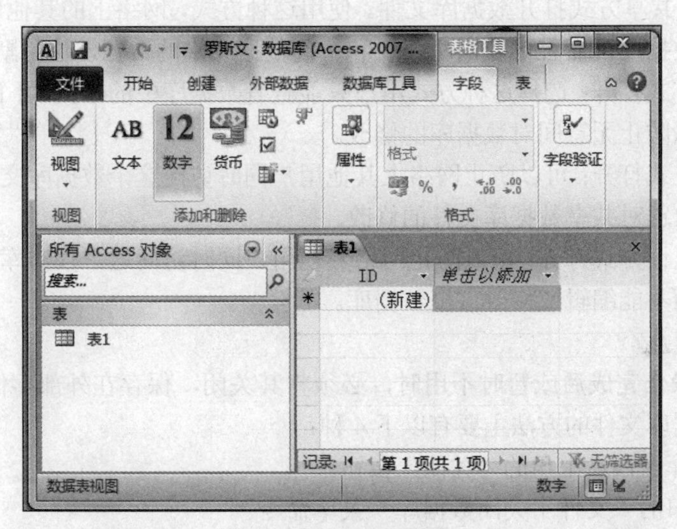

图 2.6　创建空数据库

在图 2.6 中显示了已建立的数据库。此窗口名称为数据库窗口，也是设计操作时经常使用的窗口，可以由此建立、打开和设计各个对象。注意，此时在这个数据库中除了有一个空表外并没有任何其他数据库对象存在，可以根据需要在该数据库中创建其他的数据库对象。

2.1.2　数据库的简单操作

数据库建好后，就可以对其进行各种操作。例如，可以在数据库中添加对象，可以修改其中某对象的内容，可以删除某对象。在进行这些操作之前应先打开它，操作结束后要关闭它。

一、打开数据库

在 Access 中，数据库是一个文档文件，可以通过双击.accdb 文件打开数据库，也可以采用以下两种常用的方法来打开数据库。

1．由“文件”选项界面打开

通过“文件”选项界面打开数据库的操作非常简单，只需在启动 Access 后，在“文件”选项界面中找到要打开的数据库名单击即可。如果在任务窗格的列表中没有显示出需要的数据库名，可以使用点击“文件｜最近所用文件”菜单从中选择，或者选择第 2 种方法。

2．使用“文件｜打开”菜单命令打开

在 Access 中需要打开一个数据库时，也可以使用“文件｜打开”菜单命令或单击快速访问工具栏上的“打开”按钮，出现“打开”对话框，用于选择需要打开的数据库文件。在“打开”对话框中，选中要打开的数据库，单击对话框右下角“打开”按钮旁边的下三角箭头，如图 2.7 所示，可以选择相应的打开方式。

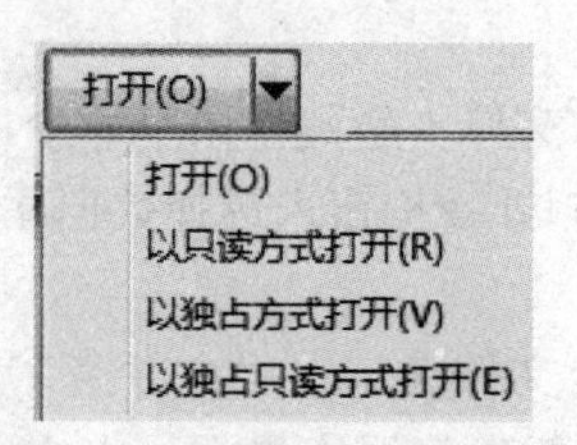

图 2.7　数据库的打开方式选择

- 打开：以共享方式打开数据库文件。使用这种方式，网络上的其他用户也可以再次打开这个数据库，而且可以同时编辑和访问数据库中的数据，这是默认的打开方式。
- 以只读方式打开：选择这种方式用户只能查看数据库中的数据，不能编辑和修改数据库，可以防止无意间对数据库的修改。
- 以独占方式打开：可以防止网络上其他用户同时访问这个数据库文件，因此可以有效地保护自己对共享数据库文件的修改。
- 以独占只读方式打开：可以防止网络其他用户同时访问这个数据库文件，并且同时只能查看而不能编辑或修改这个数据库。

二、关闭数据库

数据库文件操作完成后或暂时不用时，必须将其关闭，保存在外部存储器中以确保数据的安全。关闭数据库文件的方法主要有以下 4 种：

1. 单击数据库窗口右上角的“关闭”按钮。
2. 执行主窗口的“文件｜关闭数据库”菜单命令。
3. 双击数据库窗口左上角控制菜单图标。
4. 单击数据库窗口左上角控制菜单图标，从打开的菜单中选择“关闭”命令。

三、转换数据库

在首次使用 Access 2010 时，默认情况下创建的数据库将采用 Access 2007-2010 文件格式，如果希望每次新建的数据库都采用 Access 2002-2003 文件格式或者 Access 2000 文件格式，可以依次选择“文件｜选项｜常规”选项卡，如图 2.8 所示，在“默认文件格式”中选择“Access 2002-2003”，则以后新建的数据库都将采用 Access 2002-2003 文件格式。

在 Access 中，可以将旧版本的 Access 数据库（Access 2000，Access 2002-2003）转换成新版本的数据库格式，也可以进行反向操作。执行“文件｜保存并发布”菜单命令，选择需要转换的格式后单击“另存为”按钮在弹出的“另存为”对话框中确定该数据库的存储位置和文件名称，即可完成数据库文件的转换。

四、设置默认文件夹

用 Access 所创建的各种文件都需要保存在磁盘中，为了快速正确地保存和访问磁盘上的文件，应当设置默认的磁盘目录。在 Access 中，如果不指定保存路径，则使用系统默认的保存文件的位置，即“我的文档”。

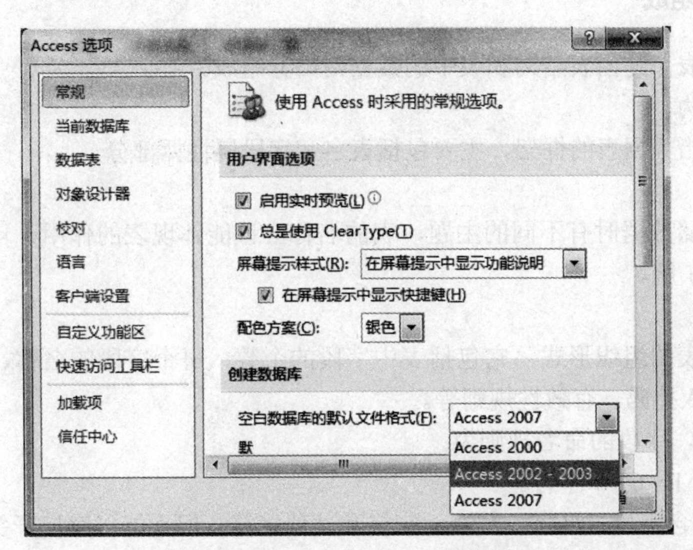

图 2.8　更改“默认文件格式”

选择“文件 | 选项”菜单命令，打开“Access 选项”对话框，选择“常规”选项卡，如图 2.9 所示。在“默认数据库文件夹”文本框中输入“D:\ Access”，并单击“确定”按钮，以后每次启动 Access，此文件夹都是系统默认数据库保存的文件夹，直到再次更改为止。

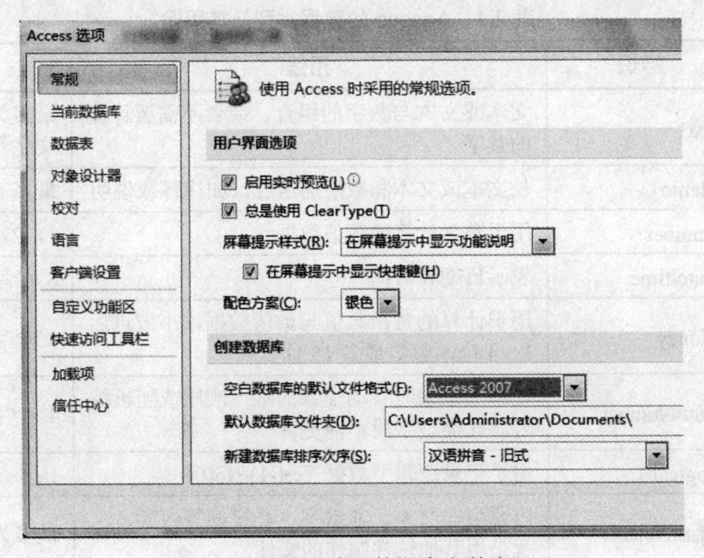

图 2.9　设置“默认数据库文件夹”

2.2　建立数据表

表是数据记录的集合，是数据库最基本的组成部分。在一个数据库中可以建立多个表，通过表与表之间的联接关系，就可以将存储在不同表中的数据联系起来供用户使用。

Access 提供 2 种创建数据表的方法：使用向导创建表、通过输入数据创建表和使用设计器创建表。这 2 种创建表的方法各有所长，用户可以根据实际需要选择适当的方法。

2.2.1 表的组成

数据表简称表，是由表结构和表中的数据两部分组成。

一、表的结构

表的结构是指数据表的框架，主要包括表名和字段属性两部分。

1. 表名

不同的表存储数据时有不同的主题，表的名称应该能体现表的作用，可以从中对表的数据内容有一定的了解。

2. 字段属性

字段属性即表的组织形式，它包括表中字段的个数，每个字段的名称、数据类型、字段大小、格式、输入掩码、有效性规则等。

在 Access 中，字段的命名规则为：

（1）长度为 1～64 个字符。

（2）可以包含字母、汉字、数字、空格和其他字符，但不能以空格开头。

（3）不能包含句号（.）、叹号（!）、及中括号（[ ]）和单引号（'）。

二、数据类型

Access 的数据类型有 10 种，可以是文字、数字、图像或声音。Access 数据库支持的数据类型及用途如表 2.1 所示。

表 2.1 Access 的数据类型及其用途

数据类型	标识	用途	字段大小
文本	Text	文本或文本与数字的组合，或者不需要计算的数字	最多为 255 个中文或英文字符，
备注	Memo	长文本或文本和数字的组合，如注释或说明	最多 65535 个字符
数字	Number	用于数学计算的数值数据	1，2，4，8 个字节
日期/时间	Date/time	表示日期和时间	8 个字节
货币	Money	用于计算的货币数值与数值数据，小数点后 1～4 位，整数最多 15 位	8 个字节
自动编号	AutoNumber	在添加记录时自动插入的唯一顺序或随机编号，此类型字段不能更新	4 个字节
是/否	Logical	用于记录逻辑型数据 Yes(-1)/No(0)	1 位
OLE 对象	OLE Object	内容为非文本、非数字、非日期等内容，也就是用其他软件制作的文件	最多为 1GB
超级链接	Hyperlink	存储超链接的字段，超链接可以是 UNC 路径或 URL 字段	最长 2048 个字符
查阅向导	Lookup Wizard	在向导创建的字段中，允许使用组合框来选择另一个表中的值	与用于执行查阅的主键字段大小相同

2.2.2 建立表结构

建立表结构有 2 种方法，一是使用设计视图创建表，这是一种最常用的方法；二是使用数据表视图创建表，在数据表视图中直接在字段名处输入字段名，该方法比较简单，但无法对每一字段的数据类型、属性值进行设置，一般还需要在设计视图中进行修改。

一、使用设计视图创建表

例 2.3 使用设计视图创建产品表，其结构如表 2.2 所示。

表 2.2 产品表结构

字段名	类型	字段名	类型	字段名	类型
产品 ID	自动编号	单位数量	文本	再订购量	数字
产品名称	文本	单价	货币	中止	是/否
供应商 ID	数字	库存量	数字		
类别 ID	数字	订购量	数字		

步骤 1：打开“D:\Access\罗斯文”数据库。

步骤 2：在数据库窗口中点击“创建|表设计”按钮后打开如图 2.10 所示的表设计视图。

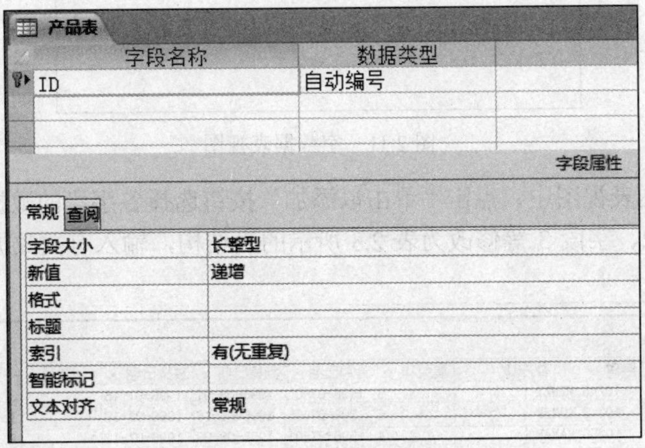

图 2.10 表设计视图

表的设计视图分为上下两部分。上半部分是字段输入区，从左至右分别为字段选定器、字段名称列、数据类型列和说明列。字段选定器用来选择某一字段；字段名称列用来说明字段的名称；数据类型列用来定义该字段的数据类型；如果需要可以在说明列中对字段进行必要的说明。下半部分是字段属性区，在此区中可以设置字段的属性值。

步骤 3：单击设计视图的第一行“字段名称”列，并在其中输入产品表的第一个字段名称“产品 ID”，然后单击“数据类型”列，并单击其右侧的向下箭头按钮，这时弹出一个下拉列表，列表中列出了 Access 提供的 10 种数据类型。

步骤 4：选择“自动编号”数据类型。用同样的方法，参照表 2.2 的有关内容定义表中其他的字段（字段属性的设置将在后续章节中介绍）。

步骤 5：定义完全部字段后，单击第一个字段“产品 ID”的选定器，然后单击工具栏上“主关键字”按钮，给订单表定义一个主关键字。

步骤 6：单击工具栏上的“保存”按钮或使用 ctrl+s 组合键保存完成了表结构的创建。

二、使用数据表视图创建表

例 2.4 使用数据表视图创建订单表，该表的结构可参照表 2.3。

表 2.3 订单表结构

字段名	类型	字段名	类型	字段名	类型
订单 ID	自动编号	发货日期	日期/时间	货主城市	文本
客户 ID	文本	运货商	数字	货主地区	文本
雇员 ID	数字	运货费	货币	货主邮政编码	文本
订购日期	日期/时间	货主名称	文本	货主国家	文本
到货日期	日期/时间 ·	货主地址	文本		

步骤 1：打开“D:\Access\罗斯文”数据库。

步骤 2：在数据库窗口中点击“创建|表”按钮后，出现空数据表视图如图 2.11 所示。

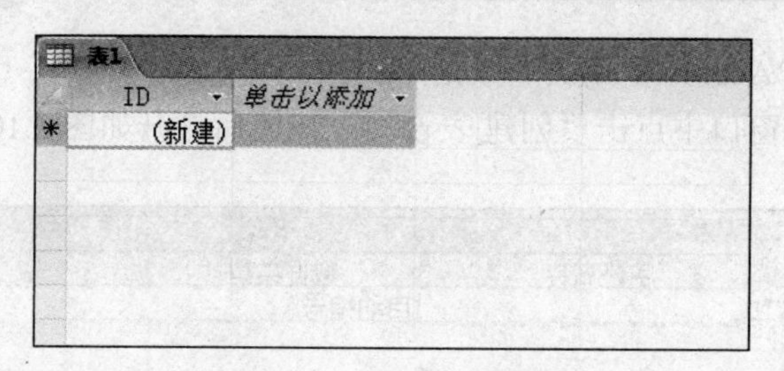

图 2.11 空数据表视图

步骤 3：在数据表视图中，点击“单击以添加”按钮选择各字段的数据类型，再将默认字段名字段 1、字段 2、字段 3 等修改为表 2.3 所示的表结构，输入有关数据后的结果如图 2.12 所示。

订单

订单ID	客户ID	雇员ID	订购日期	到货日期	发货日期	运货商	运货费
10248	VINET	5	1996-07-04	1996-08-01	1996-07-16	3	¥32.38
10249	TOMSP	6	1996-07-05	1996-08-16	1996-07-10	1	¥11.61
10250	HANAR	4	1996-07-08	1996-08-05	1996-07-12	2	¥65.83
10251	VICTE	3	1996-07-08	1996-08-05	1996-07-15	1	¥41.34
10252	SUPRD	4	1996-07-09	1996-08-06	1996-07-11	2	¥51.30
10253	HANAR	3	1996-07-10	1996-07-24	1996-07-16	2	¥58.17
10254	CHOPS	5	1996-07-11	1996-08-08	1996-07-23	2	¥22.98
10255	RICSU	9	1996-07-12	1996-08-09	1996-07-15	3	¥148.33
10256	WELLI	3	1996-07-15	1996-08-12	1996-07-17	2	¥13.97

图 2.12 使用数据表视图创建订单表

这种方法操作方便，但字段名很难体现对应数据的内容，且字段的各属性值也不一定符合设计者的思想。所以用这种方法创建的表，还要经过再次修改字段名和字段属性后才能完成表的设计。

2.2.3 向表中输入数据

创建表结构后，数据库的表仍是没有数据的空表，所以，创建表对象的另一个重要任务是向表中输入数据。在 Access 中，可以使用数据表视图向表中输入数据，也可以导入已有的其他类型文件。

一、使用数据表视图直接输入数据

1. 打开表准备输入数据

在对象栏中按下表对象按钮，在已有对象列表中双击产品表，或鼠标右击产品表在弹出菜单中选择“打开”选项，即在数据表视图中打开该表，如图 2.13 所示为数据表视图中的产品表。

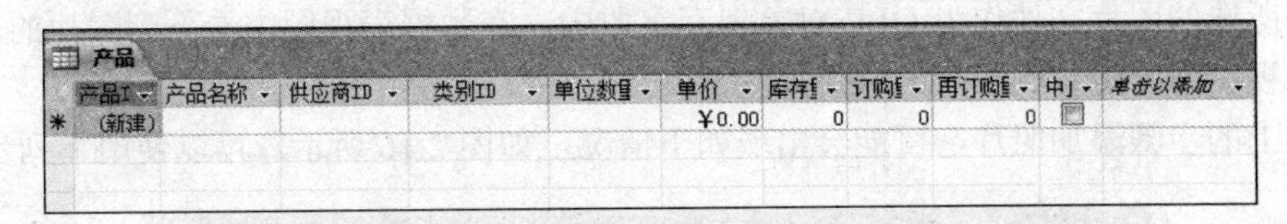

产品

	产品I	产品名称	供应商ID	类别ID	单位数量	单价	库存量	订购量	再订购量	中	单击以添加
*	(新建)					¥0.00	0	0	0		

图 2.13　在数据表视图中打开的空产品表

2. 输入“文本”型、“数字”型和“货币”型数据

由于文本、数字和货币字段的数据输入比较简单，在此不特别给出说明。

3. 输入“是/否”型数据

对“是/否”型字段，输入数据时显示一个复选框。选中表示输入了“是(-1)”，不选中表示输入了“否(0)”，如产品表中的“中止”字段。

4. 输入“日期/时间”型数据

输入“日期/时间”型数据最简单的方式是按“年/月/日”格式输入日期，如“1983/05/09”，然后将鼠标移到其他字段，系统会按定义的“格式”属性自动输入日期的完整值：若格式属性设置为“长日期”，则自动输入为“1983 年 5 月 9 日”；若格式属性设置为“短日期”，则自动输入为“1983-05-09”。如果该日期字段设置了“输入掩码”属性值，则系统会按输入掩码来规范输入格式，并按“格式”属性中的定义显示数据。

5. 输入“OLE”对象型数据

输入 OLE 对象类型的数据要使用“插入对象”的方式。

例 2.6　为在数据表视图中打开的类别表中的“图片”字段输入数据如图 2.14 所示。

类别

	类别I	类别名称	说明	图片	单击以添加
	1	饮料	软饮料、咖啡、茶、啤酒和淡啤酒	Bitmap Image	
	2	调味品	香甜可口的果酱、调料、酱汁和调味品	Bitmap Image	
	3	点心	甜点、糖和甜面包	Bitmap Image	
	4	日用品	乳酪	Bitmap Image	
	5	谷类/麦片	面包、饼干、生面团和谷物	Bitmap Image	
	6	肉/家禽	精制肉	Bitmap Image	
	7	特制品	干果和豆乳	Bitmap Image	
	8	海鲜	海菜和鱼	Bitmap Image	
*	(新建)				

图 2.14　在数据表视图中打开的类别表

步骤 1：将光标定位于“图片”字段，右击并选择快捷菜单中的“插入对象”命令打开“插入对象”对话框，如图 2.15 所示。

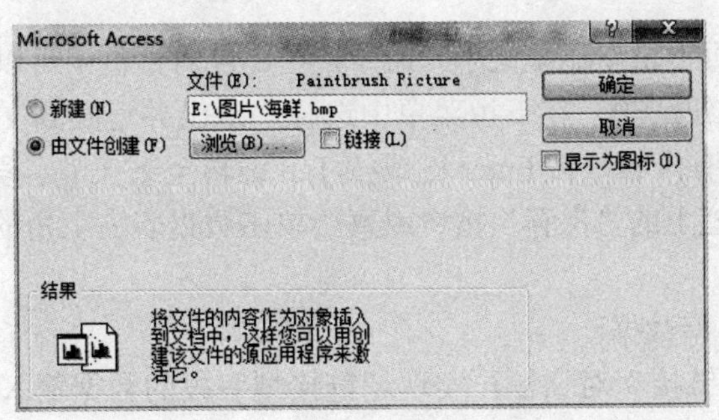

图 2.15　“插入对象”对话框

步骤 2：选择“由文件创建”选项，然后单击“浏览”按钮，在打开的“浏览”对话框中选择存放照片的路径和文件，从“浏览”对话框中返回到“插入对象”对话框，单击“确定”按钮，将所选的图片文件作为 OLE 对象保存字段中。在数据表视图中看不到图片的原貌，必须在窗体视图中才能看到图片的原貌。

用以上的步骤添加照片，可能会出现如下情况，如图 2.16 所示。可以使用下列步骤。

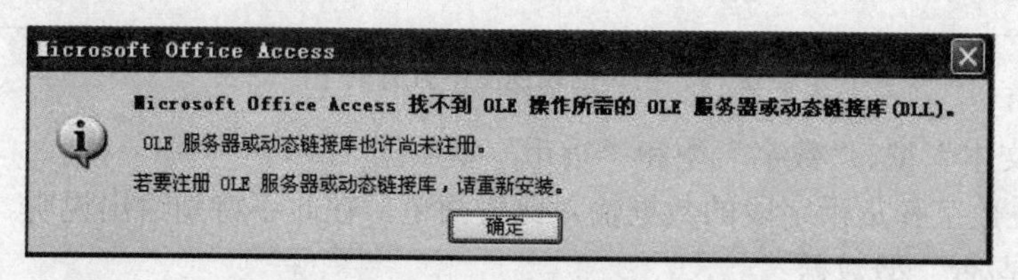

图 2.16 “OLE 服务器或动态链接库也许尚未注册”对话框

步骤 1：将光标定位于“照片”字段，右击并选择快捷菜单中的“插入对象”命令，打开“插入对象”对话框，如图 2.15 所示。

步骤 2：选择“新建”选项，然后在“对象类型”列表框中选择“画笔图片”或“位图图片”，单击“确定”按钮。屏幕显示“画图”程序窗口，如图 2.17 所示。选择“主页 | 粘贴 | 粘贴来源”菜单命令，打开“粘贴来源”对话框，在“查找范围”中找到存放图片的文件夹，并打开所需的图片。

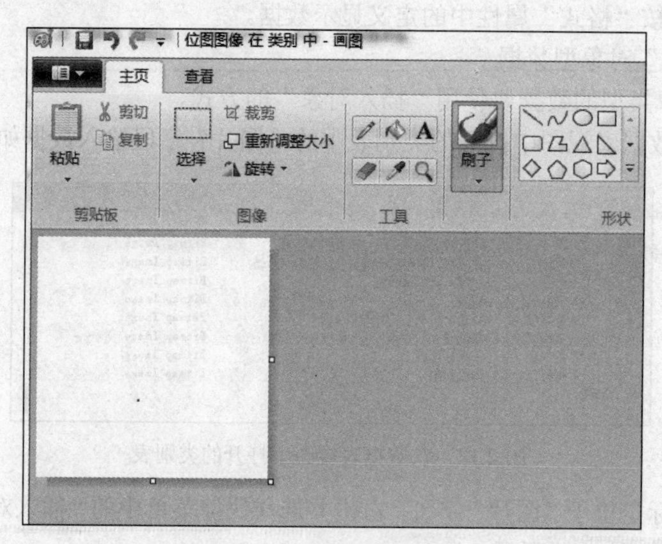

图 2.17 “画图”程序窗口

步骤 3：选择“主页 | 重新调整大小”命令，在属性对话框中可以对插入图像的大小进行设置，点击左上角的按钮，在下拉菜单中选择“退出并返回到文档”选项。此时第一条记录的“照片”字段已有内容，按 Enter 键或按 Tab 键转至下一个字段，依次类推。

步骤 4：单击工具栏上的“保存”按钮或直接单击数据表右上角的“关闭”按钮，即可保存表中的数据记录。

6. 输入“超链接”型数据

可以使用“插入超链接”对话框，实现超链接型字段的数据输入。在数据表视图中将光标定位在超链接型字段，单击鼠标右键，从快捷菜单中选择“超链接 | 编辑超链接”命令，或

执行主窗口“插入 | 超链接”菜单命令，打开“插入超链接”对话框，从中选择任一种链接方式即可。

7. 输入“查阅向导”型数据

如果字段的内容取自一组固定的数据，可以使用“查阅向导”数据类型。“查阅向导”通过创建一个包含“一组固定数据”的查阅列或值列表，为用户提供输入选择项，以提高输入效率并保证输入数据的准确性。创建“查阅向导”型数据可以采用“值列表”方式和“查阅列”方式，下面分别说明这两种操作方式。

（1）创建值列表

例 2.7　用设计视图创建表方法创建雇员表，雇员表的表结构如表 2.4 所示。并采用“值列表”的方式，将雇员表中的“尊称”字段设置为“查阅向导”类型。

表 2.4　雇员表结构

字段名	类型	字段名	类型	字段名	类型
雇员 ID	自动编号	雇用日期	日期/时间	家庭电话	文本
姓氏	文本	地址	文本	分机	文本
名字	文本	城市	文本	照片	OLE 对象
职务	文本	地区	文本	备注	备注
尊称	文本	邮政编码	文本	上级	数字
出生日期	日期/时间	国家	文本		

将雇员表中的“尊称”字段设置为“查阅向导”类型的步骤如下：

步骤 1：在设计视图中打开雇员表，设置“尊称”字段为“查阅向导”类型。同时启动“查阅向导”第 1 个对话框，选择“自行键入所需的值”选项，如图 2.18 所示，单击“下一步”按钮。

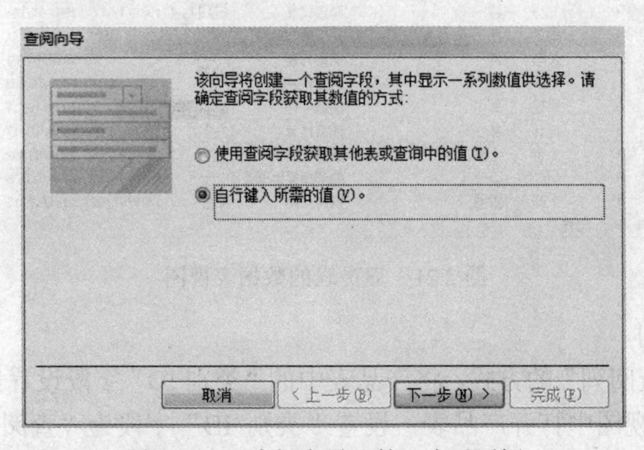

图 2.18　“查阅向导”第 1 个对话框

步骤 2：在“查阅向导”的第 2 个对话框中确定值列表中的值，本例为“博士”、“先生”“小姐”、“夫人”、“女士”，如图 2.19 所示。

步骤 3：单击“下一步”按钮，打开“查阅向导”最后一个对话框，如图 2.20 所示，完成值列表的设置。

步骤 4：参考图 2.21 在雇员表的数据表视图中输入数据。体会“尊称”字段的输入。

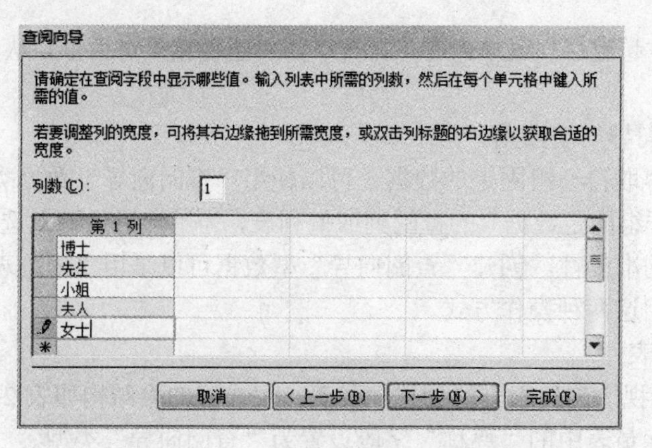

图 2.19 “查阅向导”第 2 个对话框

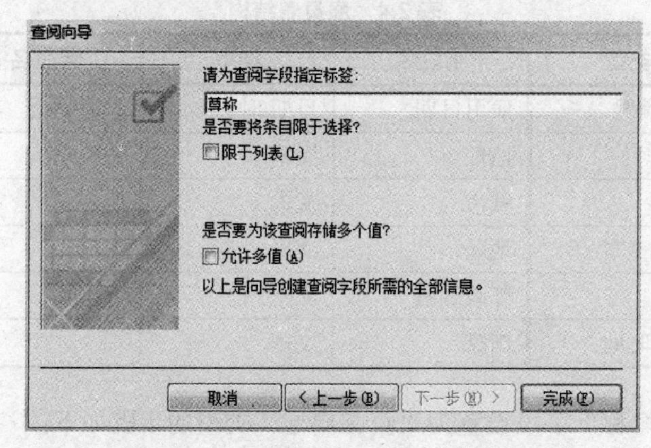

图 2.20 “查阅向导”最后一个对话框

雇员

雇员I	姓	名	密码	职务	尊称	出生日期	雇用日期
1	张	颖		销售代表	女士	1968/12/08	1992/05/01
2	王	伟		副总裁(销售)	博士	/19	1992/08/14
3	李	芳		销售代表	先生	/30	1992/04/01
4	郑	建杰		销售代表	小姐	/19	1993/05/03
5	赵	军		销售经理	夫人	/04	1993/10/17
6	孙	林		销售代表	先生	1967/07/02	1993/10/17
7	金	士鹏		销售代表	先生	1960/05/29	1994/01/02
8	刘	英玫		内部销售协调员	女士	1969/01/09	1994/03/05
9	张	雪眉		销售代表	女士	1969/07/02	1994/11/15
(新建)							

图 2.21 雇员表的数据表视图

（2）创建查阅列

例 2.8 采用“查阅列”的方式，将产品表中的“类别 ID”字段设置为“查阅向导”类型。

步骤 1：在设计视图中打开产品表，设置“类别 ID”字段为“查阅向导”类型。同时启动“查阅向导”第 1 个对话框，选择“使用查阅列查阅表或查询中的值”选项，单击“下一步”按钮。

步骤 2：在“查阅向导”的第 2 个对话框中选择“类别表”为查阅列的数据源，如图 2.22 所示，单击“下一步”按钮。

步骤 3：在“查阅向导”的第 3 个对话框中，选择“类别 ID”字段为查阅列提供数据，如图 2.23 所示，单击“下一步”按钮。

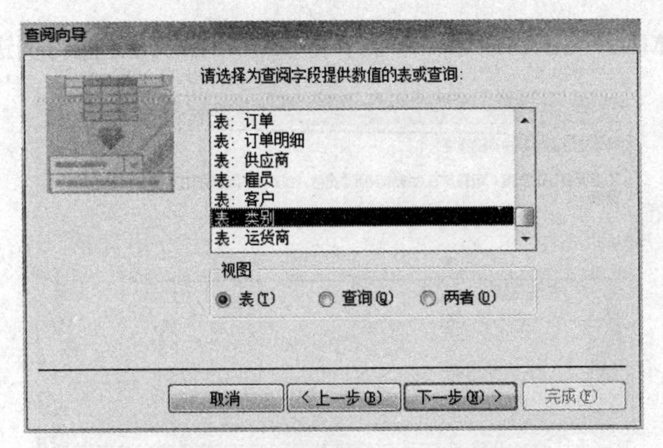

图 2.22　“查阅向导”第 2 个对话框

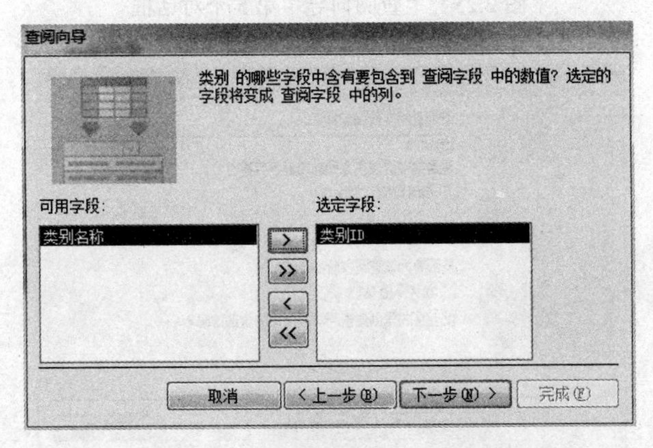

图 2.23　“查阅向导”第 3 个对话框

步骤 4：继续完成“查阅向导”的提问，如图 2.24 至图 2.26 所示，当向导收集完所需的信息以后，就可完成“类别 ID”字段查阅列的定义。

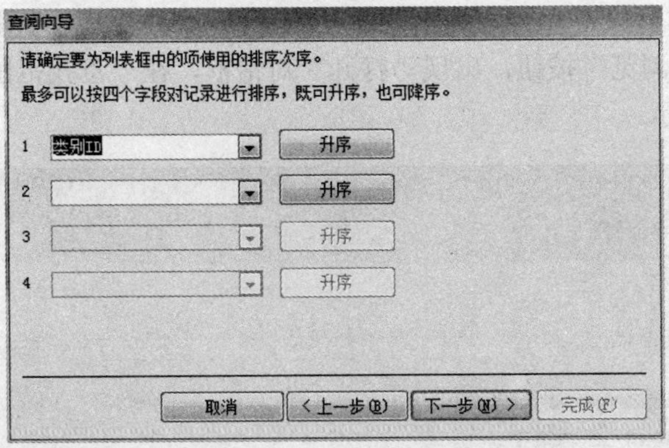

图 2.24　“查阅向导”第 4 个对话框

步骤 5：保存对产品表的修改。

二、导入 Excel 文件建立数据库

导入是将数据导入到新的 Microsoft Access 表中，这是一种将数据从不同格式转换并复制到 Microsoft Access 中的方法。作为导入数据源的文件类型包括 Microsoft Access 数据库、Excel

文件（xls）、IE（HTML）、dBASE 等，本小节将以导入 Excel 文件为例进行说明。

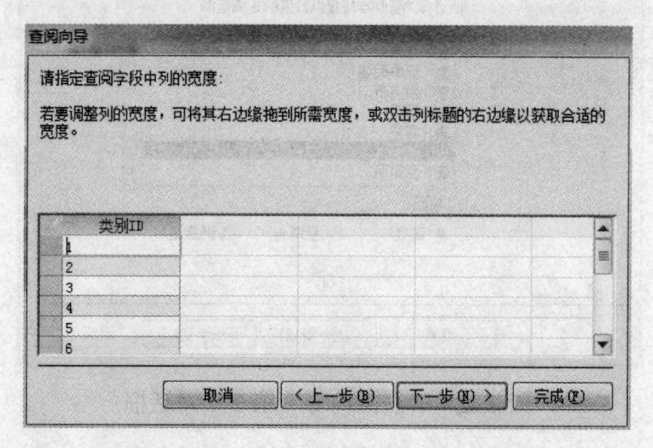

图 2.25 “查阅向导”第 5 个对话框

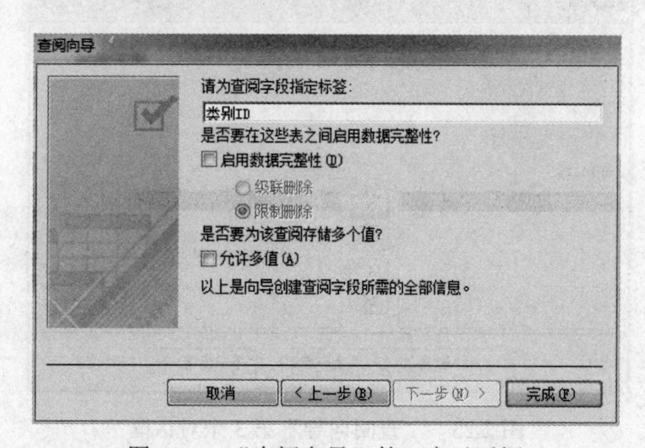

图 2.26 “查阅向导”第 6 个对话框

例 2.9 将已经建立好的 Excel 文件“供应商.xls”导入到“罗斯文”数据库中，数据表的名称为“供应商”。

步骤 1：在数据库窗口中，点击“外部数据 | excel”命令出现“获取外部数据”对话框如图 2.27 所示，点击“浏览”按钮，出现“打开”对话框，在“查找范围”中指定文件所在的文件夹，如图 2.28 所示。

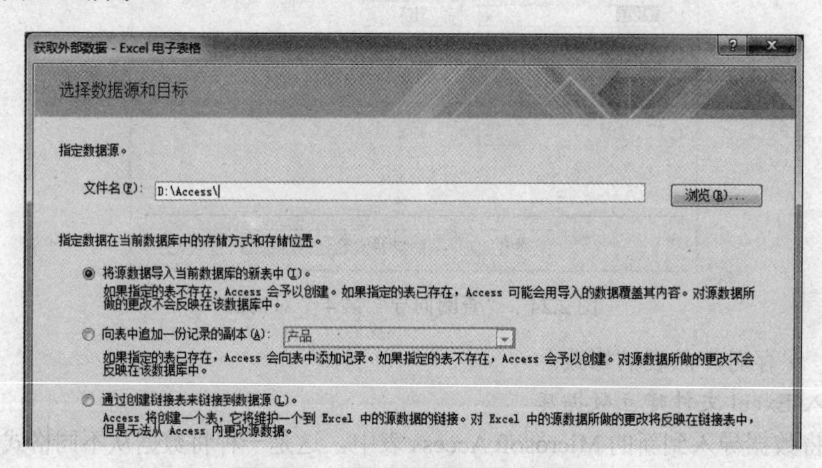

图 2.27 “获取外部数据”对话框

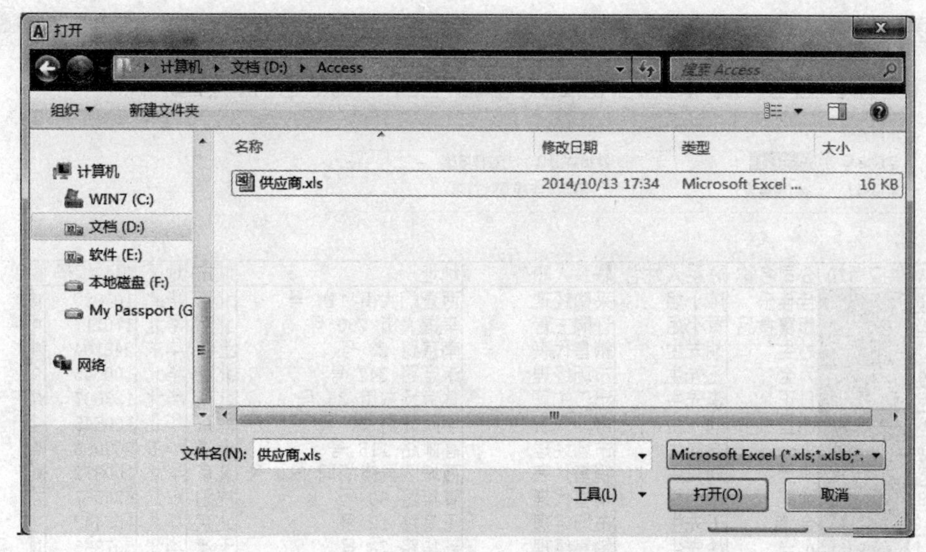

图 2.28　指定“文件类型”

步骤 2：选取“供应商.xls”文件，再单击“打开”按钮返回“获取外部数据”对话框后点击“确定”按钮。

步骤 3：在“导入数据表向导”的第 1 个对话框中选择合适的工作表，在单击“下一步”按钮，显示“导入数据表向导”的第 2 个对话框，选取“第一行包含列标题”，如图 2.29 所示。

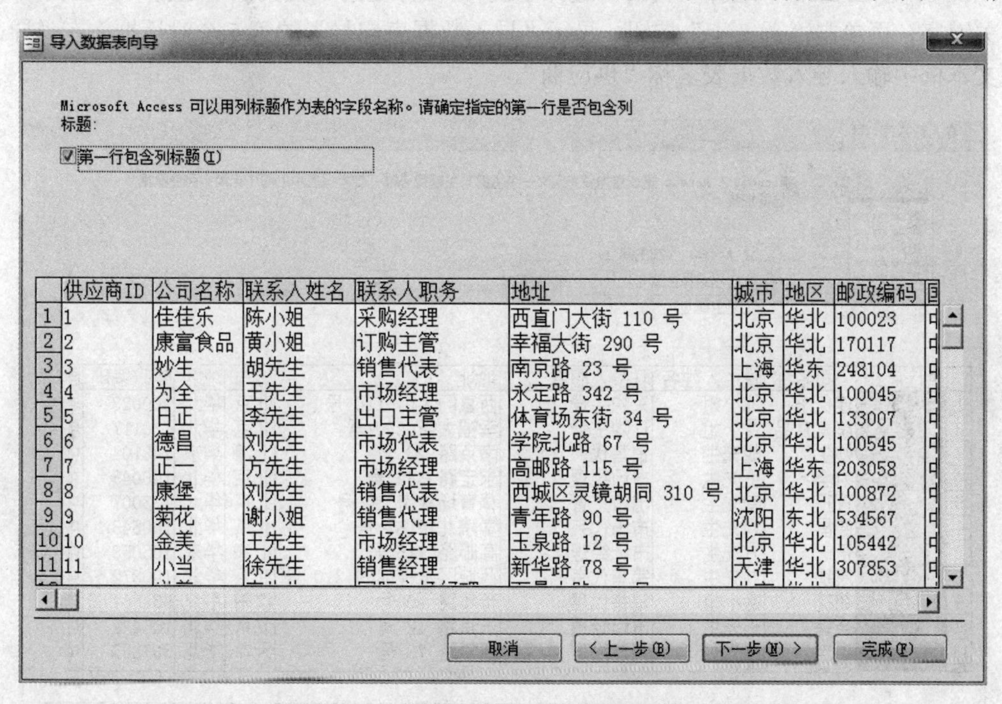

图 2.29　选取“第一行包含列标题”

步骤 4：再单击“下一步”按钮，显示“导入数据表向导”的第 3 个对话框，如图 2.30 所示。在图 2.30 中，如果不准备导入“供应商 ID”字段，在“供应商 ID”字段单击鼠标左键，在勾选“不导入字段（跳过）”，完成后单击“下一步”按钮，显示“导入数据表向导”的第 4 个对话框，如图 2.31 所示。

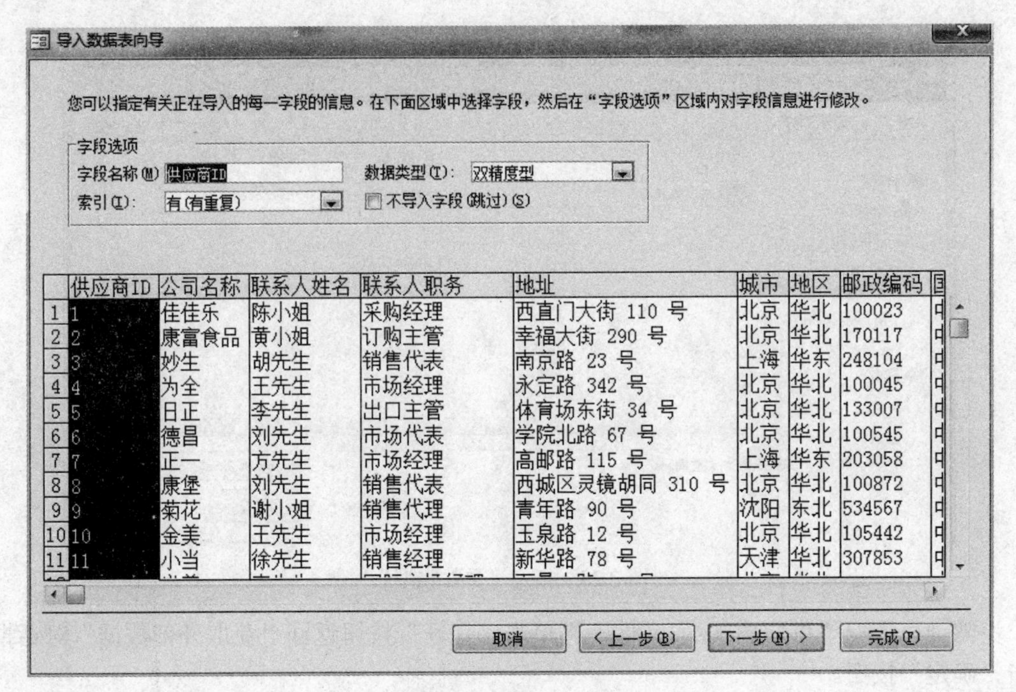

图 2.30 处理导入字段

步骤 6：在图 2.31 中选择“我自己选择主键”，在旁边的下拉列表中选择“供应商 ID”作为主关键字，再单击“下一步”按钮，显示“导入数据表向导”的第 5 个对话框，在“导入列表”文本框中输入导入数据表名称“供应商”。

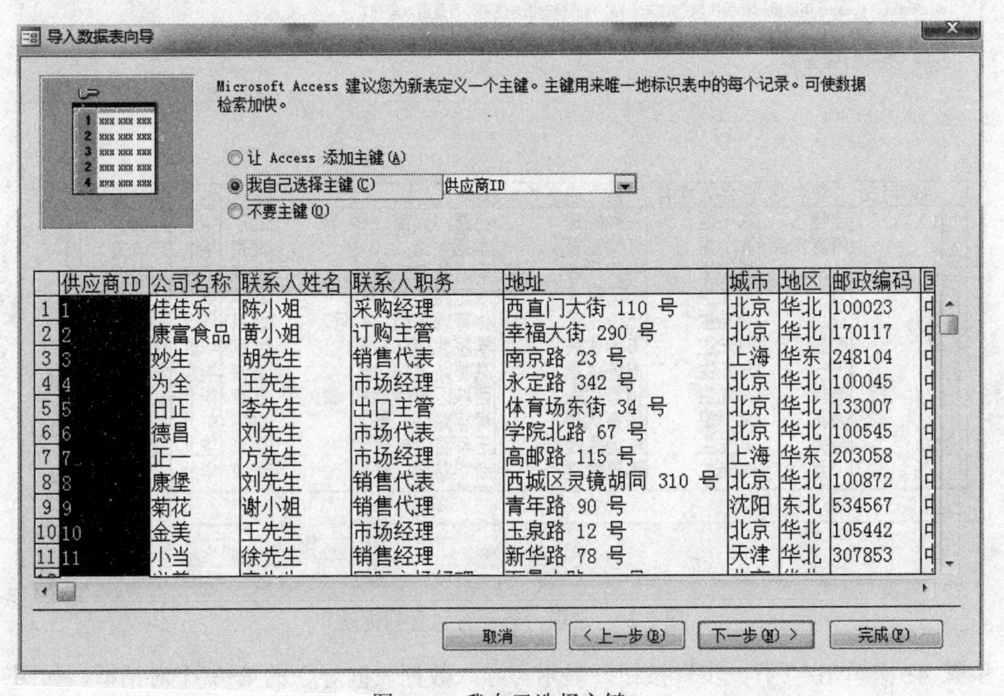

图 2.31 我自己选择主键

步骤 7：单击“完成”按钮，显示“导入数据表向导”结果提示框。提示数据导入已经完成。

完成以后，“罗斯文”数据库会增加一个名为供应商的数据表，内容是来自“供应商.xls”的数据。完成后的供应商数据表打开后如图 2.32 所示。

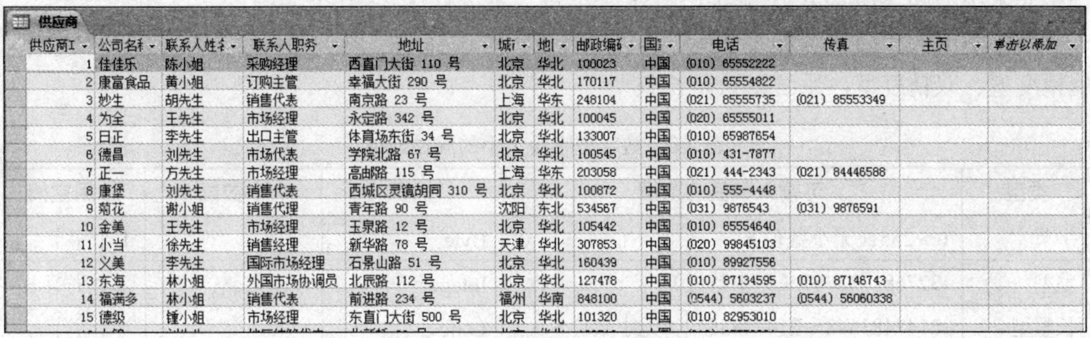

供应商

供应商I	公司名	联系人姓	联系人职务	地址	城	地	邮政编	国	电话	传真	主页	单击以添加
1	佳佳乐	陈小姐	采购经理	西直门大街 110 号	北京	华北	100023	中国	(010) 65552222			
2	康富食品	黄小姐	订购主管	幸福大街 290 号	北京	华北	170117	中国	(010) 65554822			
3	妙生	胡先生	销售代表	南京路 23 号	上海	华东	248104	中国	(021) 85555735	(021) 85553349		
4	为全	王先生	市场经理	永定路 342 号	北京	华北	100045	中国	(020) 65555011			
5	日正	李先生	出口主管	体育场东街 34 号	北京	华北	133007	中国	(010) 65987654			
6	德昌	刘先生	市场代表	学院北路 67 号	北京	华北	100545	中国	(010) 431-7877			
7	正一	方先生	市场经理	高曲路 115 号	上海	华东	203058	中国	(021) 444-2343	(021) 84446588		
8	康堡	刘先生	销售代表	西城区灵镜胡同 310 号	北京	华北	100872	中国	(010) 555-4448			
9	菊花	谢小姐	销售代理	青年路 90 号	沈阳	东北	534567	中国	(031) 9876543	(031) 9876591		
10	金美	王先生	市场经理	玉泉路 12 号	北京	华北	105442	中国	(010) 65554640			
11	小当	徐先生	销售经理	新华路 78 号	天津	华北	307853	中国	(020) 99845103			
12	义美	李先生	国际市场经理	石景山路 51 号	北京	华北	160439	中国	(010) 89927556			
13	东海	林小姐	外国市场协调员	北辰路 112 号	北京	华北	127478	中国	(010) 87134595	(010) 87146743		
14	福满多	林小姐	销售代表	前进路 234 号	福州	华南	848100	中国	(0544) 5603237	(0544) 56060338		
15	德级	锺小姐	市场经理	东直门大街 500 号	北京	华北	101320	中国	(010) 82953010			

图 2.32　导入之后的供应商表

2.2.4　设置字段属性

表结构中的每个字段都有一系列的属性定义，字段属性决定了如何存储和显示字段中的数据。每种类型的字段都有一个特定的属性集。例如，通过设置文本字段的字段大小属性来控制允许输入的最多字符数；通过定义字段的有效性规则属性来限制在该字段中输入数据的规则；对于“数字”数据类型的字段可以设置“小数位数”属性来指定小数点右边的数字位数等。

Access 为大多数属性提供了默认设置，一般能够满足用户的需要，用户也可以改变默认设置。字段的常规属性如表 2.5 所示。

表 2.5　字段的常规属性选项卡

属性	作用
字段大小	设置文本、数据类型的字段中数据的范围，可设置的最大字符数为 255
格式	控制显示和打印数据格式，选项预定义格式或输入自定义格式
小数位数	指定数据的小数位数，默认值是“自动”，范围是 0～15
输入法模式	确定当焦点移至该字段时，准备设置的输入法模式
输入掩码	用于指导和规范用户输入数据的格式
标题	在各种视图中，可以通过对象的标题向用户提供帮助信息
默认值	指定数据的默认值，自动编号和 OLE 数据类型无此项属性
有效性规则	一个表达式，用户输入的数据必须满足该表达式
有效性文本	当输入的数据不符合“有效性规则”时，要显示的提示性信息
必填字段	该属性决定是否出现 Null(空)值
允许空字符串	决定文本和备注字段是否可以等于零长度字符串("")
索引	决定是否建立索引及索引的类型
Unicode 压缩	指定是否允许对该字段进行 Unicode 压缩

下面介绍常用的字段属性的设计方法。

一、字段大小

字段大小用于设置字段的存储空间大小，只有当字段数据类型设置为“文本”或“数值”

时，这个字段的“字段大小”属性才是可设置的，其可设置的值将随着该字段数据类型的不同设定而不同。

文本类型的字段宽度范围为 1～255 个字符，系统默认为 50 个字符。

数字类型的字段宽度如表 2.6 所示，共有五种可选择的字段大小：字节、整型、长整型、单精度型、双精度型，系统默认是长整型。

表 2.6　数字型字段大小的属性取值

类型	可输入数值的范围	标识	小数位	占用空间
字节	0～255（无小数位）	Byte		1 个字节
整型	-32768～32767（无小数位）	Integer		2 个字节
长整型	-2147483648～2147483647（无小数位）	Long		4 个字节
单精度型	负值：-3.4×10^{38}～-1.4×10^{-45} 正值：1.4×10^{-45}～3.4×10^{38}	Single	7	4 个字节
双精度型	负值：-1.8×10^{308}～-4.9×10^{-324} 正值：4.9×10^{-32}～1.8×10^{308}	Double	15	8 个字节

二、格式

“格式”属性用来决定数据的打印方式和屏幕显示方式。通过格式属性可设置“自动编号”、“数字”、“货币”、“日期/时间”和“是/否”数据类型的显示格式。“格式”属性只影响值如何显示，而不影响在表中值如何存储。不同数据类型的字段，其“格式”选择有所不同，如表 2.7 所示，应注意区分。

表 2.7　各种数据类型可选择的格式

日期/时间		数字/货币		文本/备注		是/否	
设置	说明	设置	说明	设置	说明	设置	说明
常规日期	1983-5-9 15:38:30	常规数字	3456.789	@	要求文本字符	真/假	-1 为 True，0 为 False
长日期	1983 年 5 月 9 日	货币	￥3456.79	&	不要求文本字符	是/否	-1 为是，0 为否
中日期	83-05-09	美元	$3456.79	<	使所有字符变为小写	开/关	-1 为开，0 为关
短日期	1983-5-9	固定	3456.79	>	使所有字符变为大写		
长时间	15:38:30	标准	3,456.79	!	使所有字符由左向右填充		
中时间	下午 3:38	百分比	123.00%				
短时间	15:38	科学计数	3.46E+03				

三、默认值

“默认值”是一个非常有用的属性。使用“默认值”属性可以指定在添加新记录时自动输入的值。在一个数据库中，往往会有一些字段的数据相同或含有相同的部分，如学生表中的

"性别"字段只有"男"、"女"两种值，这种情况就可以设置一个默认值，减少输入量。

下面通过例 2.10～例 2.11 来说明如何设置"字段大小"、"格式"及"默认值"属性。

例 2.10　将雇员表中"姓氏"字段的"字段大小"设置为 4，"尊称"字段的"默认值"设置为"女士"，"生日"字段的"格式"设置为"yyyy-mm-dd"格式。

步骤 1：在数据库窗口中，单击"表"对象。

步骤 2：双击雇员表，然后单击"表格工具 | 视图 | 设计视图"按钮，屏幕显示雇员表的设计视图。

步骤 3：单击"姓氏"字段的任一列，则在"字段属性"区中显示出该字段的所有属性。在"字段大小"文本框中输入"4"，如图 2.33 所示。

雇员

字段名称	数据类型	
雇员ID	自动编号	自动赋予新雇员的编号。
姓氏	文本	
名字	文本	
密码	文本	
职务	文本	雇员的职务。
尊称	文本	礼貌的称呼。
出生日期	日期/时间	
雇用日期	日期/时间	
地址	文本	街道或邮政信箱。
城市	文本	
地区	文本	州或省。
邮政编码	文本	
国家	文本	
家庭电话	文本	电话号码包括国家代号或区号。

常规　查阅

字段大小	4
格式	
输入掩码	
标题	姓氏
默认值	
有效性规则	
有效性文本	

图 2.33　设置"字段大小"属性

步骤 4：单击"尊称"字段的任一列，则在"字段属性"区中显示出该字段的所有属性。在"默认值"文本框中输入"女士"，如图 2.34 所示。

雇员

字段名称	数据类型	
雇员ID	自动编号	自动赋予新雇员的编号。
姓氏	文本	
名字	文本	
密码	文本	
职务	文本	雇员的职务。
尊称	文本	礼貌的称呼。
出生日期	日期/时间	
雇用日期	日期/时间	
地址	文本	街道或邮政信箱。
城市	文本	
地区	文本	州或省。
邮政编码	文本	
国家	文本	
家庭电话	文本	电话号码包括国家代号或区号。

常规　查阅

字段大小	25
格式	
输入掩码	
标题	尊称
默认值	"女士"

图 2.34　设置"默认值"属性

步骤 5：单击“出生日期”字段的任一列，则在“字段属性”区中显示出该字段的所有属性。单击“格式”属性框，选择右侧向下箭头按钮，可以看到系统提供了 7 种日期/时间格式。由于系统提供的日期/时间格式没有要求的“yyyy-mm-dd”格式，所以直接在“格式”属性框中输入“yyyy-mm-dd”，如图 2.35 所示。

雇员

字段名称	数据类型	
雇员ID	自动编号	自动赋予新雇员的编号。
姓氏	文本	
名字	文本	
密码	文本	
职务	文本	雇员的职务。
尊称	文本	礼貌的称呼。
出生日期	日期/时间	
雇用日期	日期/时间	
地址	文本	街道或邮政信箱。
城市	文本	
地区	文本	州或省。
邮政编码	文本	
国家	文本	
家庭电话	文本	电话号码包括国家代号或区号。

常规 查阅

格式	yyyy-mm-dd	
输入掩码	常规日期	2007/6/19 17:34:23
标题	长日期	2007年6月19日
默认值	中日期	07-06-19
有效性规则	短日期	2007/6/19
有效性文本	长时间	17:34:23
必需	中时间	5:34 下午
索引	短时间	17:34

图 2.35　设置字段“格式”属性

例 2.11　将订单明细表中“折扣”字段的“字段大小”设置为“单精度型”，“格式”属性设置为“百分比”，小数位数为 0。默认值设置为“0”。

步骤 1：在数据库窗口中，单击“表”对象。

步骤 2：双击订单明细表，然后单击“表格工具 | 视图 | 设计视图”按钮，屏幕显示订单明细表的设计视图。

步骤 3：单击“折扣”字段的任一列，则在“字段属性”区中显示出该字段的所有属性。单击“字段大小”属性框，选取“单精度型”；再将“格式”属性设置为“百分比”，小数位数改为 0，默认值文本框中输入 0，结果如图 2.36 所示。

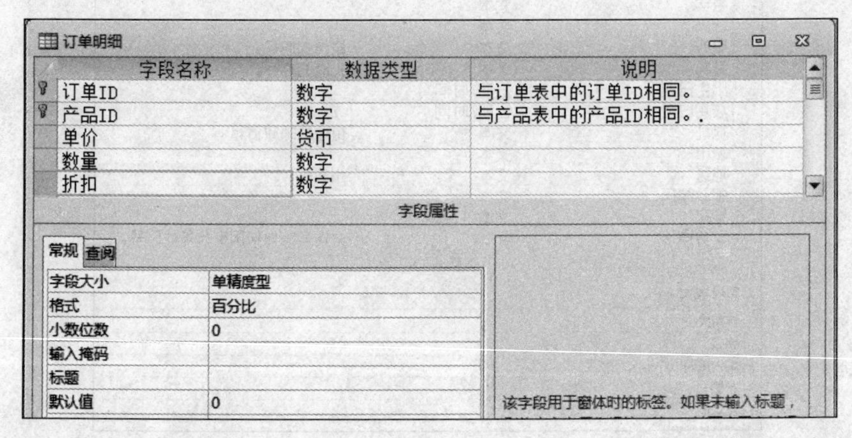

订单明细

字段名称	数据类型	说明
订单ID	数字	与订单表中的订单ID相同。
产品ID	数字	与产品表中的产品ID相同。.
单价	货币	
数量	数字	
折扣	数字	

字段属性

常规 查阅

字段大小	单精度型
格式	百分比
小数位数	0
输入掩码	
标题	
默认值	0

该字段用于窗体时的标签。如果未输入标题，

图 2.36　更改数字类型的“字段大小”、“格式”、“默认值”属性

四、输入掩码

“输入掩码”属性是用来设置用户输入字段数据时的格式。在输入数据时，经常会遇到有些数据有相对固定的书写格式。例如，电话号码书写为“(0746)-6398766”。如果使用手动方式重复输入这种固定格式的数据，显然非常麻烦。此时，可以定义一个输入掩码，将格式中不变的符号固定成格式的一部分，这样在输入数据时，只需输入变化的值即可。“输入掩码”属性可用于“文本”、“数字”、“日期/时间”和“货币型”字段。

例 2.12 为运货商表中“电话”字段设置“输入掩码”，以保证用户只能输入 4 位区号或者 3 位国家代号加 1 个空格和 7 位数字的电话号码，区号或国家代号放在括号内，与电话号码之间用“-”分隔。

步骤 1：在数据库窗口中，单击“表”对象。

步骤 2：双击运货商表，然后单击“表格工具 | 视图 | 设计视图”按钮，屏幕显示运货商表的设计视图。

步骤 3：单击“电话”字段的任一列，则在“字段属性”区中显示出该字段的所有属性。单击“输入掩码”属性框，输入“(0009)-0000000”,表示可以输入 4 位区号或者 3 位国家代号加一个空格和 7 位数字（必须是 7 位）的电话号码，如图 2.37 所示。

运货商

字段名称	数据类型	
运货商ID	自动编号	自动赋予新运货商的编号。
公司名称	文本	运货公司名称。
电话	文本	电话号码包括国家代号或区号。.

字段属性

常规 查阅

字段大小	24
格式	
输入掩码	(0009)-0000000
标题	
默认值	
有效性规则	
有效性文本	

图 2.37 “电话”字段“输入掩码”属性设置

步骤 4：单击工具栏上的视图按钮，切换到运货商表的数据表视图，如果“电话”字段没有输入数据时，当光标移入该字段时，皆显示“(___)___-___”格式。

如果字段的数据类型为“文本”和“日期/时间”型的，可以用“输入掩码向导”帮助设置，具体操作为单击“输入掩码”右边的“...”按钮，打开“输入掩码向导”对话框，如图 2.38 所示。可以从列表中选择需要的掩码，也可以单击“编辑列表”按钮，打开“自定义‘输入掩码向导’”对话框，创建自定义的输入掩码。当然也可以在“输入掩码”栏中自己输入。特别注意“密码”掩码，当需要在数据表视图中输入的数据以“*”形式出现时，可以选用“密码”掩码的形式。或者在该字段的“字段属性”区中，单击“输入掩码”属性框，输入“密码”或“PASSWORD”。

“输入掩码”属性集由字面字符（如空格、点、点划线和括号等）和决定输入数值的类型的特殊字符组成。输入掩码属性所用字符及含义如表 2.8 所示。

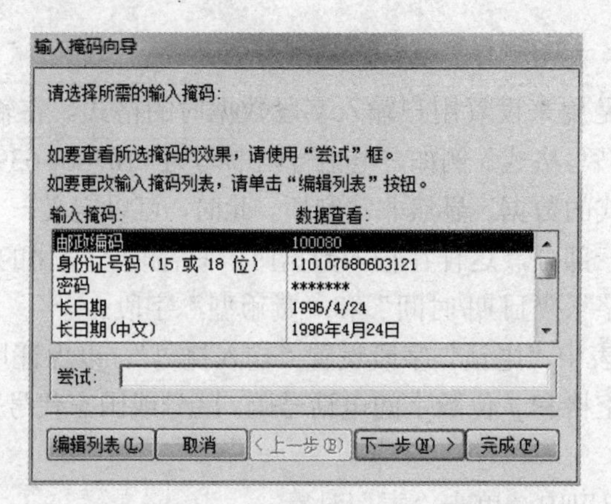

图 2.38 “输入掩码”向导对话框

表 2.8 输入掩码属性所使用字符的含义

字符	说明
0	必须输入数字（0~9）
9	可以选择输入数字或空格
#	可以选择输入数据、空格、加号或减号，如果没有输入会存储空格
L	必须输入字母（A~Z）
?	可以选择输入字母（A~Z），如果没有输入则不存储任何内容
A	必须输入字母或数字
a	可以选择输入字母或数字，如果没有输入则不存储任何内容
&	必须输入一个任意的字符或一个空格
C	可以选择输入一个任意的字符或一个空格，如果没有输入则不存储任何内容
. : ; - /	小数点占位符及千位、日期与时间的分隔符（实际的字符将根据 Windows 控制面板中“区域设置属性”的设置而定）
>	将所有字符转换为小写
<	将所有字符转换为大写
!	使输入掩码从右到左显示，而不是从左到右显示
\	使接下来的字符以原义字符显示（例如，\A 只显示 A）

五、定义“有效性规则”和“有效性文本”

“有效性规则”是指一个表达式，用户输入的数据必须满足该表达式，使表达式的值为真，当焦点离开此字段时，Access 会检测输入的数据是否满足“有效性规则”，利用该属性可以防止非法数据输入到表中。

“有效性文本”的设定内容是当输入值不满足“有效性规则”时，系统提示的信息。“有效性规则”和“有效性文本”通常是结合起来使用的。

常用的运算符如表 2.9 所示。

例 2.13 设置订单明细表中“折扣”字段的“有效性规则”为“Between 0 And 1”；出错的提示信息为：“您必须输入一个 1-100 之间带百分号的值或 0-1 之间的小数。”。

步骤 1：在数据库窗口中，单击“表”对象。

表 2.9　在“有效性规则”中使用的运算符

运算符	意义	运算符	意义
<	小于	<=	小于等于
>	大于	>=	大于等于
=	等于	<>	不等于
In	所输入数据必须等于列表中的任意成员	Between	“Between A and B”代表所输入的值必须在 A 和 B 之间
Like	必须符合与之匹配的标准文本样式		

步骤 2：双击订单明细表，然后单击“表格工具｜视图｜设计视图”按钮，屏幕显示运订单明细表的设计视图。

步骤 3：单击“折扣”字段的任一列，则在“字段属性”区中显示出该字段的所有属性。在“有效性规则”文本框中输入“Between 0 And 1”，在“有效性文本”文本框中输入“您必须输入一个 1-100 之间带百分号的值或 0-1 之间的小数。”，如图 2.39 所示。

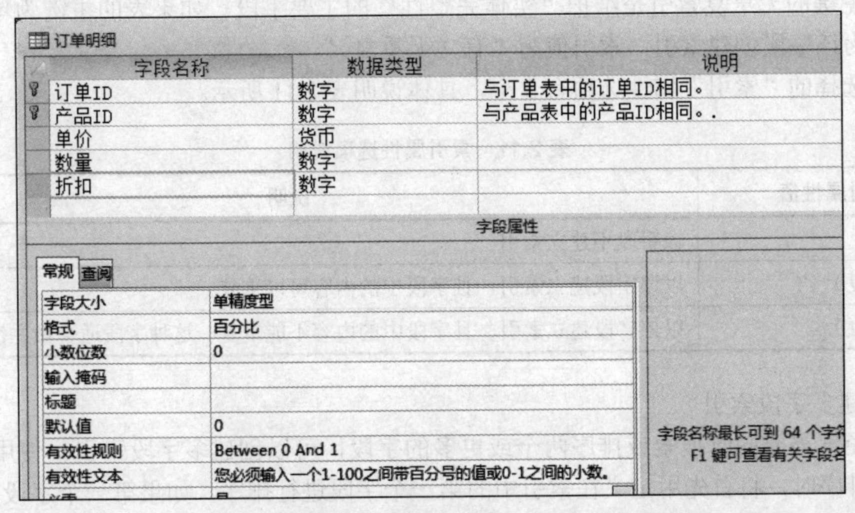

图 2.39　设置“有效性规则”和“有效性文本”

常用的有效性规则和有效性文本示例如表 2.10 所示。

表 2.10　常用的有效性规则和有效性文本示例

有效性规则	有效性文本
<>0	必须是非零值
>1000 Or Is Null	必须为空值或大于 1000
<#1/1/2010#	必须是 2010 年之前的日期
>= #1/1/2008# and <#1/1/2009#	必须是在 2008 年内的日期
In (“A”, “B”, “C”, “D”, “E”)	必须是 A、B、C、D、E 其中的一个
Like “C???”	必须是以 C 开头的 4 个字符
Like “万*”	必须姓万

六、索引

索引实际上是一种逻辑排序，它并不改变数据表中数据的物理顺序。建立索引的目的有助于快速查找和排序记录。表的索引就如同书的目录，表的索引可以按照一个或一组字段值的顺序对表中记录的顺序进行重新排列，从而加快数据检索的速度。可以建立索引属性字段的数据类型为“文本”、“数字”、“货币”或“日期/时间”。

Access 允许用户基于单个字段或多个字段创建记录的索引，一般可以将经常用于搜索或排序的单个字段设置为单字段索引；如果要同时搜索或排序两个或两个以上的字段，可以创建多字段索引，多字段索引能够区分与前一个字段值相同的不同记录。

1. 创建单字段索引

例 2.14 为订单表创建索引，索引字段为“订单 ID”。

步骤 1：用设计视图打开订单表，单击“订单 ID”字段，则在“字段属性”区中显示出该字段的所有属性。

步骤 2：单击“索引”属性，然后单击右侧向下箭头按钮，从打开的下拉列表框中选择“有（无重复）”选项。

作为主键的无重复索引是维护“实体完整性”的主要手段。如果表的主键为单一字段，系统自动为该字段创建索引，索引值为“有（无重复）”。

可以选择的“索引”属性选项有 3 个，具体说明表 2.11 所示。

表 2.11 索引属性选项说明

索引属性值	说明
无	该字段不建立索引
有（有重复）	以该字段建立索引，且字段中的内容可以重复
有（无重复）	以该字段建立索引，且字段中的内容不能重复。这种字段适合做主键

2. 创建多字段索引

如果经常需要同时搜索或排序两个或更多的字段，可以创建多字段索引。使用多个字段索引进行排序时，将首先用定义在索引中的第一个字段进行排序，如果第一个字段有重复值，再用索引中的第二个字段排序，以此类推。

例 2.15 为雇员表创建多字段索引，索引字段包括“姓氏”、“名字”和“出生日期”。

步骤 1：用设计视图打开雇员表，单击“表格工具 | 设计 | 索引”按钮，打开“索引”对话框。

步骤 2：单击“索引名称”列的第二行，输入索引名称 XMDATE。

步骤 3：单击“字段名称”列的第二行，然后单击右侧向下箭头按钮，从打开的下列列表框中选择“姓氏”字段，将光标移到下一行，用同样方法将“名字”字段和“出生日期”字段加入到“字段名称”列。“排序次序”列都沿用默认的“升序”排列方式。设置结果如图 2.40 所示。

七、其他属性

1. 标题

设置“标题”属性值将取代字段名称在显示表中数据时的位置。即在显示表中数据时，表中列的栏目名称将显示“标题”属性值，而不显示“字段名称”值。字段名和字段标题可以不同，但数据库中只认识表结构中定义的字段名称。

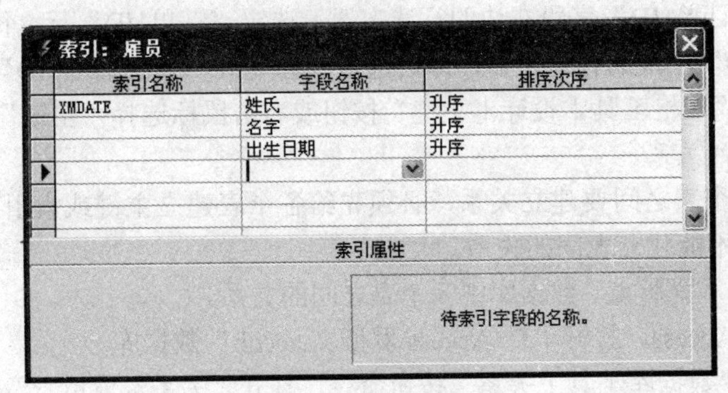

图 2.40　设置多字段索引

2. 必填字段

“必填字段”属性指定该字段是否必须输入数据。当取值为“否”时，可以不输入数据，即允许该字段有空值。一般情况下，表中设置为主键的字段，应设置该属性为“是”，可以提醒用户执行正确的操作。

3. 允许空字符串

该属性仅对文本型字段有效，取值只有“是”和“否”两项，当设置为“是”时，表示本字段中可以不填写任何字符。

4. Unicode 压缩

该属性可以设定是否对“文本”、“备注”或“超链接”字段中的数据进行压缩，目的是为了节约存储空间。

5. 输入法模式

常用的有“开启”和“关闭”选项。若选择“开启”，则在向表中输入数据时，一旦该字段获得焦点，将自动打开设定的输入法。

2.2.5　建立表之间的关系

前面已经介绍了创建数据库的表的基本方法，并且建立了数据库和表。在 Access 中要想管理和使用好表中的数据，就应建立表与表之间的关系，只有这样，才能将不同表中的相关数据联系起来，也才能为建立查询、创建窗体或报表打下良好的基础。

一、设置主键

主键，也叫主关键字，是唯一能标识一条记录的字段或字段的组合。指定了表的主键后，在表中输入新记录时，系统会检查该字段是否有重复数据。如果有，则禁止重复数据输入到表中。同时，系统也不允许主关键字段中的值为 Null。

一般在创建表的结构时，就需要定义主键，否则在保存操作时系统会询问是否要创建主键。如果选择“是”，系统将自动创建一个“自动编号（ID）”字段作为主键。该字段在输入记录时会自动输入一个具有唯一顺序的数字。

例 2.16　设置订单明细表的主键。

步骤 1：在数据库窗口中，单击“表”对象。

步骤 2：双击订单明细表表，然后单击“表格工具｜视图｜设计视图”按钮，屏幕显示订单明细表的设计视图。

步骤 3：分析订单明细表，该表的主键应是由“订单 ID”和“产品 ID”两个字段构成的联合主键。单击“订单 ID”字段左边的行选定器，选定“订单 ID”行，再按下“Ctrl”键不放，单击“产品 ID”字段的行选定器，即可选定“订单 ID”和“产品 ID”两个字段。

步骤 4：单击“表格工具｜设计｜主键”按钮或右击鼠标选择“主键”选项命令。

二、建立表间的关系

数据库中的多个表之间要建立关系，必须先给各个表建立主键或索引，并且要关闭所有打开的表。否则，不能建立表间的关系。

例 2.17 定义“罗斯文”数据库中 8 个表之间的关系。

步骤 1：启动 Access，打开“D:\Access\罗斯文.accdb”数据库。

步骤 2：选择“数据库工具｜关系”按钮命令，打开“关系”窗口，然后单击工具栏上的“显示表”按钮，打开如图 2.41 所示的“显示表”对话框。

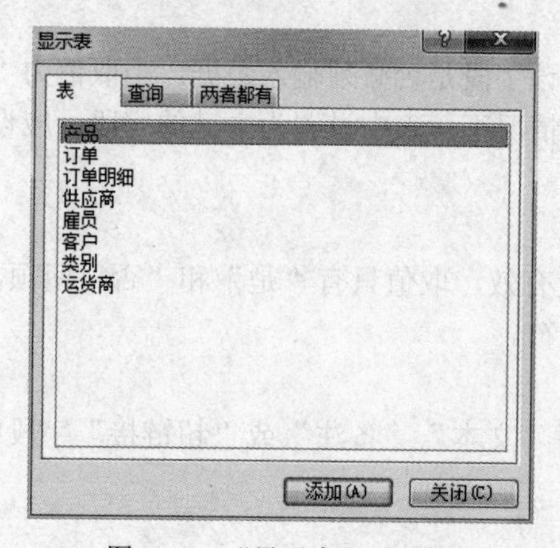

图 2.41 “显示表”对话框

步骤 3：在“显示表”对话框中，单击“产品”表，然后单击“添加”按钮，接着使用同样的方法将“订单”、“订单明细”、“供应商”、“雇员”、“客户”、“类别”和“运货商”表添加到“关系”窗口中。

步骤 4：选定产品表中的“产品 ID”字段，然后按下鼠标左键并拖曳到订单明细表中的“产品 ID”字段上，松开鼠标，屏幕显示如图 2.42 所示的“编辑关系”对话框。

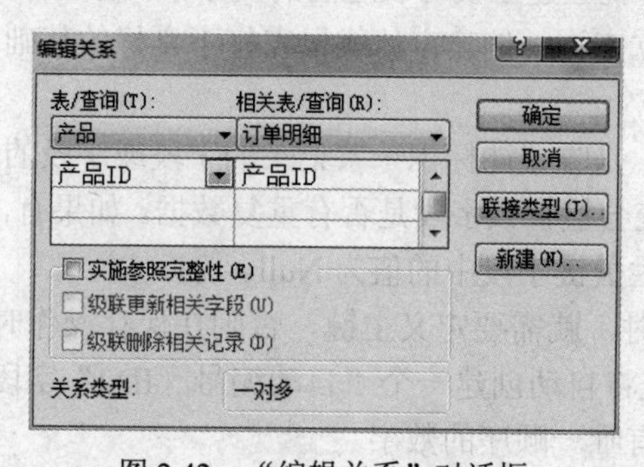

图 2.42 “编辑关系”对话框

步骤 5：用同样的方法，依次建立其他几个表间的关系，关系窗口如图 2.43 所示。单击“关闭”按钮，这时 Access 询问是否保存布局的修改，单击“是”按钮，即可保存所建的关系。

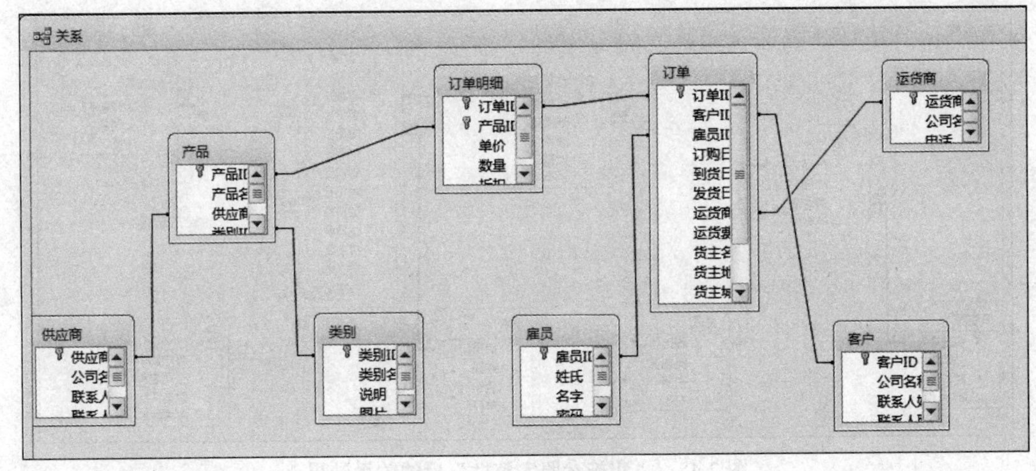

图 2.43　建立关系结果

三、实施参照完整性

参照完整性是在输入或删除记录时，为维持表之间已定义的关系而必须遵循的规则。在定义表之间的关系时，应设立一些准则，这些准则将有助于数据的完整。

如果实施了参照完整性，那么当主表中没有相关记录时，就不能将记录添加到相关表中，也不能在相关表中存在匹配的记录时删除主表中的记录，更不能在相关表中有相关记录时，更改主表中的主键值。也就是说，实施了参照完整性后，对表中主键字段进行操作时系统会自动地检查主键字段，看看该字段是否被添加、修改或删除了。如果对主键的修改违背了参照完整性的要求，那么系统会自动强制执行参照完整性。

例 2.18　通过实施参照完整性，修改“罗斯文”数据库中 8 个表之间的关系。

步骤 1：在例 2.17 的基础上，单击工具栏上的“关系”按钮，打开“关系”窗口。

步骤 2：在图 2.43 中，单击产品表和订单明细表间的连线，此时连线变粗，然后在连线处单击右键，弹出快捷菜单。在快捷菜单中选择“编辑关系”选项，屏幕显示“编辑关系”对话框，如图 2.44 所示。

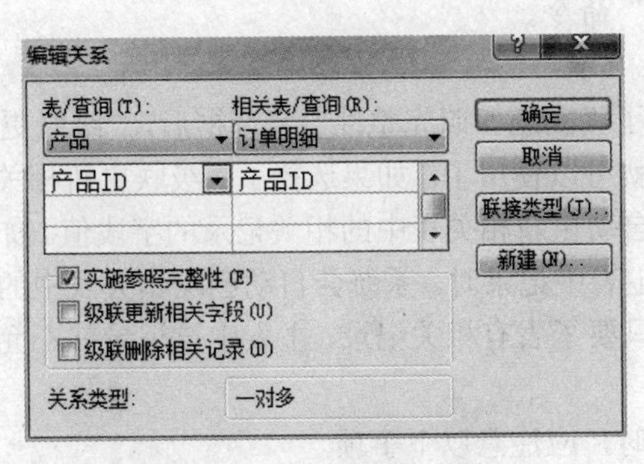

图 2.44　实施参照完整性

步骤 3：在图中选择“实施参照完整性”复选框。保存建立完成的关系，这时看到的“关系”窗口如图 2.45 所示，两个数据表之间显示如∞ 1的线条。

四、子数据表

子数据表是指在一个数据表视图中显示已与其建立关系的数据表视图，显示形式如图 2.46 所示。

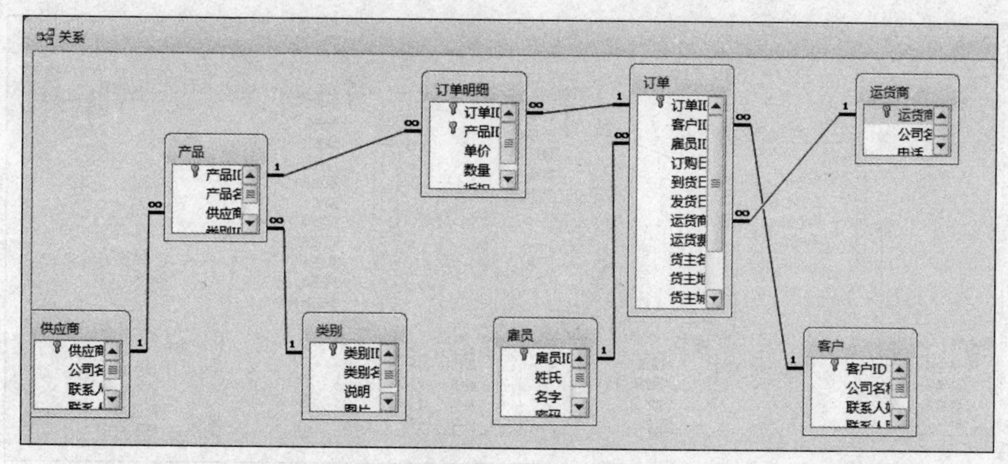

图 2.45　“实施参照完整性”后的关系结果

订单

	订单ID	客户ID	雇员ID	订购日期	到货日期	发货日期	运货商	运货费	货主名称	货主地址
⊟	10246	VINET	5	1996-07-04	1996-08-01	1996-07-16	3	￥32.38	余小姐	光明北路 124 号

	产品ID	单价	数量	折扣	单击以添加
	17	￥14.00	12	0%	
	42	￥9.80	10	0%	
	72	￥34.80	5	0%	
*		￥0.00	1	0%	

	订单ID	客户ID	雇员ID	订购日期	到货日期	发货日期	运货商	运货费	货主名称	货主地址
⊞	10249	TOMSP	6	1996-07-05	1996-08-16	1996-07-10	1	￥11.61	谢小姐	青年东路 543 号
⊞	10250	HANAR	4	1996-07-08	1996-08-05	1996-07-12	2	￥65.83	谢小姐	光化街 22 号
⊞	10251	VICTE	3	1996-07-08	1996-08-05	1996-07-15	1	￥41.34	陈先生	清林桥 68 号
⊞	10252	SUPRD	4	1996-07-09	1996-08-06	1996-07-11	2	￥51.30	刘先生	东管西林路 87 号
⊞	10253	HANAR	3	1996-07-10	1996-07-24	1996-07-16	2	￥58.17	谢小姐	新成东 96 号
⊞	10254	CHOPS	5	1996-07-11	1996-08-08	1996-07-23	2	￥22.98	林小姐	汉正东街 12 号
⊞	10255	RICSU	9	1996-07-12	1996-08-09	1996-07-15	3	￥148.33	方先生	白石路 116 号

图 2.46　子数据表显示形式

在建有关系的主数据表视图上，在未显示子数据表时，关联标记内为一个“+”号，此时单击“+”号，可以显示该记录对应的子数据表记录，该记录左侧的关联标记内变为一个“-”号，如图 2.46 所示。若需展开所有记录的子数据表，可选择“格式”菜单中“子数据表”级联菜单下的“全部展开”命令；若需折叠展开的子数据表，可选择“格式”菜单中“子数据表”级联菜单下的“全部折叠”命令。

五、使用级联显示

如图 2.44，如果选择了“实施参照完整性”复选框后，“级联更新相关字段”和“级联删除相关记录”两个复选框就可以使用了。如果选择了“级联更新相关字段”复选框，则当更新主表中主键值时，系统会自动更新相关表中的相关记录的字段值。如果选择了“级联删除相关记录”复选框，则当删除主表中记录时，系统会自动删除相关表中的所有相关的记录。如果上述两个复选框都不选，则只要子表有相关记录，主表中该记录就不允许删除。所以两个复选框共有四种条件组合。

在建立表之间的关系时，应注意以下事项。

- 确定没有记录

建议在没有记录时建立关系。否则，若选择了较严格的条件，如“参照完整性”，有时就无法建立关系。因为关系建立后，Access 会立即在两个数据表内检查记录是否合法。

- 确定关系双方的字段及意义

也就是必须经过系统分析，确切了解为何要在两个数据表间建立关系，每个关系才有意义。

- 双方字段类型需相同

关系双方都是字段，其类型必须相同，如全为“文本”、“数字”或“日期/时间”等，除了类型必须相同外，字段名称可以不同。

2.3　维护表

在创建数据库和表时，由于种种原因，表的结构设计可能不尽合理，有些内容不能满足实际需要。另外，随着数据库的不断使用，也需要增加一些内容或删除一些内容。为了使数据库中的表在结构上更加合理，内容更新、使用更有效，就需要经常对表进行维护。

2.3.1　维护表结构

在使用数据表之前，应该认真考查表的结构，查看表的设计是否合理，然后才能向表中输入数据或者基于表创建其他的数据库对象。表是数据库的基础，对表结构的修改会对整个数据库产生较大的影响。例如，若修改了某个表的字段的属性，就可能使系统中与之相关的查询、窗体和报表不能正常工作。因此，对表结构的修改应该慎重，最好事先备份。

对表结构的修改是在表设计视图中进行的，主要包括添加字段、删除字段、改变字段顺序及更改字段属性。

一、添加字段

添加新字段的操作步骤如下：

步骤 1：以设计视图方式打开表的结构，在表设计区单击要插入新行的位置。

步骤 2：执行“表格工具｜设计｜插入行”命令，或者单击鼠标右键，执行快捷菜单的“插入行”命令，即可在当前字段之前出现一个空行。

步骤 3：通过输入字段名、数据类型、说明（可选）及其他特定属性，定义一个新字段。

二、删除字段

删除字段的操作步骤如下：

步骤 1：以设计视图方式打开表的结构，在表设计区单击要删除的字段名。

步骤 2：执行“表格工具｜设计｜删除行”命令，或单击鼠标右键，执行快捷菜单的“删除行”命令，即可删除该字段，同时也删除该字段中的数据。

三、移动字段的位置

移动字段位置的操作可以在设计视图中进行，也可以在数据表视图中进行，方法类似。下面仅介绍第一种方法的操作步骤：

步骤 1：在数据表设计视图中，单击要移动的字段行选择器。

- 如果要选择一个字段，单击此字段行选择器以选中该行。
- 如果要选定相邻的连续多行（字段），可单击第 1 个字段所在的行选择器，并拖动鼠标到选定范围的末尾（即最后 1 个要选的字段）再释放鼠标。

步骤 2：再次单击并拖动行选择器把字段移动到新位置，释放鼠标。

四、更改字段的数据类型

有些情况下，字段所设置的数据类型已不再适合需要，需要更改已经包含有数据的字段数据类型。在使用字段的“数据类型”列将当前数据类型转换为另一种类型之前，要事先考虑更改可能对整个数据库造成的影响，因此，在对包含数据的表进行数据类型的修改之前，应先做好表的备份工作。

在表设计视图中，可方便地修改字段的数据类型。

五、修改字段的属性

字段属性是一个字段的特征集合，它们控制着字段如何工作。在表设计视图中，通过字段属性区的“常规”与“查阅”选项卡，可以修改或重新设置字段的各项属性。

2.3.2 维护表的内容

维护表内容的操作均是在数据表视图中进行的，主要包括添加、删除和修改记录等操作。

在数据表视图中编辑数据记录时，可以通过观察记录最左端的“记录选择器”来获得有关记录的信息。一般有 3 种指示符表示不同的含义：

（1）当前记录指示符：在记录最左端出现一个向右的箭头，表示当前用户正准备处理的记录。

（2）编辑记录指示符：在记录最左端出现一个铅笔状标志，表示用户正在编辑修改该记录，并且尚未保存。

（3）新记录指示符：在记录最左端出现一个星号，用于表示这是一个假设追加记录，通常是空的。

如图 2.47 所示，这是位于数据表视图左下方的“记录定位导航器”，其中包括“第一条记录”、“上一条记录”、“当前记录号”、“下一条记录”、“最后一条记录”和“新（空白）记录”等按钮，用这些按钮可以很方便地浏览并修改表中所有记录，尤其是对于拥有大量记录的数据表是非常有用的。

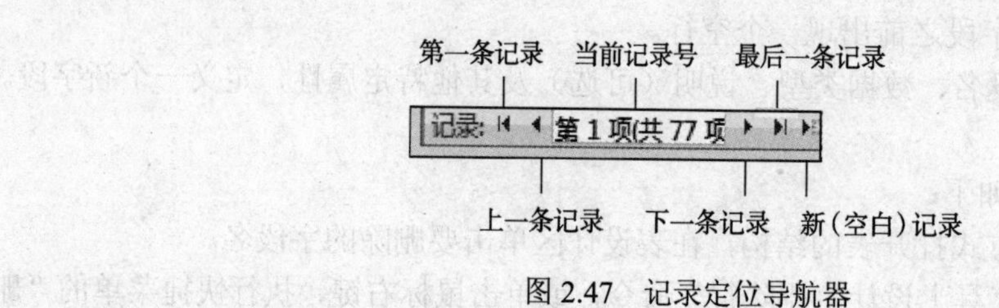

图 2.47 记录定位导航器

一、添加记录

添加新记录就是在表的末端增加新的一行。将光标定位到位于数据表末尾的新记录，使之成为当前记录的方法有以下 4 种：

（1）鼠标直接单击最后 1 行的假定追加记录（该行首的标志为*）。

（2）单击“记录定位导航器”上的“新（空白）记录”按钮。

（3）单击主窗口上的“开始 | 新建”按钮。

（4）单击开始选项卡上的“转至”按钮，在下拉菜单中选择“新建”选项。

无论采用哪一种方法，都会使数据表的最后一行的行首标志改变为，这个标志标记的记录称为当前记录。所有的数据编辑操作都会是在当前记录中进行的，所以后续的修改操作都需要首先指定当前记录。

二、删除记录

在 Access 数据库的数据表视图中，可以在任何时候删除表中的任意一条记录，但是记录一旦删除，就不能再恢复，所以在执行此项操作时，一定要慎重。删除记录的操作步骤如下：

（1）选择记录使之成为当前记录。在“数据表”视图中用鼠标单击要删除记录的行选择器。

（2）执行主窗口“开始｜删除”命令，或直接按 Delete 键，将选中的记录删除。删除之前系统会弹出警示信息框，以确认删除记录的操作。

三、修改记录

Access 数据表视图是一个全屏幕编辑器，只需将光标移动到所需修改的数据处就可以修改光标所在处的数据。在任何一个表格单元中，修改数据的操作如同在文本编辑器中编辑字符的操作。

用鼠标单击要修改的字段值，进行修改时，该记录选择器上出现，表示用户正在修改该记录，且未保存，按回车，或单击“保存”按钮，即可保存修改。

2.3.3　修饰表的外观

对表设计的修改将导致表结构的变化，会对整个数据库产生影响。但如果只是针对数据表视图的外观形状进行修改，则只影响数据在数据表视图中的显示，而对表的结构没有任何影响。实际上，可以根据操作者的个人喜好或工作上的实际需求，自行修改数据表视图的格式，包括数据表的行高和列宽、字体、样式等格式的修改与设定。

一、数据字体及数据表格式的设定

数据表视图中的所有字体（包括字段数据和字段名）设置，其默认值均为宋体、常规、小五号字、黑色、无下划线。若需要更改数据表视图的数据显示字体，可以执行“开始”选项卡中文本格式区域的命令进行设置。若需要设置数据表的格式，可以点击开始菜单项中的文本格式区域右下角的按钮，在随之打开的设置数据表格式对话框中进行设置。

二、设置行高和列宽

在数据表视图中可以调整字段显示的宽度和高度。可以勾选“开始｜其他｜字段宽度｜最佳匹配”选项命令，调整字段显示宽度。也可以用鼠标或菜单命令调整字段的显示高度。

使用鼠标调整字段显示高度的操作步骤如下：

步骤 1：在数据库窗口中单击“表”对象，双击所需的表。

步骤 2：将鼠标指针放在表中任意两行选定器之间，这时鼠标指针变为双箭头。

步骤 3：按住鼠标左键，拖动鼠标上下移动。当调整到所需高度时，松开鼠标左键。

使用菜单命令的操作步骤如下：

步骤 1：在数据库窗口中单击“表”对象，双击所需的表。

步骤 2：单击表中的任意单元格，选择“开始｜其他｜行高”，出现“行高”对话框。

步骤 3：在该对话框的“行高”文本框中输入所需的行高值，如图 2.48 所示。

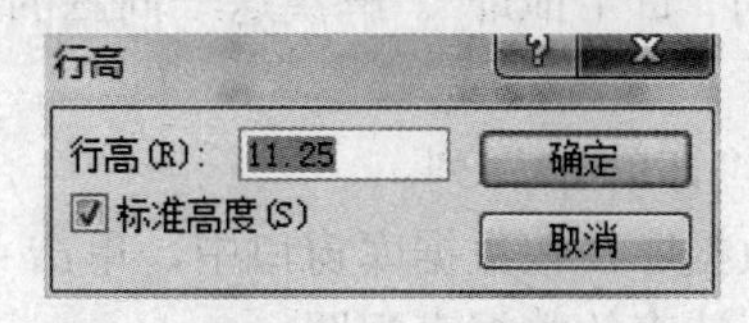

图 2.48　设置行高

调整字段的列宽与行高基本相同，操作方法是选择“开始｜其他｜字段宽度”菜单命令。

但更改行高后，会改变所有记录的高度，而列宽则可以针对个别字段进行设置，即各字段可以使用不同的宽度。

三、改变字段顺序

在缺省设置下，通常 Access 显示数据表中的字段顺序与它们在表或查询中出现的顺序相同。但是，在使用数据表视图时，往往需要移动某些列来满足查看数据的需要。此时，可以改变字段的显示顺序。

例 2.19 将雇员表中的“职务”和“尊称”字段位置互换。

步骤 1：打开“罗斯文”数据库，在数据库窗口中，单击“表”对象。

步骤 2：双击雇员表，打开该表的数据表视图。

步骤 3：将鼠标指针定位在“职务”字段列的字段名上，单击鼠标左键，然后按下鼠标左键并拖动鼠标到“尊称”字段后，释放鼠标左键。

移动数据表视图中的字段，不会改变设计视图中字段的排列顺序，而只是改变字段在数据表视图下的显示顺序。

四、表格样式的设定

数据表视图的默认表格样式为白底、黑字、银白色表格线构成的、具有平面单元格效果的数据表形式。执行“开始”选项卡中的文本格式区域右下角的按钮，在随之打开的设置数据表格式对话框中可以设置数据表格式。

五、隐藏列或显示列

如果数据表具有很多字段，以至于屏幕宽度不够显示其全部字段，虽然可以通过拖动水平滚动条的方式左右移动来观察各个字段的数据。但是如果其中有些字段根本就不需要显示，就可以将这些字段设置为隐藏列。隐藏列的含义是令数据表中的某一列或某几列数据不可视。某列数据不可视并不是该列数据被删除了，它依然存在，只是被隐藏起来看不见而已。可以采用以下两种方式操作实现：

（1）设置列宽为 0：将那些需要隐藏的字段宽度设为 0，这些字段列就成为隐藏列了。

（2）设定隐藏列：执行“开始 | 其他 | 隐藏字段”菜单命令，就可以很方便地将光标当前所在列隐藏起来。

如果需将已经隐藏的列重新可见，可以执行“开始 | 其他 | 取消隐藏字段”菜单命令，打开“取消隐藏列”对话框，然后指定需要取消的隐藏列，即可使得已经隐藏的列恢复原来设定的宽度。

六、冻结列

如果数据表字段很多，有些字段就只能通过滚动条才能看到。若想总能看到某些列，可以将其冻结，使在滚动字段时，这些列在屏幕上固定不动。例如“罗斯文”数据库中的订单表，由于字段数比较多，当查看订单表中的“货主地址”字段值时，“订单 ID”字段已经移出了屏幕，因而不能知道是哪个订单的“货主地址”。解决这一问题的最好方法是利用 Access 提供的冻结列功能。

例 2.20 冻结订单表中的“订单 ID”列。

步骤 1：打开“罗斯文”数据库，在数据库窗口中，单击“表”对象。

步骤 2：双击订单表，打开该表的数据表视图。

步骤 3：选定要冻结的字段，单击“订单 ID”字段名，选择“开始 | 其他 | 冻结字段”菜单命令。

步骤 4：在订单表中，移动水平滚动条，结果如图 2.49 所示。

订单

	订单ID	货主名称	货主地址	货主城市	货主地区	货主邮政编码	货主国家
⊞	10248	余小姐	光明北路 124 号	北京	华北	111080	中国
⊞	10249	谢小姐	青年东路 543 号	济南	华东	440876	中国
⊞	10250	谢小姐	光化街 22 号	秦皇岛	华北	754546	中国
⊞	10251	陈先生	清林桥 68 号	南京	华东	690047	中国
⊞	10252	刘先生	东管西林路 87 号	长春	东北	567889	中国
⊞	10253	谢小姐	新成东 96 号	长治	华北	545486	中国
⊞	10254	林小姐	汉正东街 12 号	武汉	华中	301256	中国
⊞	10255	方先生	白石路 116 号	北京	华北	120477	中国
⊞	10256	何先生	山大北路 237 号	济南	华东	873763	中国
⊞	10257	王先生	清华路 78 号	上海	华东	502234	中国
⊞	10258	王先生	经三纬四路 48 号	济南	华东	801009	中国
⊞	10259	林小姐	青年西路甲 245 号	上海	华东	705022	中国

图 2.49　冻结“订单 ID”字段列后

步骤 5：选择“文件 | 保存”菜单命令或按下“保存”按钮。

当向右移动水平滚动条后，“订单 ID”字段始终固定在最左方。若取消冻结，可选择“开始 | 其他 | 取消冻结所有字段”菜单命令，可以取消对所有列的冻结。

2.4　操作表

创建好数据库和表后，需要对它们进行必要的操作。对数据表的操作可以在数据库窗口中对表进行复制、重命名和删除等操作，也可以在数据表视图中对表进行查找、替换指定的文本、对表中的记录排序及筛选指定条件的记录等操作。

2.4.1　复制、重命名及删除表

复制表可以对已有的表进行全部复制、只复制表的结构以及把表的数据追加到另一个表的尾部。

例 2.21　将雇员表的表结构复制一份，并命名为“雇员备份”表。

步骤 1：打开“罗斯文”数据库，在数据库窗口中，单击“表”对象。

步骤 2：选择雇员表，单击“开始 | 复制”按钮，或从其快捷菜单中选择“复制”命令，或直接按 Ctrl+C 快捷键。

步骤 3：单击开始选项卡上的“粘贴”按钮，或从其快捷菜单中选择“粘贴”命令，或直接 Ctrl+V 快捷键，打开“粘贴表方式”对话框，如图 2.50 所示。

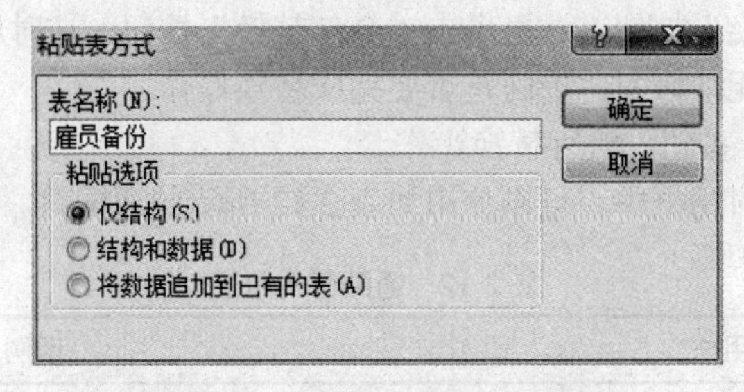

图 2.50　“粘贴表方式”对话框

步骤 4：在“表名称”文本框中输入“雇员备份”，并选择“粘贴选项”栏中的“只粘贴结构”单选按钮，最后单击“确定”按钮。

例 2.22 将“雇员备份”表重命名为“雇员基本信息”表，然后再将其删除。

步骤 1：打开“罗斯文”数据库，在数据库窗口中，单击“表”对象。

步骤 2：右击“雇员备份”表，从其快捷菜单中选择“重命名”命令。

步骤 3：输入“雇员基本信息”表，单击“确定”按钮。

步骤 4：选择“雇员基本信息”表，单击“Del”键，或选择“开始｜删除”命令，或从其快捷菜单中选择“删除”命令，打开是否删除表的对话框，单击“是”按钮执行删除操作。

2.4.2 查找与替换数据

在操作数据表时，如果表中的数据非常多，这时查找数据就比较困难。Access 提供了非常方便的查找功能，使用它可以快速地找到所需要的数据。

如果要修改多处相同的数据，可以使用替换功能，自动将查找到的数据更新为新数据。

一、查找和替换指定内容

例 2.23 查找雇员表中“职务”为“销售代表”的所有记录，并将其值改为“销售助理”。

步骤 1：打开“罗斯文”数据库，在数据库窗口中，单击“表”对象。

步骤 2：双击雇员表，选择“开始｜查找”命令按钮，弹出“查找和替换”对话框，单击“替换”选项卡。

步骤 3：在“查找内容”框中输入“销售代表”，然后在“替换为”框中输入“销售助理”，在“查找范围”框中确保选中当前字段，在“匹配”框中，确保选中“整个字段”，如图 2.51 所示。

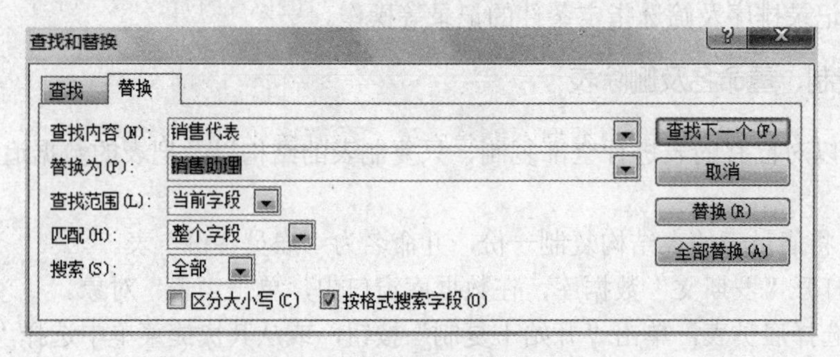

图 2.51 设置查找和替换选项

步骤 4：如果一次替换一个，单击“查找下一个”按钮，找到后，单击“替换”按钮。如果不替换当前找到的内容，则继续单击“查找下一个”按钮。如果要一次替换出现的全部指定内容，则单击“全部替换”按钮。这里单击“全部替换”按钮，这时屏幕将显示一个提示框，提示进行替换操作后将无法恢复，询问是否要完成替换操作。

步骤 5：单击“是”按钮，进行替换操作。

在“查找和替换”对话框中，可以使用如表 2.12 所示的通配符。

表 2.12 通配符的用法

字符	用法	示例
*	通配任意个数的字符	wh*可以找到 white 和 why，但找不到 wash 和 without
?	通配任何单个字符	b?ll 可以找到 ball 和 bill，但找不到 blle 和 beall
[ ]	通配方括号内任何单个字符	b[ae]ll 可以找到 ball 和 bell，但找不到 bill

续表

字符	用法	示例
!	通配任何不在括号内的字符	b[!ae]ll 可以找到 bill 和 bull，但找不到 bell 和 ball
-	通配范围内的任何一个字符。必须以递增排序顺序来指定区域（A 到 Z，而不是 Z 到 A）	b[a-c]d 可以找到 bad、bbd 和 bcd，但找不到 bdd
#	通配任何单个数字字符	1#3 可以找到 103、113 和 123

二、查找和替换空值或空字符串

在 Access 表中，如果某条记录的某个字段尚未存储数据，则称该记录的这个字段的值为空值。空值与空字符串的含义不同。空值是缺值或还没有值（即可能存在但当前未知），允许使用 Null 值来说明一个字段里的信息目前还无法得到。空字符串是用双引号括起来的字符串，且双引号中间没有空格（即“”），这种字符串的长度为 0。在 Access 中，查找空值或空字符串的方法是相似的。

2.4.3　记录排序

数据表中的记录通常是按照输入时的先后顺序排列的，但使用表中的数据时，可能希望数据能按一定的要求来排列。例如，产品价格可以按单价的高低排序，产品的库存可以按库存量排序，雇员信息可以按雇员 ID 排序，也可以按出生日期、雇佣日期排序等。如果要使记录按照某个字段的值进行有规律的排列，可设置该字段的值以“升序”或“降序”的方式来重排表中的记录。

Access 可根据某一字段的值对记录进行排序，也可以根据几个字段的组合对记录进行排序。但是应该注意，排序字段的类型不能是备注、超链接和 OLE 对象类型。

一、排序规则

排序要有一个排序的规则。Access 是根据当前表中一个或多个字段的值对整个表中的记录进行排序的，排序分为升序和降序两种方式，不同的数据类型比较大小的规则是不一样的。

（1）数字型数据：按数值的大小排序。

（2）文本型数据：

- 英文：按英文字母顺序排序；
- 中文：按拼音字母的顺序排序；
- 其他：按其 ASCII 码值的大小排序。

对于“文本”型的字段，如果它的取值有数字，那么 Access 将数字视为字符串。因此排序时是按照 ASCII 码值的大小来排序，而不是按照数值本身的大小来排序。如果希望按其数值大小排序，应在较短的数字前面加上零。例如，希望将以下文本字符串“7”、“8”、“12”按升序排序，排序的结果是“12”、“7”、“8”，这是因为“1”的 ASCII 码小于“7”的 ASCII 码。要想实现升序排序，应将 3 个字符串改为“07”、“08”、“12”。

（3）日期和时间型数据：按日期的先后顺序排序。

（4）备注、超链接和 OLE 对象型数据不能排序。

二、单字段排序

例 2.24　在产品表中按“单价”字段升序排序。

步骤 1：打开“罗斯文”数据库，在数据库窗口中，单击“表”对象。

步骤 2：双击产品表，将鼠标放在“单价”字段列的任意一个单元格内。

步骤 3：选择“开始｜升序”命令按钮，或单击“开始｜筛选器｜升序”按钮，或在快捷菜单中选择“升序”选项，排序结果如图 2.52 所示。

	产品I	产品名称	供应商ID	类别ID	单位数量	单价	库存量
⊞	33	浪花奶酪	15	4	每箱12瓶	￥2.50	112
⊞	24	汽水	10	1	每箱12瓶	￥4.50	20
⊞	13	龙虾	6	8	每袋500克	￥6.00	24
⊞	52	三合一麦片	24	5	每箱24包	￥7.00	38
⊞	54	鸡肉	25	6	每袋3公斤	￥7.45	21
⊞	75	浓缩咖啡	12	1	每箱24瓶	￥7.75	125
⊞	23	燕麦	9	5	每袋3公斤	￥9.00	61
⊞	19	糖果	8	3	每箱30盒	￥9.20	25
⊞	47	蛋糕	22	3	每箱24个	￥9.50	36
⊞	45	雪鱼	21	8	每袋3公斤	￥9.50	5
⊞	41	虾子	19	8	每袋3公斤	￥9.65	85

图 2.52　按“单价”排序后的结果

步骤 4：选择“文件｜保存”菜单命令，或单击工具栏上的“保存”按钮即把排序后的结果保存。

三、多字段排序

如果要将两个以上的字段排序，这些字段在数据表中必须相邻（若不相邻，可先在表设计视图中用鼠标拖住字段选择器将这些字段移动到一起）。在确保要排序的字段相邻后，选择这些字段，再进行“升序”或“降序”操作。排序的优先权从左到右，即 Access 先对最左边的字段进行排序，然后依次从左到右进行排序。

例 2.25　在产品表中按“单价”和“订购量”两个字段升序排序。

步骤 1：打开“罗斯文”数据库，在数据库窗口中，单击“表”对象。

步骤 2：双击产品表，选取“订购量”字段，将此列移动到“单价”字段旁边。

步骤 3：选择用于排序的“单价”和“订购量”两个字段。

步骤 4：选择“开始｜升序”命令按钮，或单击“开始｜筛选｜升序”按钮，或在快捷菜单中选择“升序”选项，排序结果如图 2.53 所示。

	产品I	产品名称	供应商ID	类别ID	单位数量	单价	订购量	库存量
⊞	33	浪花奶酪	15	4	每箱12瓶	￥2.50	0	112
⊞	24	汽水	10	1	每箱12瓶	￥4.50	0	20
⊞	13	龙虾	6	8	每袋500克	￥6.00	0	24
⊞	52	三合一麦片	24	5	每箱24包	￥7.00	0	38
⊞	54	鸡肉	25	6	每袋3公斤	￥7.45	0	21
⊞	75	浓缩咖啡	12	1	每箱24瓶	￥7.75	0	125
⊞	23	燕麦	9	5	每袋3公斤	￥9.00	0	61
⊞	19	糖果	8	3	每箱30盒	￥9.20	0	25
⊞	47	蛋糕	22	3	每箱24个	￥9.50	0	36
⊞	45	雪鱼	21	8	每袋3公斤	￥9.50	70	5
⊞	41	虾子	19	8	每袋3公斤	￥9.65	0	85
⊞	74	鸡精	4	7	每盒24个	￥10.00	20	4
⊞	21	花生	8	3	每箱30包	￥10.00	40	3
⊞	3	蕃茄酱	1	2	每箱12瓶	￥10.00	70	13

图 2.53　按“单价”和“订购量”排序后的结果

四、高级排序

在上面的两个例题中，排序的两个字段必须是相邻的字段，而且两个字段都按同一种次序排序。如果希望两个字段按不同的次序排序，或者直接对两个不相邻的字段排序，就必须使用本例中所使用的方法，即使用“高级筛选/排序”功能。

例 2.26 在订单明细表中，使用“高级筛选/排序”功能，先按“单价”降序排序，再按“数量”升序排序。

步骤1：打开“罗斯文”数据库，在数据库窗口中，单击“表”对象。

步骤2：双击订单明细表，选择“开始｜高级筛选选项｜高级筛选/排序”菜单命令，弹出“筛选”窗口。

“筛选”窗口分为上、下两部分。上半部分显示了被打开表的字段列表，下半部分是设计网格，用来指定排序字段、排序方式和排序条件。

步骤3：用鼠标单击设计网格中第一列字段行右侧的向下箭头按钮，从弹出的列表中选择“单价”字段，然后用同样的方法在第二列的字段行上选择“数量”字段。单击“单价”的“排序”单元格，单击右侧向下箭头按钮，选择“降序”，使用同样的方法在“数量”的“排序”单元格中选择“升序”，如图2.54所示。

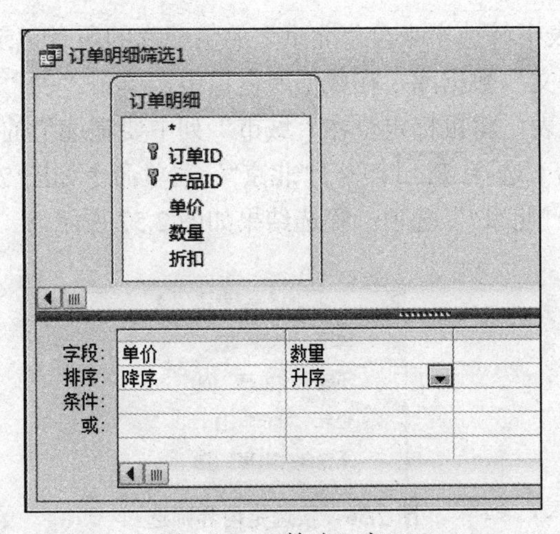

图2.54 “筛选”窗口

步骤4：右键单击快捷菜栏上的“应用筛选/排序”选项或选择“开始｜高级筛选选项｜应用筛选/排序”，排序结果如图2.55所示。

订单明细

订单ID	产品ID	单价	数量	折扣
10828	38	￥263.50	2	0%
10541	38	￥263.50	4	10%
10964	38	￥263.50	5	0%
10783	38	￥263.50	5	0%
10831	38	￥263.50	8	0%
10805	38	￥263.50	10	0%
10672	38	￥263.50	15	10%
10518	38	￥263.50	15	0%
10616	38	￥263.50	15	5%
11032	38	￥263.50	25	0%
10817	38	￥263.50	30	0%
10816	38	￥263.50	30	5%
10540	38	￥263.50	30	0%
10889	38	￥263.50	40	0%
10865	38	￥263.50	60	5%
10981	38	￥263.50	60	0%
10360	38	￥210.80	10	0%
10351	38	￥210.80	20	5%

图2.55 排序结果

2.4.4 筛选记录

在数据表视图中，可以利用筛选只显示出满足条件的记录，将不满足条件的记录隐藏起来，方便用户作重点查看。Access 提供了 4 种筛选记录的方法。

（1）选择筛选，是一种最简单的筛选方法，显示与所选记录字段中的值相关的记录包括“等于”、“不等于”、“包含”、“不包含”等几种关系。

（2）按窗体筛选，是一种快速的筛选方法，使用它不用浏览整个表中的记录，还可以同时对两个以上字段值进行筛选。

（3）按筛选目标筛选，是一种较灵活的方法，根据输入的筛选条件进行筛选。

（4）高级筛选，可进行复杂的筛选，挑选出符合多重条件的记录。

一、按选定内容筛选

例 2.27 在供应商表中筛选出来自“北京”的供应商的所有记录。

步骤 1：打开“罗斯文”数据库，在数据库窗口中，单击“表”对象。

步骤 2：双击供应商表，将鼠标定位在“城市”列中要筛选值的位置。

步骤 3：选择“开始 | 选择 | 等于"北京"”菜单命令如图 2.56 所示，或者右击鼠标在弹出菜单中单击“等于"北京"”选项。筛选结果如图 2.57 所示。

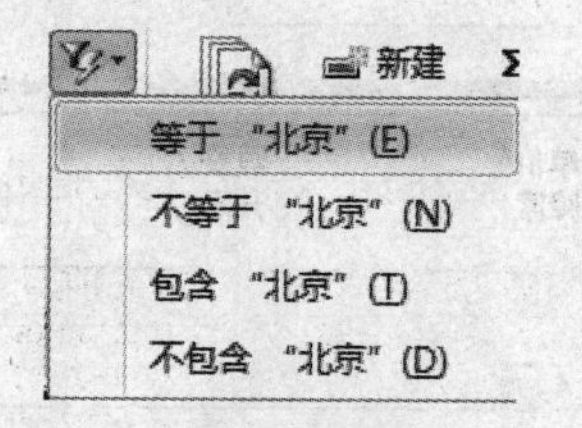

图 2.56 按选定内容筛选

	供应商I	公司名称	联系人姓名	联系人职务	地址	城市	地[
⊞	1	佳佳乐	陈小姐	采购经理	西直门大街 110 号	北京	华北
⊞	2	康富食品	黄小姐	订购主管	幸福大街 290 号	北京	华北
⊞	4	为全	王先生	市场经理	永定路 342 号	北京	华北
⊞	5	日正	李先生	出口主管	体育场东街 34 号	北京	华北
⊞	6	德昌	刘先生	市场代表	学院北路 67 号	北京	华北
⊞	8	康堡	刘先生	销售代表	西城区灵镜胡同 310 号	北京	华北
⊞	10	金美	王先生	市场经理	玉泉路 12 号	北京	华北
⊞	12	义美	李先生	国际市场经理	石景山路 51 号	北京	华北
⊞	13	东海	林小姐	外国市场协调员	北辰路 112 号	北京	华北
⊞	15	德级	锺小姐	市场经理	东直门大街 500 号	北京	华北
⊞	16	力锦	刘先生	地区结算代表	北新桥 98 号	北京	华北
⊞	18	成记	刘先生	销售经理	体育场西街 203 号	北京	华北
⊞	19	普三	李先生	批发结算代表	太平桥 489 号	北京	华北
⊞	20	康美	刘先生	物主	阜外大街 402 号	北京	华北
⊞	22	顺成	刘先生	结算经理	阜成路 387 号	北京	华北
⊞	23	利利	谢小姐	产品经理	复兴路 287 号	北京	华北
⊞	24	涵合	王先生	销售代表	前门大街 170 号	北京	华北
⊞	26	宏仁	李先生	订购主管	东直门大街 153 号	北京	华北
⊞	28	玉成	林小姐	销售代表	北四环路 115 号	北京	华北

图 2.57 按选定内容筛选结果

如果要重新显示原表中的所有记录，可以取消筛选，具体操作是选择“开始 | 取消筛选”命令按钮。

结合上述操作，完成例如要找出雇员表中总裁以下职务的雇员的操作。

二、按窗体筛选

当筛选条件较为复杂时，可以使用“按窗体筛选”方式进行筛选。筛选时选择“开始｜高级筛选选项｜按窗体筛选”菜单命令，再在打开的窗口进行筛选即可。按窗体筛选记录时，Access 将数据表变成一个空白记录，每个字段是一个下拉列表框，可以从每个下拉列表框中选取一个值作为筛选的条件。窗口底部有两个标签，在“查找”标签中输入的各条件表达式之间是“与”操作，表示各条件必须同时满足，在“或”标签中输入的各条件表达式之间是“或”操作，表示只要满足其中之一即可。

例 2.28　在订单表中筛选出 8 号雇员处理的货主是李先生的订单信息。

步骤 1：打开“罗斯文”数据库，在数据库窗口中，单击“表”对象。

步骤 2：双击订单表，选择“开始｜高级筛选选项｜按窗体筛选”菜单命令按钮，打开“按窗体筛选”窗口。

步骤 3：选择“查找”标签，单击“雇员 ID”字段，并单击右侧向下箭头按钮，从下拉列表中选择“8”，再单击“货主名称”字段，从下拉列表中选择“李先生”，如图 2.58 所示。

订单ID	客户ID	雇员ID	订购日期	到货日期	发货日期	运货商	运货费	货主名称
		8						"李先生"

图 2.58　“按窗体筛选”窗口

步骤 4：单击工具栏上的“应用筛选”按钮，或选择“开始｜高级筛选选项｜应用筛选/排序”菜单命令，即可显示所有 8 号雇员处理的货主是李先生的记录，如图 2.59 所示。

	订单ID	客户ID	雇员ID	订购日期	到货日期	发货日期	运货商	运货费	货主名称
⊞	10278	BERGS	8	1996-08-12	1996-09-09	1996-08-16	2	¥92.69	李先生
⊞	10521	CACTU	8	1997-04-29	1997-05-27	1997-05-02	2	¥17.22	李先生
⊞	10857	BERGS	8	1998-01-28	1998-02-25	1998-02-06	2	¥188.85	李先生
⊞	11054	CACTU	8	1998-04-28	1998-05-26		1	¥0.33	李先生
*	(新建)							¥0.00	

图 2.59　按窗体筛选结果

三、按筛选目标筛选

“按筛选目标筛选”是在“筛选目标”框中输入筛选条件来查找含有指定值或符合表达式值的所有记录。

例 2.29　在产品表中筛选出库存量小于 20 的记录。

步骤 1：打开“罗斯文”数据库，在数据库窗口中，单击“表”对象。

步骤 2：双击产品表，将鼠标放在“库存量”字段列的任一位置，然后单击鼠标右键，弹出快捷菜单，选择“数字筛选器｜小于……”选项，在弹出的自定义筛选框中输入“20”，如图 2.60 所示。

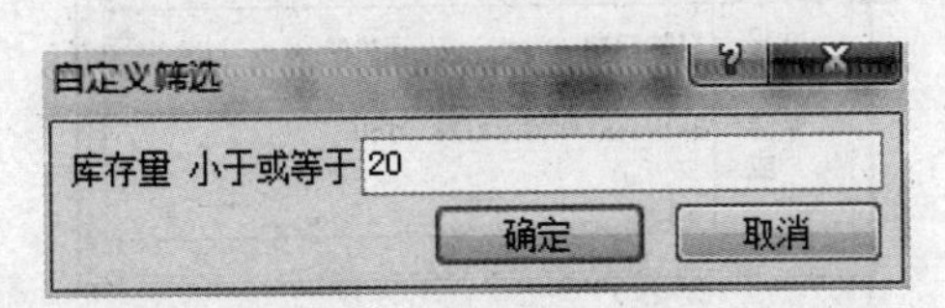

图 2.60　按筛选目标筛选

步骤 3：按 Enter 键，筛选结果如图 2.61 所示。

产品

产品I	产品名称	供应商ID	类别ID	单位数量	单价	库存量	订购量	再订购量	中止
2	牛奶	1	1	每箱24瓶	￥19.00	17	40	25	☐
3	蕃茄酱	1	2	每箱12瓶	￥10.00	13	70	25	☐
5	麻油	2	2	每箱12瓶	￥21.35	0	0	0	☑
7	海鲜粉	3	7	每箱30盒	￥30.00	15	0	10	☐
8	胡椒粉	3	2	每箱30盒	￥40.00	6	0	0	☐
17	猪肉	7	6	每袋500克	￥39.00	0	0	0	☑
21	花生	8	3	每箱30包	￥10.00	3	40	5	☐
24	汽水	10	1	每箱12瓶	￥4.50	20	0	0	☑
26	棉花糖	11	3	每箱30盒	￥31.23	15	0	0	☐
29	鸭肉	12	6	每袋3公斤	￥123.79	0	0	0	☑
30	黄鱼	13	8	每袋3公斤	￥25.89	10	0	15	☐
31	温馨奶酪	14	4	每箱12瓶	￥12.50	0	70	20	☐
32	白奶酪	14	4	每箱12瓶	￥32.00	9	40	25	☐
35	蜜桃汁	16	1	每箱24瓶	￥18.00	20	0	15	☐

图 2.61　按筛选目标筛选结果

四、高级筛选

高级筛选/排序可以应用于一个或多个字段的复合条件筛选，它是最灵活和最全面的一种筛选工具，还可以对筛选的结果进行排序，其操作与多字段排序相似，所不同的是在“筛选”窗口中，除了指定筛选字段之外，还要将筛选条件输入到“条件”行，如果要按照多个条件进行筛选，要将其他条件输入到“或”行中。

例 2.30　在订单表中查找 1998 年间订购的订单中运货费用超过 150 元的订单信息，并按“订购日期”降序排序。

步骤 1：打开“罗斯文”数据库，在数据库窗口中，单击“表”对象。

步骤 2：双击订单表，选择“开始 | 高级筛选选项 | 高级筛选/排序”菜单命令，弹出“筛选”窗口。

步骤 3：用鼠标单击设计网格中第一列“字段”行右侧的向下箭头按钮，从弹出的列表中选择“订购日期”字段，然后用同样的方法在第二列的“字段”行上选择“运货费”字段。

步骤 4：在“订购日期”的“条件”单元格中输入筛选条件：“Between #1998-1-1# And #1998-12-31#”（该条件的书写方法将在后续章节中介绍），在“运货费”的“条件”单元格中输入筛选条件“>150”，单击“订购日期”的“排序”单元格，选择“降序”，如图 2.62 所示。

图 2.62　设置筛选条件和排序方式

步骤 5：单击开始选项卡上的“应用筛选”按钮，筛选结果如图 2.63 所示。

订单

订单ID	客户ID	雇员ID	订购日期	到货日期	发货日期	运货商	运货费	货主名称	货主地址
11072	ERNSH	4	1998-05-05	1998-06-02		2	¥258.64	王先生	冀东路 25 号
11056	EASTC	8	1998-04-28	1998-05-12	1998-05-01	2	¥278.96	谢小姐	金陵西街 27 号
11032	WHITC	2	1998-04-17	1998-05-15	1998-04-23	3	¥606.19	黎先生	川东街 37 号
11031	SAVEA	6	1998-04-17	1998-05-15	1998-04-24	2	¥227.22	苏先生	成西街 69 号
11030	SAVEA	7	1998-04-17	1998-05-15	1998-04-27	2	¥830.75	苏先生	京南路 271 号
11021	QUICK	3	1998-04-14	1998-05-12	1998-04-21	1	¥297.18	刘先生	红河南路 85 号
11017	ERNSH	9	1998-04-13	1998-05-11	1998-04-20	2	¥754.26	王先生	街口大路 57 号
11012	FRANK	1	1998-04-09	1998-04-23	1998-04-17	3	¥242.95	余小姐	上饶路 432 号
11007	PRINI	8	1998-04-08	1998-05-06	1998-04-13	2	¥202.24	锺彩瑜	历平路 53 号
11001	FOLKO	2	1998-04-06	1998-05-04	1998-04-14	2	¥197.30	陈先生	科东路 25 号
10987	EASTC	8	1998-03-31	1998-04-28	1998-04-06	1	¥185.48	谢小姐	民东大路 7 号
10984	SAVEA	1	1998-03-30	1998-04-27	1998-04-03	3	¥211.22	苏先生	远园东路 25 号

图 2.63　筛选结果

本章小结

本章着重介绍了 Access 2010 数据库及数据表的概念、创建和使用方法。

Access 数据库是以一定的组织方式存储、管理相关数据项的集合，它可以包含有数据对象（表、索引、查询）和应用对象（窗体、报表、宏和 VBA 代码模块），因此，创建一个完整的 Access 数据库应用系统并将之存储在一个.accdb 文件中，这使得数据库应用的创建和发布都变得更为简单了。

表是关系数据库管理系统的基本结构，字段是表中包含特定信息主题的元素。在创建表之前，确保表结构设计合理是很重要的，因此，通常要对表进行规范化。根据表结构的设计，可以在 Access 中创建或修改表结构，设置表中各字段的属性，并输入数据记录。例如，字段长度、格式、有效性规则等常规属性，还可以设置查阅属性。

向表中输入记录是在表的数据表视图中进行的，如果存在可利用的外部数据源，也可以通过导入数据的方法把其他数据库中的数据转换成 Access 数据表。通常一个 Access 数据库中包含多个表，这些表之间通过“关系”互相连接。在“关系”窗口中可以设置表之间的关联。

在数据表视图中可以进行记录内容的编辑操作，例如，记录的添加、删除、修改；表的外观修饰；对表进行查询、排序、筛选等操作。

习题 2

一、选择题

1．邮政编码是由 6 位数字组成的字符串，为邮政编码设置输入掩码，正确的是（　　）。

A．000000　　B．999999　　C．CCCCCC　　D．LLLLLL

2．如果字段内容为声音文件，则该字段的数据类型应定义为（　　）。

A．文本　　B．备注

C．超级链接　　D．OLE 对象

3．能够使用“输入掩码向导”创建输入掩码的数据类型是（　　）。

A．文本和货币　　B．数字和文本

C．文本和日期/时间　　D．数字和日期/时间

4．有关空值，以下叙述正确的是（ ）。

A．空值等同于空字符串　　B．空值表示字段还没有确定值

C．空值等同于数值0　　D．不支持空值

5．要求主表中没有相关记录时就不能将记录添加到相关表中，则应该在表关系中设置（ ）。

A．参照完整性　　B．有效性规则

C．输入掩码　　D．级联更新相关字段

6．Access中提供的数据类型，不包括（ ）。

A．通用　　B．备注　　C．货币　　D．日期时间

7．下列关于字段属性的说法中，错误的是（ ）。

A．选择不同的字段类型，窗口下方“字段属性”选项区域中显示的各种属性名称是不相同的

B．“必填字段”属性可以用来设置该字段是否一定要输入数据，该属性只有“是”和“否”两种选择

C．默认值的类型与对应字段类型可以不一致

D．“允许空字符串”属性可用来设置该字段是否可接受空字符串，该属性只有“是”和“否”两种选择

8．下列关于表的格式的说法中，错误的是（ ）。

A．字段在数据表中的显示顺序是由用户输入的先后顺序决定的

B．用户可以同时改变一列或同时改变多列字段的位置

C．在数据表中，可以为某个或多个指定字段中的数据设置字体格式

D．在Access中，只可以冻结列，不能冻结行

9．下列关于数据编辑的说法中，正确的是（ ）。

A．表中的数据有两种排列方式，一种是升序排序，另一种是降序排序

B．可以单击“升序排列”或“降序排列”按钮，为两个不相邻的字段分别设置升序和降序排列

C．“取消筛选”就是删除筛选窗口中所作的筛选条件

D．将Access表导出到Excel数据表时，Excel将自动应用源表中的字体格式

10．下面不属于Access提供的数据筛选方式是（ ）。

A．按选定内容筛选　　B．按内容排除筛选

C．按数据表视图筛选　　D．高级筛选/排序

11．可以设置为索引的字段是（ ）。

A．备注　　B．超级链接

C．主关键字　　D．OLE对象

12．在Access数据库的表设计视图中，不能进行的操作是（ ）。

A．修改字段类型　　B．设置索引

C．增加字段　　D．删除记录

13．在数据表视图中，不能（ ）。

A．修改字段的类型　　B．修改字段的名称

C．删除一个字段　　D．删除一条记录

14．数据类型是（　　）。

A．字段的另一种说法

B．决定字段能包含哪类数据的设置

C．一类数据库应用程序

D．一类用来描述 Access“表向导”允许从中选择的字段名称

15．要在查找表达式中使用通配符通配一个数字字符，应选用的通配符是（　　）。

A．*　　B．?　　C．!　　D．#

二、填空题

1．如果表中一个字段不是本表的主关键字，而是另外一个表的主关键字或候选关键字，这个字段称为________。

2．某文本型字段的值只能是字母且不允许超过 4 个，则正确的输入掩码是________。

3．表的设计视图分为上下两部分，上部分是________，下部分是字段属性区。

4．在数据表视图下向表中输入数据，在未输入数值之前，系统自动提供的数值字段的值是________。

5．Access 提供了两种字段数据类型保存文本或文本和数字组合的数据，这两种数据类型是：________和________。

第3章　查询

查询是数据库管理系统的核心功能。查询使用户从数据库中找到针对特定需求的数据。查询结果还可以作为其他数据库对象（如窗体、报表和数据访问页等）的数据来源。本章将详细介绍查询的基本操作，包括查询的概念和功能、查询的创建和使用。

3.1　查询概述

所谓查询，就是从已经建立的数据表或（和）查询中按照一定的条件抽取出需要的数据的操作。查询的数据源可以是已经建立的表、已经建立的查询或两者兼而有之。

3.1.1　查询的功能

在 Access 中，利用查询可以实现多种功能。

一、选择字段

以一个或多个表或查询为数据源，指定需要的字段，按照一定的准则将需要的数据集中在一起，为这些字段提供一个动态的数据表（“动态”表示这不是一个实际存在的数据表，只是在使用该“查询”对象时才存在）。“查询”对象在运行时从提供数据的表或其他“查询”对象中提取字段，并在“数据表”视图中将它们显示出来。“查询”对象只是一个数据表的结构框架，其中的数据会随着相关表数据的更新而更新。例如，对于学生表，可以只选择“学号”、“姓名”、“性别”、“班级 ID”字段建立一个“查询”对象。

二、选择记录

“查询”对象还可以根据指定的条件查找数据表中的记录，只有符合条件的记录，才能在查询结果中显示。例如，可以基于教师表创建一个“查询”对象，只显示职称为“副教授”的教师信息。

三、编辑记录

“查询”对象可以一次编辑多个表中的记录，可以修改、删除及追加表中的记录。

四、实现计算

可以在“查询”对象中进行各种统计计算，如计算某门课的平均成绩。还可以建立一个计算字段来保存计算的结果。

五、利用查询的结果生成窗体或报表

为了从一个或多个表中选择合适的数据在窗体或报表中显示，用户可以先建立一个选择查询，然后将该查询的数据作为窗体或报表的数据来源。当用户每次打开窗体或打印报表时，该查询将从表中检索最新数据，用户也可以在基于查询的报表或在基于查询的窗体上直接输入或修改数据源中的数据。

六、建立新表

“查询”对象可以根据查询到的字段进行计算，生成新的数据表。

总之，通过使用“查询”对象，可以检索、组合、重用和分析数据。查询可以从多个表中检索数据，也可以作为窗体、报表和数据访问页的数据源。查询不能离开表，它存在于表的基础之上。

3.1.2 查询与数据表的关系

因为表和查询都可以作为数据库的“数据来源”的对象，可以将数据提供给窗体、报表、数据访问页或另外一个查询，所以一个数据库中的数据表和查询名称不可重复，如果有学生数据表，则不可以再建立名为学生的查询。

与表不同的是，查询本身并不保存数据，它保存的是如何去取得信息的方法与定义（即相关的 SQL 语句）。当运行查询时，这些信息便会取出，但查询所得的信息并不会存储在数据库中。因此，二者的关系可以理解为，数据表负责保存记录，查询负责取出记录，二者在目的上可以说完全相同，都可以将记录以表格的形式显示在屏幕上，这些记录的进一步处理是用来制作窗体、报表和数据访问页。

3.1.3 查询的类型

Access 2010 提供了多种不同类型的查询方式，以满足对数据的多种不同需求。根据对数据源的操作和结果的不同分为 5 类：选择查询、参数查询、交叉表查询、操作查询和 SQL 查询。

一、选择查询

选择查询是最常见的查询类型，它可以指定查询准则（即查询条件），从一个或多个表，或其他“查询”对象中检索数据，并按照所需的排列顺序将这些数据显示在“数据表”视图中。使用选择查询还可以将数据分组、求和、计数、求平均值以及进行其他类型总和计算。

二、参数查询

参数查询利用系统对话框，提示用户输入查询参数，按指定形式显示查询结果。它提高了查询的灵活性，实现了随机的查询需求。执行参数查询时，系统会显示一个设计好的对话框，用户可以把检索数据的条件或要插入字段的值输入到这个对话框中。

三、交叉表查询

交叉表查询类似于 Excel 的数据透视表，利用表中的行和列以及交叉点信息，显示来自一个或多个表的统计数据，在行与列交叉处显示表中某字段的统计值（总计、计数及平均值等），在“数据表”视图中可显示两个分组字段：一组字段名来自表字段的值，作为查询显示字段的标题，列在数据表的上部；另外一组分组字段同样来自表字段的值，是统计数据的依据，列在数据表的左侧，在数据表行和列交叉点显示对应字段的统计值。

四、操作查询

操作查询可以对数据库中的表进行数据操作。“操作查询”对象有以下 4 种：

（1）生成表查询：运行查询可以生成一个新表。

（2）追加查询：运行查询可在表的末尾追加一组新记录。

（3）更新查询：运行查询可更新表中一条或多条记录。

（4）删除查询：运行查询可删除表中一条或多条记录。

五、SQL 查询

SQL 查询是查询、更新和管理关系数据库的高级方式，是用结构化查询语言（Structured Query Language）创建的查询。Access 中，在查询的设计视图中创建的每一个查询，系统都在后台为它建立了一个等效的 SQL 语句。执行查询时，系统实际上就是执行这些 SQL 语句。

但是，并不是所有的 SQL 查询都能够在设计视图中创建出来，如联合查询、传递查询、数据定义查询和子查询只能通过编写 SQL 语句实现。

3.1.4 查询视图

在 Access 中，提供了设计视图、数据表视图、SQL 视图、数据透视表视图和数据透视图视图。前 3 种视图是经常使用的视图方式。

一、设计视图

设计视图就是“查询设计器”，通过该视图可以设计除 SQL 查询之外的任何类型的查询。查询的设计视图是由上、下两部分组成，上半部分显示的是当前查询所包含的表和查询，也就是查询的数据源。如果数据源是两个表，它们之间带有连线，则表示两个表之间已经建立关系。下半部分是设计网格，可以利用该网格来设置查询的结果字段以及源表或查询、排序顺序、条件和计算类型等。

二、数据表视图

数据表视图是查询的数据浏览器，通过该视图可以查看查询运行结果。在该视图中，可以进行编辑数据、添加和删除数据、查找数据等操作，而且也可以对查询进行排序、筛选以及检查记录等，还可以改变视图的显示风格（包括调整行高、列宽和单元格的显示风格等）。

三、SQL 视图

SQL 视图是按照 SQL 语法规范显示查询，即显示查询的 SQL 语句，此视图主要用于 SQL 查询。在 Access 中很少直接使用 SQL 视图，因为绝大多数查询都可以通过向导或查询的设计视图来完成。并且要正确地使用 SQL 视图，必须熟练掌握 SQL 语句命令的语法及使用方法。

四、数据透视表视图

在这种视图中，可以更改查询的版面，从而以不同方式观察和分析数据。

五、数据透视图视图

这种视图与“数据透视表”视图类似，也可以更改查询的版面。

3.2 使用向导创建查询

Access 提供了两种创建查询的方法，一是使用查询向导创建查询，二是使用设计视图创建查询。选择使用向导的帮助可以快捷地创建所需要的查询，如图 3.1 所示。

3.2.1 使用简单查询向导创建查询

使用简单查询向导创建查询比较简单，用户可以在向导指示下选择表和表中字段，但不能设置查询条件。

一、创建基于一个数据源的查询

例 3.1 使用简单查询向导，在“罗斯文”数据库中查找雇员表中记录，并显示“姓名”、“职务”、“雇用日期”、“地址”4 个字段。

步骤 1：打开“罗斯文”数据库，选择功能区“创建”选项卡上的“查询”组，单击“查询向导”，出现如图 3.1 所示“新建查询”对话框。

步骤 2：在该对话框中选择“简单查询向导”，单击“确定”按钮，打开“简单查询向导”对话框，如图 3.2 所示。

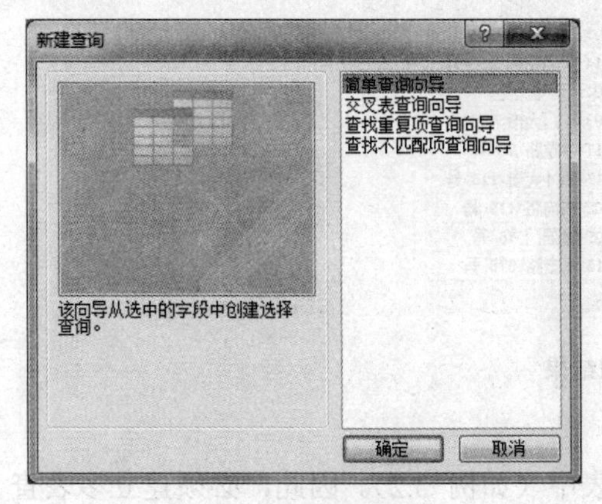

图 3.1　查询向导

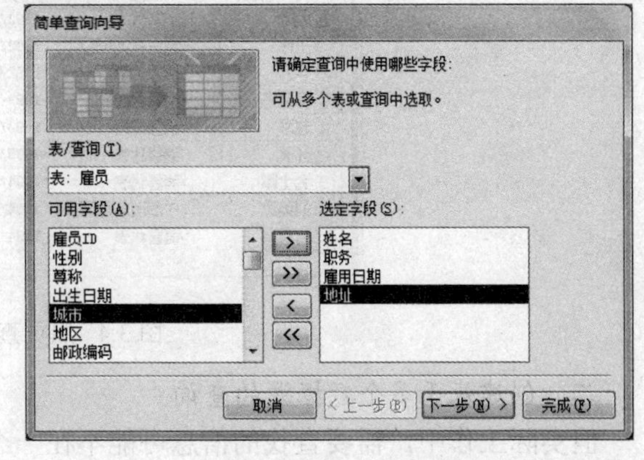

图 3.2　字段选定结果

步骤 3：在“表/查询”的下拉列表框中选择“雇员”表，这时在“可用字段”框中显示“雇员”表中包含的所有字段，双击其中的“姓名”字段，该字段被添加到“选定字段”框中。用同样的方法将“职务”、“雇用日期”和“地址”字段添加到“选定字段”框中，结果如图 3.2 所示。

在选择字段时，也可以使用“>”按钮和“>>”按钮。使用“>”按钮可一次选择一个字段，使用“>>”按钮可一次选择全部字段。若要取消已选择的字段，可以使用“<”按钮和“<<”按钮。

步骤 4：单击“下一步”按钮，显示如图 3.3 所示的“简单查询向导”对话框。在“请为查询指定标题”文本框中输入查询名称，也可以使用默认标题“雇员查询”，这里使用默认标题。如果要打开查询查看结果，则单击“打开查询查看信息”单选按钮；如果要修改查询设计，则单击“修改查询设计”单选按钮。此例中，单击“打开查询查看信息”单选按钮。

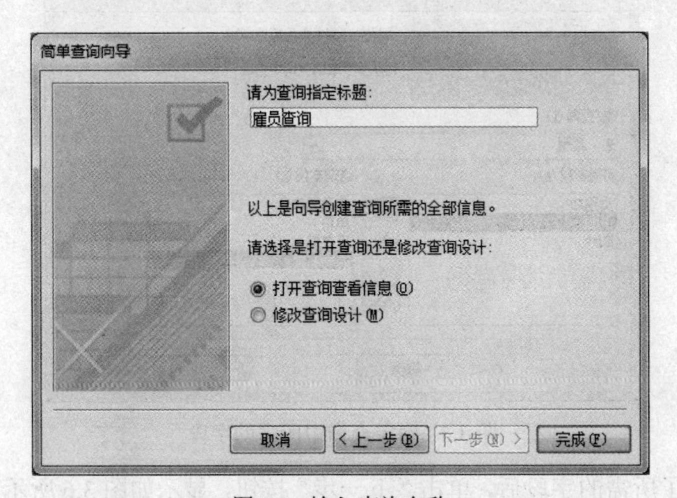

图 3.3　输入查询名称

步骤 5：单击“完成”按钮，查询结果如图 3.4 所示。图 3.4 显示了雇员表中的一部分信息。这个例子说明了使用查询可以从一个表中检索自己需要的数据。

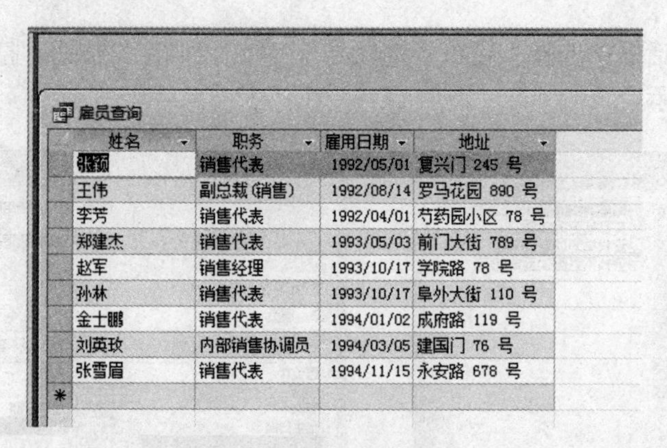

雇员查询

姓名	职务	雇用日期	地址
张颖	销售代表	1992/05/01	复兴门 245 号
王伟	副总裁(销售)	1992/08/14	罗马花园 890 号
李芳	销售代表	1992/04/01	芍药园小区 78 号
郑建杰	销售代表	1993/05/03	前门大街 789 号
赵军	销售经理	1993/10/17	学院路 78 号
孙林	销售代表	1993/10/17	阜外大街 110 号
金士鹏	销售代表	1994/01/02	成府路 119 号
刘英玫	内部销售协调员	1994/03/05	建国门 76 号
张雪眉	销售代表	1994/11/15	永安路 678 号
*			

图 3.4 雇员查询结果

二、创建基于多个数据源的查询

但实际工作中，需要查找的信息可能不在一个表中（如例 3.2）。因此，必须建立多表查询，才能找出满足要求的记录。

例 3.2 使用简单查询向导，在“罗斯文”数据库中查找每项产品的产品名称、单价、库存量、类别名称。

步骤 1：打开“罗斯文”数据库，选择功能区“创建”选项卡上的“查询”组，单击“查询向导”，出现如图 3.1 所示“新建查询”对话框。

步骤 2：在“新建查询”对话框中选择“简单查询向导”，单击“确定”按钮，打开“简单查询向导”对话框。

步骤 3：在“表/查询”的下拉列表框中选择产品表，然后分别双击“可用字段”框中的“产品名称”，“单价”，“库存量”三个字段，将它们添加到“选定字段”框中。再在“表/查询”的下拉列表框中选择“类别”表，将“类别名称”字段添加到“选定字段”框中。选择后结果如图 3.5 所示。

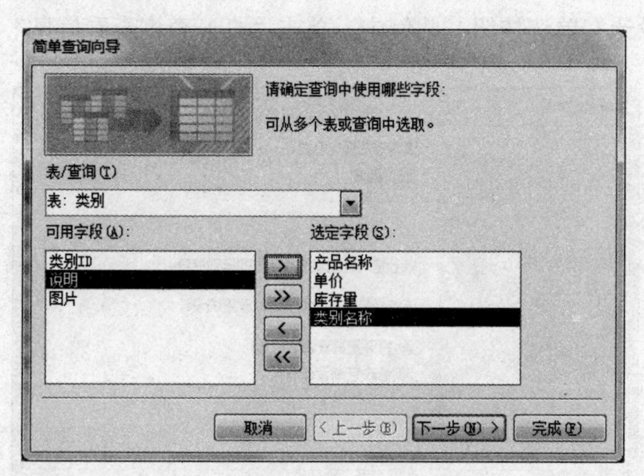

图 3.5 确定查询中所需的字段

步骤 4：确定了所需的字段后，单击“下一步”按钮，显示如图 3.6 所示对话框。选择“明细”选项，则查看详细信息；选择“汇总”选项，则对一组或全部记录进行各种统计。单击“明细”选项后，再单击“下一步”按钮，在出现对话框的“请为查询指定标题”文本框中输入“产品查询”，然后单击“打开查询查看信息”单选按钮。

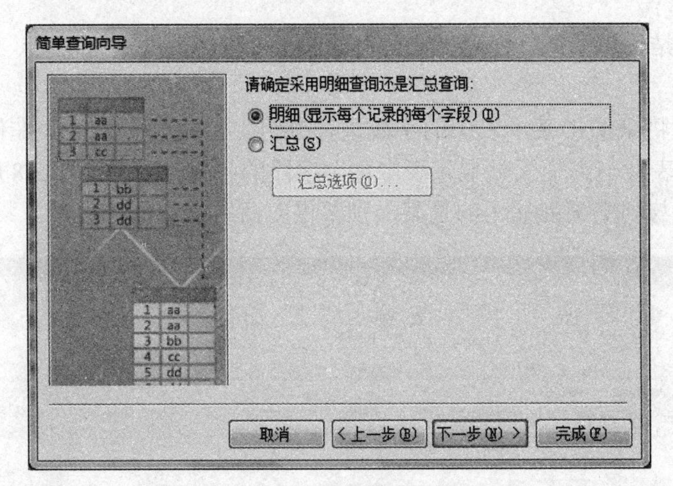

图 3.6　确定查询采用明细还是汇总

步骤 5：单击“完成”按钮，这时，Access 开始建立查询，查询结果如图 3.7 所示。

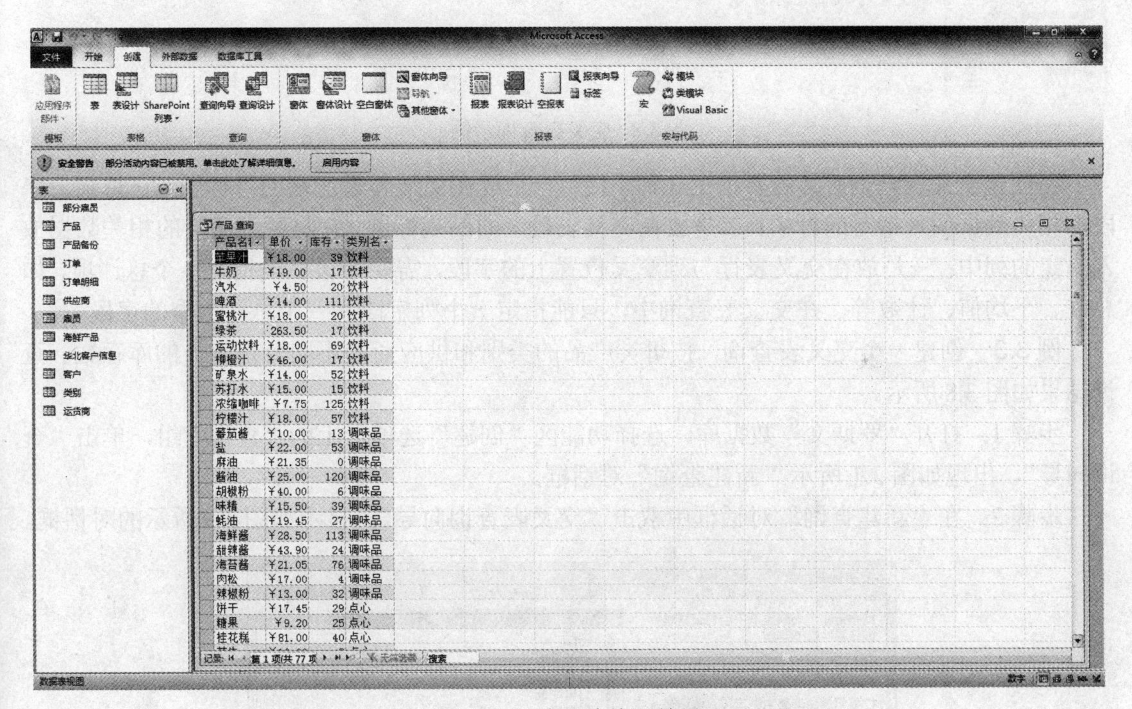

图 3.7　“产品查询”结果

该查询涉及了数据库的两个表。由此可以说明，Access 的查询可以将多个表中的信息联系起来，并且可以从中找出满足条件的记录。

在数据表视图显示查询结果时，字段的排列顺序与在“简单查询向导”对话框中选定字段的顺序相同。因此，在选择字段时，应该考虑按字段的显示顺序选取。当然，也可以在数据表视图中改变字段的顺序。

3.2.2　使用交叉表查询向导创建查询

交叉表查询以水平和垂直方式对记录进行分组，并计算和重构数据，使查询后生成的数据显示得更清晰，结构更紧凑、合理。交叉表查询还可以对数据进行汇总、计算及求平均值等操作。

交叉表查询是将来源于某个表中的字段进行分组，一组列在交叉表左侧，一组列在交叉表上部，并在交叉表行与列交叉处显示表中某个字段的各种计算值。图 3.8 所示的是一个交叉表查询的结果，行与列交叉处显示的是某类别某供应商所供货的库存量。

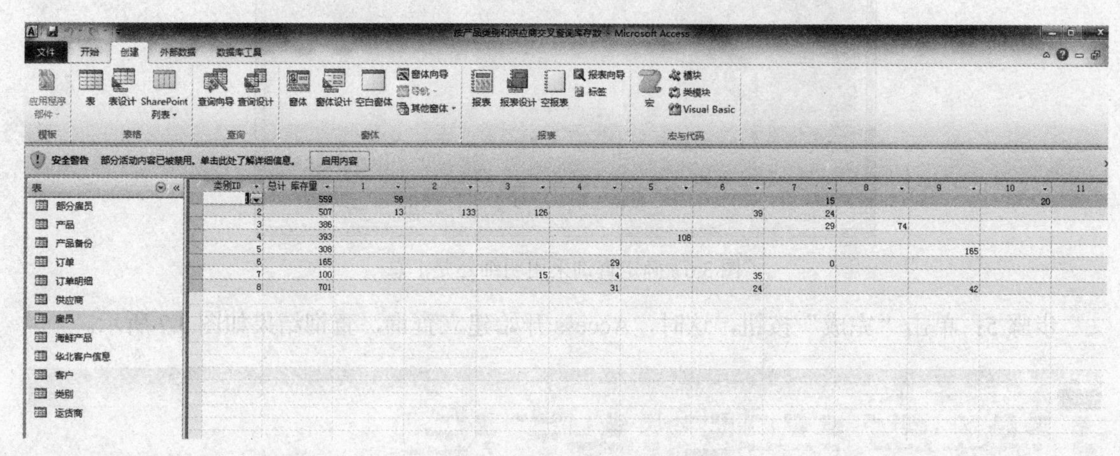

图 3.8　交叉表查询示例

在创建交叉表查询时，需要指定 3 种字段：一是放在交叉表最左端的行标题，它将某一字段的相关数据放入指定的行中；二是放在交叉表最上面的列标题，它将某一字段的相关数据放入指定的列中；三是放在交叉表行与列交叉位置上的字段，需要为该字段指定一个总计项，如总计、平均值、计数等。在交叉表查询中，只能指定一个列字段和一个总计类型的字段。

例 3.3　创建一个交叉表查询，按每类产品的类别和供应商的不同分别统计的库存数。查询结果如图 3.8 所示。

步骤 1：打开“罗斯文”数据库，选择功能区“创建”选项卡上的“查询”组，单击“查询向导”，出现如图 3.1 所示“新建查询”对话框。

步骤 2：在“新建查询”对话框中双击“交叉表查询向导”，显示如图 3.9 所示的对话框。

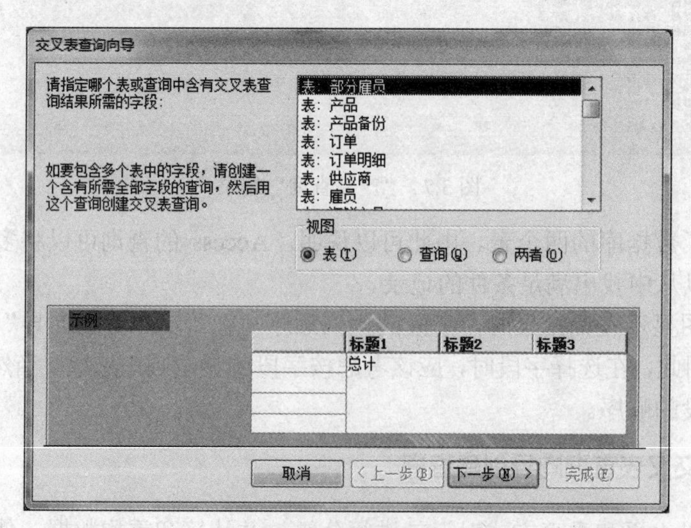

图 3.9　选择数据源

步骤 3：交叉表查询的数据源可以是表，也可以是查询。此例所需的数据源是产品表，因此单击“视图”选项组中的“表”单选按钮，这时上面的列表框中显示出“罗斯文”数据库中存储的所有表的名称，选择产品表。单击“下一步”按钮，显示如图 3.10 所示对话框。

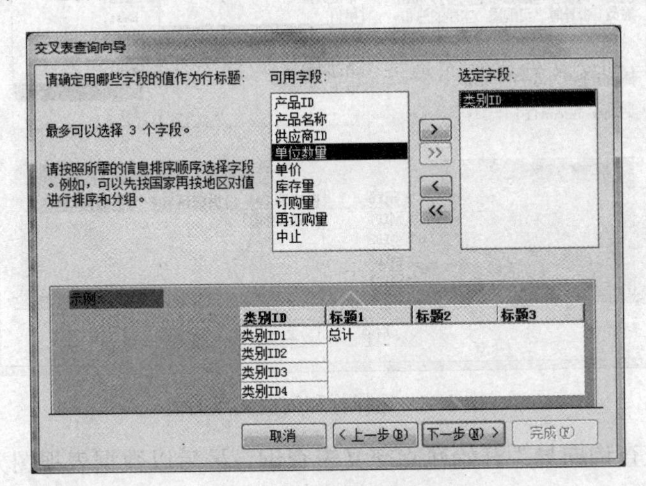

图 3.10　选择行标题

步骤 4：确定交叉表的行标题。行标题最多可以选择 3 个字段，为了在交叉表的每一行的前面显示类别，应双击“可用字段”框中的“类别 ID”字段（这里只需要选择一个行标题），单击“下一步”按钮，弹出如图 3.11 所示对话框。

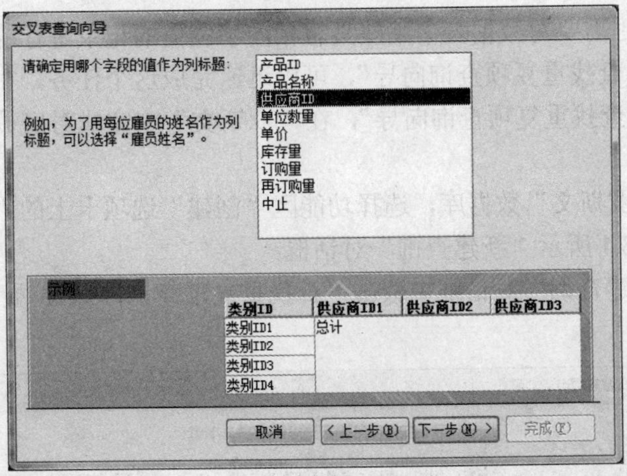

图 3.11　选择列标题

步骤 5：确定交叉表的列标题，列标题只能选择一个字段。为了在交叉表的每一列上面显示性别，应先单击“供应商 ID”字段，然后单击“下一步”按钮，显示如图 3.12 所示对话框。

步骤 6：确定每个行和列的交叉点计算出是什么数据。为了让交叉表查询显示各类产品按供应商分别统计的库存量，应该单击字段框中的“库存量”字段，然后在“函数”框中选择“Sum”。若不在交叉表的每行前面显示总计数，应取消“是，包括各行小计”复选框，然后单击“下一步”按钮。

步骤 7：在出现的对话框的“请指定查询的名称”文本框中输入“按产品类别和供应商交叉查询库存数”，然后单击“完成”按钮前单击“查看查询”单选按钮，单击“完成”按钮。

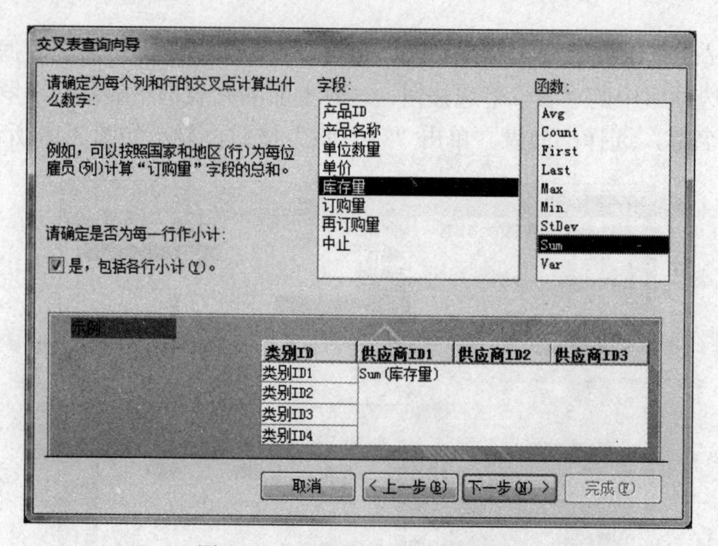

图 3.12　选择行和列交叉点的值

此时，“交叉表查询向导”开始建立交叉表查询，最后以数据表视图方式显示，如图 3.8 所示。

需要注意的是，创建交叉表的数据源必须来自于一个表或查询。如果数据源来自多个表，可以先建立一个查询，然后再以此查询作为数据源。也可以使用设计视图。

3.2.3　使用查找重复项查询向导创建查询

在 Access 中有时需要对数据表中某些具有相同字段值的记录进行统计计数，如查询职务相同的雇员。使用“查找重复项查询向导”，可以迅速完成这个任务。

例 3.4　使用“查找重复项查询向导”，在“罗斯文”中完成对雇员表中相同职务雇员的查询。

步骤 1：打开“罗斯文”数据库，选择功能区“创建”选项卡上的“查询”组，单击“查询向导”，出现如图 3.1 所示“新建查询”对话框。

步骤 2：在“新建查询”对话框中双击“查找重复项查询向导”，显示如图 3.13 所示的对话框。

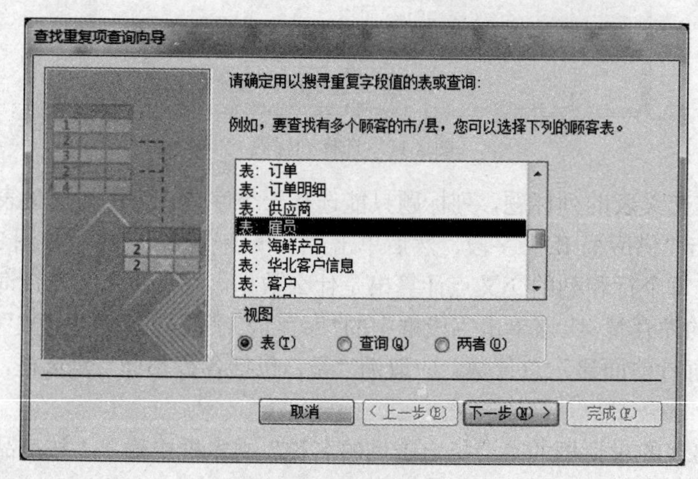

图 3.13　选择数据源

步骤 3：选取具有重复字段“职务”所在的表雇员表，单击“下一步”按钮，打开如图 3.14 所示的对话框，提示选择可能包含重复项的字段。在“可用字段”列表框中选择所需的字段“职务”，可以是一个或多个字段。然后，单击“完成”按钮。

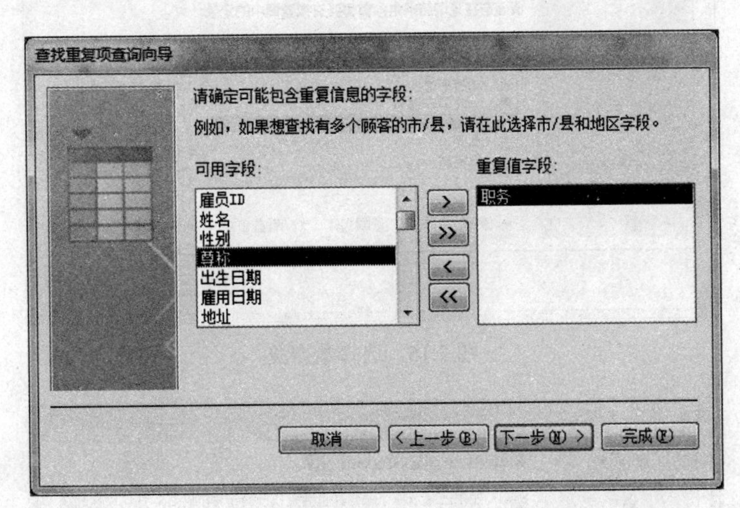

图 3.14　选择包含重复信息的字段

步骤 4：查询结果如图 3.15 所示。查询名称和查询字段名称均为系统自动命名。

职务	雇员I	姓名	性别	尊称	出生日期	雇用日期	地址	城	地	邮政编码	国	家庭电话	分	上级
销售代表	9	张雪眉	女	女士	1969/07/02	1994/11/15	永安路 678 号	北京	华北	100056	中国	(010) 65554444	452	5
销售代表	7	金士鹏	男	先生	1960/05/29	1994/01/02	成府路 119 号	北京	华北	100345	中国	(010) 65555598	465	5
销售代表	6	孙林	男	先生	1967/07/02	1993/10/17	阜外大街 110 号	北京	华北	100678	中国	(010) 65557773	428	5
销售代表	4	郑建杰	男	先生	1968/09/19	1993/05/03	前门大街 789 号	北京	华北	198052	中国	(010) 65558122	5176	2
销售代表	3	李芳	女	女士	1973/08/30	1992/04/01	芍药园小区 78 号	北京	华北	198033	中国	(010) 65553412	3355	2
销售代表	1	张颖	女	女士	1968/12/08	1992/05/01	复兴门 245 号	北京	华北	100098	中国	(010) 65559857	5467	2
	(新建)													

图 3.15　查找重复项的查询结果

3.2.4　使用查找不匹配项查询向导创建查询

使用“查找不匹配项查询向导”可以在一个表中查找与另一个表中没有相关记录的记录。

例 3.5　使用“查找不匹配项查询向导”，在“罗斯文”数据库中查找目前没有订单的客户。

步骤 1：打开“罗斯文”数据库，选择功能区“创建”选项卡上的“查询”组，单击“查询向导”，出现如图 3.1 所示“新建查询”对话框。

步骤 2：在“新建查询”对话框中双击“查找不匹配项查询向导”，显示如图 3.16 所示的对话框。

步骤 3：选择客户表后单击“下一步”按钮，出现如图 3.17 所示的对话框。

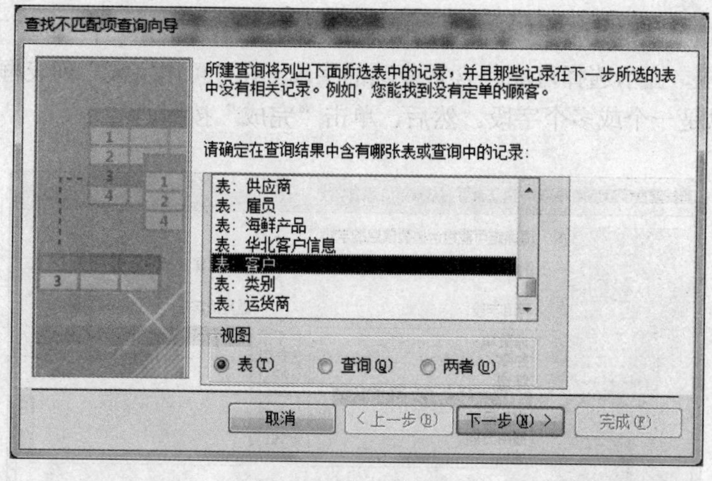

图 3.16 选择数据源

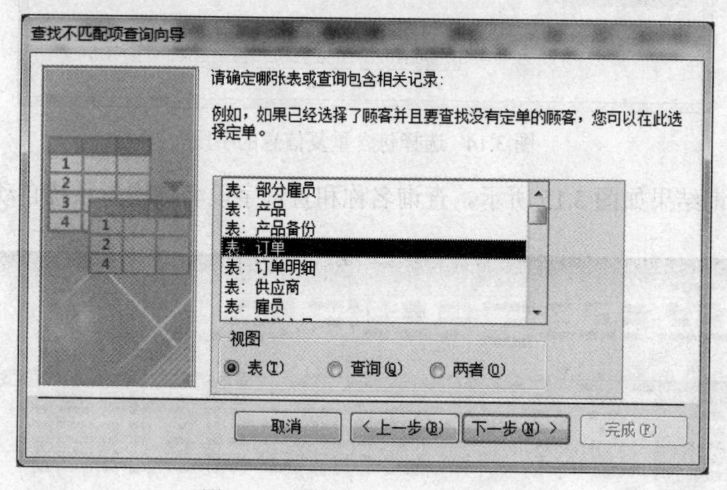

图 3.17 选择含有相关记录的表

步骤 4：选择含有相关记录的表，即订单表，单击“下一步”按钮，出现如图 3.18 所示对话框。

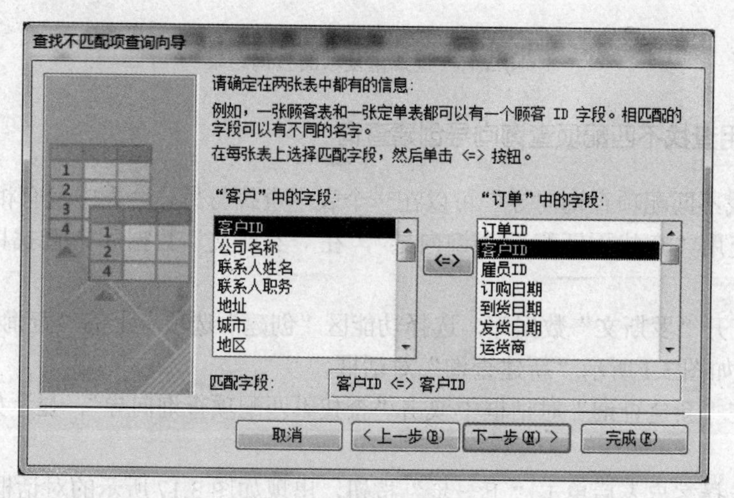

图 3.18 选择匹配字段

步骤 5：确定在两张表中都有的信息，即匹配字段。在字段列表框中选择两个表都有的字段，如“客户 ID”，然后单击“下一步”按钮，出现如图 3.19 所示的对话框。

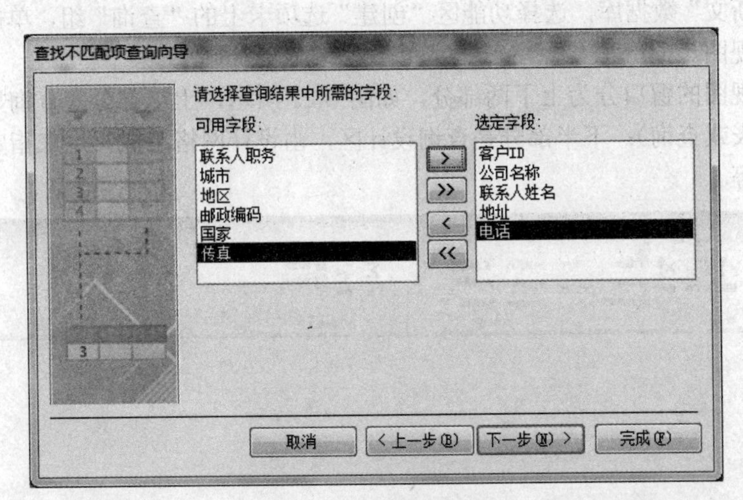

图 3.19　选择查询字段

步骤 6：选择查询结果中需要显示的字段。如图 3.19 在列表框中选择需要的字段，单击“下一步”按钮。

步骤 7：在“请指定查询的名称”文本框中输入查询的名称，然后单击“完成”按钮，显示查询结果如图 3.20 所示。此查询结果表示下列客户没有订单。

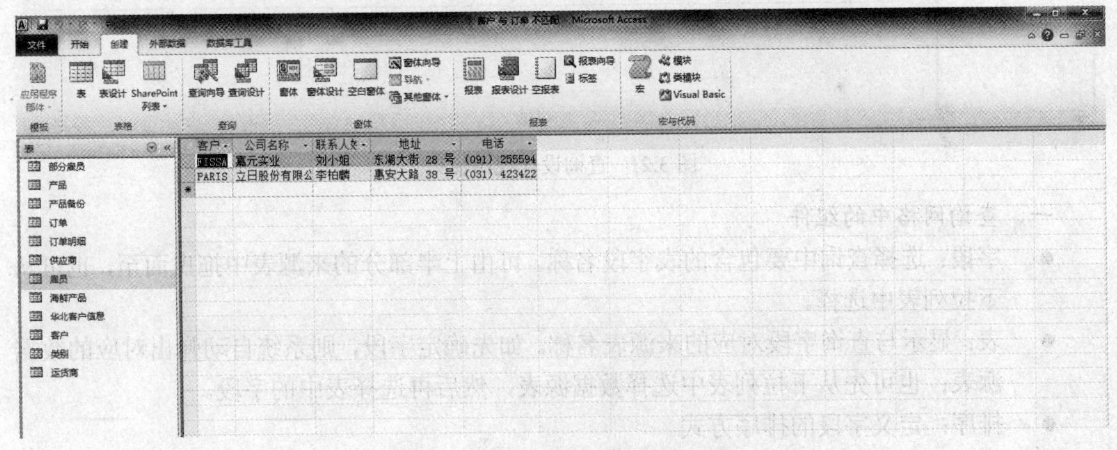

图 3.20　查找不匹配项的查询结果

3.3　使用设计视图创建查询

使用“简单查询向导”创建查询有很大的局限性，它只能建立简单的查询，但实际应用中经常要用到带条件的复杂查询。使用查询设计视图不仅可以自行设置查询条件，创建基于单表或多表的不同选择查询，还可以对已有的查询进行修改。在设计视图中既可以创建如选择查询之类的简单查询，也可以创建像参数查询之类的复杂查询。

3.3.1 认识查询设计视图

打开“罗斯文”数据库，选择功能区“创建”选项卡上的“查询”组，单击“查询设计”，出现查询设计视图。

查询设计视图的窗口分为上下两部分，如图 3.21 所示，上半部分是查询显示区，包含所有的数据源（表或查询）；下半部分是查询设计区，由设计网格组成，用来指定具体的查询字段、查询条件等。

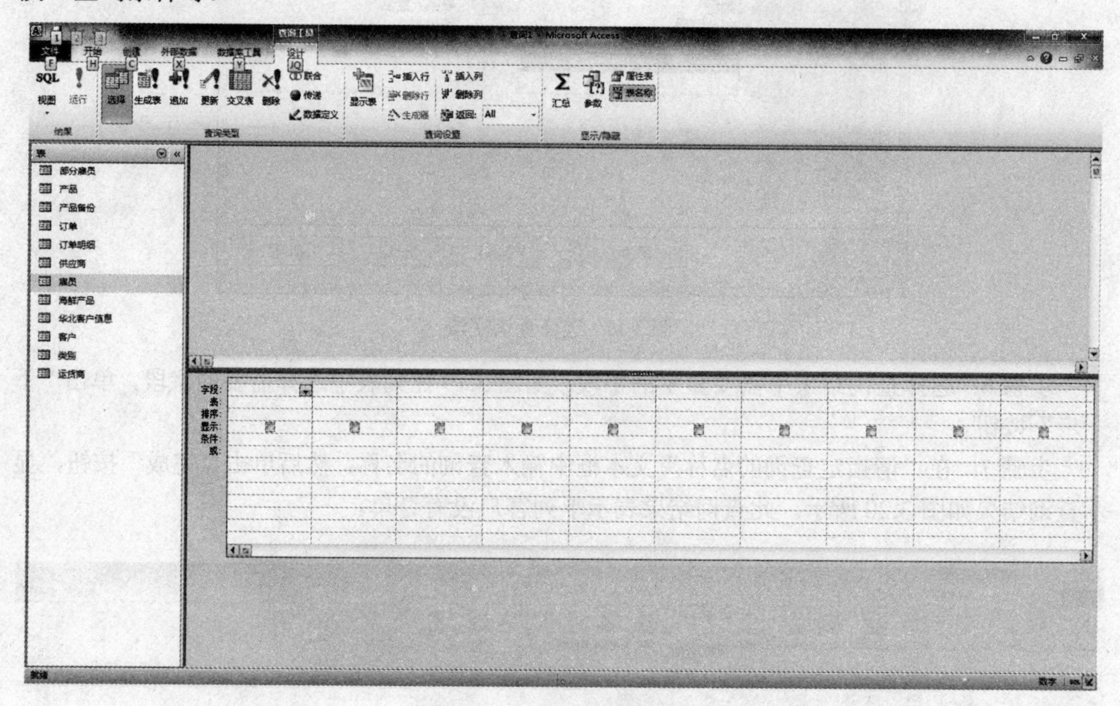

图 3.21 查询设计视图窗口

一、查询网格中的组件

- 字段：选择查询中要包含的表字段名称。可由上半部分的来源表中拖曳而至，也可从下拉列表中选择。
- 表：显示与查询字段对应的来源表名称。如先确定字段，则系统自动弹出对应的数据源表；也可先从下拉列表中选择数据源表，然后再选择表中的字段。
- 排序：定义字段的排序方式。
- 显示：设置是否在“数据表”视图中显示所选字段，用于确定相关字段是否在动态集中出现（有时字段仅用于构成查询条件，不需要显示）。
- 条件：设置字段的查询条件。
- 或：用于设置多条件之间的“或”条件，以多行的形式出现。

二、查询设计视图的工具栏

在查询设计视图中，除常用的命令按钮外，还可使用如图 3.22 所示的工具按钮。

- 视图：可以在查询的 5 个视图之间切换。
- 查询类型：可选择不同的查询类型，如选择查询、交叉表查询、生成表查询、更新查询、追加查询和删除查询。

图 3.22　查询设计工具栏

- 运行：运行刚刚建立的查询，以“数据表”视图的形式显示结果。
- 显示表：显示数据库中所有的表或查询，方便用户创建现有的查询。
- 汇总：在查询设计区中加入计算数字类型的字段，如 Avg、Sum。
- 上限值：按百分比或记录条数设置显示的记录。
- 属性表：显示光标指向的对象属性。在这里对字段属性进行修改，不会反映到数据表中。
- 生成器：根据当前光标所在的位置，启动对应的“表达式生成器”，生成查询条件表达式。

三、显示表对话框

在数据库窗口中双击“在设计视图中创建查询”选项时，系统打开查询设计视图的同时，会弹出“显示表”对话框，列出当前数据库中能够为查询提供原始数据的所有的表和查询，如图 3.23 所示，各选项卡说明如下：

- 表：列出当前数据库中所有的数据表。
- 查询：列出当前数据库中所有的查询。
- 两者都有：列出当前数据库中所有的数据表和查询。

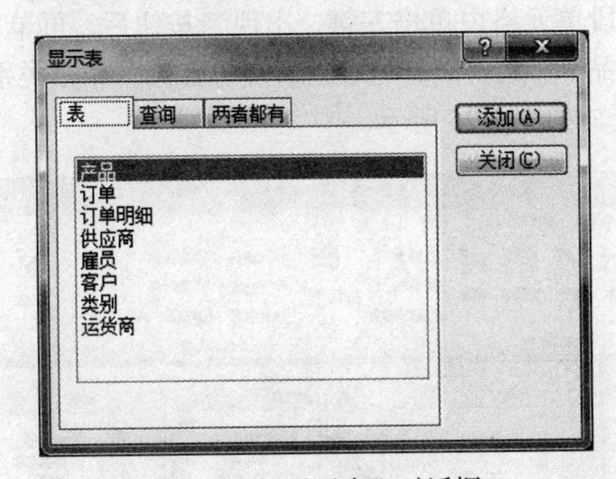

图 3.23　“显示表”对话框

若在关闭“显示表”对话框后还需添加数据源，可在查询设计视图的查询显示区内右击鼠标，在随之弹出的快捷菜单上单击“显示表”命令，也可单击查询设计工具栏中的“显示表”按钮，均可打开“显示表”对话框。

3.3.2　创建不带条件的查询

例 3.6　在“罗斯文”数据库中查询各项产品的产品名称、供应商（公司名称）、类别名称。查询的结果保存到“产品供应商和类别”中。

步骤 1：打开“罗斯文”数据库，选择功能区“创建”选项卡上的“查询”组，单击“查询设计”，出现查询设计视图，并出现“显示表”对话框。

步骤 2：从“显示表”对话框中选择“表”选项卡，依次双击“产品”、“供应商”和“类别”3 张表，单击“关闭”按钮，结果如图 3.24 所示，表之间的连线表示两个表之间已经建立起关系。

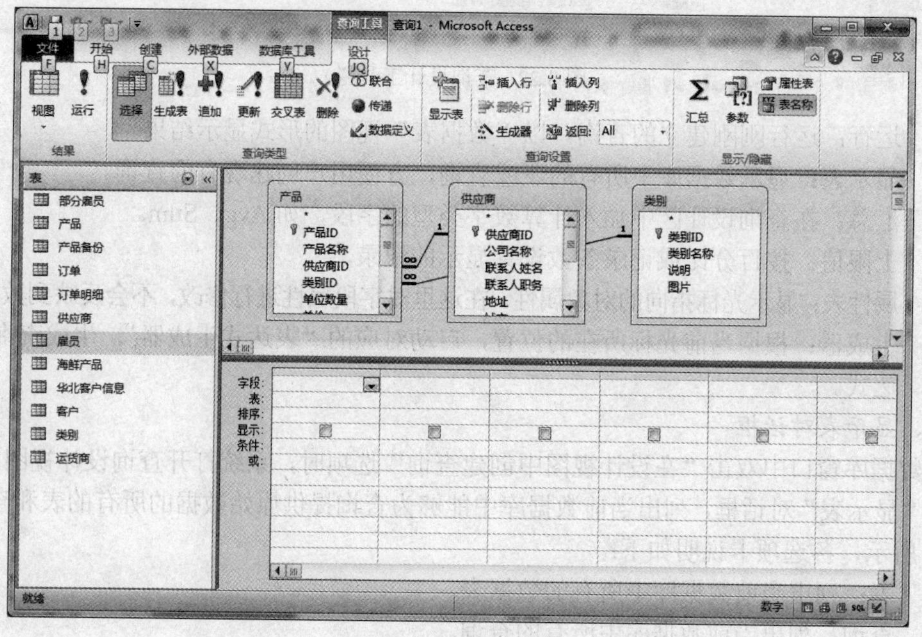

图 3.24　查询设计视图

步骤 3：用鼠标在字段单元格内单击左键，出现▼按钮后，再单击左键，在下列列表中选择“产品.产品 ID”、“产品.产品名称”、“供应商.公司名称”和“类别.类别名称”字段，或者直接在表中双击相应字段，如图 3.25 所示。

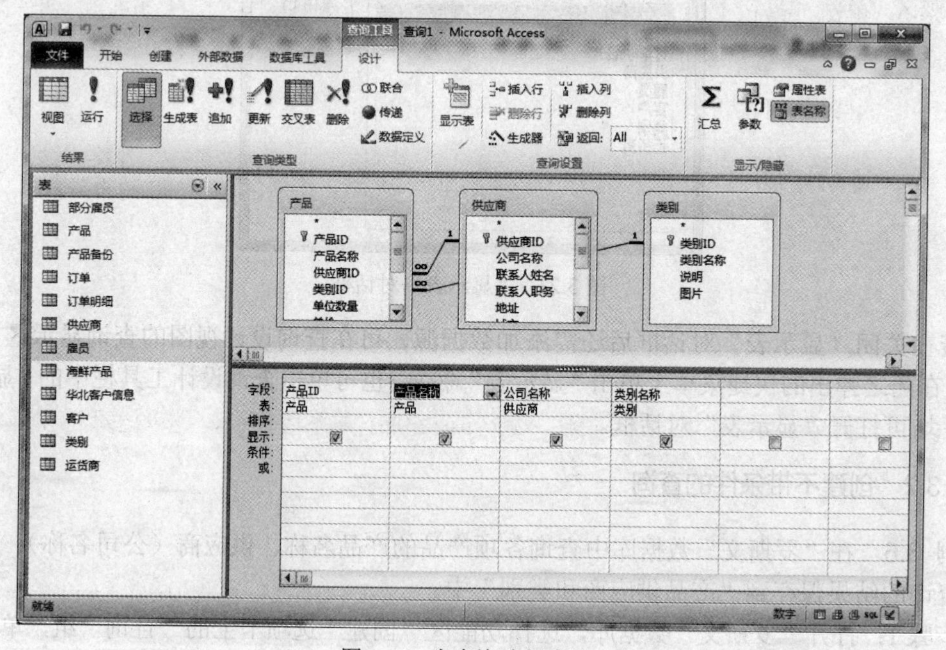

图 3.25　为查询选择字段

步骤 4：为了使查询结果更易于阅读，将“公司名称”字段的标题重命名为“供应商”，其方法是在“公司名称”字段前加上“供应商”，二者之间用一个冒号（:）分隔开（冒号必须是英文半角符号），如图 3.26 所示。

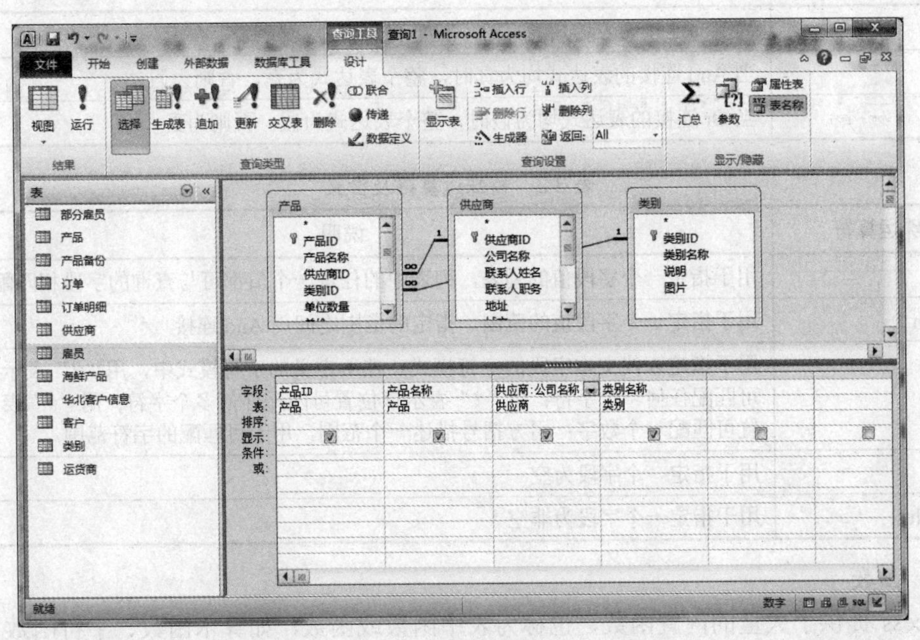

图 3.26　更改字段标题

步骤 5：关闭查询设计视图或单击工具栏上的“保存”按钮，将打开“另存为”对话框。在“查询名称”文本框中输入“产品供应商和类别”名称后，系统将按指定的查询名称存放在查询对象列表中。

步骤 6：单击工具栏上的“视图”按钮，或单击工具栏上的“运行”按钮 ! ，切换到数据表视图。这时可看到查询运行结果。

3.3.3　创建带条件的查询

在实际应用中，并非只是简单的查询，往往需要指定一定的条件。例如，查找职称为教授的男教师。这种带条件的查询需要通过设置查询条件来实现。

查询条件是运算符、常量、字段值、函数以及字段名和属性等的任意组合，能够计算出一个结果。查询条件在创建带条件的查询时经常用到，因此，了解条件的组成，掌握它的书写方法非常重要。

一、运算符

运算符是构成查询条件的基本元素。Access 提供了关系运算符、逻辑运算符和特殊运算符，3 种运算符及含义如表 3.1、表 3.2、表 3.3 所示。

表 3.1　关系运算符及含义

关系运算符	说明	关系运算符	说明
=	等于	<>	不等于
<	小于	<=	小于等于
>	大于	>=	大于等于

表 3.2　逻辑运算符及含义

逻辑运算符	说明
Not	当 Not 连接的表达式为真时，整个表达式为真
And	当 And 连接的表达式均为真时，整个表达式为真，否则为假
Or	当 Or 连接的表达式均为假时，整个表达式为假，否则为真

表 3.3　特殊运算符及含义

特殊运算符	说明
In	用于指定一个字段值的列表，列表中的任意一个值都可与查询的字段相匹配
Between	用于指定一个字段值的范围。指定的范围之间用 And 连接
Like	用于指定查找文本字段的字符模式。在所定义的字符模式中，用“?”表示该位置可匹配任何一个字符；用“*”表示该位置可匹配任何多个字符；用“#”表示该位置可匹配一个数字；用方括号描述一个范围，用于可匹配的字符范围
Is Null	用于指定一个字段为空
Is Not Null	用于指定一个字段为非空

二、函数

Access 提供了大量的内置函数，也称为表中函数或函数，如算术函数、字符函数、日期/时间函数和统计函数等。这些函数为更好地构造查询条件提供了极大的便利，也为更准确地进行统计计算、实现数据处理提供了有效的方法。Access 2010 的在线帮助已按字母顺序详细列出了它所提供的所有函数与说明，常用函数和功能请参见附录。

三、使用数值作为查询条件

在创建查询时经常会使用数值作为查询的条件。以数值作为查询条件的简单示例如表 3.4 所示。

表 3.4　使用数值作为查询条件示例

字段名	条件	功能
成绩	<60	查询成绩小于 60 的记录
成绩	Between 80 And 90	查询成绩在 80～90 分之间的记录
	>=80 And <=90	

四、使用文本值作为查询条件

使用文本值作为查询条件，可以方便地限定查询的文本范围。以文本值作为查询条件的示例和功能如表 3.5 所示。

表 3.5　使用文本值作为查询条件示例

字段名	条件	功能
职称	“教授”	查询职称为教授的记录
	“教授”Or“副教授”	查询职称为教授或副教授的记录
	Right([职称],2)=“教授”	
	InStr([职称]，“教授”)=1 Or InStr([职称]，“教授”)=2	

续表

字段名	条件	功能
姓名	In("张杰","小沈阳")	查询姓名为"张杰"或"小沈阳"的记录
	"张杰"Or"沈阳"	
	Not"张杰"	查询姓名不为"张杰"的记录
	Left([姓名],1)="王"	查询姓"王"的记录
	Like"王*"	
	InStr([姓名],"王")=1	
	Len([姓名])<=2	查询姓名为两个字的记录
课程名称	Rigth([课程名称],2)="基础"	查询课程名称最后两个字为"基础"的记录
学号	Mid([学号],7,2)="01"	查询学号第 7 和第 8 个字符为 01 的记录
	InStr([学号], "01")=7	

查找职称为教授的教师，查询条件可以表示为：="教授"，但为了输入方便，Access 允许点条件中省去"="，所以可以直接表示为："教授"。输入时如果没有加双引号，Access 会自动加上双引号。

五、使用处理日期结果作为查询条件

使用处理日期结果作为条件可以方便地限定查询的时间范围。以处理日期结果作为查询条件的示例如表 3.6 所示。

表 3.6 使用处理日期结果作为查询条件示例

字段名	条件	功能
生日	Between #1984-01-01# And #1984-12-31#	查询 1984 年出生的学生记录
	Year([生日])=1984	
	Year([生日])=1984 And Month([生日])=10	查询 1984 年 10 月出生的学生记录
工作时间	<Date()-15	查询 15 天前参加工作的记录
	Between Date() And Date()-20	查询 20 天之内参加工作的记录

书写这类条件时应注意，日期常量要用英文的"#"号括起来。

六、使用字段的部分值作为查询条件

使用字段的部分值作为查询条件可以方便地限定查询的范围。使用字段的部分值作为查询条件的示例如表 3.7 所示。

表 3.7 使用字段的部分值作为查询条件示例

字段名	条件	功能
课程名称	Like"计算机*"	查询课程名称以"计算机"开头的记录
	Left([课程名称],1)= "计算机*"	
	InStr([课程名称],"计算机")=1	
	Like"*计算机*"	查询课程名称中包含"计算机"的记录
姓名	Not"王*"	查询不姓"王"的记录
	Left([姓名],1)<>"王"	

七、使用空值或空字符串作为查询条件

空值是使用 Null 或空白来表示字段的值；空字符串是用双引号括起来的字符串，且双引号中间没有空格。使用空值或空字符串作为查询条件的示例如表 3.8 所示。

表 3.8 使用空值或空字符串作为查询条件示例

字段名	条件	功能
姓名	Is Null	查询姓名为 Null（空值）的记录
	Is Not Null	查询姓名为 Null（空值）的记录
手机	“”	查询没有联系电话的记录

最后还需注意，在条件中字段名必须用方括号括起来，而且数据类型应与对应字段定义的类型相符合，否则会出现数据类型不匹配的错误。

例 3.7 查找 1968 年出生且职务是销售代表的雇员，并显示“雇员 ID”、“姓名”、“职务”和“出生日期”字段。

步骤 1：打开“罗斯文”数据库，选择功能区“创建”选项卡上的“查询”组，单击“查询设计”，出现查询设计视图。并出现“显示表”对话框。

步骤 2：从显示表对话框中选择“表”选项卡，单击雇员表，然后单击“添加”按钮，此时该表被添加到查询设计视图上半部分窗口中，单击“关闭”按钮。

步骤 3：分别双击“雇员 ID”、“姓名”、“职务”、“出生日期”字段，这时 4 个字段依次显示在“字段”行上的第 1 列到第 4 列中，同时“表”行显示出这些字段所在的表的名称，结果如图 3.27 所示。

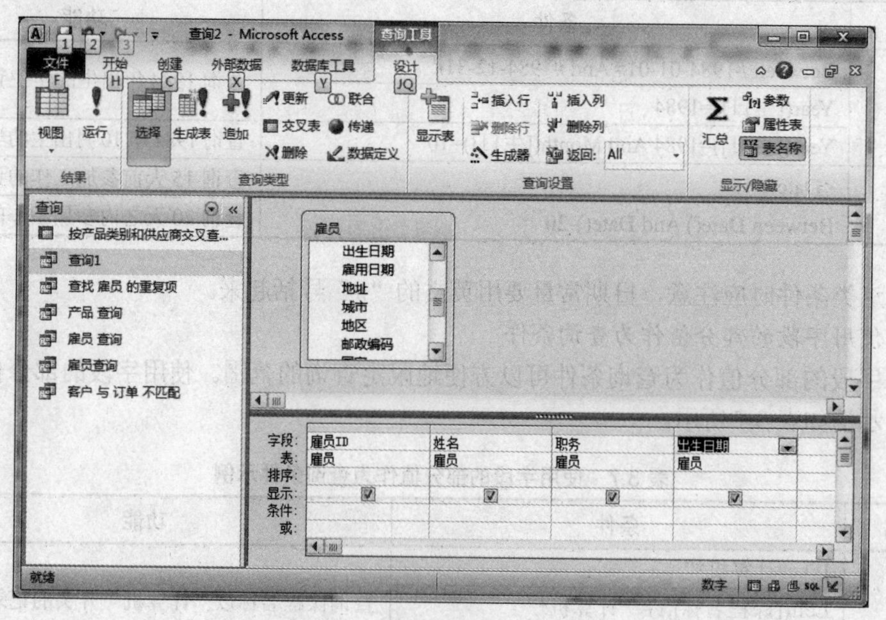

图 3.27 设置查询所涉及字段

步骤 4：在“职务”字段列的“条件”单元格中输入条件“销售代表”，在“出生日期”字段列的“条件”单元格中输入条件“Between #1968-1-1# and #1968-12-31#”，设置结果如图 3.28 所示。

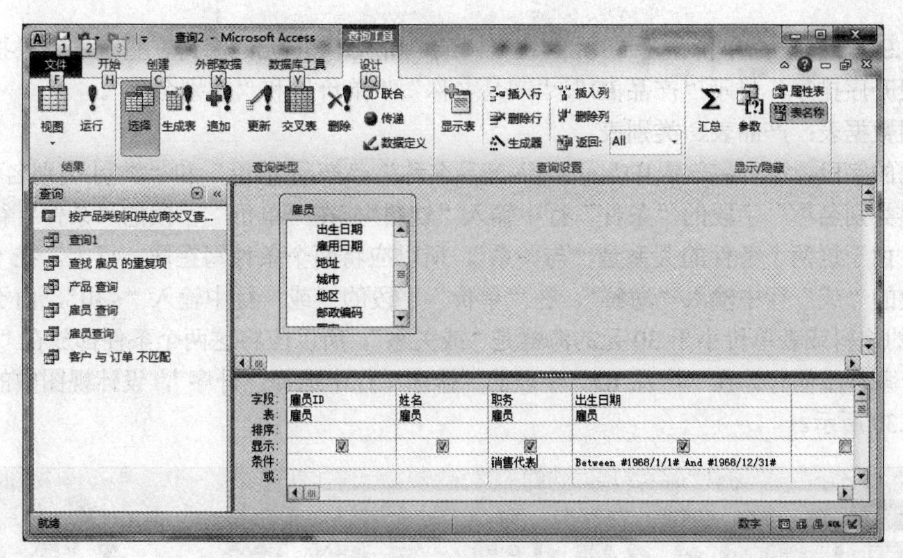

图 3.28　设置查询条件

条件与条件间的关系可以是“与关系（And）”或者是“或关系（Or）”，在本例所建查询中，要求 2 个字段值均等于条件给定值，表示这 2 个条件的关系是“与关系”。此时，应将 2 个条件同时写在“条件”行上。若 2 个条件是“或关系”，需要写在不同的行。

步骤 6：单击工具栏上的“保存”按钮，出现“另存为”对话框，在“查询名称”文本框中输入“1968 年出生职务是销售代表的雇员”，然后单击“确定”按钮。

步骤 7：单击工具栏上的“视图”按钮，或单击工具栏上的“运行”按钮，切换到数据表视图，可以看到查询执行的结果。

以下有关查询的一些例子，将不再详细列出步骤，仅说明使用了哪些数据表及字段。

例 3.8　查找姓李或姓张的雇员经手的订单所订产品的名称和数量。

使用的数据表：雇员表、订单表、订单明细表、产品表。

使用的字段：雇员.姓名、订单.订单 ID、产品.产品名称、订单明细.数量。

在图 3.29 中，条件行内容为“Like"李*" Or Like"张*"”，表示“姓名”字段中，第一个字是“李”或“张”的所有雇员。

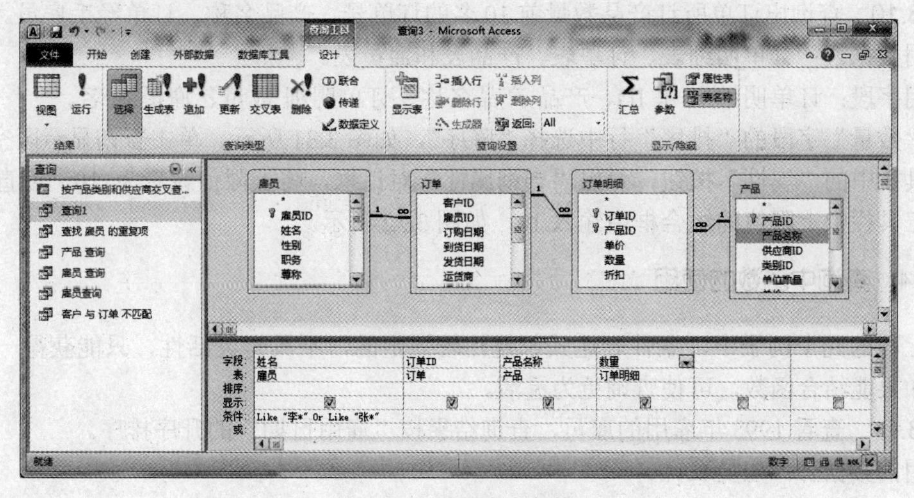

图 3.29　设置查询条件

例 3.9 查找产品单价小于 50 元的饮料，或单价大于 30 元的海鲜，查询的结果按“产品 ID”字段升序排序，显示“产品 ID”、“产品名称”、“单价”和“类别名称”。

使用数据表：产品表、类别表。

使用的字段：“产品.产品 ID”、“产品.产品名称”、“产品.单价”和“类别.类别名称”。

在“类别名称”字段的“条件”行中输入“饮料”，在“单价”字段的“条件”行中输入“>50”，由于这两个条件的关系是“与关系”，所以应将两个条件写在同一行上。在“类别名称”字段的“或”行中输入“海鲜”，在“单价”字段的“或”行中输入“<30”，由于单价大于 50 元的饮料或者单价小于 30 元的海鲜是“或关系”，所以应将这两个条件都放在“或”行，与上两个条件不同行。在“产品 ID”字段的“排序”行中选择“升序”，设计视图中的设计结果如图 3.30 所示。

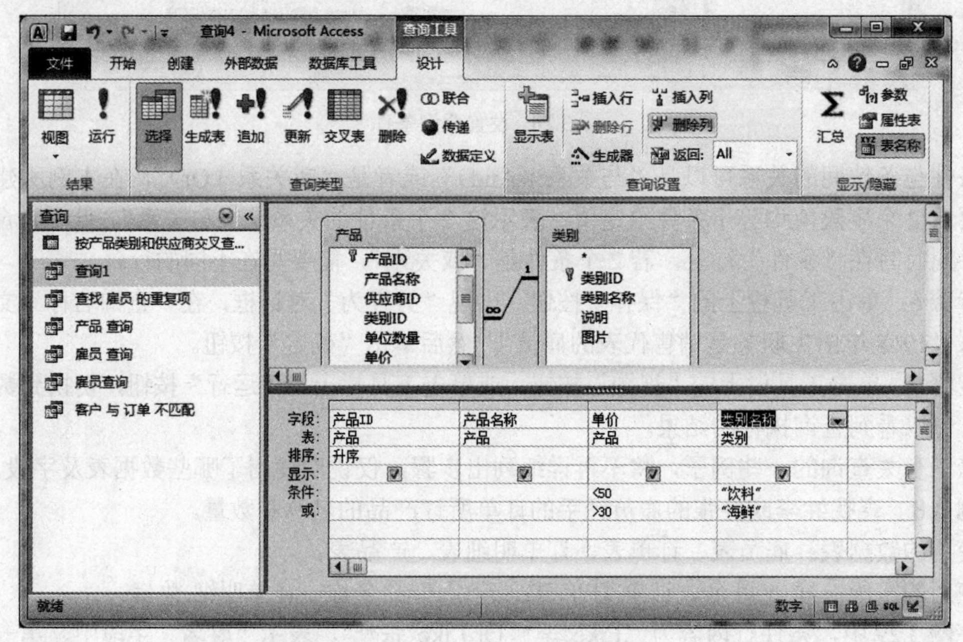

图 3.30 使用“或”行设置条件

例 3.10 查询出订单所订产品数量前 10 名的订单号、产品名称、订单经手雇员。

使用数据表：订单明细表、订单表、产品表和雇员表。

使用字段：订单明细.订单 ID、产品.产品名称、订单明细.数量、雇员.姓名。

在“数量”字段的“排序”行中选择“降序”，如图 3.31 所示。单击查询显示区空白处，单击工具栏中的“属性”按钮，弹出“查询属性”对话框，将上限值设置为 10，或直接在查询设计工具栏中上限值的组合框中输入 10，如图 3.32 所示。

3.3.4 查询中函数的使用

在上面的几个例子中，条件表达式都是比较固定的，不具有灵活性，只能获得一种查询结果。如果能结合函数，可使查询更为灵活。

例 3.11 查看 1993 年雇用的雇员，查询结果按“雇用日期”的升序排序。

使用的数据表：雇员表。

使用的字段：雇员 ID、雇员姓名、雇用日期。

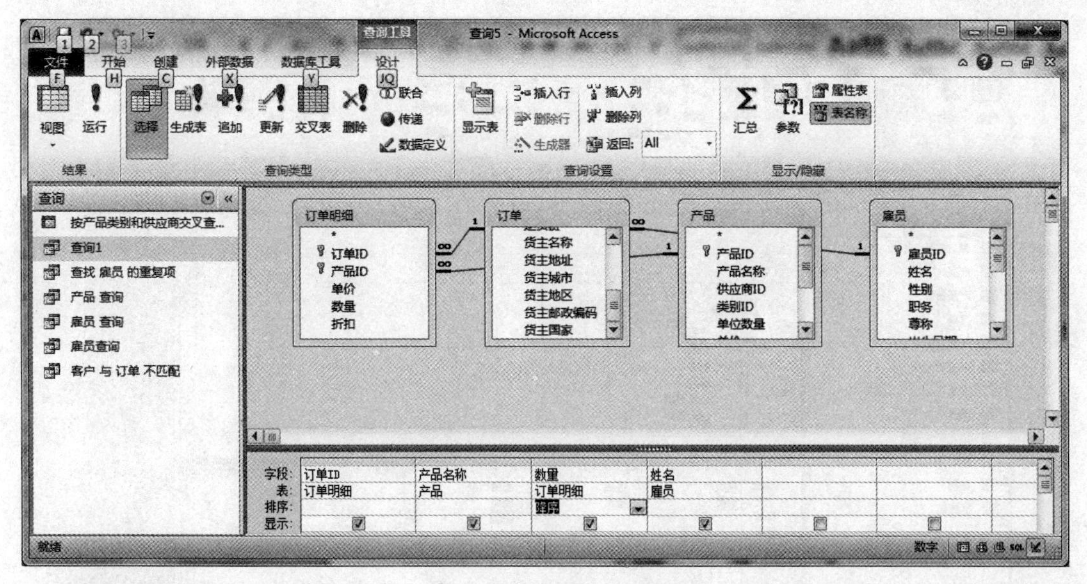

图 3.31　设置查询条件

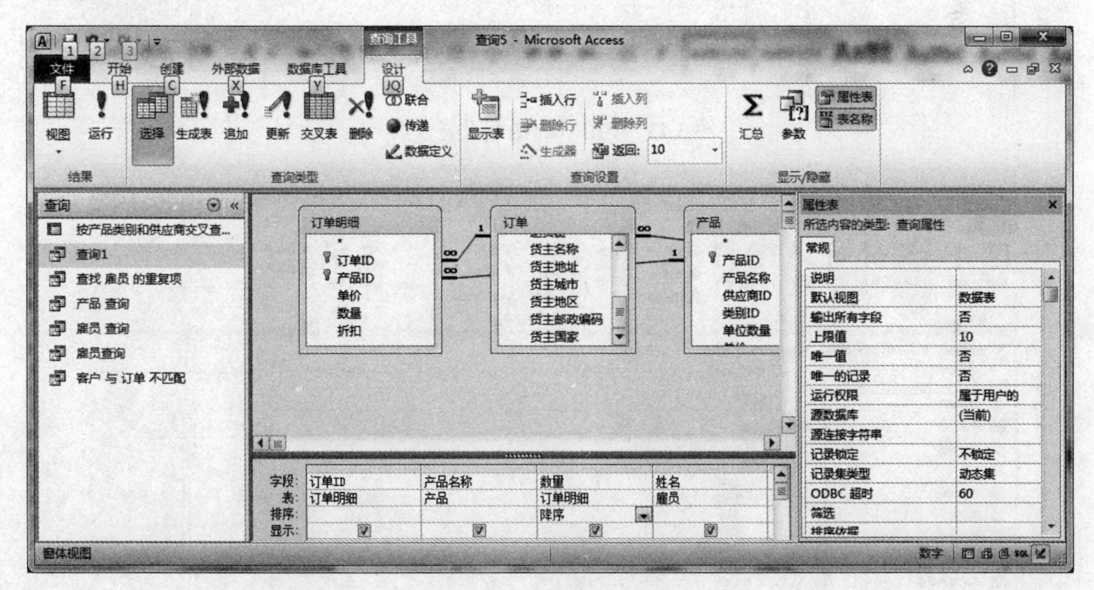

图 3.32　查询属性设置

加入所需的字段雇员 ID、雇员姓名、雇用日期。

在第 3 列的“雇用日期”字段的“条件”行中输入“year([雇用日期])=1993”。

在第 3 列“雇用日期”字段的“排序”行中选择“升序”，如图 3.33 所示。

year 函数的功能是返回日期的年份。

例 3.12　查看雇员表中每个雇员的年龄，结果按“年龄”的升序排序。

使用的数据表：雇员表。

使用的字段：雇员 ID，姓名、出生日期。

加入所需的字段：雇员 ID，姓名、出生日期，在第 4 列“字段”单元格中创建一个新字段，输入“年龄: Year(Now())-Year([出生日期])”。

在第 4 列字段的“排序”行中选择“升序”，如图 3.34 所示。

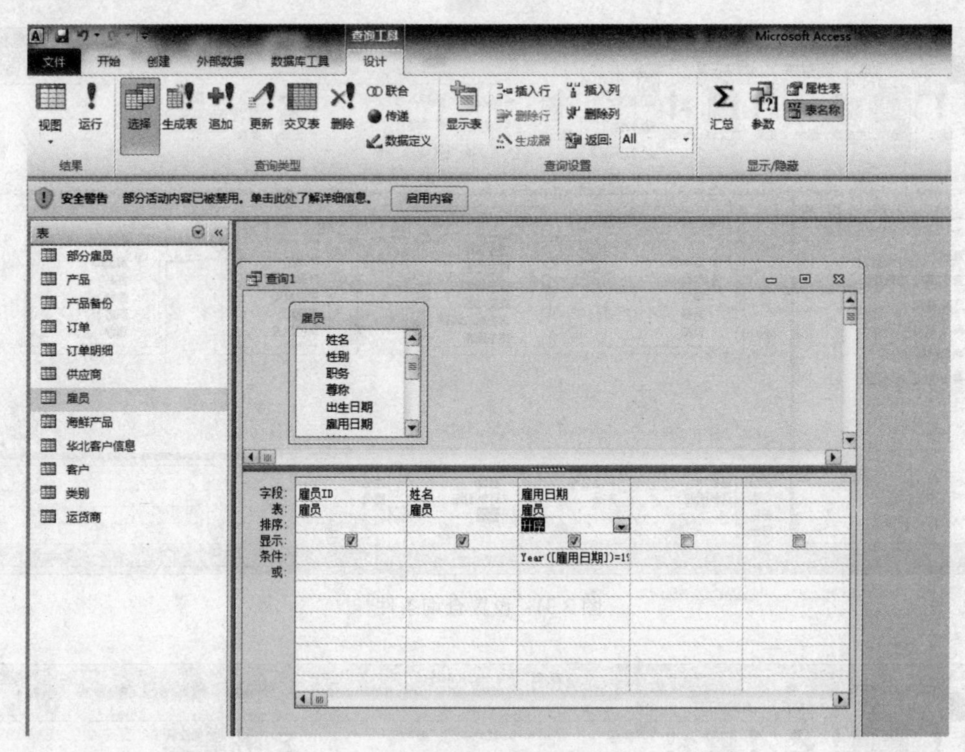

图 3.33 使用 year 函数设置查询

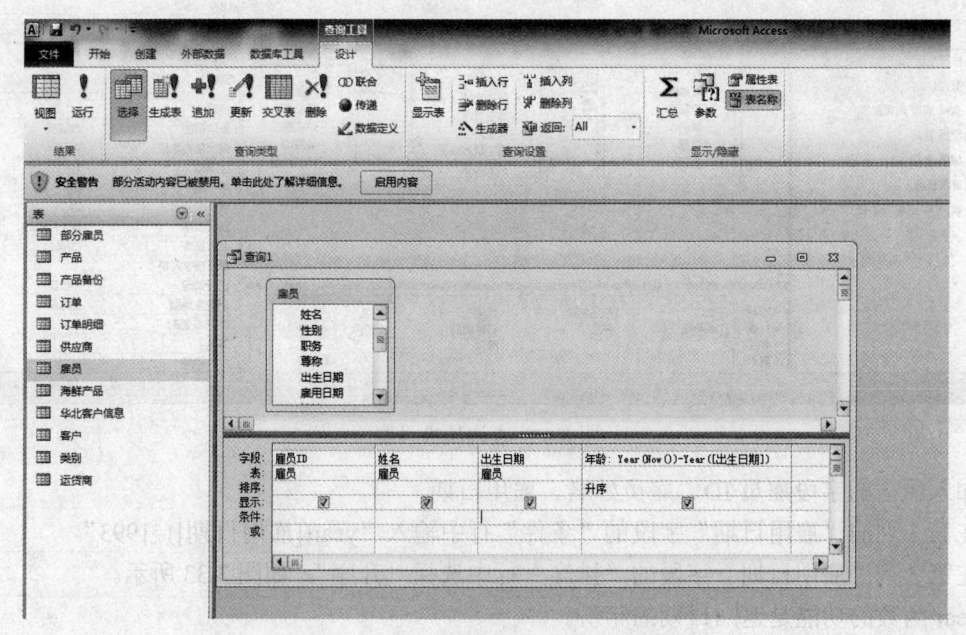

图 3.34 使用 Year 和 Now 函数设置查询

在图 3.34 中，在第 4 列“字段”单元格中输入了“年龄: Year(Now())-Year([出生日期])”，表示第 4 列的标题“年龄”（当然也可以取其他的名字，如岁数），该字段的数据来源是通过 Year(Now())-Year([出生日期])计算得到的，也就是用目前年份 Year(Now())减去出生日期字段的年份 Year([出生日期])得到“年龄”字段的数据。

3.3.5　在查询中进行计算

“查询”对象还可以对数据进行分析和加工，生成新的数据与信息。生成新的数据一般通过计算的方法，常用的计算方法有求和、计数、求最大/最小值、求平均数及表达式等。

一、查询计算功能

在查询中执行许多类型的计算，在字段中显示计算结果时，结果实际并不存储在基础表中。Access 在每次执行查询时都将重新进行计算，以使计算结果永远都以数据库中最新的数据为准。因此，不能手动更新计算结果。

要在查询中执行计算，可以使用如下方式：

（1）预定义计算：即所谓的“总计”计算，用于对查询中的记录组或全部记录进行总和、平均值、计数、最小值、最大值、标准偏差或方差等数量计算。

（2）自定义计算：使用一个或多个字段中的数据在每个记录上执行数值、日期和文本计算。对于这类计算，需要直接在查询设计区中创建新的计算字段，方法是将表达式输入到查询设计区中的空“字段”单元格中。

注意：计算字段是在查询中定义的字段，显示表达式的结果而非显示存储的数据。每当表达式中的值改变时，就重新计算一次该值。

二、总计查询

在建立查询时，可能更关心记录的统计结果而不是记录本身。

建立总计查询时需要在查询设计视图中单击工具栏上的“总计”按钮，Access 将在查询设计区中添加“总计”组件，如图 3.35 所示。在总计行的单元格中，通过下拉列表可列出“分组”、“总计”、“平均值”等 12 个选项，共分为 4 类：分组、总计函数、表达式和限制条件。

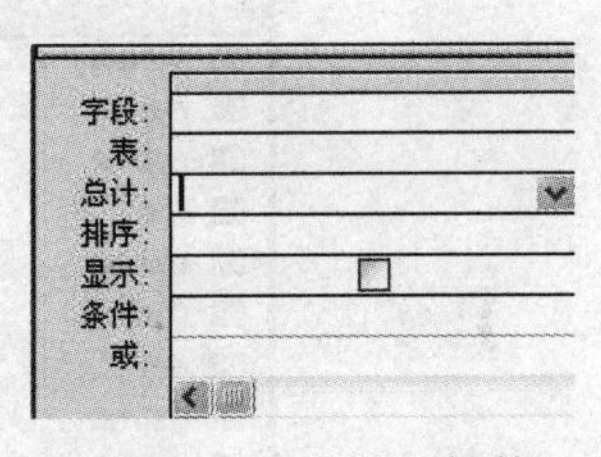

图 3.35　“总计”组件

（1）分组：定义要执行计算的组。

（2）总计函数：定义计算类型。可用的总计函数如表 3.9 所示。

表 3.9　总计函数

函数名称	显示名称	功能
Sum	总计	计算组中该字段所有值的和
Avg	平均值	计算组中该字段的算术平均值
Min	最小值	返回组中字段的最小值
Max	最大值	返回组中字段的最大值
Count	计数	返回非空值数的统计数
StDev	标准差	计算组中该字段所有值的统计标准差
Var	方差	计算组中该字段所有值的统计方差
First	第 1 条记录	返回该字段的第 1 个值
Last	最后 1 条记录	返回该字段的最后 1 个值

（3）表达式：创建表达式中包含统计函数的计算字段。

（4）限制条件：制定不用于分组的字段准则。

例 3.13 统计职务是销售代表的雇员人数。

步骤 1：打开查询设计视图，将雇员表添加到设计视图上半部分的窗口中。

步骤 2：双击雇员表字段列表中的“雇员 ID”和“职务”字段，依次添加到字段行的第 1 列和第 2 列。

步骤 3：单击工具栏上的“总计”按钮，在设计网格中插入“总计”行，各字段的“总计”行将自动设置成“Group By(分组)”。

步骤 4：单击“雇员 ID”字段的“总计”行，并单击其右侧的向下箭头按钮，从打开的下拉列表中选择“计数”，再将“职务”字段的“总计”行设置成“条件”，并在“职务”字段的“条件”行中输入“销售代表”，如图 3.36 所示。

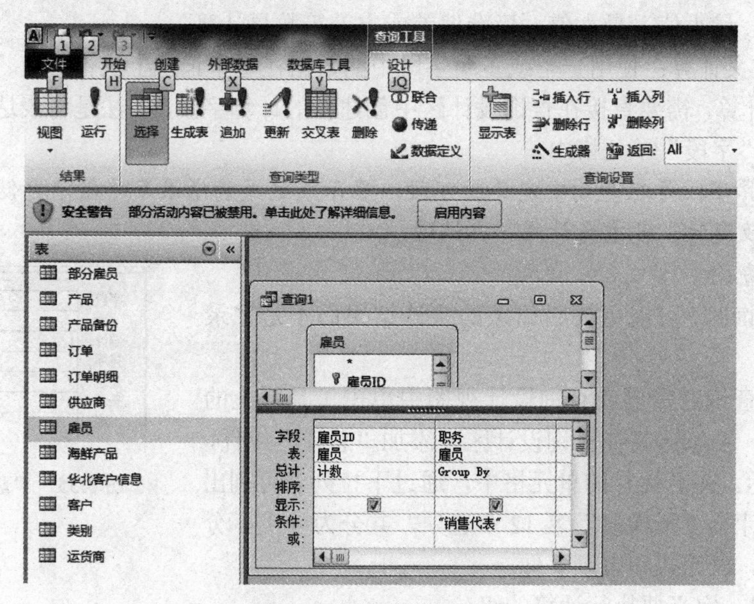

图 3.36 设置总计项图

步骤 5：单击工具栏上的“保存”按钮，打开“另存为”对话框，在“查询名称”文本框中输入“统计销售代表人数”，然后单击“确定”按钮。

步骤 6：切换到数据表视图，查询结果如图 3.37 所示。

三、分组（Group By）总计查询

在实际应用中，不仅需要对所有的记录进行统计，还需要将记录分组，对每个组的数据进行统计。设置方法是：在“设计”视图中，把要进行分组的字段的“总计”单元格选择为“分组（Group By）”，把要进行计算的每个字段的“总计”单元格选择为相应的总计函数，就可以实现分组统计查询了。

例 3.14 统计各类职务的雇员人数。

使用的数据表：雇员表。

使用的字段：职务。

两次双击“雇员”字段列表中的“职务”，将该字段连续添加到字段行的第 1 列和第 2 列。选择“视图 | 总计”菜单命令，或单击工具栏上的“总计”按钮，此时 Access 在设计网格中插入一个“总计”行。第 1 列“职务”字段的“总计”单元格中选择“分组（Group By）”，表

示按职称分组，第2列“职务”字段的“总计”单元格中选择“计数”，用于统计各类职务的雇员人数，设计结果如图3.38所示。

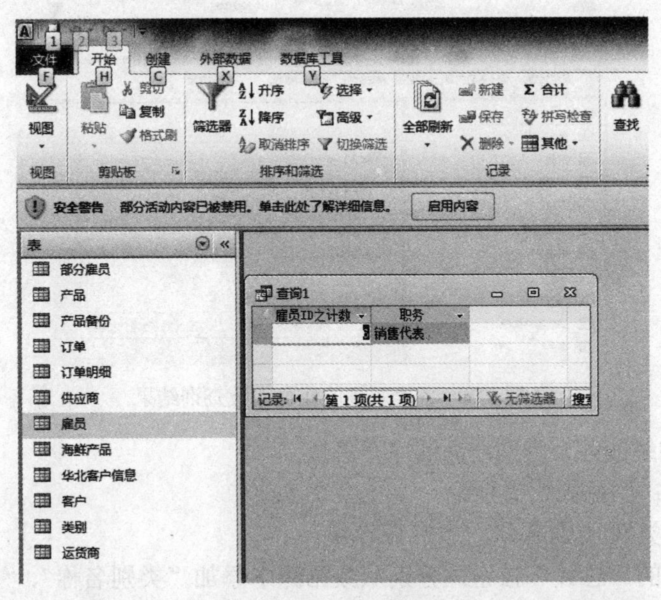

图3.37 总计查询结果

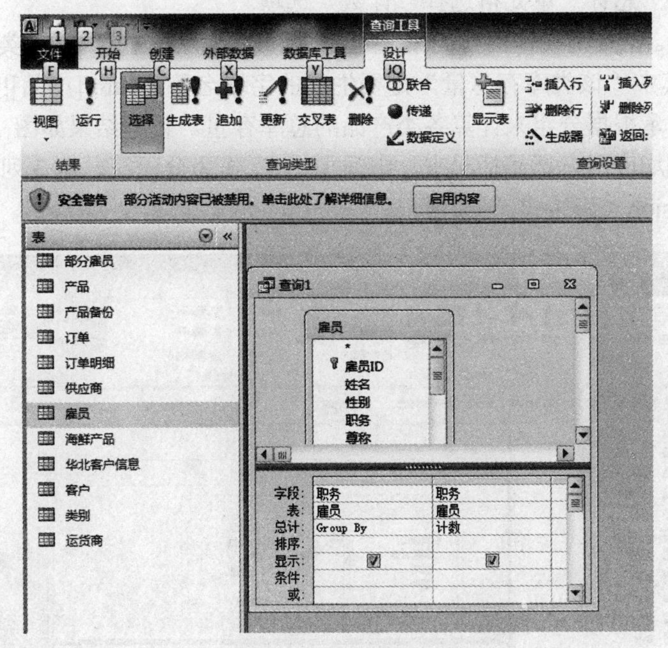

图3.38 设置分组计数

保存查询，设置查询名称为“各类职务的雇员人数”，执行查询结果如图3.39所示。

四、添加计算字段

当要统计的数据在表中没有相应的字段，或者用于计算的数据来自于多个字段时，应该在设计网格中添加一个“计算字段”。“计算字段”是指根据一个或多个表中的一个或多个字段，并使用表达式建立的新字段。

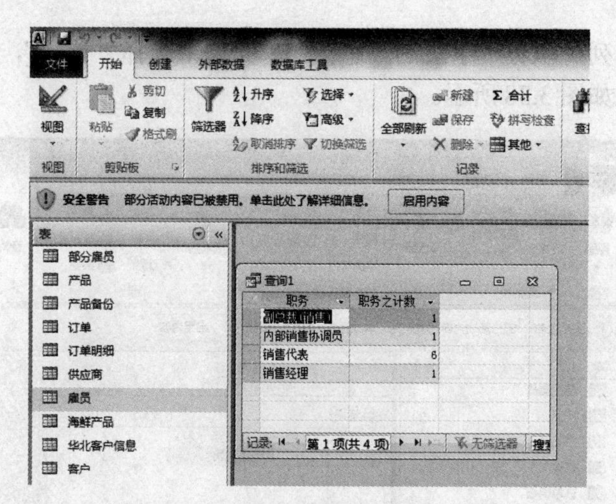

图 3.39 各类职务的雇员人数查询结果

例 3.15 分别统计各个类别产品的库存总量。

使用的数据表：产品表、类别。

使用的字段：类别.类别名称、产品.库存量。

单击工具栏上的“总计”按钮，分别从数据源中添加“类别名称”、“库存量”字段至设计网格中，并为“类别名称”字段对应的“总计”单元格选择“分组（Group By）”选项。“库存量”字段对应的“总计”单元格选择“计数”选项。

添加计算字段。在查询设计网格的第 3 列的“字段”单元格中输入“该类库存总量: sum([产品]![库存量])”，其中“该类库存总量”是要生成的字段名称，sum([产品]![库存量])为该字段的计算表达式，表示根据分组来计算各类产品的总库存量。设置结果如图 3.40 所示。注意：数据源和引用字段均应用方括号括起来，中间加“！”作为分隔符。第 3 列对应的“总计”单元格选择“Expression（表达式）”选项。

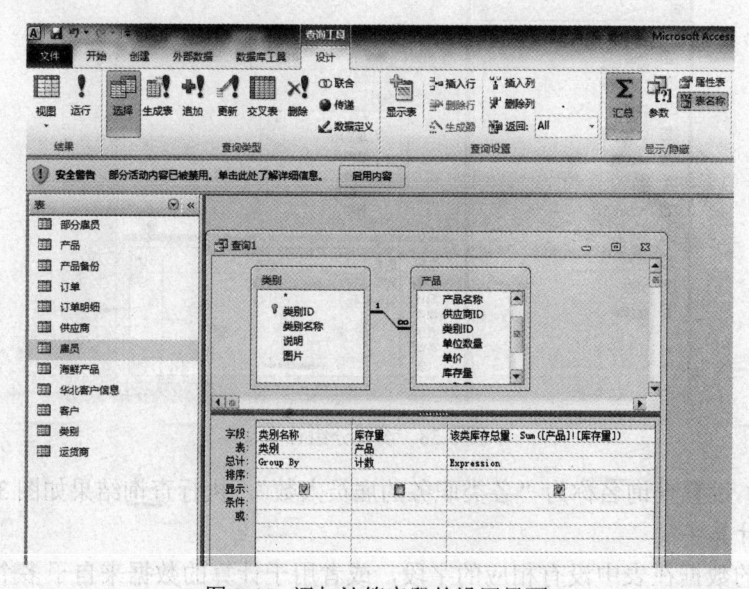

图 3.40 添加计算字段的设置界面

保存查询，名称为“各类产品的库存总量”，执行查询结果如图 3.41 所示。

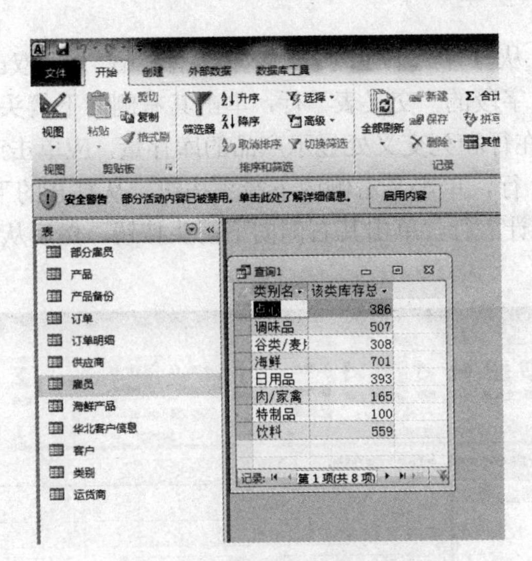

图 3.41　查询运行结果

如果不想添加统计字段，达到上述类似效果操作可简化，运行结果的第二个字段名系统自动加为“库存量之总计”，操作如图 3.42 所示。结果请自己测试。

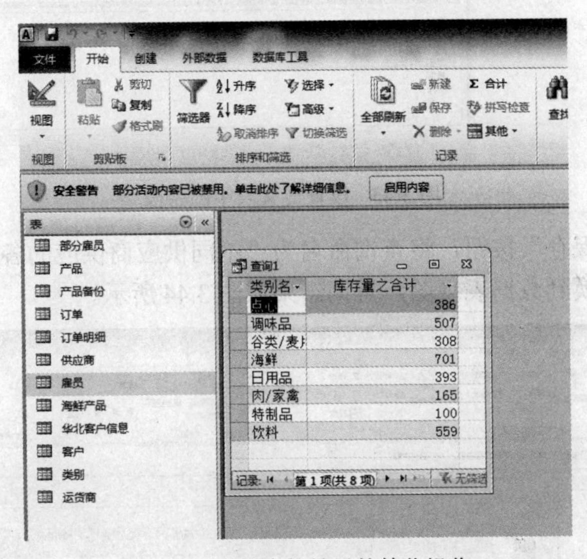

图 3.42　本例类似效果的简化操作

3.3.6　交叉表查询

例 3.16　使用设计视图创建交叉表查询，统计不同供应商供应的各类产品的库存量。

在这个例子中查询所需数据来自于类别表、供应商表和产品表，使用“查询向导”创建交叉表查询需要先将所需的数据放在一个表或查询里，然后才能创建此查询，这样做显然有些麻烦。事实上，可以使用查询设计视图来创建交叉表查询。

步骤 1：打开“罗斯文”数据库，打开查询设计视图，将类别表、供应商表和产品表添加到设计视图上半部分的窗口中。

步骤 2：单击工具栏上“交叉表查询”选项。

步骤 3：双击供应商中的“公司名称”字段，单击“公司名称”字段的“交叉表”行，单击其右侧向下箭头按钮，从打开的下拉列表中选择“行标题”；再双击类别表中的“类别名称”字段，单击“类别名称”字段的“交叉表”行，单击其右侧向下箭头按钮，从打开的下拉列表中选择“列标题”；为了在行和列交叉处显示产品的库存量，应单击产品中“库存量”，在“库存量”字段的“交叉表”行，单击其右侧向下箭头按钮，从打开的下拉列表中选择“值”，单击“库存量”字段的“总计”行，单击其右侧向下箭头按钮，然后从下拉列表中选择“合计”，结果如图 3.43 所示。

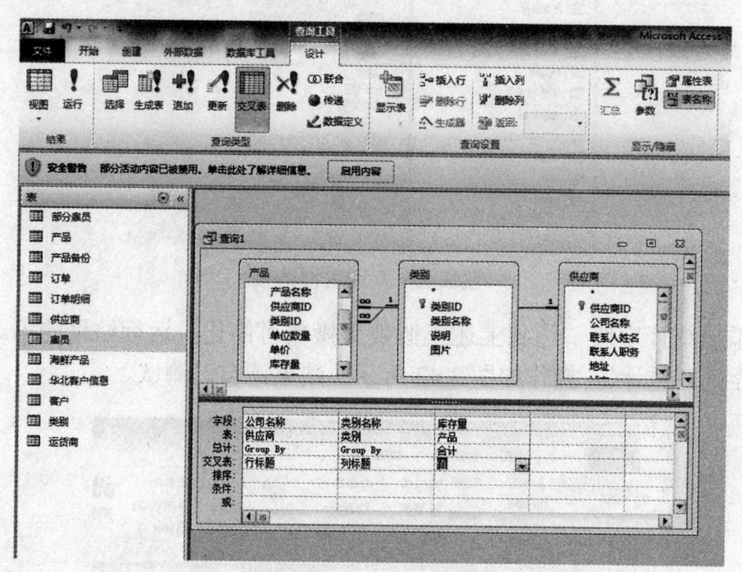

图 3.43 设置交叉表中的字段

步骤 4：单击“保存”按钮，将查询命名为“不同供应商供应的各类产品的库存量”，单击“确定”按钮。切换到数据表视图，查询结果如图 3.44 所示。

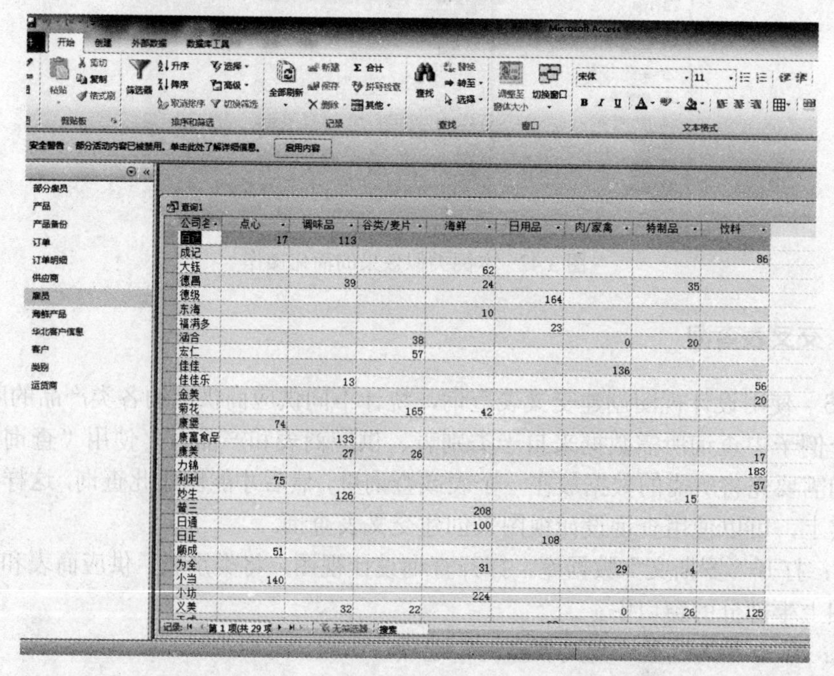

公司名	点心	调味品	谷类/麦片	海鲜	日用品	肉/家禽	特制品	饮料
百达	17	113						
成记								86
大钰				62				
德昌		39		24			35	
德级					164			
东海				10				
福满多					23			
涵合			38			0	20	
宏仁			57					
佳佳						136		
佳佳乐		13						56
金美								20
菊花			165	42				
康堡	74							
康富食品		133						
康美		27	26					17
力锦								183
利利	75							57
妙生		126					15	
普三				208				
日通				100				
日正					108			
顺成	51							
为全				31		29	4	
小当	140							
小坊				224				
义美		32	22			0	26	125

图 3.44 不同供应商供应的各类产品的库存量

在用查询设计视图设计交叉表查询时，要注意以下几点：

- 一个列标题：只能是一个字段作为列标题。
- 多个行标题：可以指定多个字段作为行标题，但最多为3个行标题。
- 一个值：设置为“值”的字段是交叉表中行标题和列标题相交单元格内显示的内容，“值”的字段也只能有一个，且其类型通常为“数字”。

3.4 创建参数查询

参数查询是一种可以重复使用的查询，每次使用时都可以改变其准则。每当运行一个参数查询时，Access 2010都会显示一个对话框，提示用户输入新的准则。将参数查询作为窗体、报表和数据访问页的基础是非常方便的。

设置参数查询在很多方面类似于设置选择查询。可以使用“简单查询向导”，先从要包括的表和字段开始，然后在“设计”视图中添加查询条件；也可以直接到“设计”视图中设置查询条件。

可以建立单参数查询，也可建立多参数查询。

3.4.1 单参数查询

创建单参数查询，就是在字段中指定一个参数，在执行参数查询时，输入一个参数值。

例3.17 建立一个查询，显示出任意月份出生的雇员ID、姓名及出生日期。

步骤1：打开“罗斯文”数据库，打开查询设计视图，将雇员表添加到设计视图上半部分的窗口中，再将表中的“雇员ID”、“姓名”及“出生日期”字段添加到查询设计区的“字段”组件中。

步骤2：在查询设计区“字段”组件的空白单元格中，输入计算表达式“Month([出生日期])”。然后，在该字段的“条件”组件单元格中输入“[请输入出生月份：]”，并取消该字段的“显示”属性。设置完成的查询“设计”视图，如图3.45所示，其中表达式“Month([出生日期])”的返回值是“出生日期”字段值的月份值。

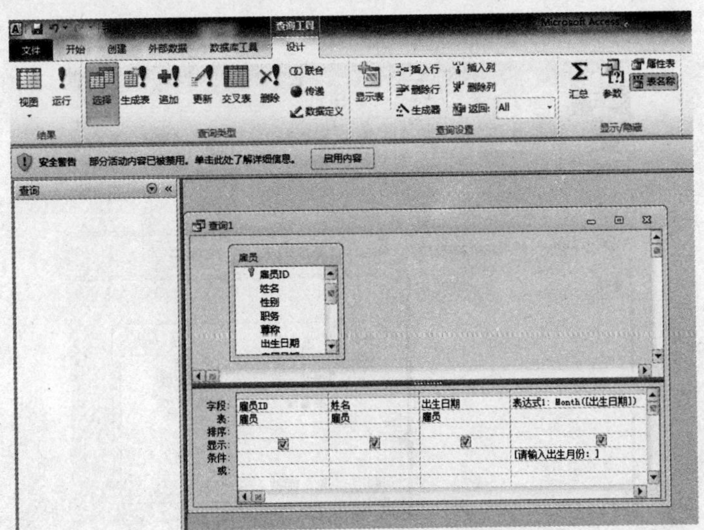

图3.45 设置单参数查询

在“条件”组件单元格方括号中的内容即为查询运行时出现在参数对话框中的提示文本。尽管提示的文本可以包含查询字段的字段名，但不能与字段名完全相同。

步骤 3：执行“查询 | 参数”菜单命令，打开“查询参数”对话框，在对话框的参数文本框中输入参数的提示字符串“请输入出生月份”，在“数据类型”文本框选择其数据类型为整型，如图 3.46 所示，单击“确定”按钮关闭对话框。

图 3.46 设置参数数据类型

步骤 4：单击工具栏上的“运行”按钮，弹出“输入参数值”对话框，如图 3.47 所示。

图 3.47 输入查询参数值

本例中输入“7”，单击“确定”按钮，即显示出所有 7 月份出生的雇员信息，如图 3.48 所示。

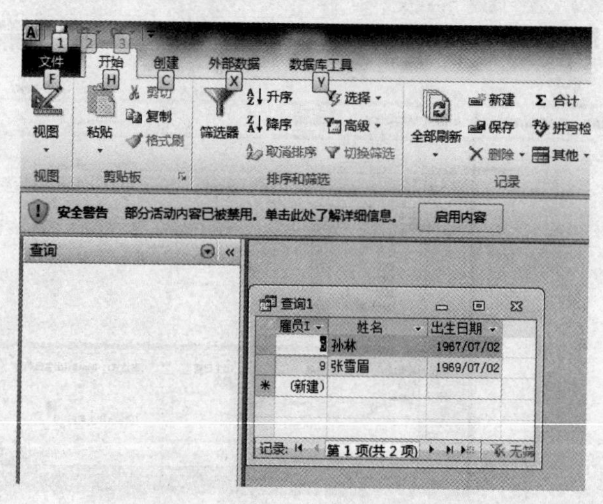

图 3.48 查询 7 月份出生的雇员信息

步骤 5：保存查询，名称为“按出生月份查询雇员信息”。

3.4.2　多参数查询

创建多参数查询，即指定多个参数。在执行多参数查询时，需要依次输入多个参数值。

例 3.18　以产品表、订单明细表和类别表为数据源，查询订单中某类产品某个数量区间的情况。

步骤 1：打开“罗斯文”数据库，打开查询设计视图，将类别表、订单明细表和产品表添加到查询显示区。

步骤 2：依次将订单明细表中的“订单号”、类别表中的“类别名称”、产品表中的“产品名称”，订单明细表中的“数量”字段，依次添加到“字段”组件行的第 1 列至第 4 列。

步骤 3：在“类别名称”字段的“条件”组件网格中输入“[类别名称:]”，然后，在“数量”字段的“条件”组件网格中输入“Between [数量下限] And [数量上限]”，并在“排序”组件单元格中选择“降序”，设置完成后的查询视图如图 3.49 所示。

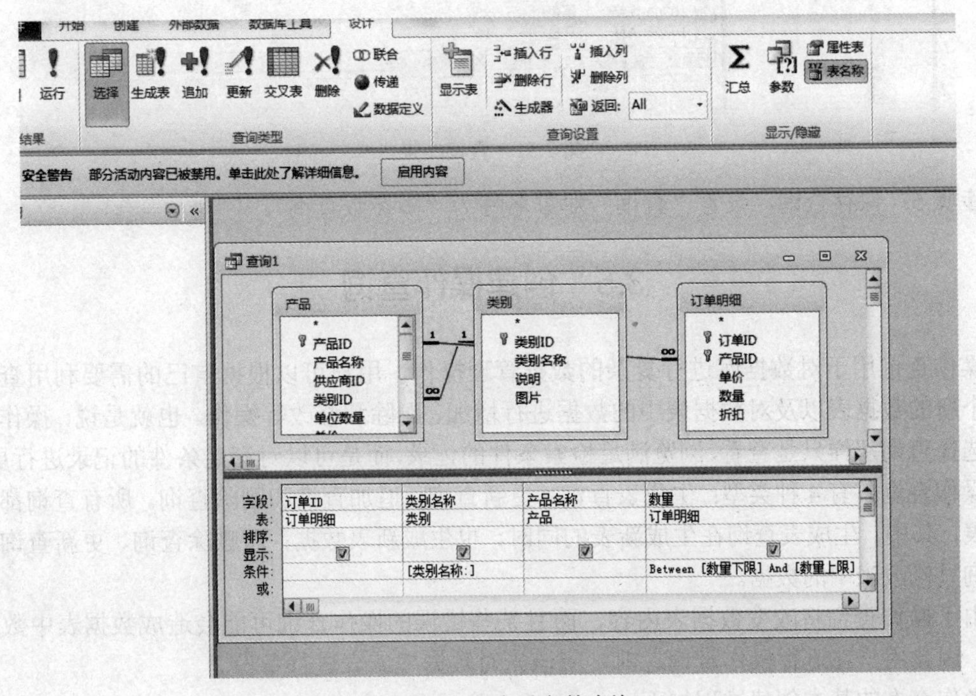

图 3.49　设置多重参数查询

步骤 4：单击工具栏中的“运行”按钮，系统将依次显示要求输入类别名称和数量上、下限的“输入参数值”对话框，可以根据需要输入参数，如输入“海鲜”，查询 10～30 的数量段，如图 3.50 所示。预览查询结果如图 3.51 所示。

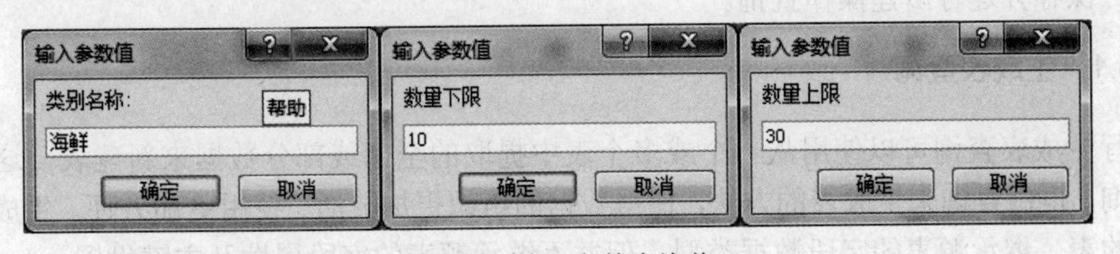

图 3.50　输入参数查询值

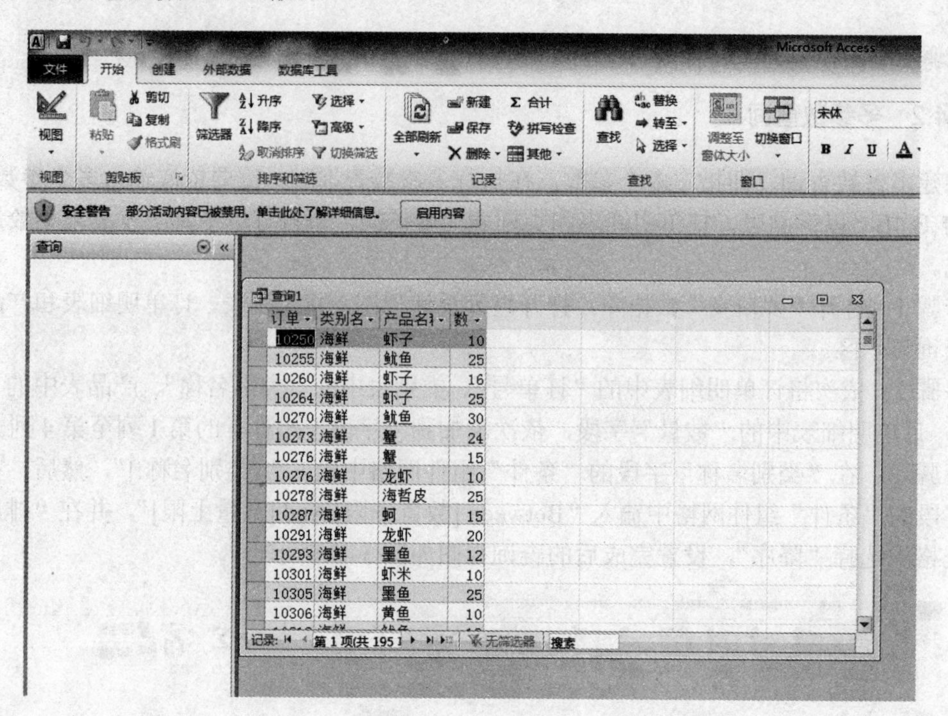

图 3.51 查询结果

步骤 5：保存查询，设置“查询”对象名称为“多参数查询”。

3.5 创建操作查询

操作查询用于对数据库进行复杂的数据管理操作，用户可以根据自己的需要利用查询创建一个新的数据表以及对数据表中的数据进行增加、删除和修改等操作。也就是说，操作查询不像选择查询那样只是查看、浏览满足检索条件的记录，而是可以对满足条件的记录进行更改。

操作查询共有 4 种类型：生成表查询、更新查询、追加查询和删除查询。所有查询都将影响到表，其中，生成表查询在生成新表的同时，也生成新表数据；而删除查询、更新查询和追加查询只修改表中的数据。

由于操作查询将改变数据表内容，而且某些错误的操作查询可能会造成数据表中数据的丢失，因此用户在进行操作查询之前，应该先对数据库或表进行备份。

操作查询的基本创建过程如下：

- 创建普通查询（选择查询或参数查询）。
- 在设计视图中将所建普通查询定义为所需操作查询。
- 切换到数据表视图，预览由普通查询查找到的数据。
- 保存并运行所建操作查询。

3.5.1 生成表查询

运行生成表查询可以使用从一个或多个表中提取的全部或部分数据来新建表，这种由表产生查询，再由查询来生成表的方法，使得数据的组织更加灵活、使用更加方便。生成表查询所创建的表，继承源表的字段数据类型，但并不继承源表的字段属性及主键设置。

生成表查询可以应用在很多方面，可以创建用于导出到其他 Access 数据库的表、表的备份副本或包含所有旧记录的历史表等。

例 3.19　以客户表为依据，查询华北地区的客户，并生成新表。

步骤 1：打开“罗斯文”数据库，打开查询设计视图，将客户表添加到查询显示窗口中，并将课程名称表中的所有字段设为查询字段。在“地区”字段对应的“条件”文本框中输入“华北”，如图 3.52 所示。

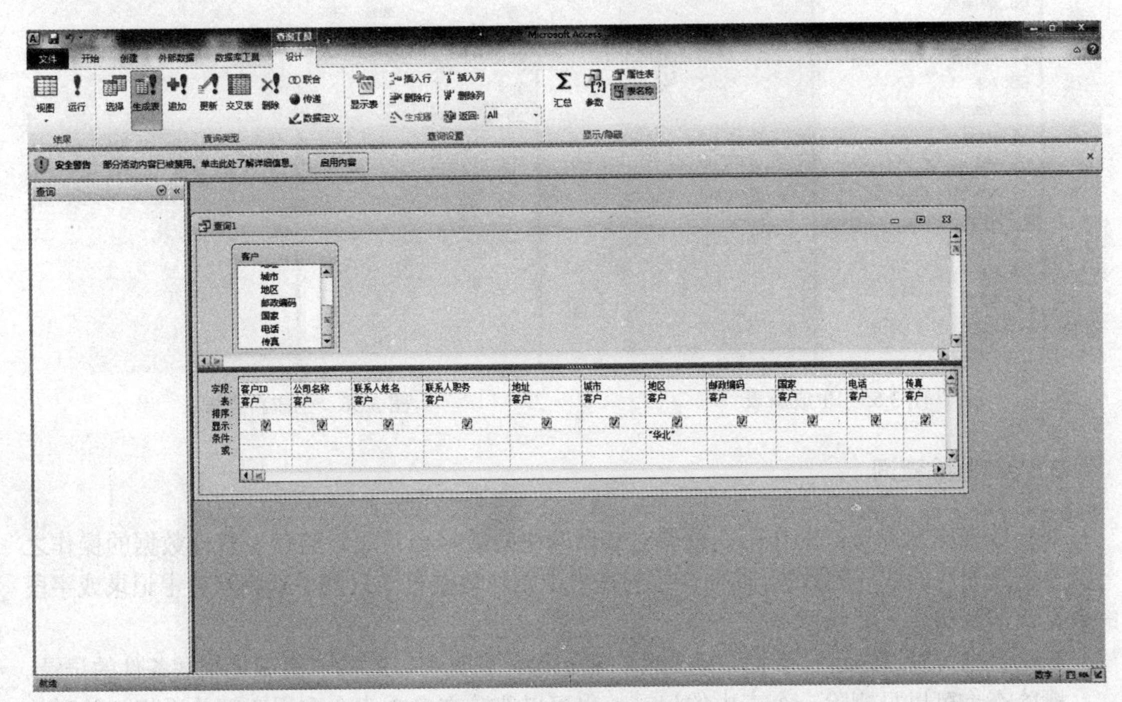

图 3.52　设置查询条件

步骤 2：单击工具栏上的“生成表查询”按钮，打开如图 3.53 所示的“生成表”对话框。输入新表的名称为“华北客户信息”，并选择保存到当前数据库中，单击“确定”按钮，完成表名称的设置。

步骤 3：预览由普通查询查找到的数据执行“视图 | 数据表视图”命令，然后在数据表视图中浏览查找到的数据。

步骤 4：执行“视图|设计视图”命令，切换至“设计”视图。在工具栏中单击“运行”按钮，打开如图 3.54 所示的提示框，单击“是”按钮。关闭查询，本例以“生成表查询”为名保存对该查询所作的修改。此时，可从数据库窗口的“表”对象列表和“查询”对象列表中看到新生成的表和查询，如图 3.55 和图 3.56 所示。

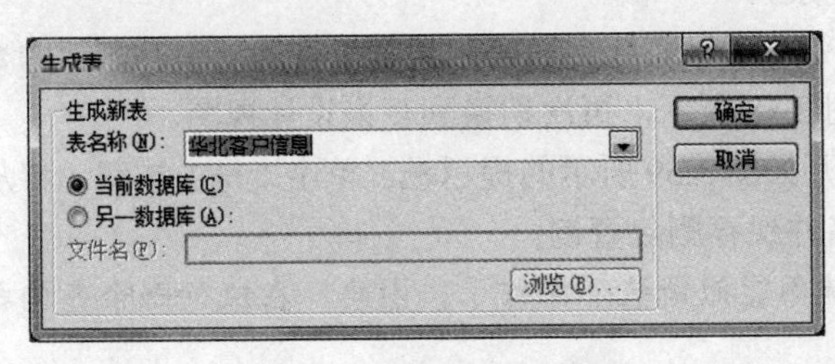

图 3.53　“生成表”对话框

图 3.54　粘贴确认

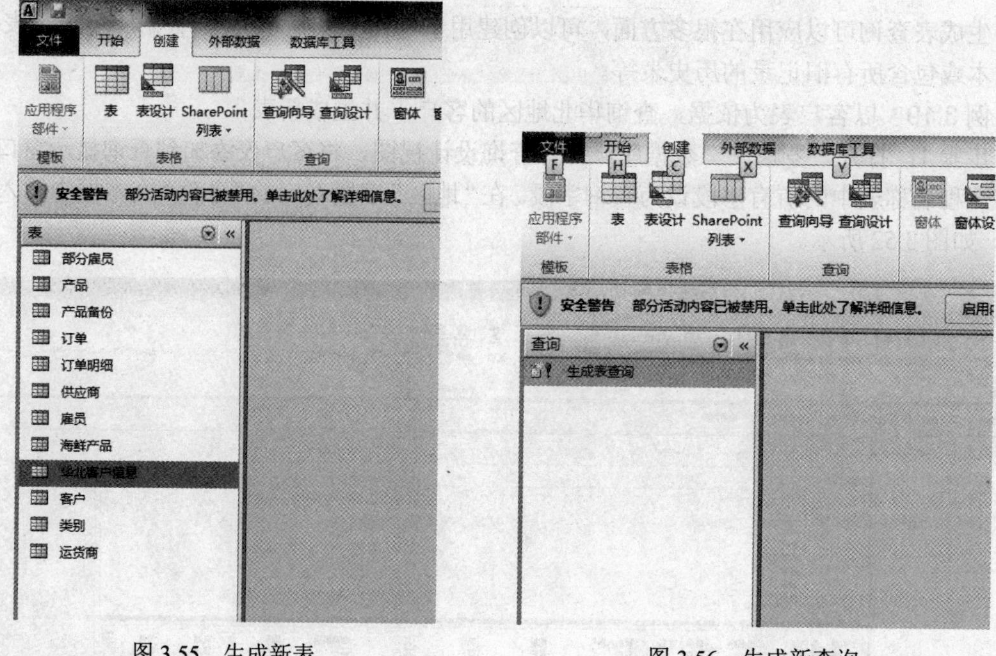

图 3.55　生成新表　　　　图 3.56　生成新查询

3.5.2　删除查询

要使数据库发挥更好的作用，就要对数据库中的数据经常进行整理。整理数据的操作之一就是删除无用的或坏的数据。前面介绍的在表中删除数据方法只能手动删除表中记录或字段的数据，非常麻烦。

删除查询可以通过运行查询自动删除一组记录，而且可以删除一组满足相同条件的记录。

删除查询可以只删除一个表内的记录，也可以删除在多个表内利用表间关系相互关联的表间记录。

例 3.20　创建一个删除查询，删除“产品备份”表中“再订购量”为 0 的记录。

步骤 1：打开“罗斯文”数据库，对产品表进行备份，命名为“产品备份”。打开查询设计视图，将“产品备份”表添加到查询显示窗口中。双击“产品备份”字段列表中的“*”号，这时设计网格“字段”行的第一列上显示“产品备份.*”，表示已将该表的所有字段放在了设计网格中。再双击“再订购量”字段，在“再订购量”字段对应的“条件”文本框中输入“0”。

步骤 2：单击工具栏中的“删除查询”按钮，此时查询设计视图如图 3.57 所示，在查询设计区添加了一个“删除”组件。“产品备份.*”字段“删除”单元格中显示“From”，它表示从何处删除记录，“再订购量”字段“删除”单元格中显示“Where”，它表示要删除记录的条件（如果“条件”行为空，表示将删除所有记录）。

步骤 3：执行“视图 | 数据表视图”命令，此时系统会切换到数据表视图，把要删除的数据记录显示在数据表中以便用户审查，如图 3.58 所示，再次切换到查询设计视图。

步骤 4：单击工具栏“运行”按钮，打开如图 3.59 所示的提示框。单击“是”按钮，将从产品备份表中永久删除查询到的记录，命名并保存删除查询。

注意：使用删除查询删除记录之后，就不能撤销这个操作了。因此，在执行删除查询之前，应该先预览即将删除的数据。

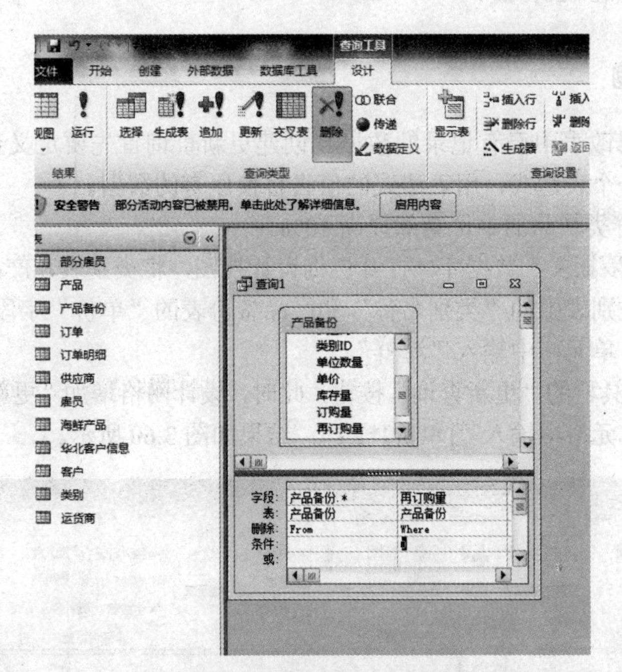

图 3.57　设置查询字段和条件

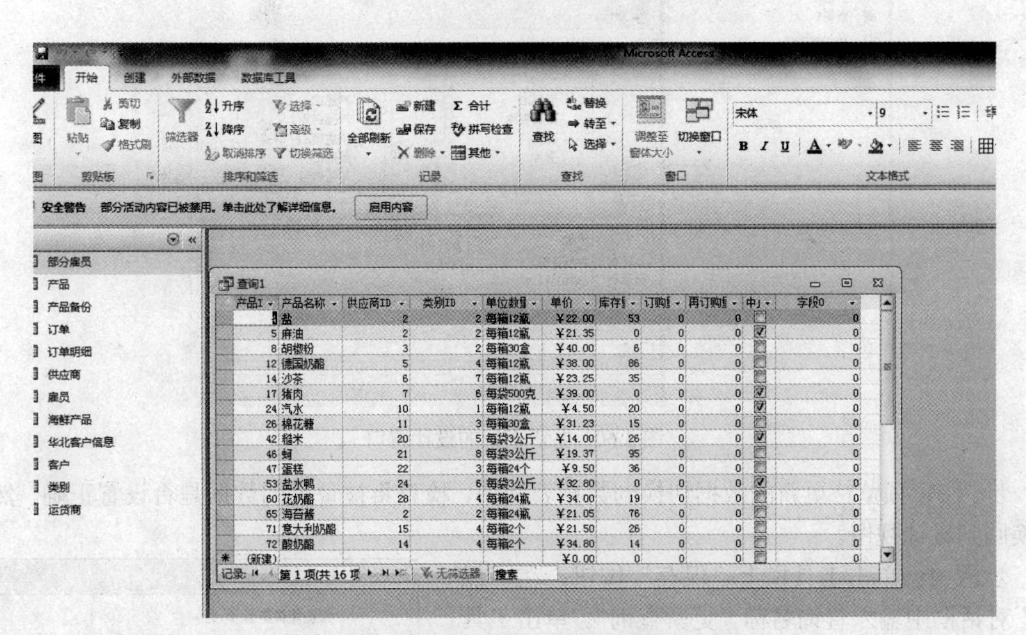

图 3.58　在数据表视图中显示要删除的记录

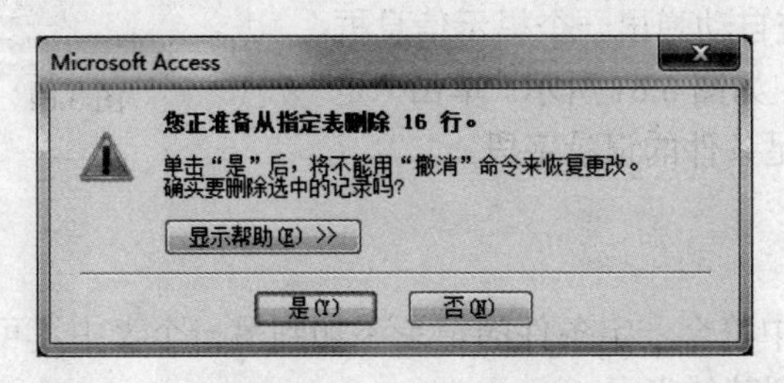

图 3.59　Access 提示框

3.5.3 更新查询

更新查询用于修改表中已有记录的数据。创建更新查询首先要定义查询准则，找到目标记录，还需要提供一个表达式，用表达式的值去替换原有的数据。

例 3.21 将海鲜类产品的单价全部提高 10%。

步骤 1：打开“罗斯文”数据库，打开查询设计视图，将类别表和产品备份表添加到查询显示窗口中，添加类别表中的“类别名称”和产品备份表的“单价”字段，并在“类别名称”字段对应的“条件”单元格中输入“海鲜”。

步骤 2：单击工具栏的“更新查询”按钮，此时，设计网格增加“更新到”行，在“单价”字段的“更新到”单元格中输入“[单价]*1.1”，结果如图 3.60 所示。

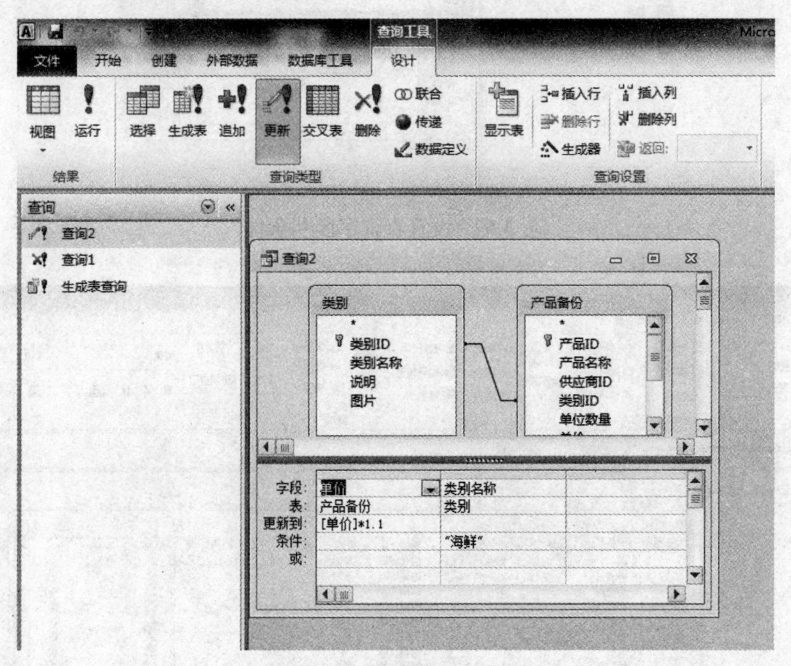

图 3.60 更新查询的设计窗口

步骤 3：预览待更新的数据切换到数据表视图，检查将被替换的数据是否设置正确，然后切换回到设计视图。

步骤 4：单击工具栏上“保存”按钮，在“保存”对话框中输入查询名称“更新查询”。单击工具栏上的“运行”按钮。由于查询的结果要修改源数据表中的数据，因此系统自动弹出一个提示信息框，提示用户将要更新记录，如图 3.61 所示。单击“是”按钮，Access 将更新满足条件的记录字段。

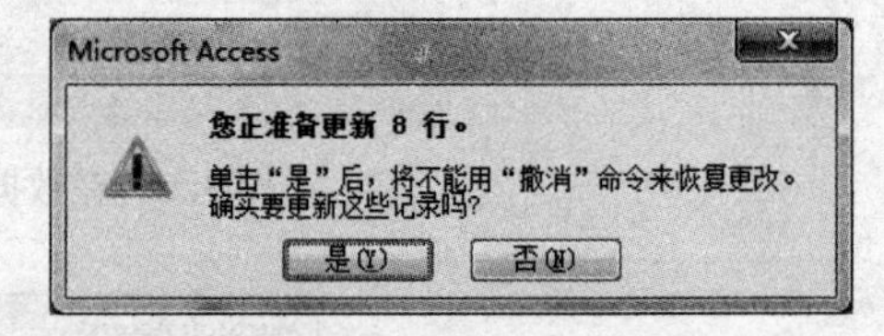

图 3.61 更新查询提示框

3.5.4 追加查询

如果希望将某个表中符合一定条件的记录添加到另一个表中，可使用追加查询。追加查询可将查询的结果追加到其他表中。

例 3.22　设已建立海鲜产品表，如图 3.62 所示。要求创建一个追加查询，将产品表中的海鲜产品信息追加到海鲜产品表中。

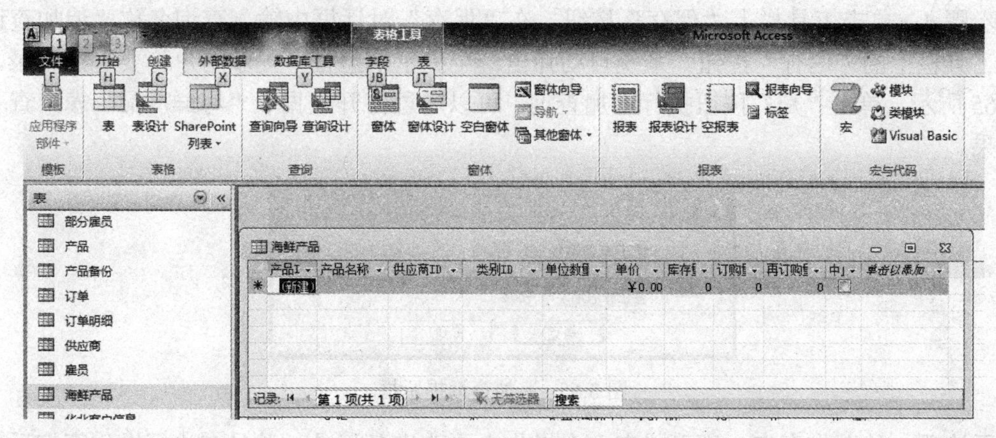

图 3.62　海鲜产品表

步骤 1：打开“罗斯文”数据库，打开查询设计视图，将产品表添加到查询显示窗口中。在查询设计视图中添加产品表中的所有字段。

步骤 2：单击工具栏的“追加查询”按钮，在打开的“追加”对话框中输入表名称为“海鲜产品”，如图 3.63 所示。单击“确定”按钮返回到设计视图，此时设计网格增加了“追加到”行，如图 3.64 所示。

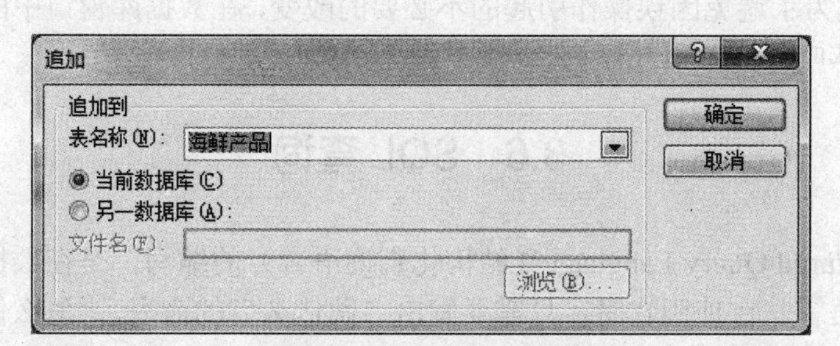

图 3.63　“追加”对话框

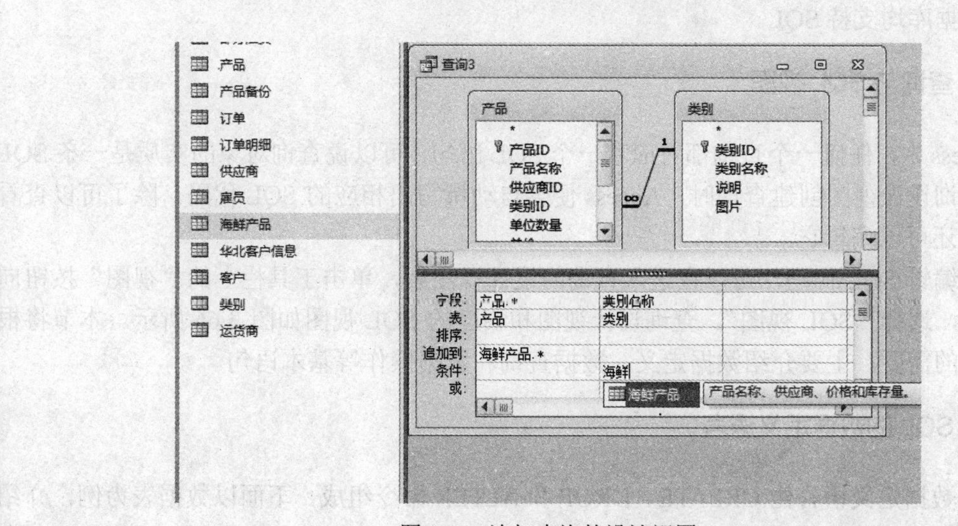

图 3.64　追加查询的设计视图

步骤 3：预览待追加数据，切换到数据表视图检查要追加的数据是否正确，然后返回到设计视图。

步骤 4：单击工具栏上“保存”按钮，在“保存”对话框中输入查询名称“追加查询”。单击工具栏上的“运行”按钮。系统自动弹出一个提示信息框，提示用户将要追加记录，如图 3.65 所示。单击“是”按钮执行追加查询。可以通过打开数据表“海鲜产品”表来查看执行结果。

图 3.65 追加查询提示框

无论哪一种操作查询，都可以在一个操作中更改许多记录，并且在执行操作查询后，不能撤销刚刚做过的更改操作。因此在使用操作查询时应注意在执行操作查询之前，最好单击工具栏上的“视图”按钮，预览即将更改的记录，如果预览到的记录就是要操作的记录，再执行操作查询，这样可防止误操作。另外，在使用操作查询之前，应该备份数据。

操作查询与前面介绍的选择查询、交叉表查询以及参数查询有所不同。操作查询不仅选择表中数据，还对表中数据进行修改。由于运行一个操作查询时，可能会对数据库中的表进行大量的修改，因此为了避免因误操作引起的不必要的改变，在数据库窗口中的每个操作查询图标之后显示一个感叹号，以引起注意。

3.6 SQL 查询

SQL 是 Structured Query Language（结构化查询语言）的缩写，是在数据库系统中应用广泛的数据库查询语言。在使用它时，只需要发出“做什么”的命令，“怎么做”是不用使用者考虑的。SQL 功能强大、简单易学、使用方便，已经成为了数据库操作的基础，并且现在几乎所有的数据库均支持 SQL。

3.6.1 查询与 SQL 视图

在 Access 中，任何一个查询都对应着一个 SQL 语句，可以说查询对象的实质是一条 SQL 语句。在查询设计视图创建查询时，Access 便会自动撰写出相应的 SQL 代码。除了可以查看 SQL 代码，还可以编辑它。

查看或编辑 SQL 代码，可以在进入查询的设计视图后，单击工具栏上的“视图”按钮向下箭头按钮，选择“SQL 视图”。查询设计视图和相应的 SQL 视图如图 3.66 所示。本节将根据实际应用的需要，主要介绍数据定义、数据查询和数据操作等基本语句。

3.6.2 SQL 的数据定义语言

SQL 的数据定义语言由 CREATE、DROP 和 ALTER 命令组成，下面以数据表为例，介绍这 3 个命令。

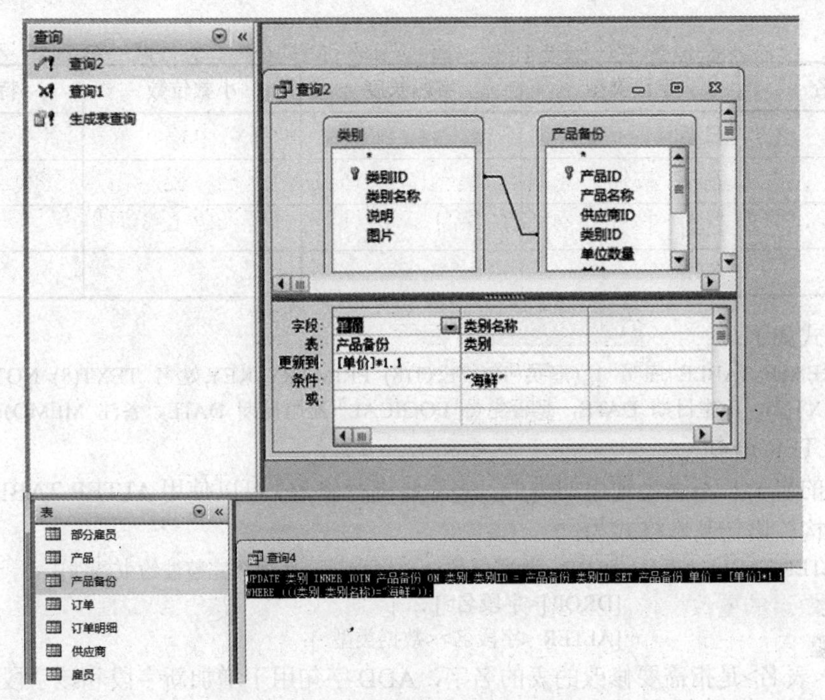

图 3.66　查询设计视图及 SQL 视图

一、CREATE 语句

建立数据库的主要操作之一是定义基本表。在 SQL 语言中，可以使用 CREATE TABLE 语句定义基本表。语句基本格式为：

CREATE TABLE <表名> (<字段名 1><数据类型 1> [字段级完整性约束条件 1]
[，<字段名 2><数据类型 2> [字段级完整性约束条件 2]] [，…]
[，<字段名 n><数据类型 n> [字段级完整性约束条件 n]])
[，<表级完整性约束条件>]；

在一般的语法格式描述中使用了如下符号：

<>：表示在实际的语句中要采用实际需要的内容进行替代。

[ ]：表示可以根据需要进行选择，也可以不选。

|：表示多项选项只能选择其中之一。

{ }：表示必选项。

该语句的功能是创建一个表结构。其中，<表名>定义表的名称，<字段名>定义表中一个或多个字段的名称，<数据类型>是对应字段的数据类型。要求，每个字段必须定义字段名和数据类型。[字段级完整性约束条件]定义相关字段的约束条件，包括主键约束（Primary Key）、数据唯一约束（Unique）、空值约束（Not Null 或 Null）、完整性约束（Check）等。

例 3.23　使用命令建立雇员 1 表，其表结构及要求如表 3.10 所示。

表 3.10　雇员 1 表的结构及要求

字段名	字段类型	字段长度	小数位数	特殊要求
雇员 ID	文本	8		主键
姓名	文本	8		不能为空值
性别	文本	2		

续表

字段名	字段类型	字段长度	小数位数	特殊要求
出生日期	日期			
是否党员	是/否			
雇用日期	日期			
备注	备注			

语句格式如下：

```
CREATE TABLE 雇员 1 (雇员 ID TEXT(8) PRIMARY KEY,姓名 TEXT(8) NOT NULL,性别 TEXT(2)，出生日期 DATE，是否党员 LOGICAL, 雇用日期 DATE，备注 MEMO);
```

二、ALTER 语句

创建后的表一旦不满足使用的需要，就需要进行修改。可以使用 ALTER TABLE 语句修改已建表的结构。语句基本格式为：

```
ALTER TABLE <表名> [ADD <新字段名><数据类型> [字段级完整性约束条件]]
                   [DROP [<字段名>] … ]
                   [ALTER <字段名><数据类型>];
```

其中，<表名>是指需要修改的表的名字，ADD 字句用于增加新字段和该字段的完整性约束条件，DROP 子句用于删除指定的字段，ALTER 子句用于修改原有字段属性。

例 3.24 在产品备份表中增加一个“产品别名”列，其语句格式如下：

```
ALTER TABLE 产品备份 ADD 产品别名 TEXT(30);
```

例 3.25 删除产品备份表中的“产品别名”列，其语句格式如下：

```
ALTER TABLE 产品备份 DROP 产品别名;
```

三、DROP 语句

如果希望删除某个不需要的表，可以使用 DROP TABLE 语句。语句基本格式为：

```
DROP TABLE <表名>;
```

其中，<表名>是指要删除的表的名称。

例 3.26 删除已建立的产品备份表，其语句格式如下：

```
DROP TABLE 产品备份;
```

3.6.3 SQL 的数据操作语言

数据操作语言是完成数据操作的命令，它由 INSERT（插入），DELETE（删除），UPDATE（更新）和 SELECT（查询）等组成。

一、INSERT 语句

INSERT 语句实现数据的插入功能，可以将一条新记录插入到指定表中。其语句格式为：

```
INSERT INTO <表名> [（<字段名 1> [，<字段名 2> … ]）]
VALUES（<常量 1>[，<常量 2>] … ）;
```

其中，INSERT INTO <表名>说明向由<表名>指定的表中插入记录，当插入的记录不完整时，可以用<字段名 1>，<字段名 2>，…指定字段。VALUES（<常量 1>[，<常量 2>] … ）给出具体的字段值。

插入数据的格式必须与表的结构完全吻合，若只需要插入表中某些字段的数据，就须列出插入数据的字段名，当然相应表达式的数据位置应与之对应。

例 3.27 向雇员 1 表中添加一条完整记录。

```
INSERT INTO 雇员 1 VALUES（“0011”，“李明”，“男”， #1983-05-09#，-1，#2003-04-01#，“喜欢运动”）；
```

二、DELETE 语句

DELETE 语句实现数据的删除功能，能够对指定表所有记录或满足条件的记录进行删除操作。该语句的格式为：

```
DELETE FORM<表名> [WHERE <条件>]；
```

其中，FROM 子句指定从哪个表中删除数据，WHERE 子句指定被删除的记录所满足的条件，如果不使用 WHERE 子句，则删除该表中的全部记录。

例 3.28 删除雇员 1 表中所有男雇员的记录。

```
DELETE FROM 雇员 1 WHERE 性别=“男”；
```

三、UPDATE 语句

UPDATE 语句实现数据的更新功能，能够对指定表所有记录或满足条件的记录进行更新操作。该语句的格式为：

```
UPDATE <表名>
SET <字段名 1>=<表达式 1>[，<字段名 2>=<表达式 2>] …
[WHERE <条件>]；
```

其中，<表名>是指要更新数据的表的名称。<字段名>=<表达式>是用表达式的值替代对应字段的值，并且一次可以修改多个字段。一般使用 WHERE 子句来指定被更新记录字段值所满足的条件；如果不使用 WHERE 子句，则更新全部记录。

例 3.29 将产品表所有海鲜类产品的单价提高 5%。

```
UPDATE 产品备份 INNER JOIN 类别 ON 产品备份.类别 ID=类别.类别 ID SET 产品.单价=产品.单价*1.05 WHERE 类别.类别名称=“海鲜”；
```

四、SELECT 语句

SELECT 语句是 SQL 语言中功能强大、使用灵活的语句之一，它能够实现数据的筛选、投影和联接操作，并能够完成筛选字段重命名、多数据源数据组合、分类汇总和排序等具体操作。SELECT 语句的一般格式为：

```
SELECT [ALL | DISTINCT] * | <字段列表>
FROM <表名 1>[，<表名 2>] …
[WHERE <条件表达式>]
[GROUP BY <字段名> [HAVING <条件表达式>]]
[ORDER BY <字段名> [ASC | DESC]]；
```

该语句从指定的基本表中，创建一个由指定范围内、满足条件、按某字段分组、按某字段排序的指定字段组成的新记录集。其中，ALL 表示检索所有符号条件的记录，默认值为 ALL；DISTINCT 表示检索要去掉重复行的所有记录；*表示检索结果为整个记录，即包括所有的字段；<字段列表>使用“，”将项分开，这些项可以是字段、常数或系统内部的函数；FROM 子句说明要检索的数据来自哪个或哪些表，可以对单个或多个表进行检索；WHERE 子句说明检索条件，条件表达式可以是关系表达式，也可以是逻辑表达式；GROUP BY 子句用于对检索结果进行分组，可以利用它进行分组汇总；HAVING 必须跟随 GROUP BY 使用，它用来限定分组必须满足的条件；ORDER BY 子句用来对检索结果进行排序，如果排序时选择 ASC，表示检索结果按某一字段值升序排序，如果选择 DESC，表示检索结果按某一字段值降序排列。

下面通过几个典型的实例，简单介绍 SELECT 语句的基本用途和用法。

例 3.30 查找并显示雇员表中的所有字段。

```
SELECT * FROM 雇员;
```

例 3.31 查找并显示雇员表中“雇员 ID”、“姓名”、“职务”和“雇用日期”4 个字段。

```
SELECT 雇员 ID，姓名，职务，雇用日期 FROM 雇员;
```

例 3.32 查找职务为销售代表的雇员，并显示“雇员 ID”，“姓名”，“职务”，“雇用日期”。

```
SELECT 雇员 ID，姓名，职务，雇用日期 FROM 雇员
WHERE 职务="销售代表";
```

例 3.33 统计职务为销售代表的人数，并将计算字段命名为“销售代表人数”。

```
SELECT COUNT(*) AS 销售代表人数 FROM 雇员 GROUP BY 职务 HAVING 职务="销售代表";
```

其中，AS 子句后定义的是新字段名。

例 3.34 在订单明细表和产品表检索哪些产品 ID 有订单。

其语句格式如下：

```
SELECT DISTINCT 产品 ID FROM 订单明细
```

在订单明细表中，同一项产品可以有多张订单。这种产品只显示一次即可，即没有必要多次显示同一产品名称，所以需要加上唯一值的设置（DISTINCE）。

如果在查询的设计视图中设置此项，需使用“视图 | 属性”菜单命令，在“查询属性”对话框中更改“唯一值”属性为“是”。唯一值改为“是”以后，Access 就会自动在 SQL 视图中加入 DISTINCT。

3.6.4 SQL 的特定查询语言

在 Access 中某些 SQL 查询不能在“查询”对象的设计网格中创建，这些查询称为 SQL 特定查询，包括联合查询、传递查询、数据定义查询和子查询。

一、SQL 特定查询的功能

（1）联合查询

联合查询将两个或多个表或查询中的对应字段合并到查询结果的一个字段中。使用联合查询可以合并两个表中的数据。

（2）传递查询

传递查询使用服务器能接受的命令且直接将命令发送到 ODBC 数据库，如 Microsoft SQL Server。使用传递查询可以不必链接到服务器上的表而直接使用它们。

（3）数据定义查询

数据定义查询用以创建、删除或更改表，或者用于创建数据库的索引。

（4）子查询

子查询由另一个选择查询或者操作查询之内的 SQL SELECT 语句组成。用户可以在查询设计网格的“字段”行输入这些语句来定义新字段，可在“条件”行来定义字段的条件。

二、创建 SQL 特定查询的基本操作

（1）对于联合查询、传递查询、数据定义查询，必须直接在“SQL”视图中创建 SQL 语句。

基本方法：在查询设计视图状态下，使用相应的查询工具，如图 3.67 所示，打开 SQL 视图，通过在其中输入相应的 SQL 命令完成查询的创建。

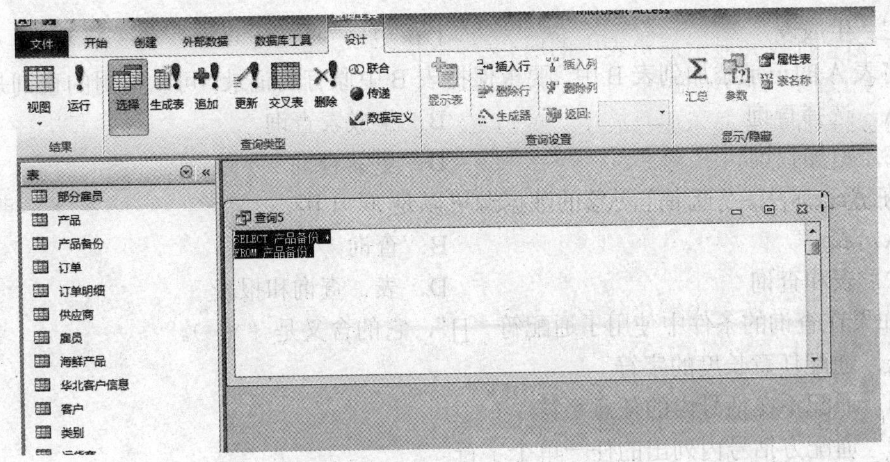

图 3.67 “查询”设计工具

（2）对于子查询，则要在查询设计网格的“字段”行或者“条件”行中输入 SQL 语句。

基本方法：在查询设计视图状态下，鼠标右击“字段”行相应单元格或鼠标右击“条件”行相应单元格，在快捷菜单中单击“显示比例”菜单命令，打开“显示比例”窗口，通过在其中输入相应的 SQL 命令创建子查询。

本章小结

查询的主要目的是通过某些条件的设置，从已有表和查询中选择所需要的数据。查询实际上就是将分散存储在表中的数据按一定的条件重新组织起来，形成一个动态的数据记录集合。这个记录集合在数据库中并没有保存，数据库只是保存查询的方式。

Access 支持 5 种查询方式：选择查询、参数查询、交叉表查询、操作查询和 SQL 查询。选择查询是最常见的查询类型，它从一个或多个表或查询中检索数据。用户也可以使用选择查询来对记录进行分组，并且对记录作总计、计数、平均值以及其他类型的总和计算。参数查询在执行时显示对话框，以提示用户输入信息。交叉表查询可以计算并重新组织数据结构，这样可以更加方便地分析数据。交叉表查询计算数据的总计、计数、平均值以及其他类型的总和。操作查询是指通过执行查询对数据表中的记录进行更改。操作查询分为 4 种：生成表查询、删除查询、更新查询和追加查询。SQL 查询是用户使用 SQL 语句创建的查询，用户可以用结构化查询语言（SQL）来查询、更新和管理 Access 数据库。

使用查询向导来创建选择查询和交叉表查询方便快捷，但是缺乏灵活性。查询设计视图可以实现复杂条件和需求的查询设计，这是本章学习和掌握的重点。

SQL 语言应用广泛，掌握基本的 SQL 语句对于开发数据库应用有很大的价值。

习题 3

一、选择题

1．若在数据库中已有同名表，要通过查询覆盖原来的表，应使用的查询类型是（　　）。

A．删除　　　　B．追加

C．生成表　　D．更新

2．将表 A 的记录添加到表 B 中，要求保持表 B 中原有的记录，可以使用的查询是（　　）。

A．选择查询　　B．生成表查询

C．追加查询　　D．更新查询

3．在 Access 中，“查询”对象的数据源可以是（　　）。

A．表　　B．查询

C．表和查询　　D．表、查询和报表

4．如果在查询的条件中使用了通配符“[]”，它的含义是（　　）。

A．通配任意长度的字符

B．通配不在括号内的任意字符

C．通配方括号内列出的任一单个字符

D．错误的使用方法

5．在创建交叉表查询时，列标题字段的值显示在交叉表的位置是（　　）。

A．第 1 行　　B．第 1 列

C．上面若干行　　D．左面若干列

6．排序时如果选取了多个字段，则输出结果是（　　）。

A．按设定的优先次序依次进行排序

B．按最右边的列开始排序

C．按从左向右优先次序依次进行排序

D．无法进行排序

7．关于 SQL 查询，以下说法中不正确的是（　　）。

A．SQL 查询是用户使用 SQL 语句创建的查询

B．在查询“设计”视图中创建查询时，Access 将在后台构造等效的语句

C．SQL 查询可以用结构化的查询语言来查询、更新和管理关系数据库

D．SQL 查询更改之后，可以以设计视图中所显示的方式显示，也可以从设计网格中创建

8．在一个 Access 的表中有字段“专业”，要查找包含“信息”两字的记录，正确的条件表达式是（　　）。

A．=Left([专业],2)="信息"　　B．Like "*信息*"

C．="信息"　　D．Mid([专业],1,2)="信息"

9．假设雇员表中有一个“姓名”字段，查找姓“万”的记录的准则是（　　）。

A．"万"　　B．Not "万"

C．Like "万"　　D．Left([姓名],1)= "万"

10．利用表中的行和列来统计数据的查询是（　　）

A．选择查询　　B．操作查询

C．交叉表查询　　D．参数查询

11．查询最近 30 天的记录应使用（　　）作为准则。

A．Between Date() And Date()-30　　B．<=Date()-30

C．Between Date()-30 And Date()　　D．<Date()-30

二、填空题

1．操作查询共有4种类型，分别是删除查询、________、追加查询和生成表查询。

2．创建交叉表查询，必须对行标题和________进行分组操作。

3．在SQL的SELECT语句中，用________短语对查询的结果进行排序。

4．在SQL的SELECT语句中，用于实现选择运算的短语是________。

5．在查询设计视图中，设计查询准则的相同行之间是________的关系，不同行之间是________的关系。

6．根据对数据源操作方式和结果的不同，查询可以分为5类：选择查询、交叉表查询、参数查询、________和SQL查询。

第4章 窗体

窗体是 Access 数据库中的一个重要对象。作为控制数据访问的用户界面，窗体使得用户与 Access 之间产生了连接。利用窗体对象可以设计友好的用户操作界面，避免直接让用户使用和操作数据库，使数据输入和数据查看更加容易和安全。本章将详细介绍窗体的基本操作，包括窗体的概念和作用、窗体的组成和结构、窗体的创建和设置等。

4.1 窗体概述

窗体本身并不存储数据，但应用窗体可以使数据库中数据的输入、修改和查看变得直观、容易。窗体中包含了各种控件，通过这些控件可以打开报表或其他窗体、执行宏或 VBA 编写的代码程序。在一个数据库应用系统开发完成后，对数据库的所有操作都可以通过窗体来集成。

4.1.1 窗体的功能

用户通过使用窗体来实现数据维护、控制应用程序流程等人机交互的功能。窗体的功能包括以下几个方面：

1. 显示和编辑数据库中的数据

大多数用户并非数据库的创建者，使用窗体可以更方便、更友好地显示和编辑数据库中的数据，如图 4.1 所示。

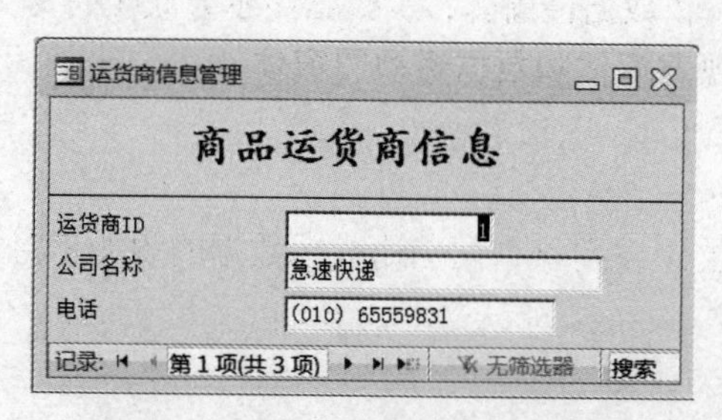

图 4.1　显示和编辑数据库中的数据

2. 显示提示信息

通过窗体可以显示关于一个数据库的某种消息（如解释或警告信息），为数据库的使用提供说明，或者为排错提供帮助，或者及时告知用户即将发生的事情。例如，在用户进行删除记录的操作时，可显示一个提示对话框窗口，要求用户进行确认，如图 4.2 所示。

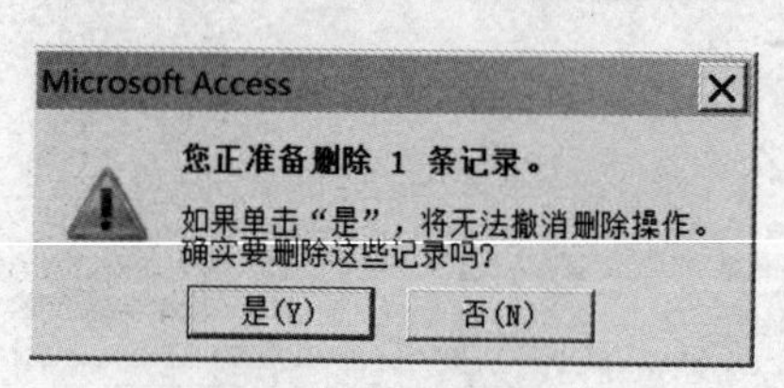

图 4.2　显示提示信息

3. 控制程序运行

通过窗体可以将数据库的其他对象联结起来，并控制这些对象进行工作。图 4.3 所示，是“罗斯文”数据库的主界面窗体，这个窗口包含了几个命令按钮，可以完成系统功能的切换，简化了启动数据库中各种窗体和报表的过程。

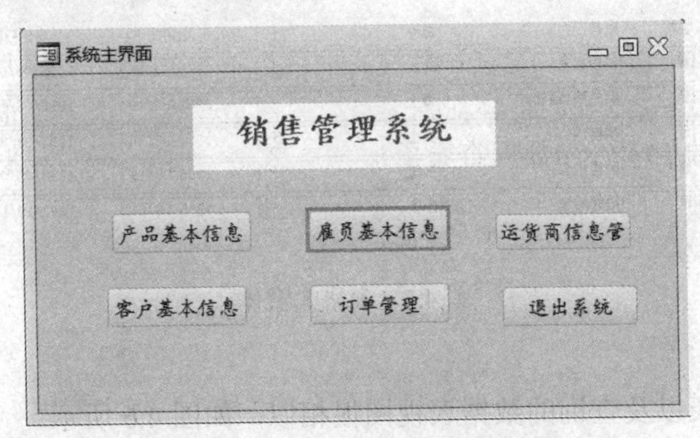

图 4.3　作为切换面板控制程序运行

4. 打印数据

在 Access 中，可以将窗体中的信息打印出来，供用户使用。

4.1.2　窗体的类型

窗体是由窗体本身和窗体所包含的控件组成，窗体的形式是由其自身的特性和其所包含控件的属性决定的。

从不同角度可将窗体分成不同的类型。从逻辑上可分为主窗体和子窗体；从功能上可分为提示性窗体、控制性窗体和数据性窗体；从数据显示方式上可分为纵栏式、表格式、数据表窗体、图表窗体、数据透视表窗体和数据透视图窗体。

下面按数据的显示方式分类介绍：

1．纵栏式窗体

通常每屏显示一条记录，按列分布，左边显示数据的说明信息，右边显示数据，如图 4.4 所示。

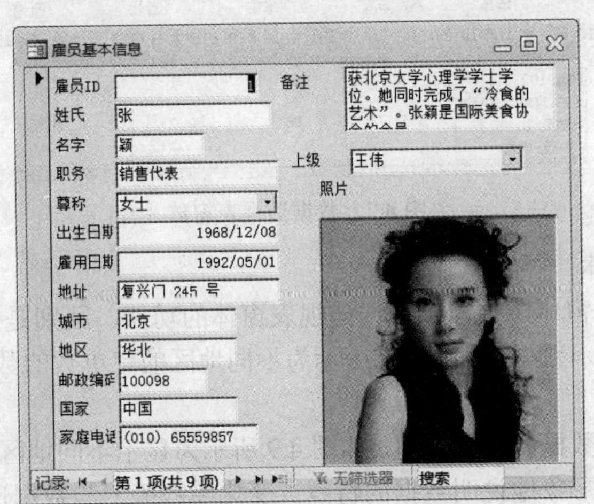

图 4.4　纵栏式窗体

2．表格式窗体

表格式窗体将每条记录的字段横向排列，字段标签放在窗体顶部，即窗体页眉处，如图 4.5 所示。

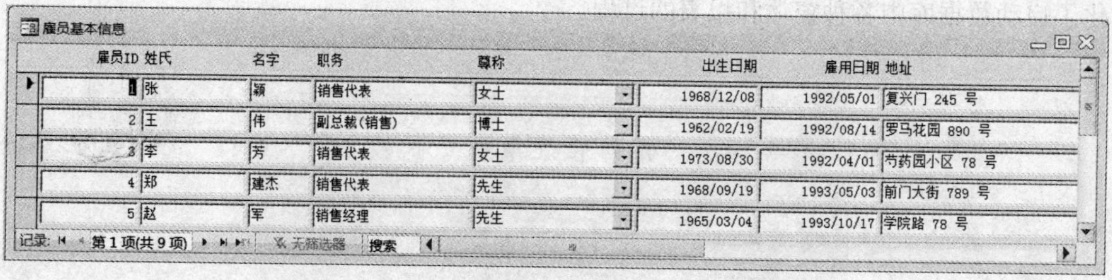

雇员基本信息

雇员ID	姓氏	名字	职务	尊称	出生日期	雇用日期	地址
1	张	颖	销售代表	女士	1968/12/08	1992/05/01	复兴门 245 号
2	王	伟	副总裁(销售)	博士	1962/02/19	1992/08/14	罗马花园 890 号
3	李	芳	销售代表	女士	1973/08/30	1992/04/01	芍药园小区 78 号
4	郑	建杰	销售代表	先生	1968/09/19	1993/05/03	前门大街 789 号
5	赵	军	销售经理	先生	1965/03/04	1993/10/17	学院路 78 号

记录: 第 1 项(共 9 项) 无筛选器 搜索

图 4.5　表格式窗体

3．数据表窗体

在外观上和数据表以及查询的数据表视图很相似，如图 4.6 所示。

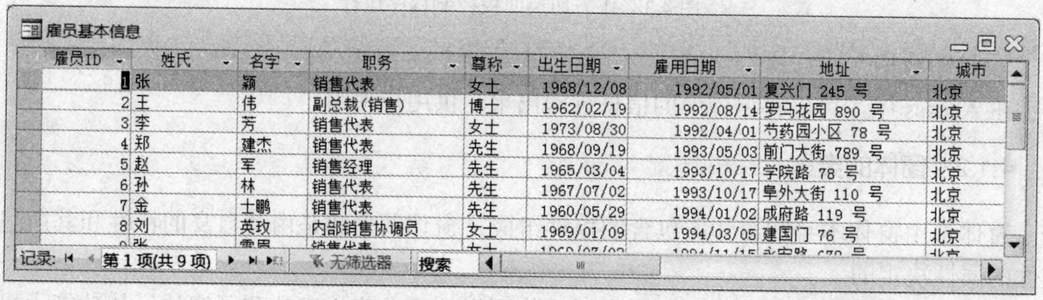

雇员基本信息

雇员ID	姓氏	名字	职务	尊称	出生日期	雇用日期	地址	城市
1	张	颖	销售代表	女士	1968/12/08	1992/05/01	复兴门 245 号	北京
2	王	伟	副总裁(销售)	博士	1962/02/19	1992/08/14	罗马花园 890 号	北京
3	李	芳	销售代表	女士	1973/08/30	1992/04/01	芍药园小区 78 号	北京
4	郑	建杰	销售代表	先生	1968/09/19	1993/05/03	前门大街 789 号	北京
5	赵	军	销售经理	先生	1965/03/04	1993/10/17	学院路 78 号	北京
6	孙	林	销售代表	先生	1967/07/02	1993/10/17	阜外大街 110 号	北京
7	金	士鹏	销售代表	先生	1960/05/29	1994/01/02	成府路 119 号	北京
8	刘	英玫	内部销售协调员	女士	1969/01/09	1994/03/05	建国门 76 号	北京

记录: 第 1 项(共 9 项) 无筛选器 搜索

图 4.6　数据表窗体

4．数据透视表窗体

这是一种交互式的窗体，它可以实现用户选定的计算。所进行的计算与数据在透视表中的排列有关，如图 4.7 所示为不同货主地区和运货商的订单数的数据透视表窗体。

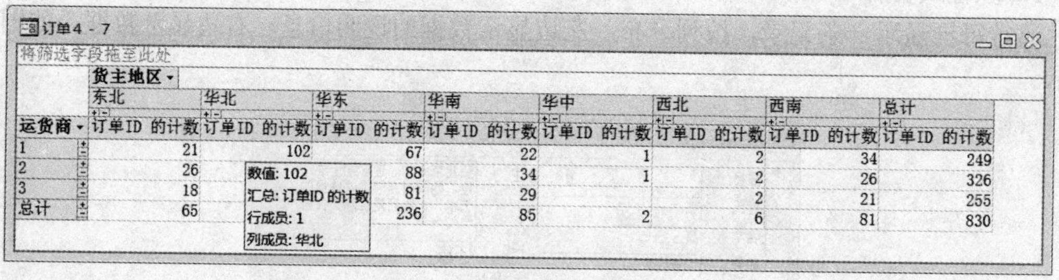

订单4 - 7

将筛选字段拖至此处

货主地区	东北	华北	华东	华南	华中	西北	西南	总计
运货商	订单ID 的计数	订单ID 的计数	订单ID 的计数	订单ID 的计数	订单ID 的计数	订单ID 的计数	订单ID 的计数	订单ID 的计数
1	21	102	67	22	1	2	34	249
2	26		88	34	1	2	26	326
3	18		81	29		2	21	255
总计	65		236	85	2	6	81	830

数值: 102
汇总: 订单ID 的计数
行成员: 1
列成员: 华北

图 4.7　数据透视表窗体

5．数据透视图窗体

也是一种交互式的窗体，类似于数据透视表窗体的功能，区别是数据透视图窗体通过选择图表类型来直观地显示数据，如图 4.8 所示为不同地区的订单数的数据透视图窗体。

6．图表窗体

用图表的形式显示数据的一种窗体，如图 4.9 所示为显示不同地区的订单数。图表窗体具有图形直观的特点，可形象地说明数据的特点、变化趋势等。与数据透视表/图窗体不同，图表窗体不是交互性窗体，不能动态地显示用户的计算。

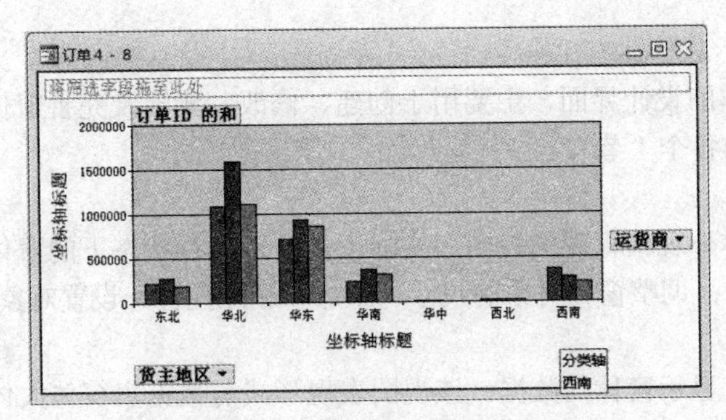

图 4.8 数据透视图窗体

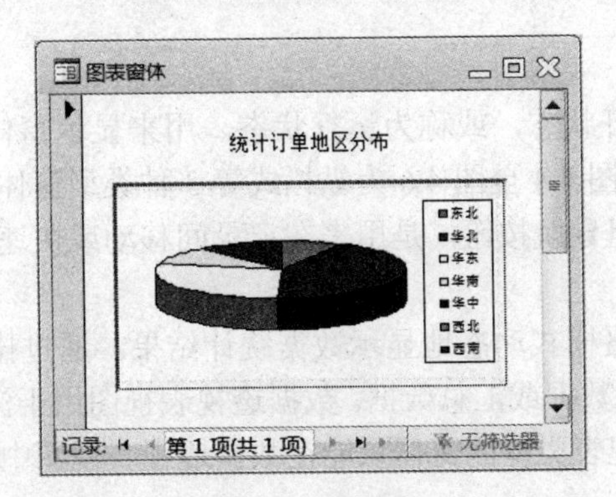

图 4.9 图表窗体

4.1.3 窗体的视图

为了能从各个层面来查看窗体的数据源，Access 为窗体提供了 6 种视图：设计视图、布局视图、数据表视图、窗体视图、数据透视表视图和数据透视图视图。不同的“窗体”视图以不同的形式来显示相应窗体的数据源。其中设计视图主要用于对窗体进行外观的设计，以及进行数据源的绑定与编程处理；布局视图可以直观地在窗体中进行控件布局设计；其他 4 种视图则主要是对绑定窗体的数据源，从不同角度与层面进行操作与管理。

当处于打开窗体状态时（或窗体处于任意一种视图中），Access 的“视图”菜单中列出了这 6 种视图；点击快捷工具栏的“视图”菜单下的下拉按钮，列出了这 6 种视图供切换选择，如图 4.10 所示。

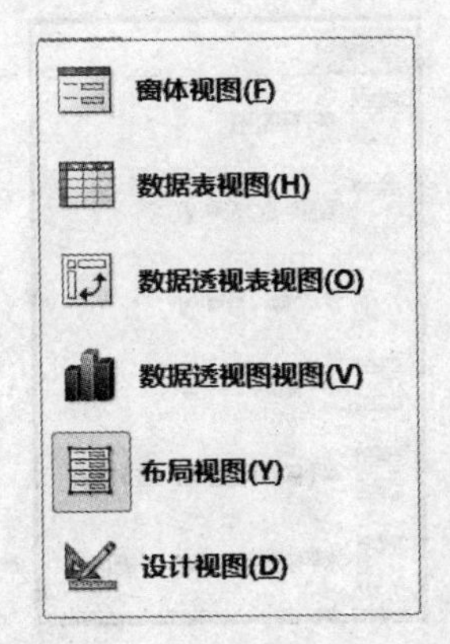

图 4.10 下拉“视图”按钮

1. 设计视图

设计视图是窗体的设计界面，主要用于创建、修改、删除及完善窗体。只有在设计视图中可以看到窗体中的各个“节”。

2. 布局视图

是用于修改窗体外观最直观的视图，实际上是处于运行状态下的窗体，在布局视图中可调整窗体设计，包括：调整窗体对象的尺寸、添加和删除控件、设置对象的属性等。

3. 数据表视图

以数据表的形式显示窗体的数据，该视图表现形式与数据表窗体大体相似，可以同时看到多条记录，这种视图便于编辑、添加、修改、查找、删除数据，主要用于对绑定窗体的数据源进行数据操作。

4. 窗体视图

窗体视图是窗体的打开状态，或称为运行状态，用来显示窗体的设计效果，是提供给用户使用数据库的操作界面。图 4.4 至图 4.6 为纵栏式等 3 种类型窗体在窗体视图下的显示效果，每个窗体最底下一行是一组导航按钮，是用来在记录间移动或快速切换的按钮。

5. 数据透视表视图

数据透视表视图以表格模式动态地显示数据统计结果。通过排列筛选行、列和明细等区域中的字段，可以查看明细数据或汇总数据。数据透视表视图用于浏览和设计数据透视表类型的窗体，换言之，数据透视表类型的窗体只能在数据透视表视图中被打开。

6. 数据透视图视图

数据透视图视图以图形模式动态地显示数据统计结果。通过选择一种图表类型并排列筛选序列、类别和数据区域中的字段，可以直观地显示数据。数据透视图类型的窗体只能在数据透视图视图中被打开。

4.1.4 窗体创建功能按钮介绍

Access 2010 功能区“创建”选项卡的“窗体”组中，提供了多种创建窗体的功能按钮。如图 4.11 所示其中包括：“窗体”、“窗体设计”、“空白窗体”三个主要的按钮，还有“窗体向导”、“导航”和“其他窗体”三个辅助按钮，其中“导航”和“其他窗体”按钮在其下拉列表中提供了创建特定窗体的方式，如图 4.12 和图 4.13 所示。

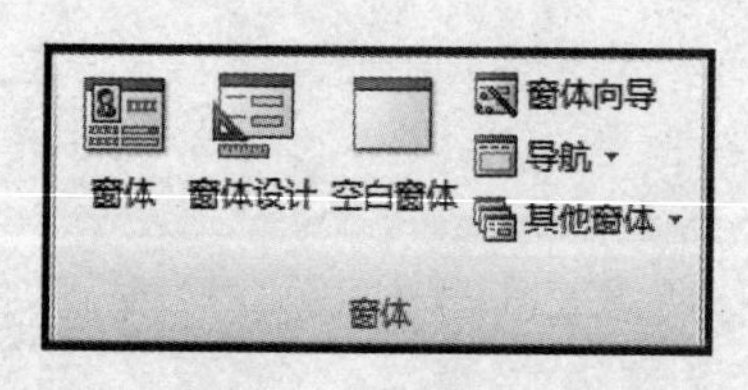

图 4.11 “窗体”组

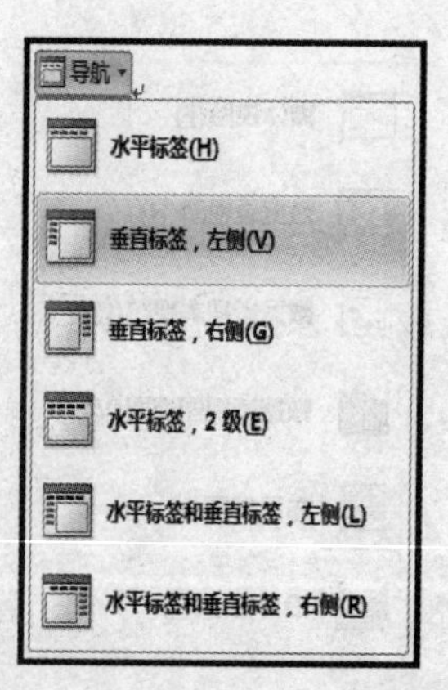

图 4.12 “导航”下拉列表

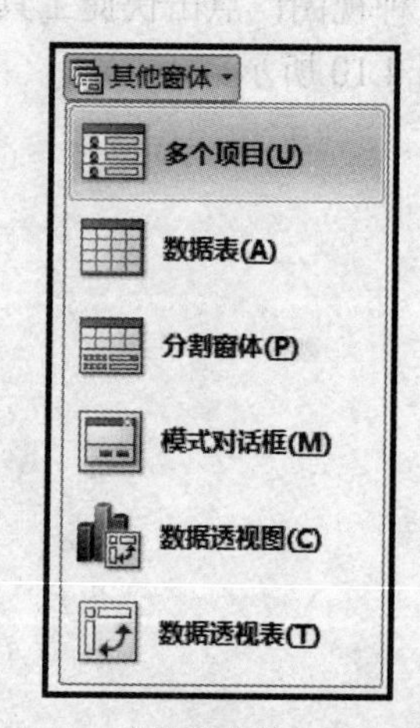

图 4.13 “其他窗体”下拉列表

各个按钮的功能如下：

（1）窗体：是最快捷地创建窗体的工具，只需在“导航”窗格中选中数据源（表或是查询），单击“窗体”按钮便可以创建窗体。使用这个工具创建窗体，数据源的所有字段都放置在窗体上。

（2）窗体设计：打开窗体的设计视图，在设计视图中完成窗体的设计。

（3）空白窗体：快速构建窗体的另一种方式，以布局视图的方式设计和修改窗体，尤其是当窗体上只需放置很少控件时，这种方法最为适宜。

（4）多个项目：使用“窗体”工具创建窗体时，所创建的窗体一次只显示一个记录。而使用多个项目则可创建显示多个记录的窗体。

（5）分割窗体：可以同时提供数据的“窗体视图”和“数据表视图”，它的两个视图连接到同一数据源，并且总是相互保持同步。如果在窗体的某个视图中选择了一个字段，则在窗体的另一个视图中也选择相同的字段。

（6）窗体向导：以对话框的形式辅助用户创建窗体的工具。

（7）数据透视图：基于选定的数据源生成的数据透视图窗体。

（8）数据透视表：基于选定的数据源生成的数据透视表窗体。

（9）数据表：基于选定的数据源生成数据表形式的窗体。

（10）模式对话框：生成的窗体总是保持在系统的最上层，如果不关闭该窗体，不能进行其他操作，通常用来做系统的登录界面。

（11）导航：用于创建具有导航按钮即网页形式的窗体，又称为表单，有六种不同的布局格式。导航工具更适合于创建 Web 形式的数据库窗体。

“窗体布局工具”选项卡中包括 3 个子选项卡，分别是：“设计”、“排列”和“格式”。

图 4.14　窗体设计工具

- “设计”选项卡：主要用于设计窗体，即向窗体中添加各种对象、设置窗体主题、页眉/页脚以及切换窗体视图。
- “排列”选项卡：主要用于设置窗体的布局。
- “格式”选项卡：主要用于设置窗体中对象的格式。

4.1.5　创建窗体的方法

创建窗体时，应该根据所需功能明确关键的设计目标，然后使用合适的方法创建窗体。如果所创建的窗体清晰并且容易控制，那么窗体就能很好地实现它的功能。

Access 提供了 4 种常用创建窗体的方法：

（1）使用自动方式创建窗体（通过“创建”菜单下“窗体”组中单击“窗体”按钮实现）：这是最快的创建方法，但可控范围最小。

（2）使用向导创建窗体：在向导的提示下逐步提供创建窗体所需要的参数，最终完成窗体的创建。

（3）在布局视图下创建窗体：以布局视图的方式设计和修改窗体，当窗体上只需放置很少控件时，这种方法最为适宜，通过单击“空白窗体”按钮可以快速创建。

（4）在设计视图下创建窗体：在窗体设计视图中，可以自行创建窗体，独立设计窗体的每一个对象，也可以在已有窗体的基础上修改、完善。这是最灵活的创建窗体方法，可以通过“窗体设计”按钮进行新窗体创建。这 4 种方式经常配合使用，即先通过自动或向导方式生成简单样式的窗体，然后在设计视图或布局视图下进行编辑、修饰等，直到创建出符合用户需求的窗体。

4.2 快速创建窗体

窗体是最常见的操作界面，本节介绍如何在 Access 数据库中，以向导及其他方式，创建窗体。

4.2.1 使用“窗体”按钮创建窗体

使用“窗体”按钮所创建的窗体，数据源来自某个表或查询。窗体每次显示关于一条记录的信息。

例 4-1 使用“窗体”按钮创建“雇员”窗体。操作步骤如下：

步骤 1：打开“罗斯文”数据库文件，单击“表”对象，选取雇员表。

步骤 2：在功能区“创建”选项卡的“窗体”组单击“窗体”按钮，窗体立即创建完成，并且以布局视图显示，如图 4.15 所示。

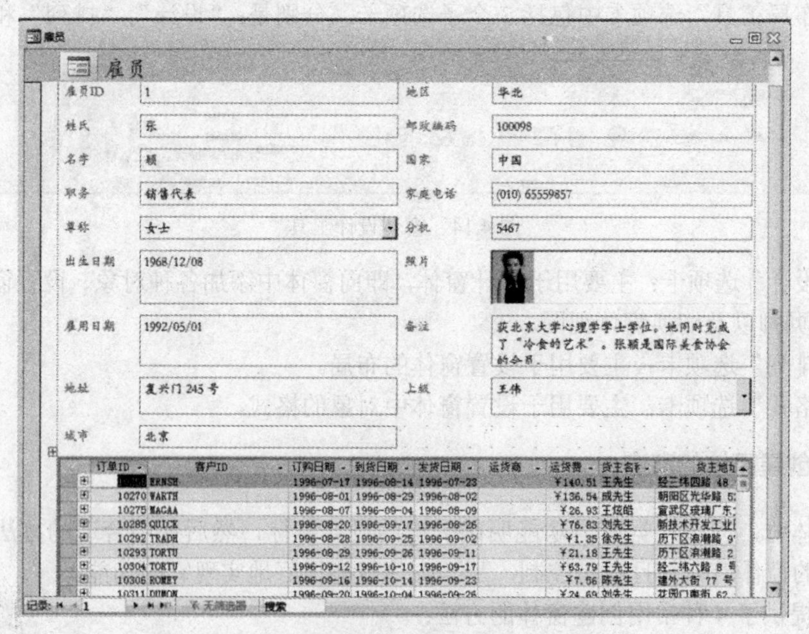

图 4.15 雇员窗体

步骤 3：单击工具栏上的“保存”按钮，这时出现“另存为”对话框。

步骤 4：在“另存为”对话框中直接单击“确定”按钮，将窗体保存。

图 4.15 窗体中上半部分显示一条记录的信息。由于“雇员”和“订单”之间存在一对多

的关系，Access 将向基于“雇员”的窗体添加一个子数据表以显示相关信息，如图 4.15 下半部分所示。

4.2.2　使用“空白窗体”工具创建窗体

使用“空白窗体”按钮创建窗体是在布局视图中创建数据表式窗体，这种“空白”就像一张白纸。用户可以通过如图 4.16 所示的“字段列表”打开用于窗体的数据源表，根据需要把表中的字段拖到窗体上，从而完成创建窗体的工作。

例 4-2　使用“空白窗体”按钮创建“雇员信息-空白窗体”的窗体。操作步骤如下：

步骤 1：打开“罗斯文”数据库，在功能区中，单击“空白窗体”按钮，打开了“空白窗体”的布局视图，如图 4.16 所示。

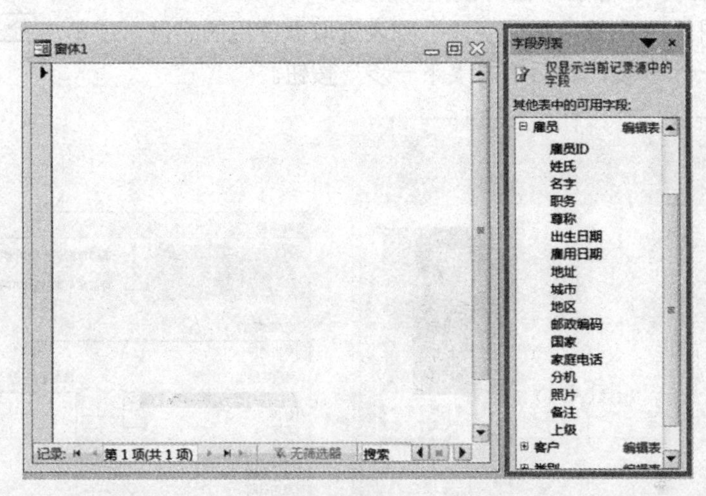

图 4.16　空白窗体布局视图

步骤 2：将“字段列表”窗格中的“雇员表”展开，显示其所包含的字段信息，依次双击“雇员表”中的“雇员 ID”等字段，这些字段则被添加到空白窗体中，如图 4.17 所示。

图 4.17　添加字段后的布局视图

步骤 3：在快捷工具栏，单击“保存”按钮，在弹出的“另存为”对话框中，输入窗体的名称为“雇员-空白窗体”，然后单击“确定”按钮。

4.2.3 使用窗体向导创建窗体

使用“窗体向导”是一种常用和简单的创建窗体的方法。

例 4.3 使用“窗体向导”创建如图 4.18 所示的雇员（纵栏式）窗体。

步骤 1：打开“罗斯文”数据库文件。

步骤 2：单击“创建”菜单。

步骤 3：单击窗体栏中的“窗体向导”按钮，从“请选择该对象数据的来源表或查询”列表框中选取“雇员”，然后单击“确定”按钮。

步骤 4：在图 4.19 中的“可用字段”列表选取欲使用的字段，或单击 » 按钮选取全部字段，至少须选取一个字段，然后单击“下一步”按钮。

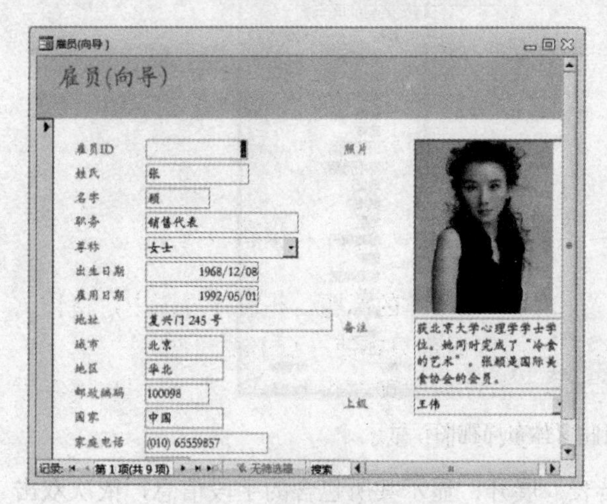

图 4.18 雇员（向导）窗体

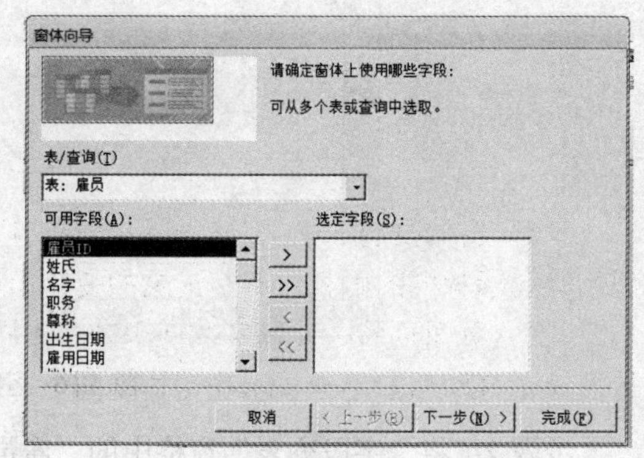

图 4.19 选取显示在窗体中的字段

步骤 5：在出现的对话框中确定所需窗体布局，如“纵栏表”，然后单击“下一步”按钮。

步骤 6：输入新窗体标题“雇员（向导）”，然后单击“完成”按钮。

4.3 在设计视图中创建窗体

窗体是用户访问数据库的窗口。窗体的设计要适应人们输入和查看数据的具体要求和习惯，应该有完整的功能和清晰的外观。有效的窗体可以加快用户使用数据库的速度，视觉上有吸引力的窗体可以使数据库更实用、更高效。

Access 提供的创建窗体的方法，各自有其鲜明的特点，其中尤以在设计视图中创建最为灵活，且功能最强。利用设计视图可以创建基本窗体并对其进行自定义，也可以修改用自动创建窗体或窗体向导创建的窗体，使之更加完善。

4.3.1 窗体设计视图

单击“窗体设计”按钮，或选择工具栏“视图”下的下箭头中“设计视图”选项，或在窗体对象（或窗体标题栏）上右击选“设计视图”选项，都可以打开窗体设计窗口，进入窗体设计视图。

一、设计视图的组成

理解窗体的组成部分是根据需要设计窗体的第一步。

一个完整的窗体是由窗体页眉、页面页眉、主体、页面页脚和窗体页脚共5个部分组成，每个部分称为一个“节”，每个节都有特定的用途，并且按窗体中预见的顺序打印。主体节是必不可少的，其他的节根据需要可以显示或者隐藏，如图4.20所示，图示说明如下：

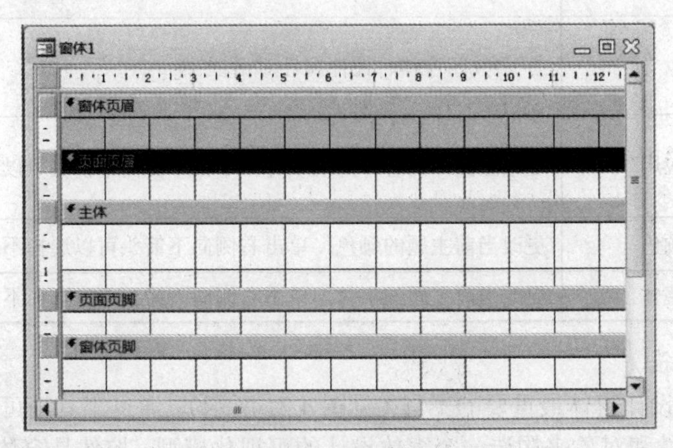

图4.20 窗体的各节

（1）窗体页眉：显示对每条记录都一样的信息，如窗体的标题。在窗体视图中，窗体页眉始终显示相同的内容，不随记录的变化而变化，打印时则只在第一页出现一次。

（2）页面页眉：设置窗体打印时的页眉信息，打印时出现在每页的顶部。它只出现在设计窗口及打印后，不会显示在窗体视图中，即窗体执行时不显示。

（3）主体：通常包含大多数控件，用来显示记录数据。控件的种类比较多，包括：标签、文本框、复选框、列表框、组合框、选项组、命令按钮等，它们在窗体中起不同的作用。

（4）页面页脚：设置窗体打印时的页脚信息，只有在设计窗口及打印后才会出现，并打印在每页的底部。通常，页面页脚用来显示日期及页码。

（5）窗体页脚：一般用于显示功能按钮（如帮助导航）或者汇总信息等。

每节都可以放置控件，但在窗体中，页面页眉和页面页脚使用较少，它们常被用在报表中。

二、工具栏

窗体设计工具选项卡中包括3个子选项卡，分别是：“设计”、“排列”和“格式”，每个选项卡对应不同的工具箱。

“设计”选项卡对应的设计工具栏如4.21所示。它集成了窗体设计中一些常用的工具。

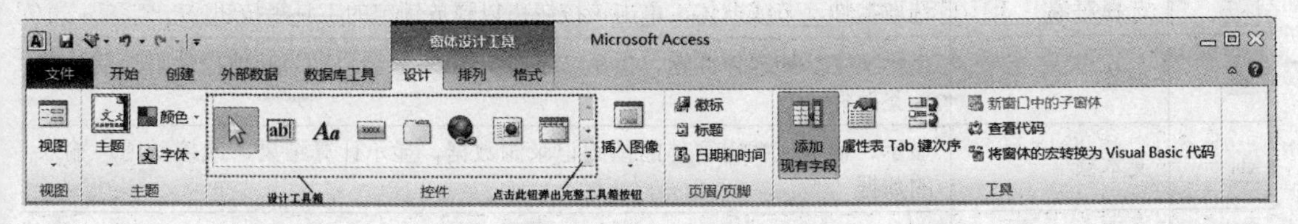

图4.21 窗体设计视图的工具栏

表 4.1 工具栏常用按钮的功能

按钮	名称	功能
视图	视图	单击按钮可切换窗体视图和设计视图，单击下侧向下箭头可以选择进入其他视图
添加现有字段	字段列表	显示相关数据源中的所有字段
属性表	属性	打开/关闭窗体、控件属性对话框
主题	主题应用	更改数据库的总体外观设计，单击下侧向下箭头可以选择不同的主题
颜色	主题颜色	更改当前主题的颜色，单击右侧向下箭头可以选择不同的颜色
字体	主题字体	更改当前主题的字体，单击右侧向下箭头可以选择不同的字体

三、设计工具箱

设计工具箱是设计窗体最重要的工具（见图 4.21 所示），通过工具箱可以向窗体添加各种控件，能够绑定控件和对象来构造一个窗体设计的可视化模型。控件是窗体中的对象，它在窗体中起着显示数据、执行操作以及修饰窗体的作用。

一般情况下，在打开窗体设计视图时，会同时打开一个窗体设计工具箱，其中包含了各种可用的窗体控件，若没有找到相应的控件，可以单击“工具箱”中右下角的按钮就列出所有的控件按钮，如图 4.22 所示，然后在窗体的适当位置单击鼠标，可以将相应控件放置在窗体上。工具箱中各按钮的功能如表 4.2 所示。

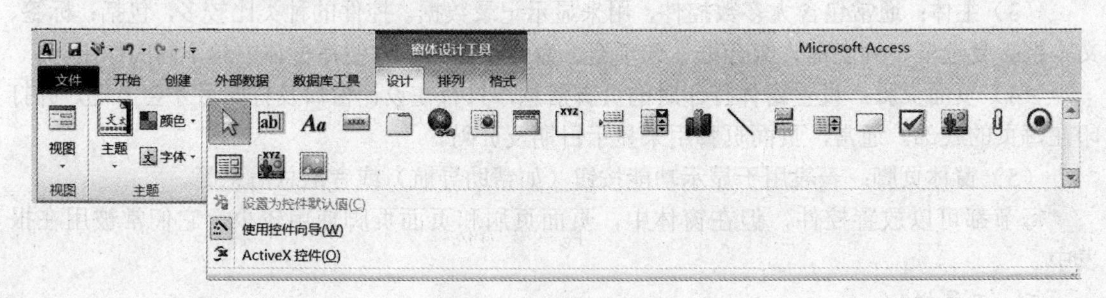

图 4.22 设计工具箱

表 4.2 工具箱常用控件名称及功能

按钮	名称	功能
	选择对象	选取控件、节或窗体，单击该按钮可以释放锁定的工具箱按钮
Aa	标签	显示文字，如窗体标题、指示文字等。Access 会自动为其他控件附加默认的标签控件
ab|	文本框	显示、输入或编辑窗体的基础记录源数据，显示计算结果，或接受用户输入的数据
XYZ	选项组	与复选框、选项按钮或切换按钮搭配使用，显示一组可选值

续表

按钮	名称	功能
	切换按钮	常作为“是/否”字段使用控件，接收用户“是/否”型的选择值，或选项组的一部分
	选项按钮	常作为“是/否”字段使用控件，接收用户“是/否”型的选择值，或选项组的一部分
	复选框	常作为“是/否”字段使用控件，接收用户“是/否”型的选择值，或选项组的一部分
	组合框	该控件结合了文本框和列表框的特性，既可在文本框中直接输入文字，也可在列表框中选择输入的文字，其值会保存在定义的字段变量或内存变量中
	列表框	显示可滚动的数值列表，在“窗体”视图中，可以从列表中选择某一值作为输入数据，或者使用列表提供的某一值更改现有的数据，但不可输入列表外的数据值
	命令按钮	完成各种操作，例如查找记录、打开窗体等
	图像	在窗体中显示静态图片，不能在 Access 中进行编辑
	非绑定对象框	在窗体中显示非绑定型 OLE 对象，例如 Excel 电子表格。当记录改变时，该对象不变
	绑定对象框	在窗体中显示绑定型 OLE 对象，如 Excel 电子表格。当记录改变时，该对象会一起改变
	分页符	在窗体上开始一个新的屏幕，或在打印窗体上开始一个新页
	选项卡	创建一个多页的选项卡控件，在选项卡上可以添加其他控件
	子窗体/子报表	添加一个子窗体或子报表，可用来显示多个表中的数据
	直线	用于显示一条直线，可突出相关的或特别重要的信息
	矩形	显示一个矩形框。可添加图形效果，将一些组件框在一起
	控件向导	打开或关闭控件向导。按下该按钮，在创建其他控件时，会启动控件向导来创建控件，如组合框、列表框、选项组和命令按钮等控件都可以使用控件向导来创建

四、字段列表

如果窗体有绑定的记录源，那么当打开窗体设计视图时，记录源的“字段列表”也会同步打开。“字段列表”是列出了记录源中的全部字段的窗口，拖动“字段列表”窗口中的字段到窗体设计视图，可以快速创建绑定型控件。例如，要在窗体内创建一个控件来显示字段列表中的某一文本型字段的数据时，只需将该字段拖到窗体内，窗体便自动创建一个文本框控件与此字段关联。这里应注意，只有当窗体绑定了数据源后，“字段列表”才有效。

例 4.5 使用“字段列表”，设计“订单登记”窗体，效果如图 4.23 所示。

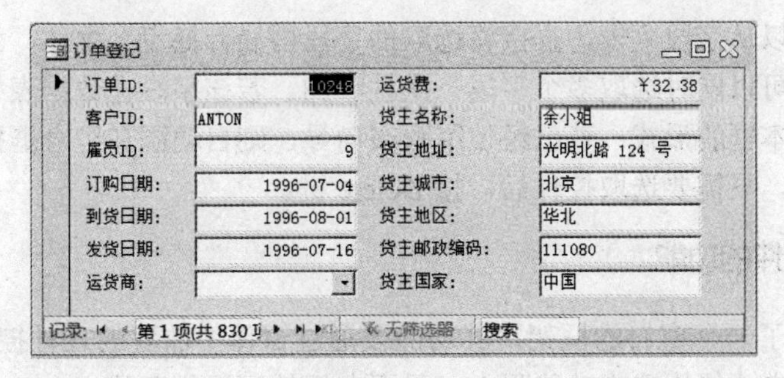

图 4.23 订单登记

步骤 1：打开“罗斯文”数据库文件，单击创建菜单，再点击窗体设计按钮，打开窗体设计窗口。

步骤 2：点击工具栏中的添加现有字段按钮,显示字段列表选项，如图 4.24 所示。

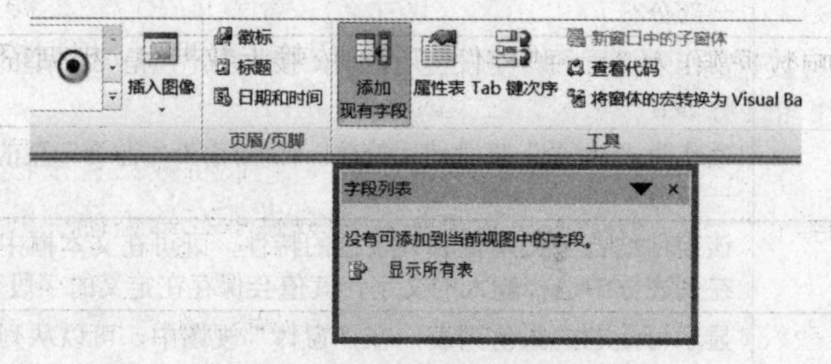

图 4.24　字段列表选项

步骤 3：点击图 4.24 中蓝色字“显示所有表”，再选中“订单”表，显示如图 4.25 所示；在字段列表中选取全部字段，将选取的字段拖曳至窗体设计窗口的“主体”区域，调整至图 4.23 所示效果。

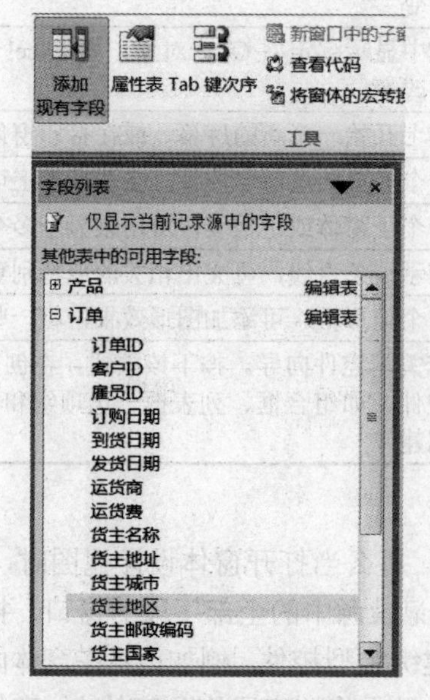

图 4.25　订单字段列表

步骤 4：单击工具栏上的“保存”按钮，在“另存为”对话框中输入窗体名称“订单登记”，单击“确定”按钮。

说明：我们可以从字段列表，直接将选取的字段用鼠标拖曳至主体，为窗体添加新控件。可以逐一添加，也可以同时选取多个字段一次性添加。若该字段在数据表中未使用查阅向导，就会默认显示为文本框的形式；若已经使用查阅向导，则自动添加组合框控件。

若要删除控件，只需要选取控件后，按 Delete 键。

4.3.2　常用控件的功能

窗体只是提供了一个窗口的框架，其功能要通过窗体中放置的各种控件来完成，控件与数据库对象结合起来才能构造出功能强大、界面友好的可视化窗体。

一、控件的类型

控件是允许用户控制程序的图形用户界面对象，如文本框、复选框、滚动条或命令按钮等。可使用控件显示数据或选项、执行操作或使用户界面更易阅读。

一些控件直接连接到数据源，可用来立即显示、输入或更改数据源；另一些控件则使用数据源，但不会影响数据源；还有一些控件完全不依赖于数据源。根据控件和数据源之间这些可能存在的关系，可以将控件分为以下 3 种类型：

- 绑定型控件：这种控件与数据源直接连接，它们将数据直接输入数据库或直接显示数据库的数据，可以直接更改数据源中的数据或在数据源中的数据更改后直接显示变化。
- 未绑定型控件：控件与数据源无关。当给控件输入数据时，窗体可以保留数据，但不会更新数据源，主要用于显示信息、线条、矩形或图像，执行操作，美化界面等。
- 计算型控件：使用表达式作为自己的数据源。表达式可以使用窗体或报表的基础表或基础查询中的字段数据，也可以使用窗体或报表上其他控件的数据。可使用数据库数据执行计算，但是它们不更改数据库中的数据。计算型控件是特殊的非绑定控件。

如果想让窗体中的控件成为绑定控件，首先要确保该窗体是基于表或查询的，即窗体是绑定数据源的。大多数允许输入信息的控件既可以被创建成绑定型控件，也可以被创建成非绑定型控件，完全根据窗体设计的需要而定。

例 4.6　创建一个如图 4.26 所示的窗体，假设每个订单实际运费支出因搬运装车等支出，要增加 10%的费用，根据每个订单的运费，系统自动给出应付的实际运费。

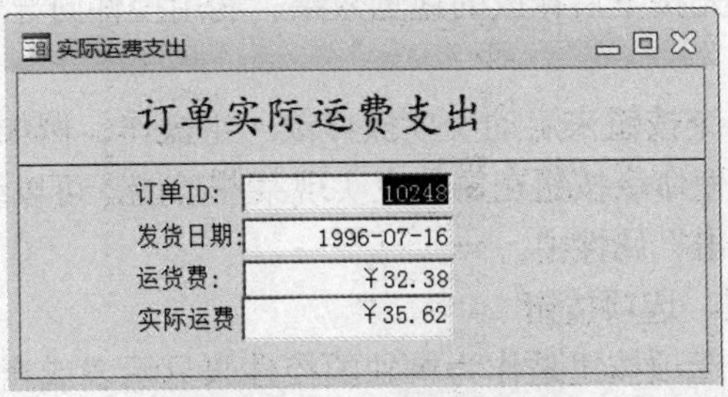

图 4.26　实际运费支出窗体

在实际运费支出的窗体中，前 3 个文本框为绑定型控件，第 4 个文本框为计算型控件，计算型控件中表达式为：[运货费]*1.1，其设计视图如图 4.27 所示。

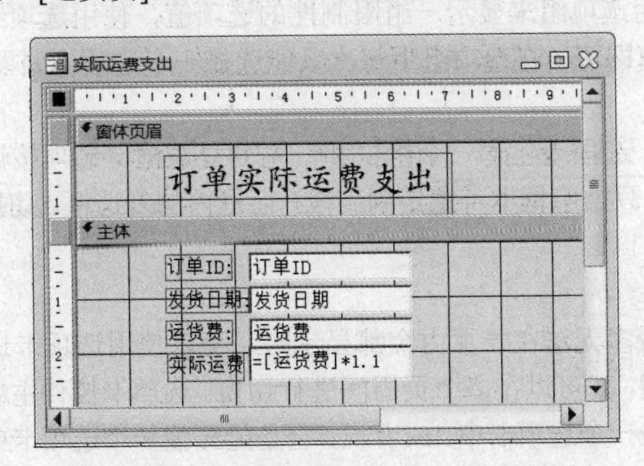

图 4.27　“实际运费支出”窗体设计视图

二、常用控件及其功能

下面对常用的控件按功能分类说明。

1. 文本框

文本框可以是绑定的，用来在窗体上显示/编辑数据源中某个字段的数据；文本框也可以是未绑定的，用来显示计算的结果或接受用户输入的数据，在未绑定文本框中的数据不会被保存。

2. 标签

可以在窗体上使用标签来显示说明性文本，如标题、题注或简短的说明等。标签总是未绑定的，所以标签并不显示字段或表达式的值。标签控件有两种：独立标签和附加标签。

- 独立标签：使用“标签”工具创建的标签控件是独立标签，用于显示信息（如窗体标题）或其他说明性文本。在“数据表”视图中将不显示独立的标签。
- 附加标签：是创建某些控件时自动附加的、显示该控件标识信息的标签控件。例如，在创建文本框时，文本框会附加一个标签，用来显示该文本框的标题，如图 4.21 所示。

3. 组合框和列表框

组合框和列表框中的数据来源可以是数据表或查询中的某字段，也可以是用户自行键入的一组值。利用控件向导可以很方便地创建组合框或列表框。

4. 命令按钮

命令按钮提供了一种只需单击按钮即可执行操作的方法。选择按钮时，它不仅会执行相应的操作，其外观也会有先按下后释放的视觉效果。利用控件向导可以创建 30 种系统预定义的命令按钮。

在窗体上可以使用命令按钮来启动一项操作或一组操作。例如，可以创建一个命令按钮来打开另一个窗体。若要使命令按钮在窗体上实现某些功能，可以编写相应的宏或事件过程，并将它附加在按钮的“单击”属性中。

5. 复选框、切换按钮、选项按钮

复选框、切换按钮和选项按钮是作为单独的控件来显示表或查询中的“是”或“否”的值。当选中复选框或选项按钮时，设置为“是”，如果不选则为“否”。对于切换按钮，如果按下切换按钮，其值为“是”，否则其值为“否”。

6. 选项组

可以在窗体上使用选项组来显示一组限制性的选项值，使用选项组可以方便地选择值，因为只需单击所需的值即可。在选项组中每次只能选择一个选项，如果需要显示的选项较多，应使用列表框组合框。

在窗体或报表中，选项组包含一个组框和一系列复选框、选项按钮或切换按钮。如果选项组绑定到字段，那么只是组框本身绑定到字段，而框内的复选框、切换按钮或选项按钮并没有绑定到字段。

7. 选项卡

当窗体中的内容较多无法在一页内全部显示时，可以使用选项卡进行分页，操作时只需要单击选项卡上的标签，就可以在多个页眉间进行切换。选项卡控件主要用于将多个不同格式的数据操作窗体封装在一个选项卡中，或者说，它是能够使一个选项卡中包含多页数据操作窗体的窗体，而且在每页窗体中又可以包含若干个控件。

4.3.3　常用控件的使用

在窗体设计视图中设计窗体时，需要用到各种各样的控件。下面结合实例介绍如何创建控件。

例 4.7　在窗体设计视图中，创建图 4.28 所示的窗体，窗体名为“客户基本信息”窗体。

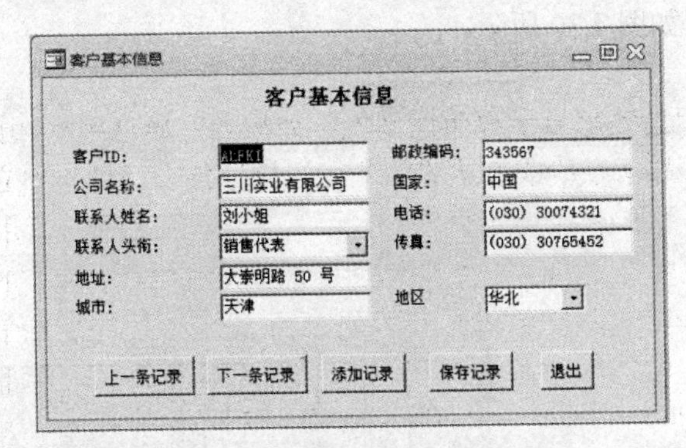

图 4.28　窗体视图下显示的窗体

1. 创建绑定型文本框控件

步骤 1：打开“罗斯文”数据库文件，单击“创建”按钮，再单击“窗体设计”按钮，打开窗体设计视图。

步骤 2：单击工具栏上的“添加现有字段”按钮下的“字段列表”框中的客户，列出客户的字段列表。

步骤 3：将“客户 ID”、“公司名称”、“联系人姓名”等字段依次拖到窗体内适当的位置，即可在该窗体中创建绑定型文本框。Access 根据字段的数据类型和默认的属性设置，为字段创建相应的控件并设置特定的属性（有关属性的设置将在后面介绍），如图 4.29 所示。

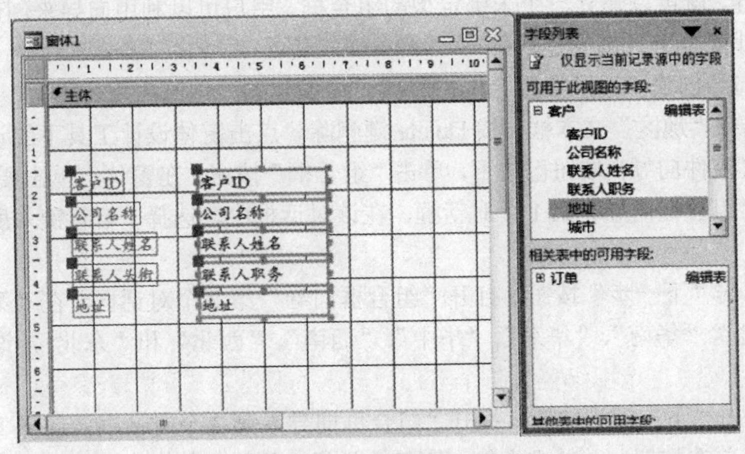

图 4.29　创建绑定型文本框

如果要选择相邻的字段，单击其中的第一个字段，按下 Shift 键，然后单击最后一个字段。如果要选择不相邻的字段，按下 Ctrl 键，然后单击要包含的每个字段名称。

2. 创建标签控件

如果希望在窗体上显示该窗体的标题，可在窗体页眉处添加一个“标签”。下面将在图 4.28

所示的设计视图中，添加“标签”控件作为窗体标题。

步骤 4：单击“视图”菜单中的“窗体页眉/页脚”命令，这时在窗体设计视图中添加了一个“窗体页眉”节和一个“窗体页脚”节。

步骤 5：单击工具箱中“标签”按钮。在窗体页眉处单击要放置标签的位置，然后输入标签内容“客户基本信息”，选中此标签，再点击窗体设计工具下“设计”、“排列”、“格式”中的格式按钮进行修改，如图 4.30 所示。

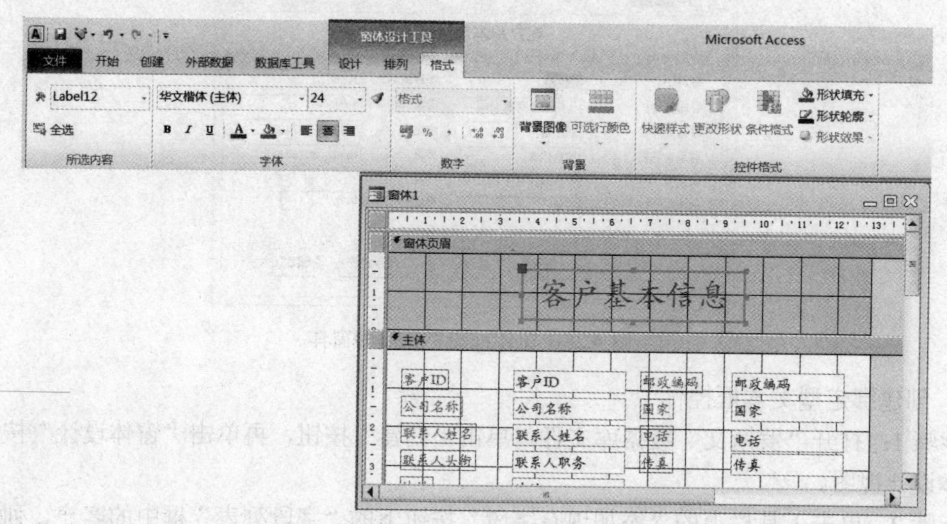

图 4.30　创建标签

3. 创建绑定型组合框控件

组合框能够将一些内容罗列出来供用户选择。组合框也分为绑定型与未绑定型两种。如果要保存在组合框中选择的值，一般创建绑定型的组合框；如果要使用组合框中选择的值来决定其他控件内容，就可以建立一个未绑定型的组合框。用户可以利用向导来创建组合框，也可以在窗体的设计视图中直接创建。

下面使用向导创建“地区”组合框去替代已经创建的“地区”文本框。

步骤 6：选中“地区”文本框，按 Delete 键删除。点击窗体设计工具下的设计按钮，确保设计工具箱中“控件向导”按钮已按下，单击“组合框”按钮，在窗体上单击要放置“组合框”的位置，打开“组合框向导”第 1 个对话框，在该对话框中，选择“自行键入所需的值”单选按钮。

步骤 7：单击“下一步”按钮，打开“组合框向导”第 2 个对话框，在“第 1 列”列表中依次输入“华北”、“华南”、“华东”、“华中”、“西南”、“西北”和“东北”，设置后的结果如图 4.31 所示。

步骤 8：单击“下一步”按钮，打开“组合框向导”第 3 个对话框，选择“将该数值保存在这个字段中”单选按钮，并单击右侧向下箭头按钮，从打开的下拉列表中，选择“地区”字段，如图 4.32 所示。

步骤 9：单击“下一步”按钮，在打开的对话框的“请为组合框指定标签”文本框中输入“地区”，作为该组合框的标签。单击“完成”按钮。

至此，组合框创建完成。用户可以参照上述方法创建“联系人头衔”组合框控件。创建列表框的方法与创建组合框的方法相似，在此不作说明。

组合框向导

请确定在组合框中显示哪些值。输入列表中所需的列数，然后在每个单元格中键入所需的值。

若要调整列的宽度，可将其右边缘拖到所需宽度，或双击列标题的右边缘以获取合适的宽度。

列数(C)：1

第 1 列
华北
华南
华东
华中
西南
西北

取消　< 上一步(B)　下一步(N) >　完成(F)

图 4.31　设置组合框中显示值

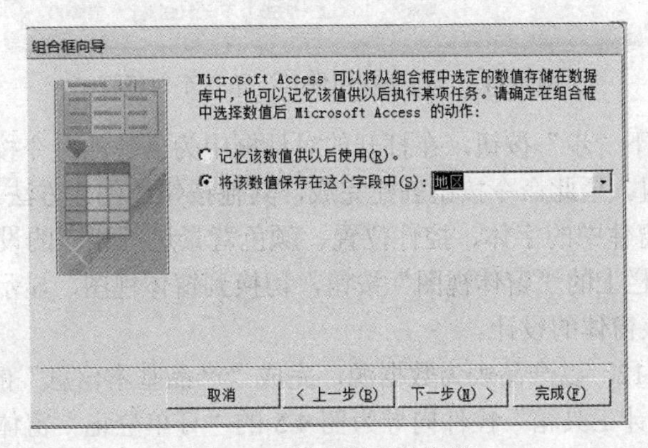

图 4.32　选择保存的字段

4. 创建命令按钮

在窗体中单击某个命令按钮可以使 Access 完成特定的操作。例如，“添加记录”、“保存记录”、“退出”等。这些操作可以是一个 VBA 过程，也可以是一个宏。下面在图 4.30 所示的设计视图中，使用“命令按钮向导”创建“添加记录”命令按钮的操作方法。

步骤 10：单击工具箱中的“命令按钮”，在窗体页脚上单击要放置命令按钮的位置，打开“命令按钮向导”第 1 个对话框。在对话框的“类别”列表框中，列出了可供选择的操作类别，每个类别在“操作”列表框中均对应着多种不同的操作。先在“类别”框内选择“记录操作”，然后在“操作”框中选择“添加新记录”，如图 4.33 所示。

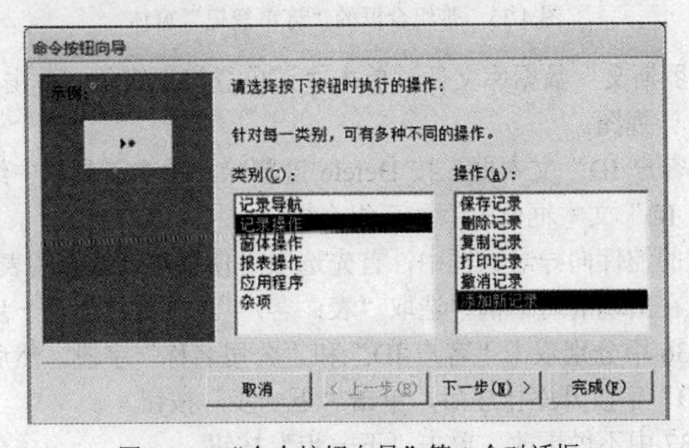

图 4.33　“命令按钮向导”第 1 个对话框

步骤 11：单击“下一步”按钮，打开“命令按钮向导”第 2 个对话框。为使在按钮上显示文本，单击“文本”单选按钮，并在其后的文本框内输入“添加记录”，如图 4.34 所示。

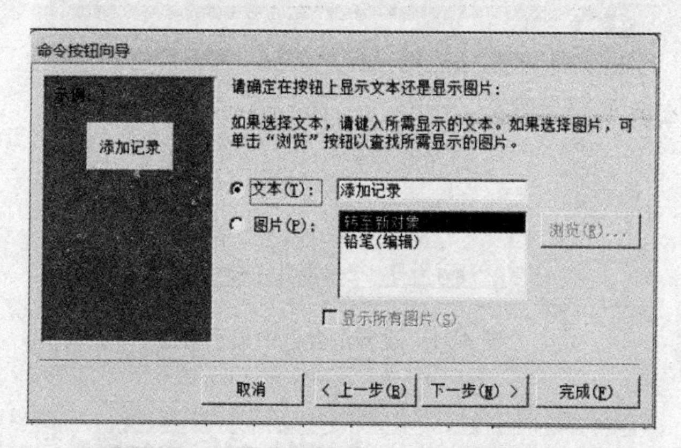

图 4.34　“命令按钮向导”第 2 个对话框

步骤 12：单击“下一步”按钮，在打开的对话框中为创建的命令按钮命名，以便以后引用。单击“完成”按钮。至此命令按钮创建完成，其他按钮的创建方法与此相同。

格式化窗体，对窗体中的字体、控件位置、颜色背景进行相应的设置（有关的设置将在后面介绍）。单击工具栏上的“窗体视图”按钮，切换到窗体视图，显示结果如图 4.28 所示。如果满意，则可保存该窗体的设计。

类似重复步骤 1～12，以产品表为数据源，完成“产品基本信息”的窗体设计。

例 4.8　利用“设计工具箱”控件向导为例 4.5 的“订单登记”窗体添加组合框控件，如图 4.35 所示。

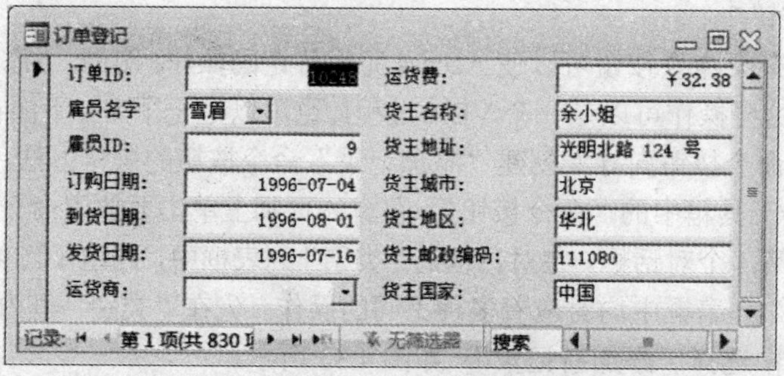

图 4.35　带组合框的“订单登记”窗体

步骤 1：打开“罗斯文”数据库文件，单击“订单登记”窗体，单击工具栏中的“视图”按钮下的箭头选择设计视图。

步骤 2：选择“客户 ID”文本框，按 Delete 键删除，单击工具箱中组合框控件按钮，然后在被删除的“客户 ID”文本框位置添加新组合框。

步骤 3：在出现的控件向导对话框中，首先选取“使用组合框查阅表或查询中的值”，单击“下一步”按钮，在出现的对话框中选取“表：客户”，再单击“下一步”按钮。

步骤 4：在图 4.36 中分别双击“客户 ID”和“公司名称”字段，然后单击“下一步”按钮。指定按“客户 ID”字段升序排序后，单击“下一步”按钮。

步骤 5：在图 4.37 中不做更改，单击“下一步”按钮。

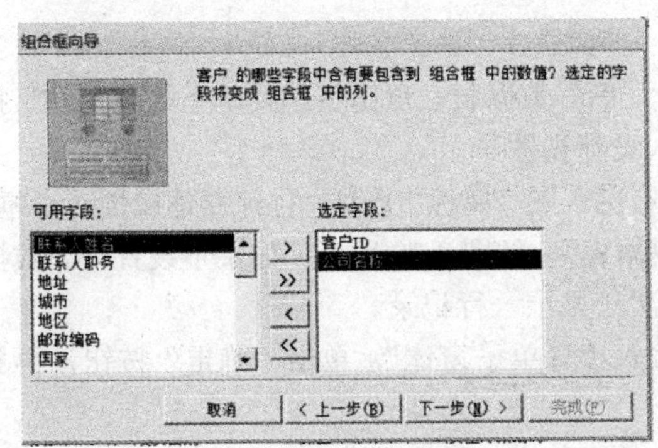

图 4.36　确定使用字段

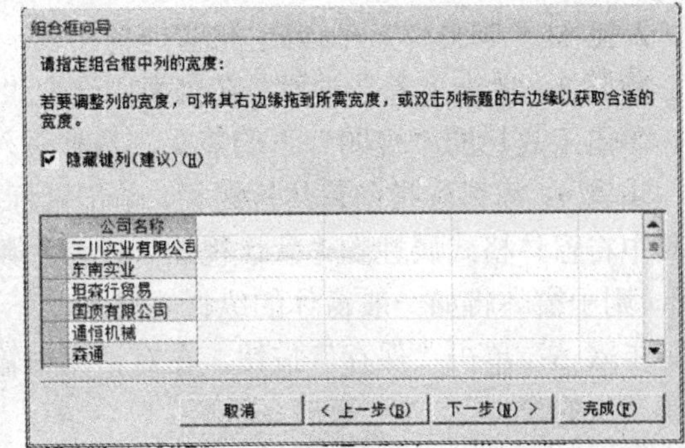

图 4.37　隐藏主索引字段

步骤 6：在对话框中选取“将该数值保存在这个字段中”，再打开字段列表，选取“客户 ID”，完成后单击“下一步”按钮。

步骤 7：在对话框中，将标签指定为“公司名称”，最后单击“完成”按钮。

完成后的组合框会显示“客户”数据表的“公司名称”字段，同时会将选取的结果保存至窗体数据来源的“客户 ID”字段。

重复上述步骤，添加组合框“雇员 ID”，标签指定为“雇员名字”。建立窗体时，如果数据来源表中的字段类型是“查询向导”，在窗体中该字段会自动成为组合框类型。

例 4.9　以雇员表为数据源，创建如图 4.38 所示，带子窗体的“雇员工作信息”窗体，并显示此雇员完成的订单数量。

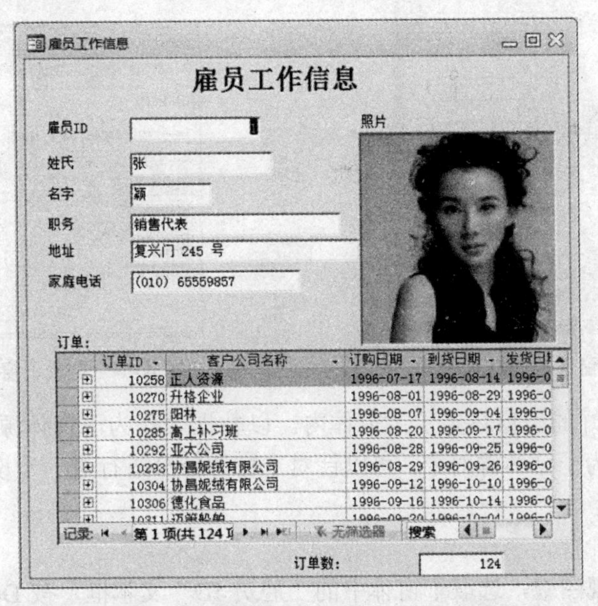

图 4.38　带子窗体的“雇员工作信息”窗体

1. 快速创建带子窗体的窗体

步骤 1：打开“罗斯文”数据库文件，点击“创建”菜单下“窗体向导”项，对象的数据来源选“雇员”表，选确定。

步骤 2：选择“雇员 ID”、“姓氏”、“名字”、“职务”、“地址”、“家庭电话”、“照片”等字段，单击下一步，选“纵栏表”，再点击下一步，输入窗体名为“雇员工作信息”，保存窗体。

2. 创建子窗体

步骤 3：单击“表”对象，在列表中选取“订单”数据表。点击创建菜单下的“窗体”按钮，单击工具栏的“视图”下的箭头，选择进入设计视图。

步骤 4：将鼠标指向窗体标题栏，单击鼠标右键选取“属性”选项，打开窗体属性对话框，在其中将窗体格式属性的“默认视图”设为“数据表”，如图 4.39 所示。如果不设置为“数据表”，则子窗体将如一般窗体的纵栏式显示，一次只显示一行记录。

步骤 5：单击“保存”按钮，在对话框内输入“订单子窗体”，单击“确定”按钮，再关闭新产生的窗体。

以上操作所创建的窗体，将作为“雇员工作信息”窗体的子窗体。

步骤 6：在列表中选取前面创建的“雇员工作信息”窗体。单击工具栏的“视图”下箭头按钮，进入设计窗口，增加主体部分的工作空间。

步骤 7：选取子窗体控件，关闭控件向导，在窗体主体部分点击创建子窗体对象，在此对象上单击右键，选择“属性”选项，打开属性对话框。

步骤 8：在对话框中将数据属性的“源对象”改为前面所建立的“订单子窗体”，如图 4.40 所示。单击“保存”按钮。

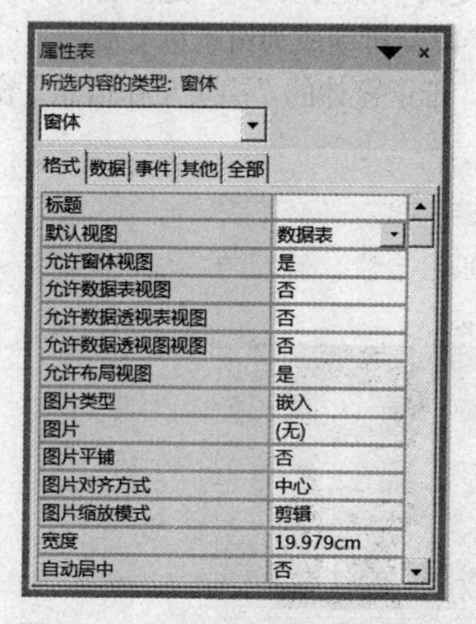

图 4.39 设置窗体的“默认视图”

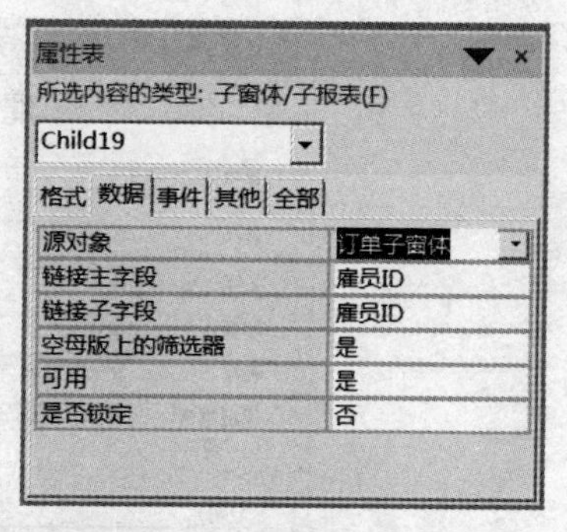

图 4.40 更改子窗体的数据源

至此，已将制作好的子窗体置于主窗体内。以数据表作为子窗体源对象，无法进行下一步的修改，将窗体作为子窗体源对象，可以针对子窗体部分进行进一步设计，使之更完善，使用更方便。

3. 修改子窗体

步骤 9：在设计视图中，选取子窗体中的“雇员 ID”文本框，按 Delete 键删除。在子窗体的“客户 ID”组合框中单击右键（如果“客户 ID”是文本框，可以选中单击右键，选取“更改为”选项下的“组合框”），选择“属性”选项，打开属性对话框。

步骤 10：单击在数据属性的“行来源”，再单击右方的生成器按钮 ，如图 4.41 所示。

步骤 11：在打开的查询设计窗口“显示表”对话框中，双击“客户”数据表，再单击“关闭”按钮。分别双击“客户 ID”及“公司名称”字段，此顺序不可更改，如图 4.42 所示。

步骤 12：单击“关闭”按钮，并在询问是否保存的对话框中单击“是”按钮。

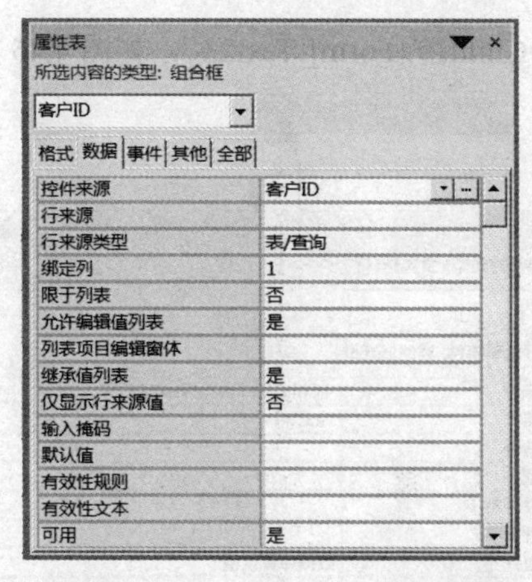

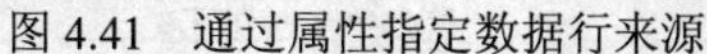

属性表
所选内容的类型: 组合框
客户ID
格式 数据 事件 其他 全部
控件来源 客户ID
行来源
行来源类型 表/查询
绑定列 1
限于列表 否
允许编辑值列表 是
列表项目编辑窗体
继承值列表 是
仅显示行来源值 否
输入掩码
默认值
有效性规则
有效性文本
可用 是

图 4.41　通过属性指定数据行来源

订单子窗体: 查询生成器
客户
*
客户ID
公司名称
联系人姓名
联系人职务
字段: 客户ID 公司名称
表: 客户 客户
排序:
显示:
条件:
或:

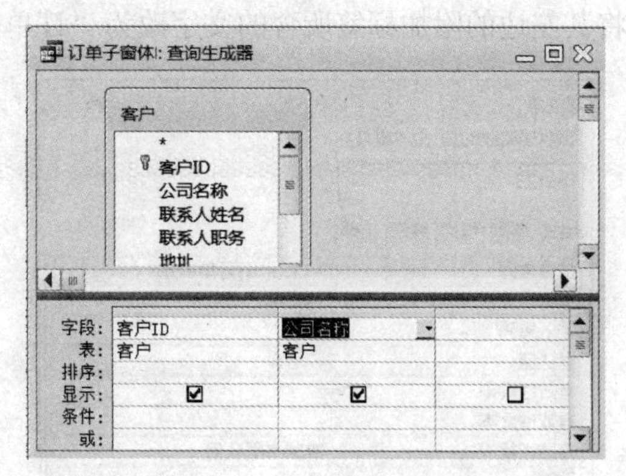

图 4.42　查询生成器

步骤 13：将格式属性的“列数”改为“2”（表示组合框将使用两个字段），“客户 ID”组合框列表内显示所有的客户公司全名，以供选取。选取后一定要传回“客户 ID”，所以组合框的数据来源需要使用两个字段。“列宽”输入“0；3”，Access 会自动加入单位（默认为 cm），表示第 1 个字段宽度为 0cm，第 2 个字段宽度为 3cm，即隐藏第 1 个字段，如图 4.43 所示。

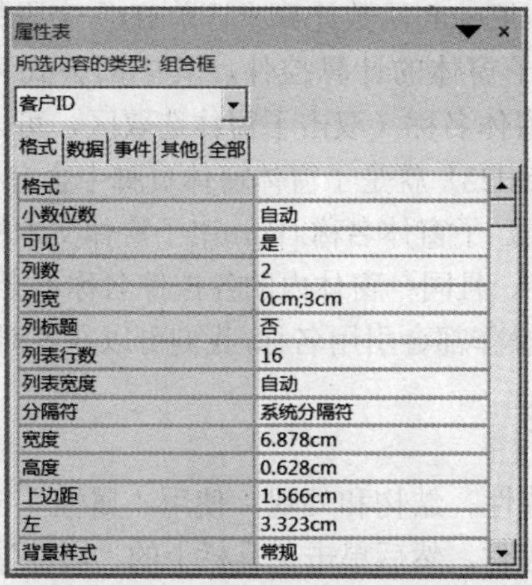

属性表
所选内容的类型: 组合框
客户ID
格式 数据 事件 其他 全部
格式
小数位数 自动
可见 是
列数 2
列宽 0cm;3cm
列标题 否
列表行数 16
列表宽度 自动
分隔符 系统分隔符
宽度 6.878cm
高度 0.628cm
上边距 1.566cm
左 3.323cm
背景样式 常规

图 4.43　更改后的列数、列宽

步骤 14：关闭属性对话框，返回设计窗口。在子窗体中，选取“客户 ID”的附加标签，再单击，出现光标后，将其改为“客户公司名称”，单击“确定”按钮。

为了窗体显示更为紧凑，还修改了主窗体部分的控件布局，将照片从窗体下部移动到了右边。

4. 在主窗体引用子窗体计算型控件

步骤 15：在“雇员工作信息”窗体的设计视图中，在子窗体对象的主体部分单击右键，选取“窗体页眉/页脚”选项，将子窗体的窗体页眉缩至最小，再将垂直滚动条向下至子窗体的窗体页脚。使用工具箱中的文本框按钮，在子窗体的窗体页脚添加新文本框。

步骤 16：在新文本框上单击右键，选取“属性”选项，打开属性对话框，在数据属性的“控件来源”中输入公式“=Count([订单 ID])”，并保存，如图 4.44 所示。然后，关闭对话框。

步骤 17：返回主窗体，选择“视图丨窗体页眉/页脚”，再在主窗体的窗体页脚上添加新文本框，在新文本框的“控件来源”属性中输入“=Child19.[Form]!Text23”，如图 4.45 所示，并将其左边的附加标签所含的文字改为“订单数”。

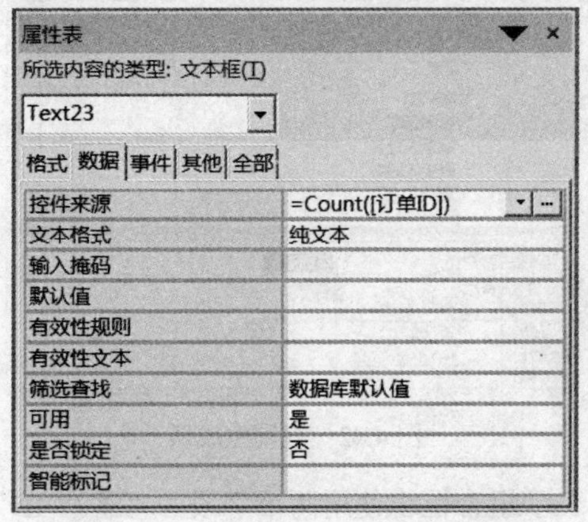

图 4.44 子窗体新加文本框的公式

图 4.45 主窗体引用子窗体计算数据

步骤 18：保存以上的修改，并执行“雇员工作信息”窗体，如图 4.38 所示。

说明：本例在子窗体中使用公式，并将结果显示在主窗体内。子窗体中的公式为“=Count([订单 ID])”，表示以 Count 函数计算“订单 ID”字段数量。

主窗体的文本框则引用子窗体的计算控件，其中的公式为“=Child19.[Form]!Text23”，“Child19”为本例窗体的子窗体名称（双击子窗体选取区，可以打开窗体属性对话框，即可得知子窗体的准确名称）；“Text23”就是子窗体窗体页脚中含有公式的文本框名称。在主窗体中引用子窗体中文本框的格式：子窗体名称.[Form]!子窗体文本框名称。

窗体各个控件皆有其名称，且同一窗体内的各控件名称不会重复，添加新控件后，Access 就会为其定义名称。很多设计操作都会引用名称，我们可以在各对象的属性对话框查看其名称。

4.3.4 窗体和控件的属性

属性确定了对象的功能特性、结构和外观，使用“属性”窗口可以设置对象的属性。在设计视图状态下，选中窗体/控件，然后单击工具栏上的“属性”按钮，或执行“视图｜属性”菜单命令，可打开窗体/控件的“属性”窗口。

“属性”窗口由 5 个选项卡组成，各属性按功能被分组到不同的选项卡中，其说明如表 4.3 所示。

表 4.3 “属性”窗口的选项卡说明

选项卡名称	属性分组
格式	设置对象的外观和显示格式，如边框样式、字体大小等
数据	设置对象的数据来源以及操作数据的规则
事件	设置对象的触发事件
其他	不属于上述 3 项的属性
全部	上述 4 项属性的集合

要查看任何对象属性的详细信息，可以在“属性”窗口中单击该属性名称右侧的框，然

后按<F1>键打开帮助。下面分别介绍窗体和控件的一些常用属性。

一、窗体的常用属性

窗体的属性与整个窗体相关联，并影响着用户对窗体的体验。选择或更改这些属性，可以确定窗体的整体外观和行为。

在设计视图中打开窗体，双击如图 4.46 所示的“窗体选择器”，可以快速打开窗体的“属性”窗口，如图 4.47 所示。下面介绍常用的窗体属性。

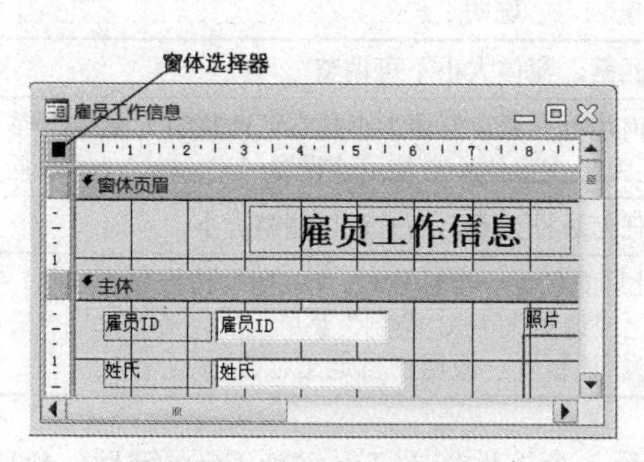

图 4.46 窗体设计视图

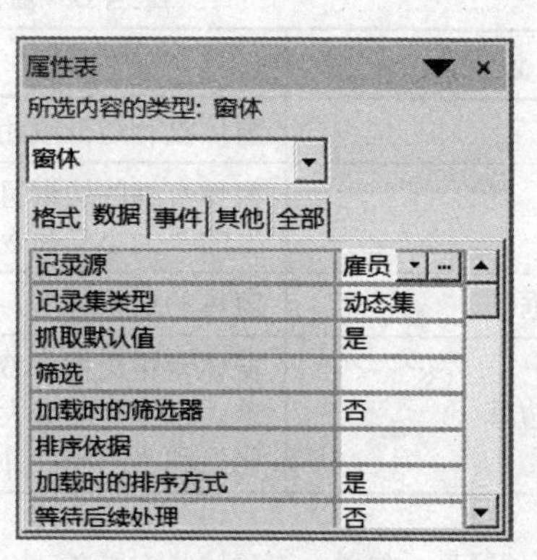

图 4.47 窗体属性对话框

- 记录源：设置窗体的数据源，也就是绑定的数据表或查询。
- 标题：设置在窗体视图中标题栏上显示的文本。缺省名为“窗体 1”、“窗体 2”……
- 默认视图：设置打开窗体时所用的视图。各参数的意义如表 4.4 所示。

表 4.4 窗体的“默认视图”属性设置

设置为	说明
单一窗体	（默认值）一次显示一个记录
连续窗体	显示多个记录（尽可能为当前窗口所容纳），每个记录都显示在窗体的主体节部分
数据表	像电子表格那样按行和列的形式显示窗体中的字段
数据透视表	作为数据透视表显示窗体
数据透视图	作为数据透视图显示窗体

- 允许编辑、允许删除、允许添加：可以指定用户是否可在使用窗体时编辑已保存的记录。
- 数据输入：设置是否允许打开绑定窗体进行数据输入。各参数的意义如表 4.5 所示。

表 4.5 窗体的“数据输入”属性设置

设置为	说明
是	窗体打开时，只显示一个空记录
否	（默认值）窗体打开时，显示已有的记录

- 记录选定器：设置在窗体视图中是否显示“记录选定器”。
- 导航按钮：设置在窗体视图中是否显示导航按钮和记录编号框。记录编号框显示当前记录的编号。记录的总数显示在导航按钮旁边。在记录编号框中键入数字，则可以移到指定的记录。

- 模式：设置窗体是否可以作为模式窗口打开。当窗体作为模式窗口打开时，在焦点移到另一个对象之前，必须先关闭该窗口。
- 边框样式：用于设置窗体的边框和边框元素（标题栏、“控制”菜单、“最小化”和“最大化”按钮或“关闭”按钮）的类型。通常对于常规窗体、弹出式窗体和自定义对话框需要使用不同的边框样式。各参数的意义如表 4.6 所示。

表 4.6 窗体的“边框样式”属性设置

设置为	说明
无	窗体没有边框或相关的边框元素，窗体大小不可调整
细边框	窗体有细的边框且可包含任何边框元素，窗体大小是不可调整的（“控制”菜单上的“大小”命令不可用），弹出式窗体经常使用该设置
可调边框	窗体的默认边框，可以包含任何边框元素，而且可以调整大小
对话框边框	窗体有粗边框（双线），并且只能包含一个标题栏、“关闭”按钮和“控制”菜单。窗体不能最大化、最小化或调整大小（“控制”菜单上的“最大化”、“最小化”和“大小”命令不可用）。该设置一般用于自定义对话框

- 循环：在单一窗体或连续窗体中，在最后一个控件按下 Tab 键或 Enter 键后，会切换到下一条记录，这是输入式窗体的默认值，也可以更改窗体的“循环”属性。“循环”属性共有 3 项设置，如表 4.7 所示。

表 4.7 窗体的“循环”属性设置

设置为	说明
所有记录	默认值
当前记录	表示会在目前记录的各控件间循环切换光标或焦点
当前页	表示在现有页次的各记录间切换

- 快捷菜单：设置当用鼠标右键单击窗体上的对象时，是否显示快捷菜单。例如，可以使快捷菜单无效以防止用户使用窗体快捷菜单中的某个筛选命令更改窗体所基于的记录源。

二、控件的常用属性

图 4.48 所示即为文本框控件“属性”窗口。下面以文本框控件为例，介绍常用的控件属性。

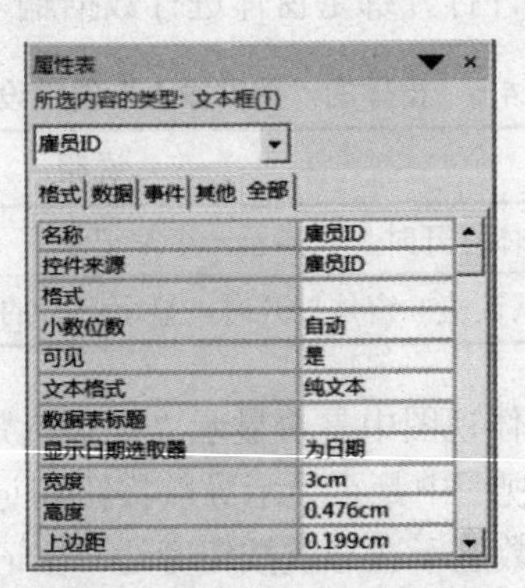

图 4.48 文本框控件“属性”窗口

- 名称：每个控件都有一个唯一名称，用于标识控件。对于未绑定控件，默认名称是控件的类型加上一个唯一的整数，例如，文本框的默认名称为“文本 1”、“文本 2”……对于绑定控件，默认名称是数据源中绑定字段的名称。
- 控件来源：指定在控件中显示的数据。可以显示和编辑绑定到表、查询或 SQL 语句中的数据，还可以显示表达式的结果，在设计过程中如需输入表达式，则尽可能利用表达式生成器输入。各参数的意义如表 4.8 所示。

表 4.8 控件的“控件来源”属性设置

设置为	说明
字段名称	这一控件绑定到表中的字段、查询或者 SQL 语句。字段中的数据在控件中显示，修改控件中的数据将会影响相应字段中的数据（如果要使控件只读，可以将控件的“是否锁定”属性设为“是”）
一个表达式	控件显示的是表达式计算结果的数据。该数据不保存到数据库，表达式必须用“=”开头

- 是否锁定：指定是否可以在“窗体”视图中编辑控件数据。可以将绑定控件中的数据设为只读以保护数据。
- 格式：自定义数字、日期、时间和文本的显示方式。
- 可见性：显示或隐藏控件。
- 宽度、高度：可调整对象的大小为指定的尺寸。
- 左边距、上边距：指定控件在窗体中的位置。
- 有效性规则、有效性文本：“有效性规则”属性指定对输入到记录、字段或控件中的数据的要求。当输入的数据违反了“有效性规则”的设置时，可以使用“有效性文本”属性指定将显示给用户的提示消息。常用的有效性规则和有效性文本示例如表 2.10 所示。
- 输入掩码：设置“输入掩码”属性为用户输入数据提供指导，确保以一致的方式在文本框和组合框中键入数字、连字符、斜线和其他字符。输入掩码属性所使用字符的含义如表 2.8 所示。
- Tab 键索引、制表位：“Tab 键索引”属性的内容是由“0”开始的数字，这些数字的大小表示各控件在窗体内使用 Enter 键或 Tab 键获得插入点或焦点的顺序。“制表位”属性的值若为“否”，表示不能使用 Enter 键或 Tab 键将插入点或焦点移入该控件，须使用鼠标操作。
- 可用、是否锁定：“可用”属性为“否”，表示不允许移入光标，默认值为“是”。“是否锁定”为“是”，表示不允许更改数据，默认值为“否”。如果两个属性均设置为“否”，此控件显示为灰色。

4.4 格式化窗体

完成窗体功能设计之后，一般还要对窗体的外观进行修饰，使之风格统一、界面美观。

4.4.1 使用主题统一格式

在布局视图和设计视图工作模式下，选择窗体布局工具（窗体设计工具）菜单下的设计选项，可以通过主题按钮来统一格式，从各种主题中进行选择，或者设计您自己的自定义主题，以制作出美观的窗体和报表（Access 2010 中，以前版本的自动套用格式功能已由主题取代，虽也可通过 Access 选项的自定义功能区添加“自动套用格式”命令，但不建议使用）。主题为窗体或报表提供了更好的格式设置选项，这是因为您可以自定义、扩展和下载主题，还可以通过 Office Online 或电子邮件与他人共享主题。此外，还可将主题发布到服务器。

系统提供了几个预先设计好的主题样式，每一种都包含字体集和颜色集样式，还包含整个窗体的效果，当前主题的字体和颜色可以通过主题按钮右边的字体按钮和颜色按钮进行选择修改。

将“主题”应用于窗体进行样式修饰的步骤如下：

（1）选中某个窗体，选择窗体“布局”或“设计”视图。

（2）单击主题下的箭头，光标在各主题上移动，就可以预览到此主题应用于此窗体效果。

（3）选择需要的主题样式，点击。

（4）若要修改此主题的颜色样式和字体样式，分别点击颜色和字体按钮右边的下箭头进行选择。若没有满意的颜色和字体样式可以通过新建主题颜色或新建主题字体来自定义，并通过主题下的下箭头保存当前主题，此主题样式就可以应用于其他窗体。

4.4.2 设置窗体的“格式”属性

除了可以利用“主题样式”对窗体进行美化外，还可以根据需要对窗体的格式、窗体的显示元素等进行美化和设置。这种美化和设置可以通过对窗体的各属性，如“默认视图”、“滚动条”、“记录选定器”、“浏览按钮”、“分隔线”、“自动居中”、“最大/最小化按钮”等进行设置。打开窗体的“属性”窗口，选择“格式”选项卡，相应修改其中的有关属性即可。

若在窗体“布局视图”或“设计视图”模式下，也可以通过窗体布局工具（窗体设计工具）下的“格式”菜单进行方便修改。

4.4.3 添加当前日期和时间

在窗体设计（布局）视图下，点击窗体设计（布局）下的“设计”菜单，点击“日期和时间”按钮命令，然后在弹出的“日期与时间”对话框中进行设置，如图 4.49 所示，可以为窗体添加当前日期和时间。

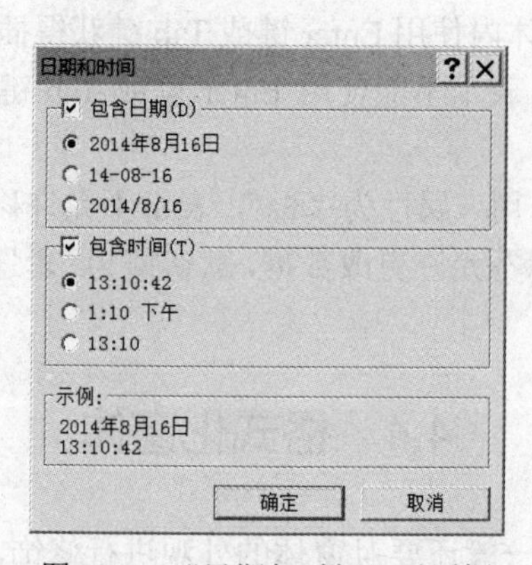

图 4.49 “日期与时间”对话框

如果当前窗体中含有窗体页眉，则将当前日期和时间插入到窗体页眉中，否则插入到主体节中，可根据需要移动到不同的位置。如果要删除日期和时间，只需要在设计视图中选中它们，然后按 Delete 键即可。

4.4.4　对齐窗体中的控件

创建控件时，常用拖动的方式进行设置，因此控件所处的位置很容易与其他控件的位置不协调，为了窗体中的控件更加整齐、美观，应当将控件的位置对齐。步骤如下：

（1）在窗体设计视图中选中要调整的若干控件。

（2）单击鼠标右键，在右键快捷菜单中选择对齐项，执行“靠左、靠右、靠上、靠下”或“对齐网格”中任一命令即可，如图 4.50 所示。

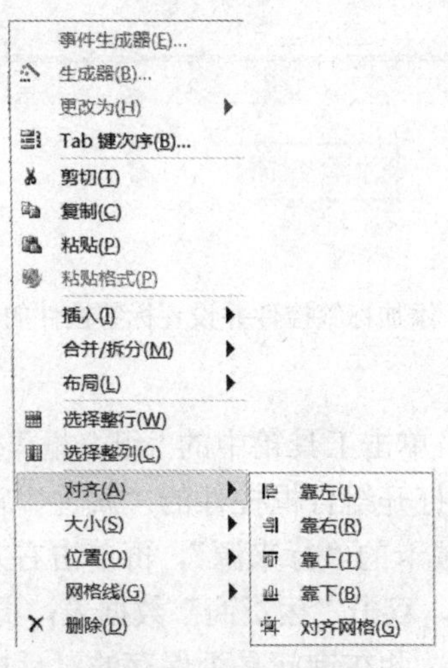

图 4.50　快捷菜单

图 4.50 所示的“格式”菜单中的其他选项，如“大小”、“位置”等，用于统一多个控件的大小、调整多个控件的相对位置。

若在窗体“布局视图”或“设计视图”模式下，也可以通过窗体布局工具（窗体设计工具）下的“排列”菜单进行方便修改。

4.5　窗体综合实例

例 4.10　以“罗斯文”数据库为数据源，创建一个以不同组合方式模糊查询订单信息的自定义窗体“订单查询”。

解题分析：根据题意可知，用户是要求通过本窗口订单信息进行条件查询操作，因此窗体上的文本框控件、组合框控件及列表框控件都是提供给用户输入查询条件的控件，其数据来源与数据库无关，应设置为非绑定型控件；还需要设置 1 个命令按钮用于执行查询的操作。

设计方案：因窗体上均为非绑定控件，所以使用在“在设计视图（或布局视图）中创建窗体”方法，然后根据窗体控件要求先创建一个“查询”对象，并且在窗体上安放命令按钮以控制这个“查询”对象。

1. 创建一个空白窗体

步骤 1：打开“罗斯文”数据库文件，单击“创建”菜单，再点击“空白窗体”按钮。在布局视图中打开了一个空白窗体。单击工具栏上的“保存”按钮，将空白窗体保存为“订单查询”。

2. 在窗体上创建标签控件并设置其属性

步骤 2：在窗体添加一个标签控件，输入文字“订单查询”后，鼠标单击窗体空白处以结束输入状态。再选中此标签控件，点击窗体布局视图菜单下的格式菜单，进行修改，如图 4.51 所示。

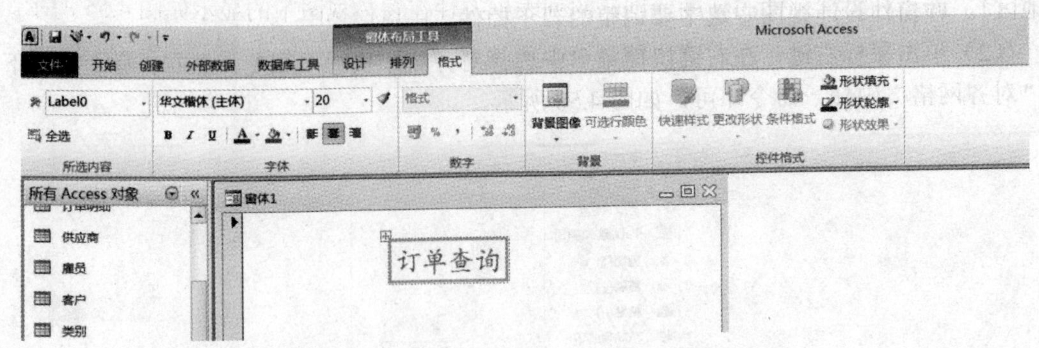

图 4.51 添加标签控件并设置标签控件的格式属性

3. 创建组合框控件

步骤 3：关闭向导工具按钮，单击工具箱中的“组合框”按钮，将组合框控件添加到窗体，单击工具栏上的“属性”按钮，打开组合框控件的“属性”窗口。

步骤 4：单击在“数据”选项卡的“行来源”，再单击右方的生成器按钮[...]，在打开的查询设计窗口“显示表”对话框中，双击“运货商”数据表，再单击“关闭”按钮。双击“公司名称”字段，单击“关闭”按钮，并在询问是否保存的对话框中单击“是”按钮。

步骤 5：将组合框控件的附加标签修改为“运货公司名称”，在窗体视图中创建的组合框控件，如图 4.52 所示。

步骤 6：打开组合框控件“属性”窗口，从中选择“全部”选项卡，将“名称”属性改为“C1”，如图 4.53 所示。

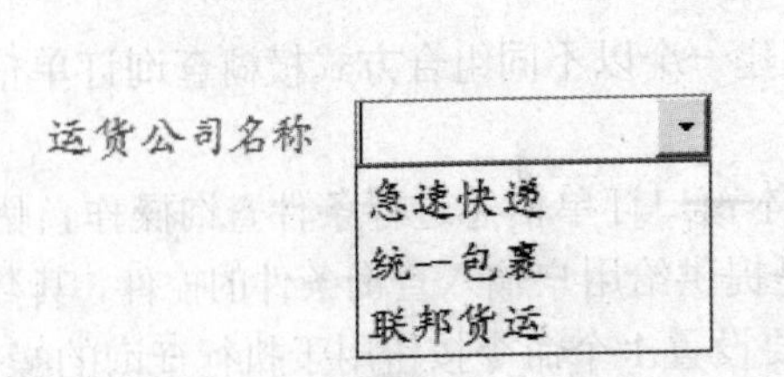

图 4.52 窗体视图中的组合框

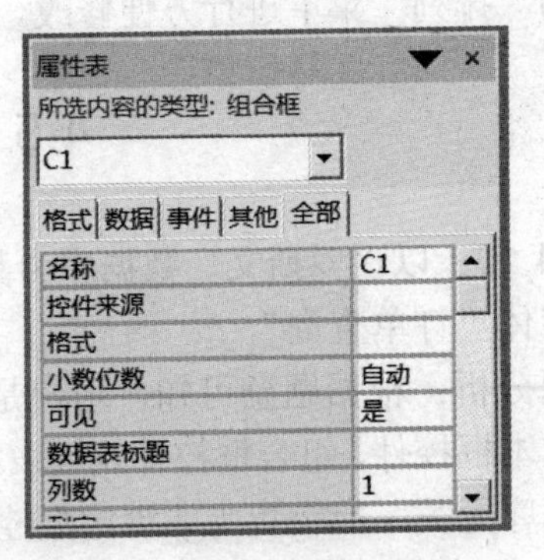

图 4.53 组合框“属性”窗口

4. 创建列表框控件

列表框控件的功能与组合框控件相同，创建方法也类似，可以使用向导控件来创建，还可以通过“属性”窗口来创建。下面通过设置控件属性来创建一个列表框控件。

步骤 7：单击工具箱中的“列表框”按钮，在布局视图中，在 C1 组合框的右边点击添加列表框控件。

步骤 8：选中该控件，单击工具栏上的“属性”按钮，打开列表框控件的“属性”窗口，从中选择“全部”选项卡，修改“名称”属性为“L1”；“行来源类型”下拉列表中选择“值列表”；“行来源”属性框的右边点击按钮，在单独的行上分别输入华北、华东、华南、华中、东北、西北、西南，如图 4.54 所示。

步骤 9：修改列表框控件的附加标签。选择列表框控件的附加标签，将标签标题修改为“货主地区”，调高列表框控件的高度。创建的列表框控件在窗体视图中的显示如图 4.55 所示。

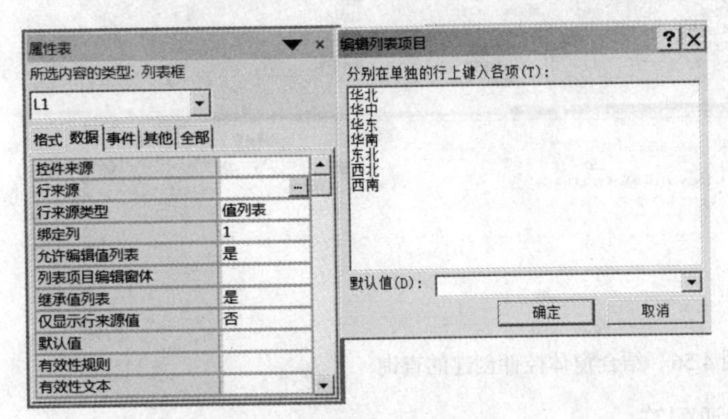

图 4.54　列表框“属性”窗口

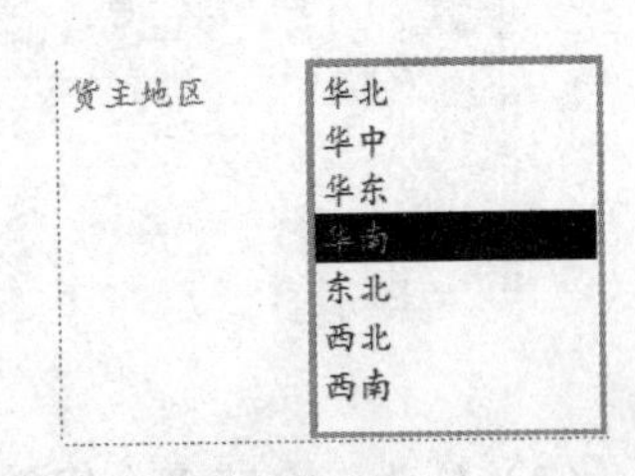

图 4.55　窗体视图中的列表框

5. 在窗体中创建文本框控件

文本框控件有两种类型：一种是与数据源绑定的文本框控件，另一种是未绑定的控件，可以输入任意文本，其文本内容会保存在文本框指定的内存变量中。本例创建一个输入雇员姓氏的未绑定文本框。

步骤 10：在窗体上添加一个文本框控件，将附加标签的标题修改为“输入雇员姓氏”。

步骤 11：打开文本框控件“属性”窗口，将文本框的名称定义为 T1，关闭“属性”窗口。

6. 根据窗体控件创建“查询”对象

为了使窗体具有查询数据的功能，需要配合窗体控件创建相应的“查询”对象“订单查询”。

步骤 12：打开查询设计视图，并添加客户表、订单表、运货商表和雇员表至查询显示区。

步骤 13：选择查询目标字段“订单 ID”、“订购日期”、“货主名称”、“货主地址”、“公司名称”（客户表）、“公司名称”（运货商表）、和“姓氏”（雇员表），拖至查询设计区网格，并改“公司名称”（运货商表）字段属性中的标题为运货公司，更改“姓氏”字段属性中的标题为雇员姓氏。

步骤 14：在“姓氏”字段的“条件”单元格中输入查询条件“Like "*" & [forms]![订单查询]![T1] & "*"”（也可通过右键菜单选生成器窗口进行操作，建议在生成器窗口中进行完成）。

步骤 15：在“公司名称”（运货商）字段的“条件”单元格中输入查询条件“Like "*" & [forms]![订单查询]![C1] & "*"”。

步骤 16：在“货主地区”字段的“条件”单元格中输入查询条件“Like "*" & [forms]![订单查询]![L1] & "*"”。

将该查询保存为“订单查询”后，即完成了配合窗体控件创建查询的任务，创建的查询如图 4.56 所示。

说明：

（1）Like 为特殊运算符，指定查询本字段中哪些数据，并可查找满足部分条件的数据，例如，在“姓氏”字段的“条件”单元格中输入“Like "李"”，指定查找姓名字段中姓李的记录。

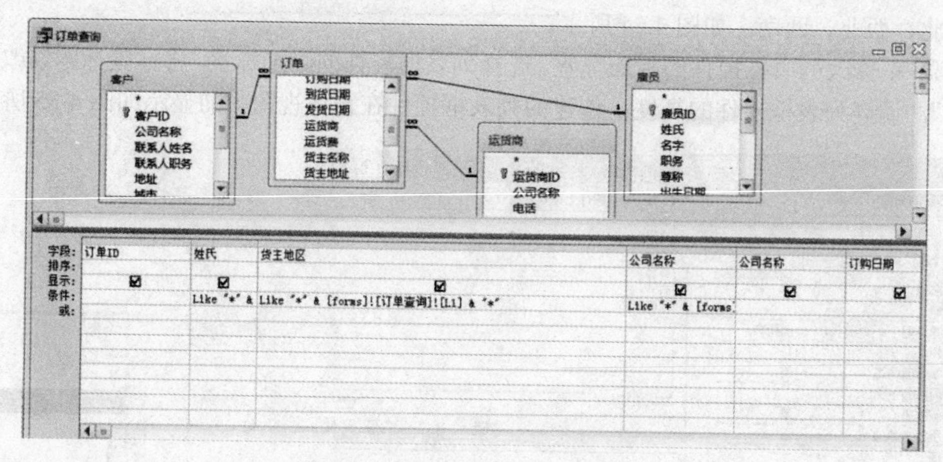

图 4.56　结合窗体控件创建的查询

（2）* 为一个或多个字符的通配符。

（3）&为字符连接符，将文本字符连接起来，其与“*”连接，能够在文本框为空白时，会按*进行查询，即可查询所有记录。

（4）在查询设计器中，说明窗体名称、控件名称时要加[ ]，窗体名称前还要加[Forms]!，表示为表单类，引用窗体中控件的格式：[Forms]![窗体名称]![控件名称]。

（5）T1、C1、L1 分别是本窗体上文本框、组合框和列表框控件的名称。

7. 在窗体上创建命令按钮控件

在窗体上要控制其他数据库对象，需要使用命令按钮。根据本题要求，创建一个运行“查询”对象的命令按钮控件。

步骤 17：单击工具箱上“控件向导”按钮，再单击“命令按钮”控件，单击窗体相应位置添加控件，同时“命令按钮向导”对话框自动打开。

步骤 18：在“类别”栏选择“杂项”类，在“操作”栏选择“运行查询”操作，如图 4.57 所示。

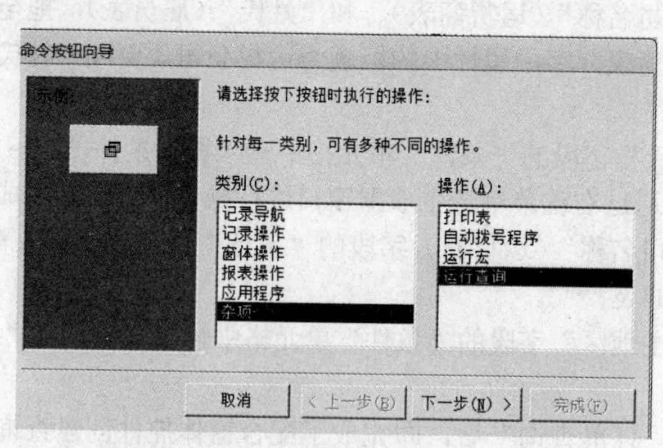

图 4.57　“命令按钮向导”第 1 个对话框

步骤 19：单击“下一步”按钮，打开“命令按钮向导”第 2 个对话框，在“请确定命令按钮运行的查询”列表框中选择刚刚创建的查询“订单查询”，如图 4.58 所示。

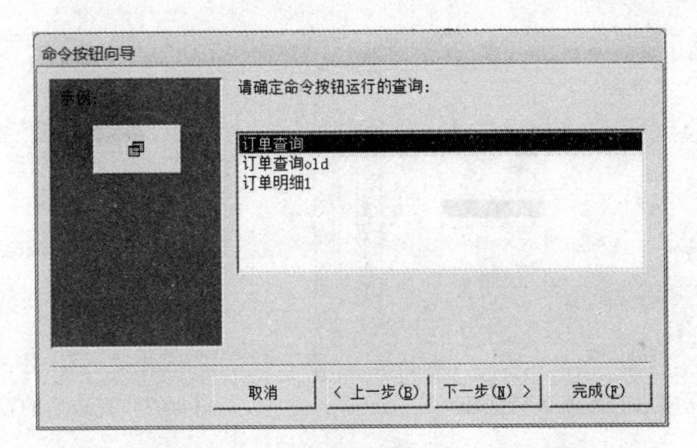

图 4.58 “命令按钮向导”第 2 个对话框

步骤 20：单击“下一步”按钮，打开“命令按钮向导”第 3 个对话框，选择“文本”选项，并在文本框中输入“运行查询”，如图 4.59 所示。

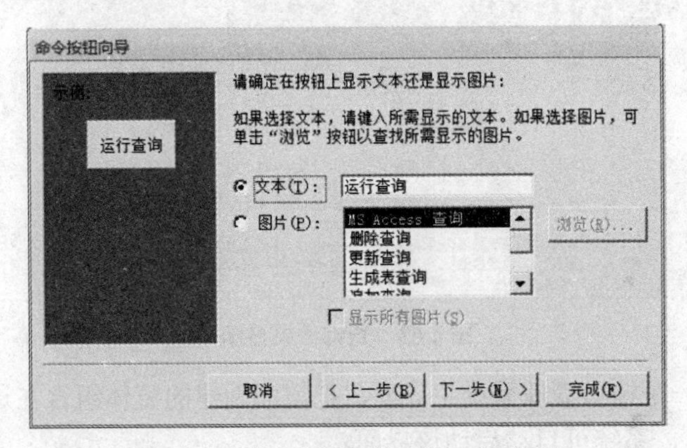

图 4.59 “命令按钮向导”第 3 个对话框

步骤 21：单击“下一步”按钮，打开“命令按钮向导”的第 4 个对话框，设置按钮的名称，本例设置为“Command9”，如图 4.60 所示，单击“完成”按钮，布局视图如图 4.61 所示。

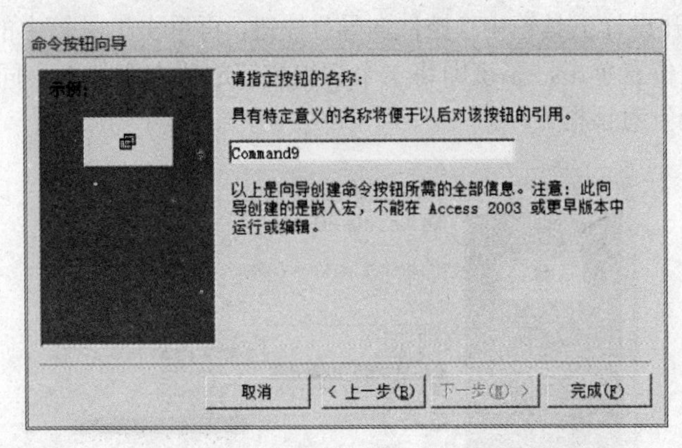

图 4.60 “命令按钮向导”第 4 个对话框

8. 在窗体视图下打开窗体

步骤 22：在窗体标题右击菜单中选窗体视图，可在窗体视图下浏览窗体运行时各控件的情况，如图 4.62 所示。

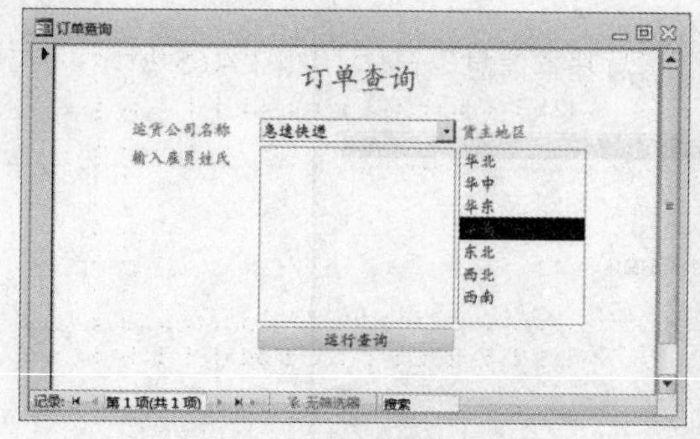

图 4.61 完成后的窗体布局视图

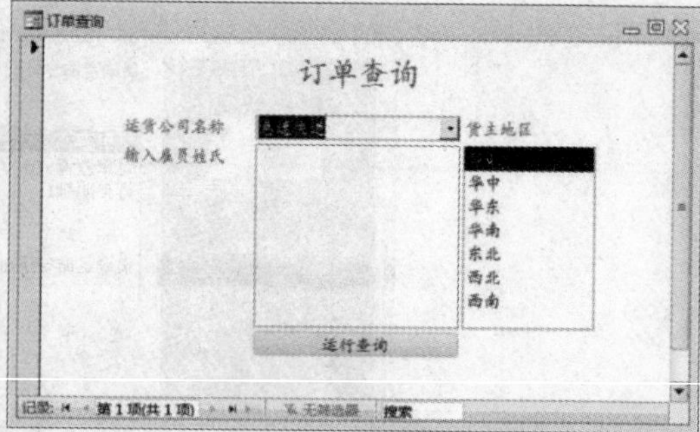

图 4.62 完成后的窗体视图

在窗体控件输入不同的数据，单击“运行查询”按钮，会出现不同的查询结果。例如，查询“急速快递”公司运货和货主地区为“华北”的所有订单，结果如图 4.63 所示。

订单查询

订单ID	雇	货主地	运货公	公司名称	订购日期	货主名	货主地址
10250	张	华北	急速快递	升格企业	#########	成先生	朝阳区光华路 523 号
10275	张	华北	急速快递	阳林	#########	王炫皓	宣武区琉璃厂东大街 45
10567	张	华北	急速快递	师大贸易	#########	周先生	荣华街 486 号
10653	张	华北	急速快递	友恒信托	#########	余小姐	滨海路 434 号
10671	张	华北	急速快递	国银贸易	#########	苏先生	科技街 37 号
10680	张	华北	急速快递	瑞栈工艺	#########	王俊元	潮源东路 66 号
10690	张	华北	急速快递	实翼	#########	谢小姐	通港南路丁 297 号
10702	张	华北	急速快递	东南实业	#########	锺小姐	承德路甲 82 号
10710	张	华北	急速快递	文成	#########	成先生	老山北里 23 号
10713	张	华北	急速快递	大钰贸易	#########	苏先生	威刚大街 48 号
10886	张	华北	急速快递	实翼	#########	谢小姐	大峪口街 702 号
10921	张	华北	急速快递	中硕贸易	#########	方先生	机场东路 950 号
10952	张	华北	急速快递	三川实业有限公	#########	三川实业	大崇明路 50 号

记录: 第 1 项(共 102 项) 无筛选器 搜索

图 4.63 查询结果显示

例 4.11 设计一个销售管理系统主界面，把前面创建的窗体组合在这个界面中。当打开“罗斯文”数据库时，系统可自动启动该界面。

步骤 1：打开“罗斯文”数据库文件，单击“创建”菜单，点击“在窗体设计”，系统将打开一个空白窗体的设计视图窗口。

步骤 2：在窗体中添加标签控件，标题为“销售管理系统”。

步骤 3：单击打开设计工具箱中“控件向导”按钮，再单击工具箱中的“命令按钮”控件，然后在窗体中的合适位置单击，系统即将一个初始按钮放置在窗体上，同时打开如图 4.64 所示的“命令按钮向导”对话框。

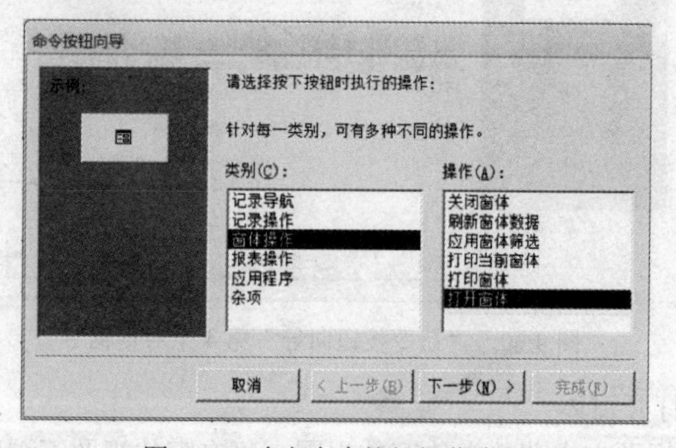

图 4.64 确定命令按钮操作类型

步骤 4：选择“窗体操作”类别和“打开窗体”操作，然后单击“下一步”按钮。

步骤 5：在对话框中确定命令按钮打开的“雇员基本信息”窗体，如图 4.65 所示，单击“下一步”按钮。

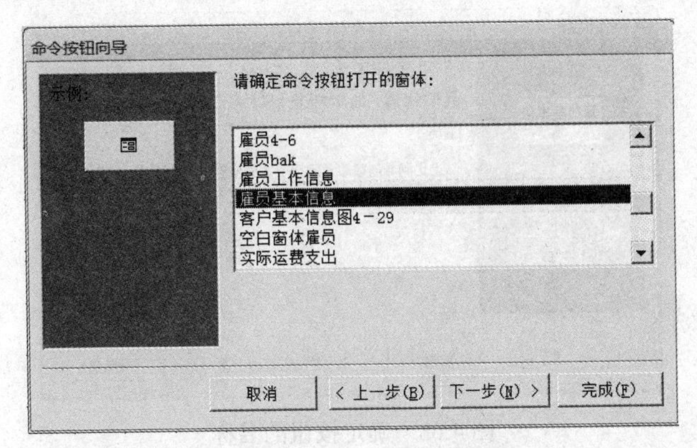

图 4.65　确定打开的窗体

步骤 6：在对话框中，选定“打开窗体并显示所有记录”，如图 4.66 所示，再单击“下一步”按钮。

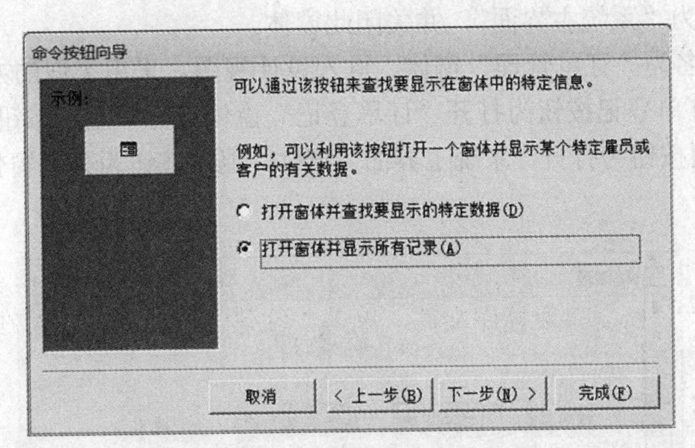

图 4.66　确定窗体打开的方式

步骤 7：在系统对话框中，选定“文本”，并在相应的编辑框中输入“雇员基本信息”，如图 4.67 所示，再单击“下一步”按钮。

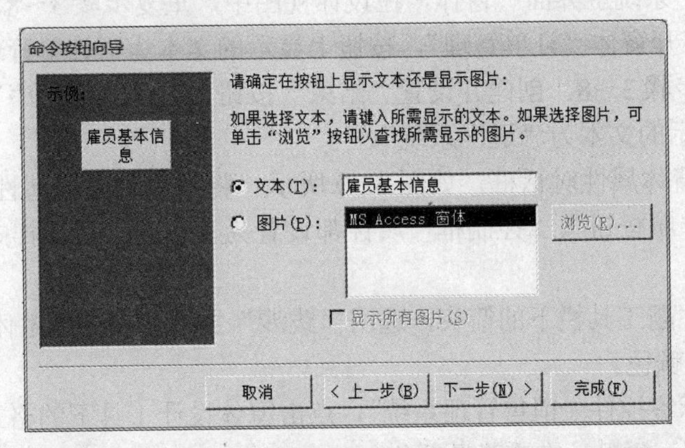

图 4.67　确定按钮上显示的文本

步骤 8：在对话框中，设置按钮的名称为“雇员”，并单击“完成”按钮，该按钮设计完毕，如图 4.68 所示。

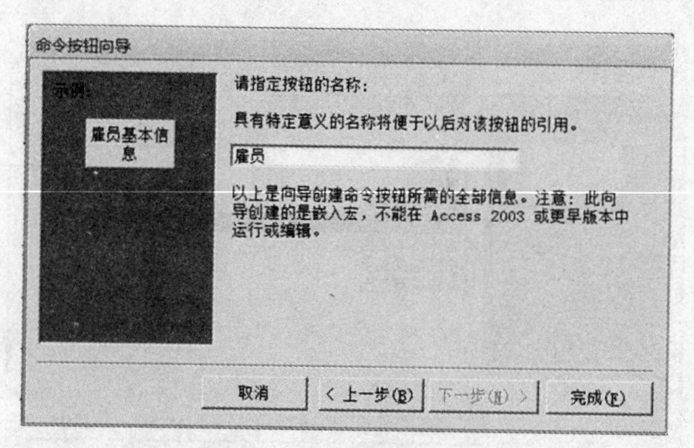

图 4.68　确定按钮的名称

步骤 9：重复步骤 3～8，创建并设置“客户”按钮，为打开窗体“客户基本信息”，按钮上显示的文本为“客户基本信息”。类似地完成“产品”、“运货商”按钮，为分别打开窗体“产品基本信息”和“运货商信息管理”，按钮上分别显示为“产品基本信息”和“运货商信息管理”，保存此窗体名为“系统主界面”，并关闭此窗体。

步骤 10：新建名为“订单管理”窗体，进入设计视图，采用类似的方法，建立如图 4.69 所示的窗体，其中订单登记按钮为打开“订单登记”窗体，订单查询按钮为打开“订单查询”窗体，返回系统界面按钮为打开“系统主界面”窗体，退出按钮为关闭窗体。完成窗体设计后保存退出。

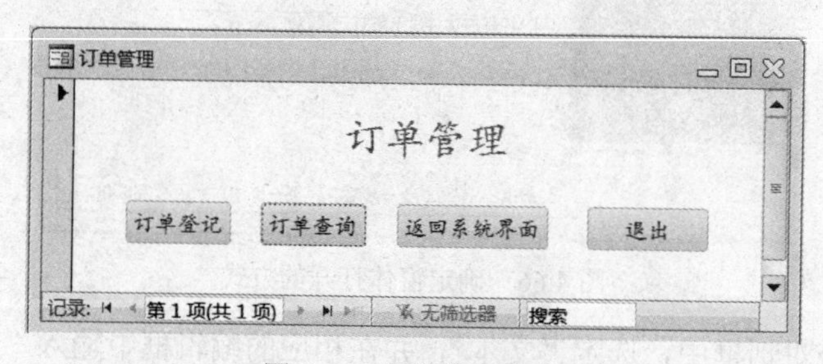

图 4.69　订单管理窗体

步骤 11：打开“系统主界面”窗体，在设计视图中，重复步骤 3～8，创建并设置“订单管理”按钮，设为打开窗体“订单管理”，按钮上显示的文本为“订单管理”。

步骤 12：重复步骤 3～8，创建并设置“结束”按钮，为“应用程序”类别中的“退出应用程序”，按钮上显示的文本为“退出系统”。

步骤 13：打开窗体属性对话框，如图 4.70 所示。将“滚动条”属性设为“两者均无”，“记录选择器”、“导航按钮”、“控制框”属性都设置为“否”，“边框样式”属性设置为“对话框边框”。

步骤 14：选择主题工具栏下的箭头，选用“跋涉”主题，在窗体主体栏上右击，选填充/背景色项，选所需的颜色。

步骤 15：选取标签控件“销售管理系统”，点击窗体设计工具下的格式项，设置字体“华文楷体”、字号“18”、加粗，修改背景颜色。

步骤 16：保存该窗体为“系统主界面”，执行窗体，如图 4.71 所示。

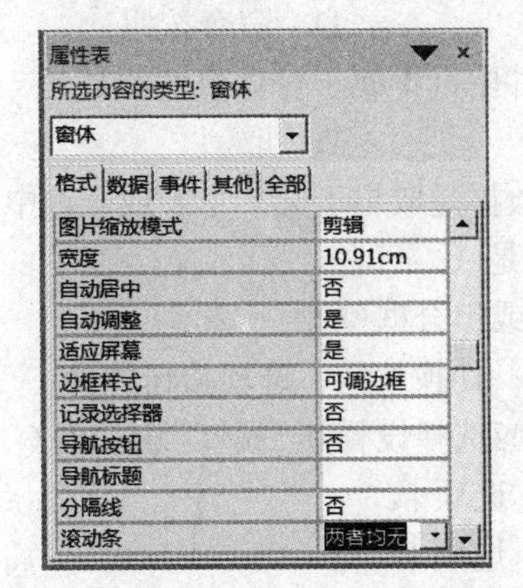

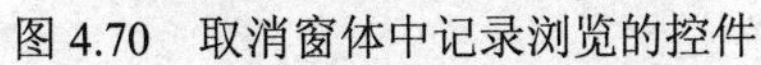

图 4.70　取消窗体中记录浏览的控件

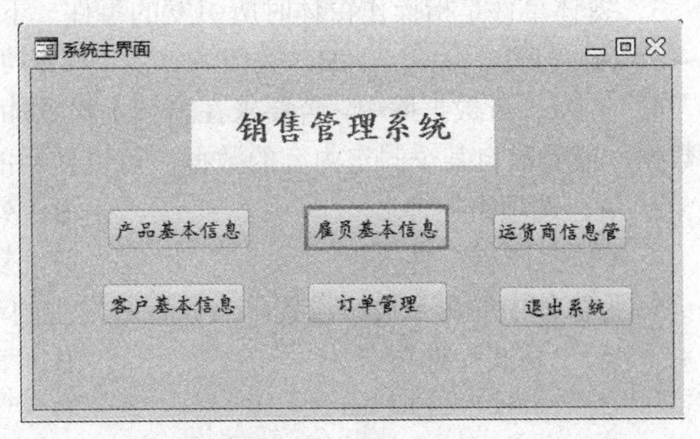

图 4.71　系统主界面

步骤 17：自启动设置，单击“文件”→选项→当前数据库→应用程序选项→显示窗体→选择自己要启动的窗体名称：系统主界面→导航→把“显示导航窗格”勾去，以及“功能区和工具栏选项”→把“允许全部菜单”、“允许默许快捷菜单”、“允许内置工具栏”的勾去除→确定即可。

关闭并重新启动“罗斯文”数据库，“系统主界面”窗体会被自动执行。本例只是一个简单的控制程序流程的主界面，要想设计灵活、完善的控制界面，需要使用大量的宏和 VBA 模块。

当设置了以上启动项后，再进入的就是自动打开“系统主界面”窗体，如要恢复到原始状态，按住 shift 键不放，同时双击打开此数据库。这时进入的是设计状态，再单击“文件”菜单项→选项→当前数据库→应用程序选项→显示窗体→选择“无”→导航→把“显示导航窗格”和“功能区和工具栏选项”选中→把“允许全部菜单”、“允许默许快捷菜单”、“允许内置工具栏”选中（即把被勾去的选项重新打钩）→确定即可。

本章小结

在 Access 数据库管理系统中，不仅可以设计表和查询，还可以根据表和查询来创建窗体。窗体以一种有组织、有吸引力的方式来表示数据，是用户与 Access 表进行数据交互的界面。使用窗体来操作数据库是数据库系统设计的重要目标。

在 Access 窗体中最主要的设计元素就是控件。实际应用中主要使用“窗体向导”或“自动创建窗体”快速生成窗体的基本框架，然后使用设计视图修改完善。

习题 4

一、选择题

1．在窗体上中，用来输入和编辑字段数据的交互控件是（　）。

A．文本框　　B．标签　　C．复选框控件　　D．列表框

2．能够接受数值型数据输入的窗体控件是（　）。

A．图形　B．文本框　C．标签　D．命令按钮

3．窗体事件是指操作窗体时所引发的事件。下列事件中，不属于窗体事件的是（　）。

A．打开　B．关闭　C．加载　D．取消

4．在 Access 数据库中，若要求在窗体上设置输入的数据是取自于某一个表或查询中记录的数据，或者取自某个固定内容的数据，可以使用的控件是（　）。

A．选项组控件　B．列表框或组合框控件

C．文本框控件　D．复选框、切换按钮、选项按钮控件

5．为窗体中的命令按钮设置单击鼠标时发生的动作，应选择设置其“属性”窗口的（　）。

A．“格式”选项卡　B．“事件”选项卡

C．“方法”选项卡　D．“数据”选项卡

6．要改变窗体上文本框控件的数据源，应设置的属性是（　）。

A．记录源　B．控件来源　C．筛选查询　D．默认值

7．如果加载一个窗体，先被触发的事件是（　）。

A．Load 事件　B．Open 事件

C．Click 事件　D．DblClick 事件

8．Access 的控件对象可以设置某个属性来控制对象是否可用（不可用时显示为灰色）。需要设置的属性是（　）。

A．Default　B．Cancel　C．Enabled　D．Visible

9．若要求在文本框中输入文本时达到密码“*”的显示效果，则应设置的属性是（　）。

A．“默认值”属性　B．“标题”属性

C．“密码”属性　D．“输入掩码”属性

10．控件的类型可以分为（　）。

A．绑定型、非绑定型、对象型　B．计算型、非计算型、对象型

C．绑定型、计算型、对象型　D．绑定型、非绑定型、计算型

11．设工资表中包含“姓名”、“基本工资”和“奖金”3 个字段，以该表为数据源创建的窗体中，在一个计算实发工资的文本框，其控件来源为（　）。

A．基本工资+奖金　B．[基本工资]+[奖金]

C．=[基本工资]+[奖金]　D．=基本工资+奖金

12．可以连接数据源中“OLE”类型字段的是（　）。

A．非绑定对象框　B．绑定对象框

C．文本框　D．组合框

13．确定一个控件大小的属性是（　）。

A．Width 和 Height　B．Width 或 Height

C．Top 和 Left　D．Top 或 Left

14．下列控件中与数据表中的字段没有关系的是（　）。

A．文本框　B．复选框　C．标签　D．组合框

15．下列关于控件的说法中错误的是（　）。

A．控件是窗体上用于显示数据和执行操作的对象

B．在窗体中添加的对象都称为控件

C．控件的类型可以分为结合型、非结合型、计算型与非计算型

D．控件都可以在窗体设计视图中的工具箱中看到

16．在窗体设计视图中，必须包含的部分是（　　）。

A．主体　　B．窗体页眉和页脚

C．页面页眉和页脚　　D．以上 3 项都要包括

二、填空题

1．窗体由多个部分组成，每个部分称为一个________。

2．在创建主/子窗体之前，必须设置________之间的关系。

3．结合型（绑定型）文本框可以从表、查询或________中获得所需要的内容。

4．在 Access 数据库中，如果窗体上输入的数据总是取自表或查询中的字段数据，或者取自某固定内容的数据，可以使用________控件来完成。

第5章　报表与标签

- 报表概述及快速创建报表
- 报表设计器的应用
- 报表的输出

报表是 Access 数据库的对象之一，其主要作用是比较和汇总数据、显示经过格式化可包括分组的信息，并将它们打印出来。报表的数据来源与窗体相同，可以是已有的数据表、查询或者是新建的 SQL 语句，但报表只能查看数据，不能通过报表修改或输入数据。本章主要介绍报表的一些基本应用操作，如报表的创建、报表的设计，分组记录及报表的存储和打印等内容。

5.1　报表概述

5.1.1　报表的功能

在 Access 系统中，报表的功能非常强大，可以用于查看数据库中的各种数据，并且能够对数据进行排序分组、多级汇总、统计比较、加上相应的图片和图表等，还可以对报表上所有内容的大小和外观按照用户所需的方式进行调整，以显示和打印输出。因此"报表"为查看和打印概括性的数据提供了最为灵活的方法和有效方式。

"报表"和窗体的建立过程基本是一样的，只是最终目的前者是显示在纸，后者是显示在屏幕上；但窗体可以有交互，而"报表"没有交互罢了。

报表的功能包括：

（1）可以呈现格式化的数据。

（2）可以分组组织数据，进行汇总。

（3）可以生成清单、订单、标签、名片和其他所需要的输出内容。

（4）可进行计数、求平均值、求和等统计计算。

（5）可以嵌入图像或图片来丰富数据显示。

报表的主要好处是分组数据和排序数据，以使数据具有更好的可视效果。通过报表，人们能很快获取主要信息。

5.1.2　报表的类型

根据报表内容显示的方式，可将 Access 报表划分为文字报表、图表报表和标签报表三种类型。

1．文字报表

用行和列的方式显示数据。可将报表中的数据进行分组，并对每组中的数据进行计算和统计，如图 5.1 所示。

例410订单查询 | 产品报表51

产品　　2014年12月2日　PM 8:51:10

产品ID	产品名称	供应商ID	类别ID	单位数量	单价	库存量	订购量	再订购量	中止
1	苹果汁	1	1	每箱24瓶	￥18.00	39	0	10	☑
2	牛奶	1	1	每箱24瓶	￥19.00	17	40	25	☐
3	蕃茄酱	1	2	每箱12瓶	￥10.00	13	70	25	☐
4	盐	2	2	每箱12瓶	￥22.00	53	0	0	☐
5	麻油	2	2	每箱12瓶	￥21.35	0	0	0	☑
6	酱油	3	2	每箱12瓶	￥25.00	120	0	25	☐

图 5.1 文字报表

2．图表报表

利用图表能够更直观地描述数据。Access 2010 中可以像 Excel 一样，把数据直观地用图表表示出来，如图 5.2 所示。

3．标签报表

以类似火车托运行李标签的形式，在每页上以两或三列的形式显示多条记录，如图 5.3 所示。

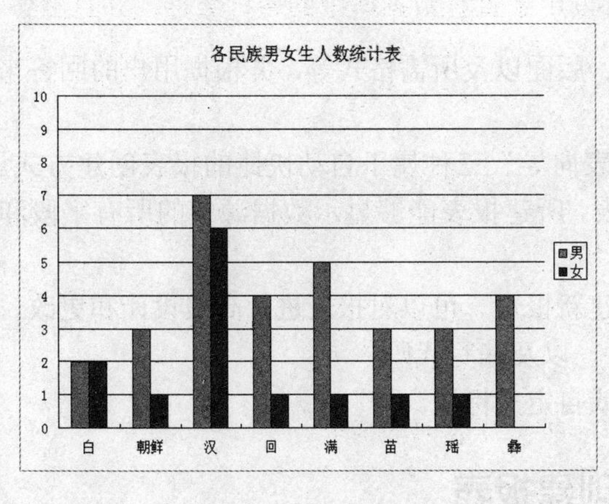

图 5.2 图表报表

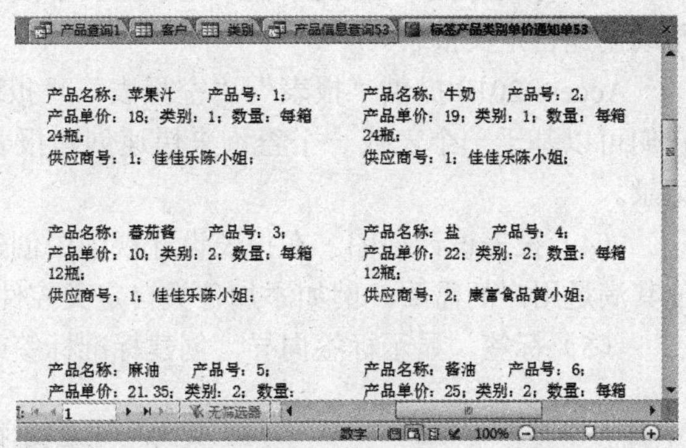

图 5.3 标签报表

5.1.3 报表的视图

Access 2010 为报表提供了 4 种视图：报表视图、打印预览、布局预览和设计视图。

- 报表视图：是报表设计完成后，最终被打印的视图；
- 打印预览：用于查看报表每一页面数据的输出形态；

- 布局预览：用于查看报表的版面设置，调整版面布局；
- 设计视图：用于创建、修改和编辑报表。

要切换视图，先打开所需的报表，然后单击“开始卡｜视图组｜视图下拉钮”，选择出现报表视图菜单的相应命令，如图 5.4 所示；或者使用状态栏右下角相应的“视图”按钮图标，在这 4 个视图之间进行切换，如图 5.5 所示；或者右击报表以外部分，弹出快捷菜单，以选择相应的视图命令。

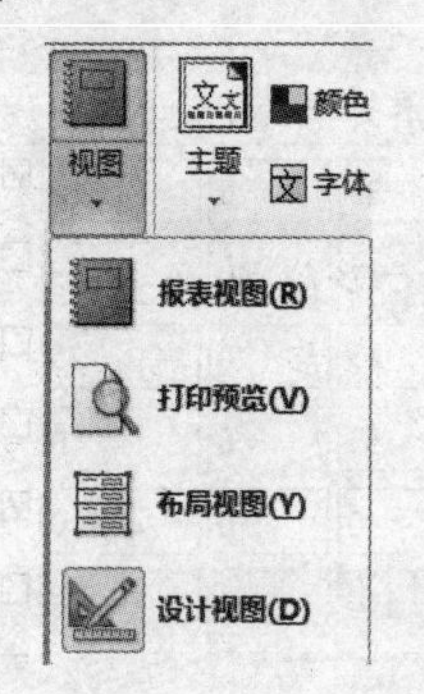

图 5.4 “报表视图”菜单

图 5.5 “视图”按钮

5.1.4 报表的创建方法

可通过“创建选项卡｜报表组｜报表/报表设计/空报表/报表向导/标签”[①]五种方式进行不同类报表的创建。

（1）报表：创建当前查询或表中的数据的基本报表（表格式），可在该基本报表中添加功能，如分组或合计。

（2）空报表。新建空报表，可以在其中插入字段和控件，可创建纵览式报表，或调整设计该报表。

（3）报表向导。将提示输入记录源、字段、版面以及所需格式等，并根据用户的回答来帮助创建自定义报表。

Access 2010 提供“报表”、“空报表”、“报表向导”三种属于自动快捷的报表创建方式。它们可以基于一个表或一个查询来快速创建报表，所建报表能够显示数据源中的所有字段和记录。

（4）报表设计视图。在报表设计视图中创建新报表。可以对报表进行高级设计和更改，使其满足用户的需要。例如添加各类自定义控件，以及编写代码。

（5）标签。显示标签向导，创建标准标签或自定义标签。

5.2 快速创建报表

建立报表和建立窗体很相似，可以首先利用自动报表功能或报表向导快速创建报表，然后再用设计视图中对所创建的报表进行修改。

① “创建选项卡｜报表组｜报表｜报表设计/空报表/报表向导/标签”是为简化层次操作表述。它表示先选择“创建”选项卡，再在“报表”功能组中，从“报表设计、空报表、报表向导和标签”几个程序命令选择一个。这包含有直接的“命令”、或“对话框”、或有“下级子菜单”等。后同，不再给以说明。

5.2.1　使用“报表”按钮创建报表

使用“报表”按钮来创建报表的方式是最快速的，它既没有用户提示信息，也不需要用户做任何其他操作就立即生成报表。数据来源（数据表或查询）中的所有字段都将在所创建的报表中显示。但是以这种方式生成的报表往往比较简单，难以满足用户的需求，因此还要在“布局视图”或“设计视图”中做一些必要的修改。

例 5.1　以“产品表”为数据来源，用“报表”按钮创建“产品报表”。

操作步骤如下：

步骤 1：打开“罗斯文”数据库，在“导航”窗格选中“产品”表；

步骤 2：在“创建选项卡|报表组|报表”按钮，“产品表”报表立即创建完成，并且切换到布局视图，如图 5.6 所示。

产品　2014年

产品ID	产品名称	共应商ID	类别ID	单位数量	单价	库存量	丁购量	再订购量	中止
1	苹果汁	1	1	每箱24瓶	￥18.00	39	0	10	☑
2	牛奶	1	1	每箱24瓶	￥19.00	17	40	25	☐
3	蕃茄酱	1	2	每箱12瓶	￥10.00	13	70	25	☐
4	盐	2	2	每箱12瓶	￥22.00	53	0	0	☐
5	麻油	2	2	每箱12瓶	￥21.35	0	0	0	☑
6	酱油	3	2	每箱12瓶	￥25.00	120	0	25	☐
7	海鲜粉	3	7	每箱30盒	￥30.00	15	0	10	☐
8	胡椒粉	3	2	每箱30盒	￥40.00	6	0	0	☐

图 5.6　“产品表”报表视图

步骤 3：单击快速访问工具栏中的“保存”按钮，弹出“另存为”对话框，将报表命名为“产品报表”，如图 5.7 所示。

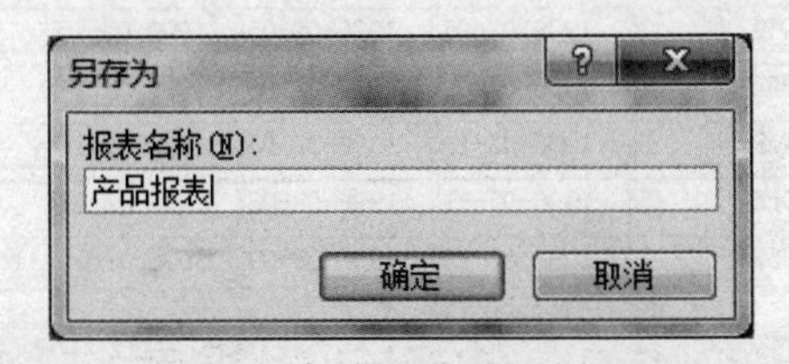

图 5.7　“另存为”对话框

自动方式是一种通过指定数据源（仅基于一个表/查询），由系统自动生成包含数据源所有字段的创建方法，是创建报表的最快捷方法，但它提供的对报表结构和外观的控制最少。以下两种情形适合使用自动方式创建：

- 需要快速浏览表或查询中的数据；
- 需要快速创建报表雏形以便随后再进行自定义修改。

5.2.2 使用“空报表”按钮创建报表

使用“空报表”按钮来创建报表的方式与创建“空白窗体”相似，均通过字段列表来完成其创建。

例 5.2 使用“空报表”按钮创建“订单”表报表。

操作步骤如下：

步骤 1：打开“罗斯文”数据库。

步骤 2：在“创建选项卡|报表组|空报表按钮”，打开如图 5.8 所示的空报表布局视图。

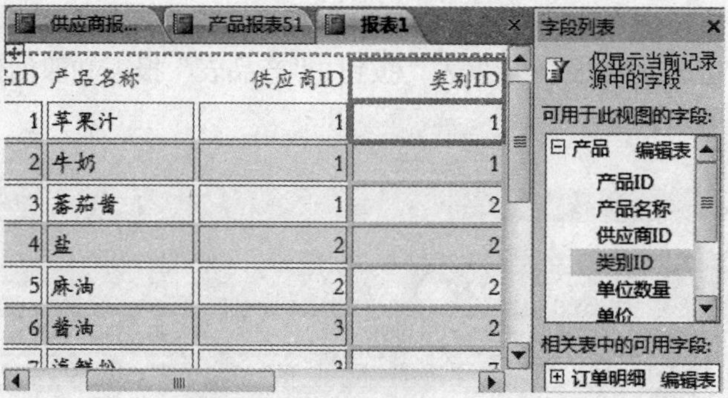

图 5.8 空报表布局视图

步骤 3：选择“字段列表”栏中的订单表，将其展开，分别双击或拖动“订单 ID”、“客户 ID”、“雇员 ID”、“到货日期”、“发货日期”、“运货商”、“运货费”、“货主名称”和“货主地址”字段，使其添加到报表区，如图 5.8 所示。

步骤 4：保存报表为“订单报表 52”报表。添加显示字段结果如图 5.9 所示。

图 5.9 添加显示字段

5.2.3 使用“报表向导”按钮创建报表

使用“报表”按钮创建的是一种标准化的报表样式。虽然快捷，但数据源只能来自一个表或一个查询中。如果报表中的数据来自于多个表或查询，则可以使用向导。使用“报表向导”可以快速的创建各种常用的报表。它不仅提供了创建报表时选择字段的自由，还能够指定数据的分组和排序方式以及报表的布局样式，是创建报表最常用的方式。

一、使用报表向导

例 5.3 使用报表向导创建如图 5.10 所示的“产品信息 52”报表。

订单报表51　产品信息52

产品信息52

供应商ID	产品ID	产品名称	类别ID	单位数量	单价	订购量	库存量
1							
	1	苹果汁	1	每箱24瓶	¥18.00	39	0
	2	牛奶	1	每箱24瓶	¥19.00	17	40
	3	蕃茄酱	2	每箱12瓶	¥10.00	13	70
汇总 '供应商ID' = 1 (3 项明细记录)							
合计						69	110
平均值						23	37
2							
	4	盐	2	每箱12瓶	¥22.00	53	0
	5	麻油	2	每箱12瓶	¥21.35	0	0
	65	海苔酱	2	每箱24瓶	¥21.05	76	0
	66	肉松	2	每箱24瓶	¥17.00	4	100

页: 1　无筛选器　数字　100%

图 5.10 “产品信息”报表

操作步骤：

步骤 1：打开“罗斯文”数据库。

步骤 2：在“创建选项卡|报表组|报表向导”按钮，打开“报表向导”对话框完成所需字段的选取。

首先从“表/查询”组合框中选择“表：产品”，然后依次双击“可用字段”列表框中的“供应商 ID”、“产品 ID”、“产品名称”、“类别 ID”、“单位数量”、“单价”、“库存量”和“订购量”字段，将其加入到“选定字段”列表框中，如图 5.11 所示。

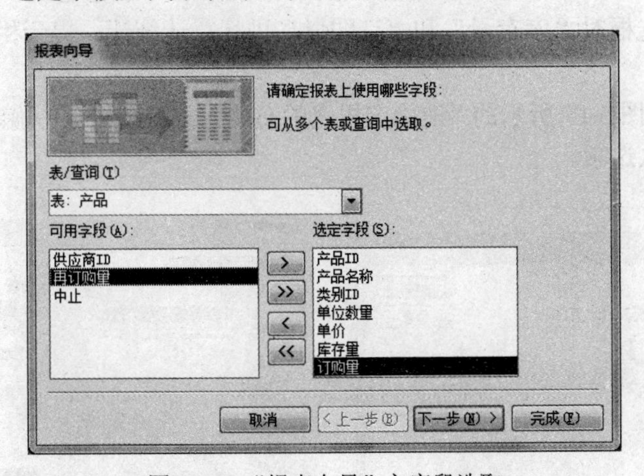

图 5.11 “报表向导”之字段选取

步骤 3：单击“下一步”按钮，打开如图 5.12 所示的“是否添加分组级别”对话框，并双击左侧列表框中的“供应商 ID”字段，为报表添加分组级别，如图 5.13 所示。单击“分组选项”按钮可打开如图 5.14 所示的“分组间隔”对话框，该对话框可完成为组级字段选定分组间隔。

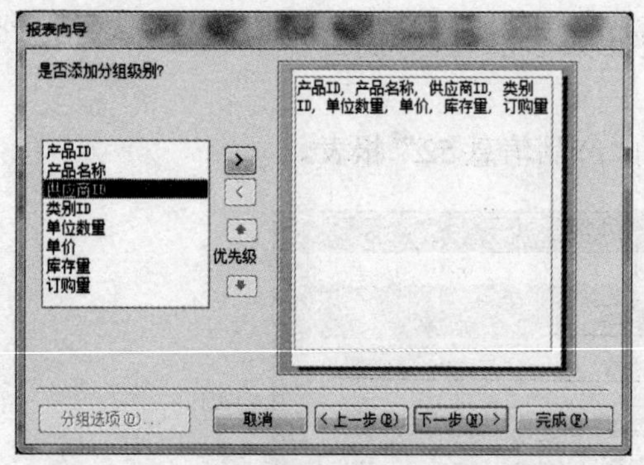

图 5.12 “是否添加分组级别”对话框

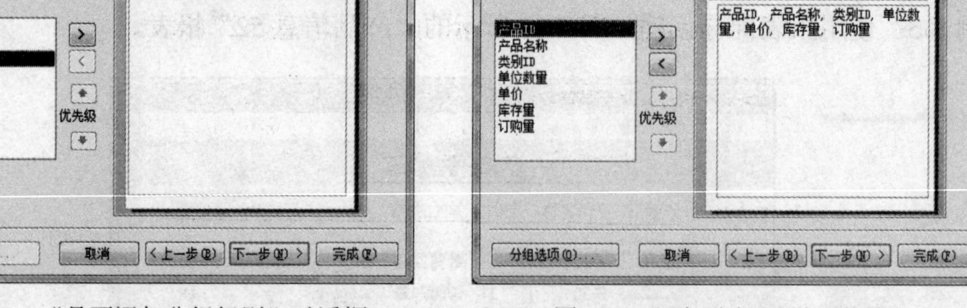

图 5.13 添加分组级别“学号”

步骤 4：单击“下一步”按钮，打开“请确定明细信息使用的排序次序和汇总信息”对话框，并选择“产品 ID”字段作为排序字段，排序方式为默认升序，如图 5.15 所示。

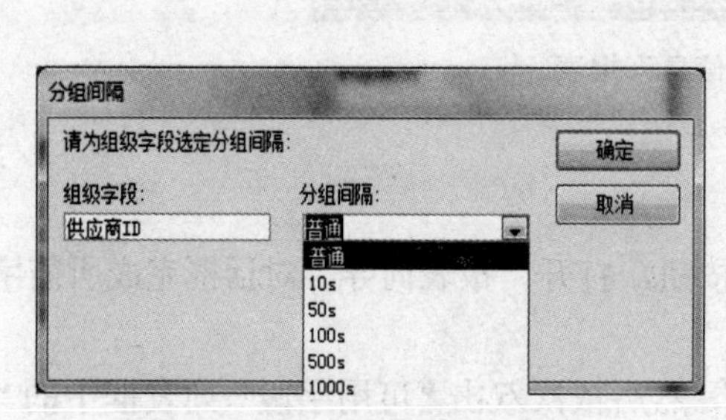

图 5.14 “分组间隔”对话框

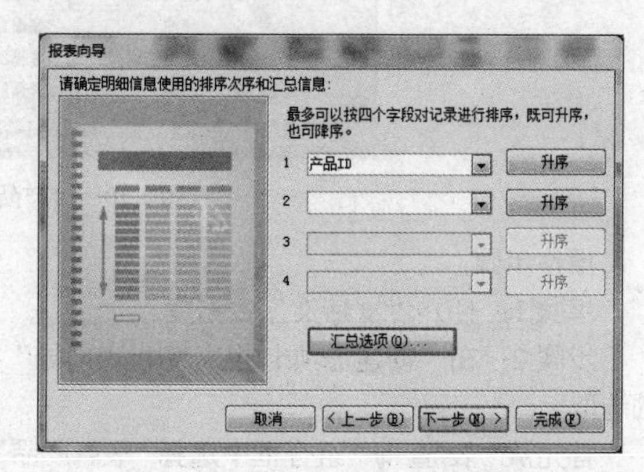

图 5.15 选取明细信息的排序字段

步骤 5：单击“汇总选项”按钮，打开如图 5.16 所示的“汇总选项”对话框，并选择“汇总”和“平均”复选框对“库存量”和“订购量”进行总计统计，提示栏“明细和汇总”，再单击“确定”按钮。

步骤 6：打开如图 5.17 所示的“请确定报表的布局方式”对话框，确定报表所采用的布局方式，本例采用默认选项。

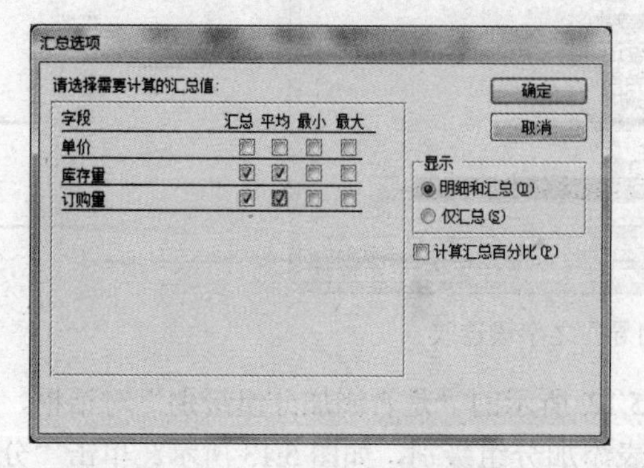

图 5.16 “汇总选项”对话框

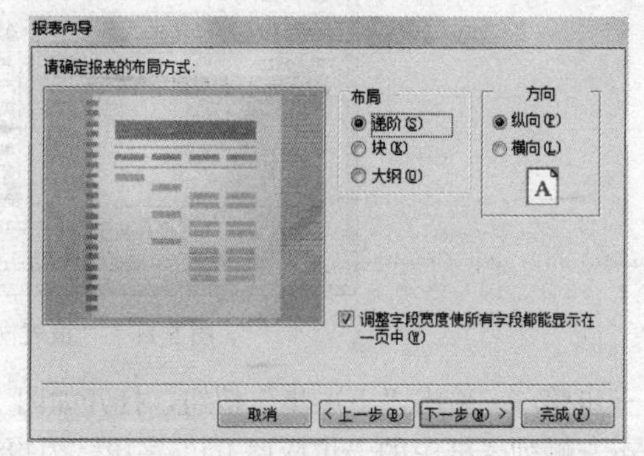

图 5.17 “请确定报表的布局方式”对话框

步骤 7：单击“下一步”按钮，打开如图 5.18 所求的保存报表对话框，并输入报表的名称“产品信息 52”，并选择“预览报表”单选钮，单击“完成”按钮，创建好的“产品信息 52”报表如图 5.19 所示。

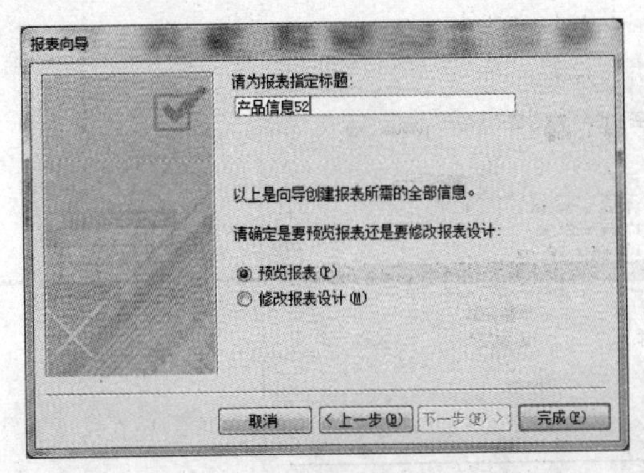

图 5.18　“保存报表”对话框

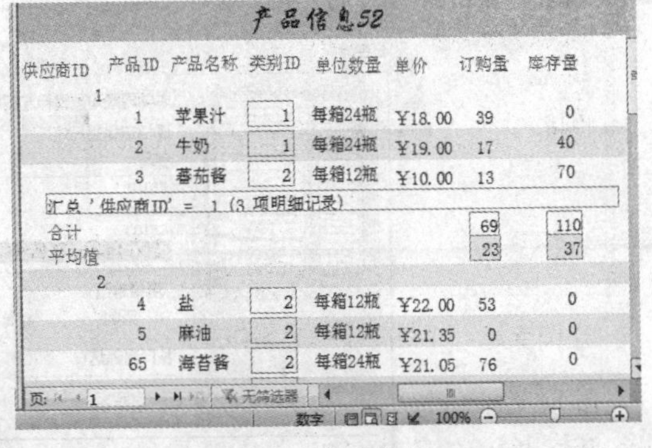

图 5.19　产品信息 52

报表向导的操作相当简单，只要指定欲打印的字段及报表样式即可，Access 会尽量将所有选定的字段打印在同一页。但不能像 Excel 那样设置打印的缩放比例，而是依报表设计窗口中各栏的字号及宽度，做全比例打印。

5.2.4　使用“标签”按钮创建标签报表

标签是一种类似名片的短信息载体。在日常生活工作中，经常要使用标签。为方便起见，Access 数据库中提供了标签向导来制作标签报表。但标签报表只能基于单个表或查询，所以如果所需字段来自多个表，则需要先创建一个查询。

标签向导可引导用户逐步完成创建标签的过程，获得各种标准尺寸的标签和自定义标签。该向导除了提供几种规格的邮件标签外，还提供了其他标签类型，如“信封”、“学生信息”、“胸牌”和“文件夹”标签等。

例 5.4　创建“产品信息查询 53”，查询中包括字段“产品名称”、“类别 ID”、“类别名称”和“单价”，再以“产品信息查询 53”对象为数据源，创建“标签产品类别单价通知单 54”标签报表。

操作步骤如下：

步骤 1：打开“罗斯文”数据库，并创建如图 5.20 所示“产品信息查询 53”的查询。

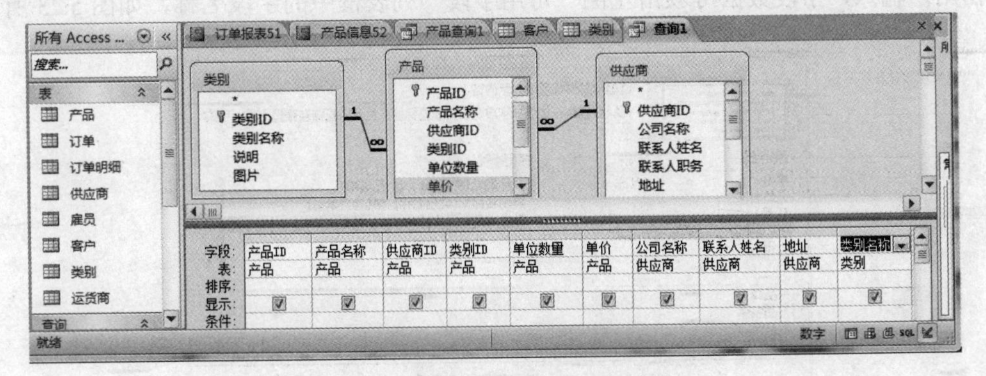

图 5.20　“产品信息查询 53”查询

步骤 2：在“导航”窗格选中“产品信息查询 53”查询。

步骤 3：在“创建”选项卡|“报表”组|单击“标签”按钮，打开如图 5.21 所示的“标签向导”对话框，完成“标签尺寸”、“度量单位”、“标签类型”及“厂商”的选择，本例中保持默认取值不变。

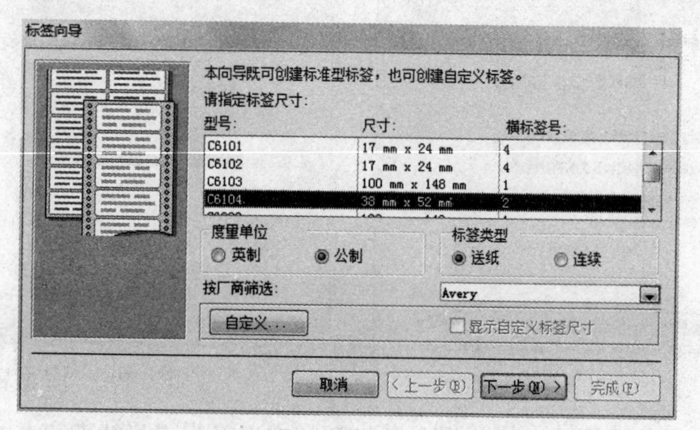

图 5.21 “标签向导”对话框

步骤 4：单击“下一步”按钮，打开“标签向导”的“文本外观”设置，本例中保持默认取值不变，如图 5.22 所示。

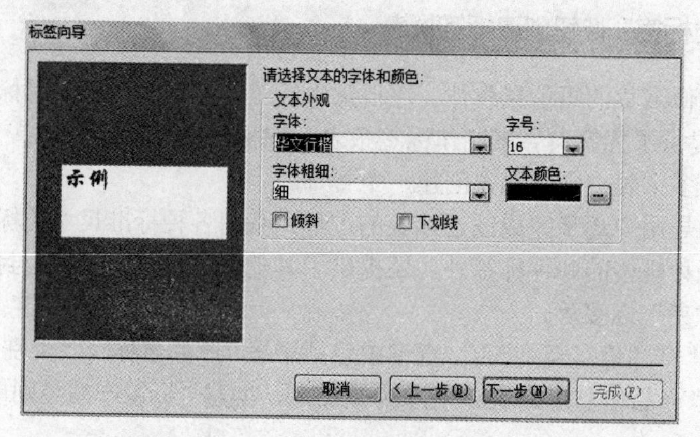

图 5.22 “文本外观”设置

步骤 5：单击“下一步”按钮，在出现的“标签向导”对话框中完成“原型”设置，标题文字由用户输入，字段数据可双击左侧“可用字段”列表框中的字段名称，如图 5.23 所示。

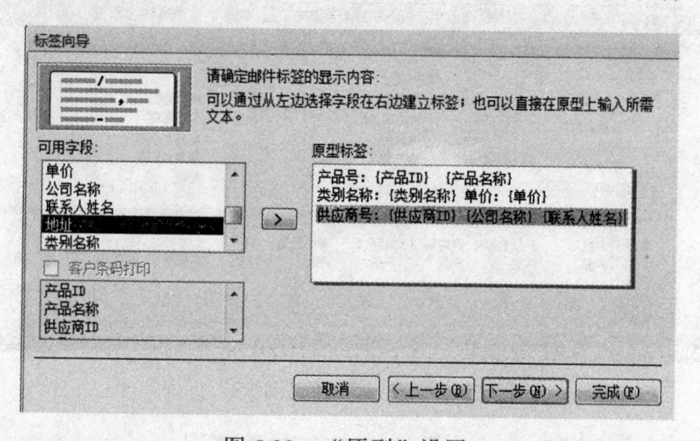

图 5.23 “原型”设置

步骤 6：单击“下一步”按钮，在打开的如图 5.24 所示的对话框中为标签报表设置排序依据，本例中将“产品 ID”字段作为排序依据。

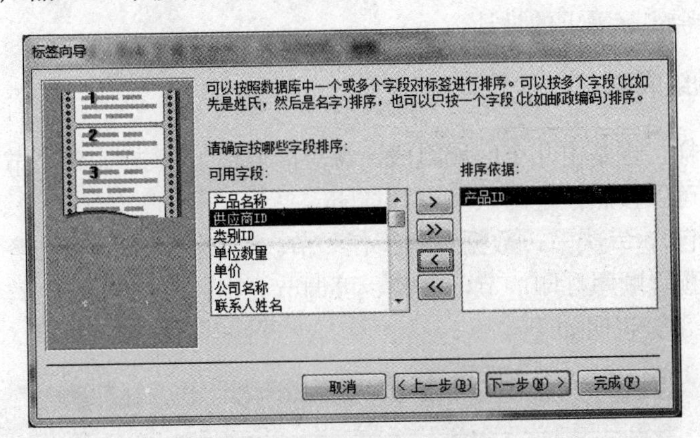

图 5.24　排序依据的选择

步骤 7：单击“下一步”按钮，打开的如图 5.25 所示的“报表命名”对话框，为报表指定名称“标签产品类别单价通知单 54”，同时选择“修改标签设计”选项。显示结果如图 5.26 所示。

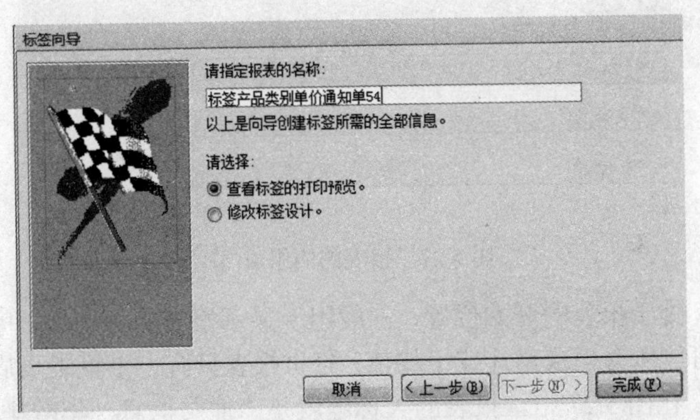

图 5.25　“标签报表命名”对话框

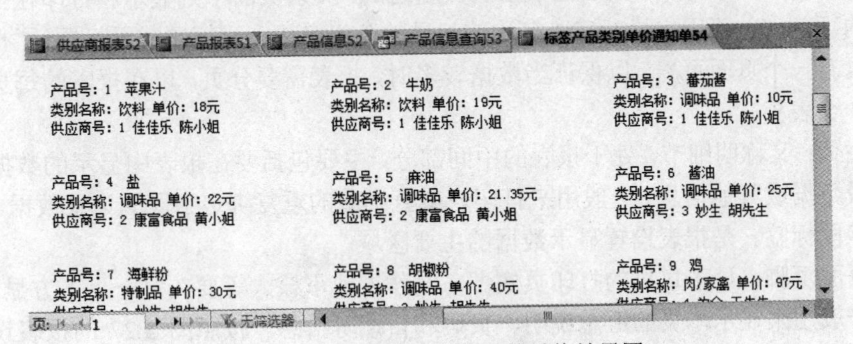

图 5.26　“标签报表”完成的最终效果图

5.3　使用设计视图创建报表

报表和窗体设计窗口非常相似，可使用的工具也相同，包括字段列表、控件工具箱、标尺等，使用方法完全相同。我们可以在字段列表中，拖曳字段至报表内。

我们建议，如果是新建报表最好使用报表向导，让 Access 快速产生报表，再使用设计视图，为报表加入符合实际需求的设计。

5.3.1 报表的组成

报表和窗体一样，也是由几个区域组成，每个区域称为“节”。每个节在页面上和报表中具有特定的目的并可以按照预定的次序进行打印。

一般报表最多包含 7 类节，数据可置于任一节。习惯上，每一节任务不同，适合放置不同的数据，按报表预置顺序打印，节可隐藏、可调节大小、可加控件或背景以设置打印方式。如图 5.27 所示，各部分说明如下：

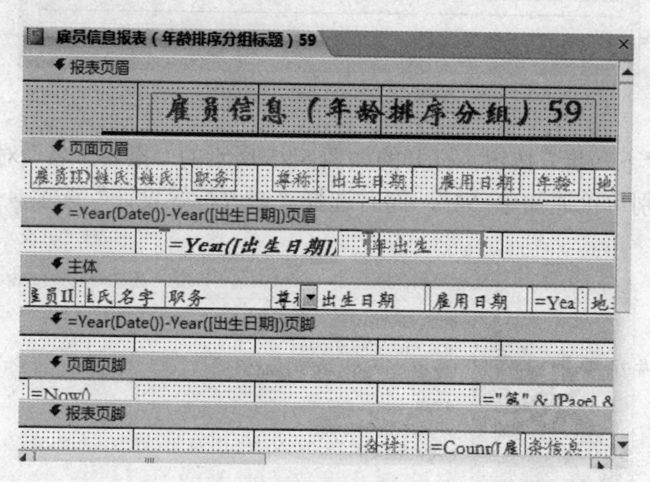

图 5.27 报表的的组成-节

- 报表页眉：处于报表的开始位置，一般用于显示报表的标题、商标、报表简介或打印日期，亦可放所有记录总计或平均值，每份报表只有一个报表页眉。打印在首页头部页眉之前。在图 5.27 中，报表的大标题就是“雇员信息（年龄排序分组）59”。
- 页面页眉：处于第一页上位于报表页眉之后，其余页面中则显示和打印在报表每一页的顶部。一般用来显示字段名称或记录的分组名称（列标题或页标题），报表的每一页有一个页面页眉，以保证当数据较多时，报表需要分页，以在报表的每页上面都有一个表头。
- 主体：又称明细节，处于报表的中间部分，主要包括要在报表中显示的数据源中的字段数据或其他信息。一般用来打印表或查询中的重复绑定字段的记录数据，亦可标识字段标签。是报表设置显示数据的主要区域。
- 页面页脚：处于每页的打印页底部，制作人或审核人等要在每一页下方显示的内容。一般用来显示本页的汇总说明、页码和日期等信息。按照图 5.27 的报表设计，将在报表的每页下面输出日期和页码。
- 报表页脚：处于报表的最后结束位置，即每个报表只有一个报表页脚，主要用于对整个报表信息的总计显示。按照图 5.27 的报表设计，将在报表的页脚最后输出记录数量。
- 组页眉/组页脚：组页眉、组页脚是窗体没有的。组页眉/脚是输出分组的有关信息，组页眉一般常用来设计分组的标题或提示信息，置记录组起始位。组页脚出现在组记录尾，一般常用来放置分组的小计、平均值等。图 5.27 中的“出生日期页眉”、“出生日期页脚”就是组页眉和组页脚。在“5.3.7 记录分组”中详细介绍。

在设计视图中，报表的节只出现一次，但页眉/脚、组页眉/脚随控件和数据量在打印时可出现多次。

5.3.2 报表设计工具的选项卡

打开报表的设计视图后，在功能区上会出现“报表设计工具”选项卡及其下一级“设计”、“排列”、“格式”和“页面设置”子选项卡（下面简称选项卡或卡），如图 5.28 所示。

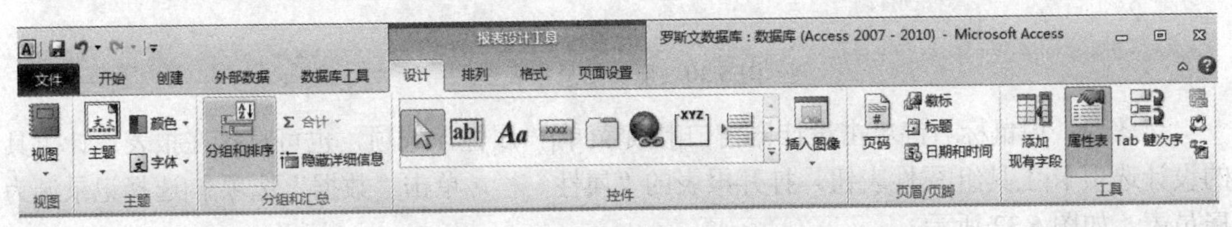

图 5.28 “报表设计工具”选项卡

（1）“设计”选项卡。在“设计”选项卡中，除了“分组和汇总”组外，其他都与窗体的设计选项卡相同，因此这里不再重复介绍，有关“分组和汇总”组中的控件的使用方法将在后面进行介绍。

（2）“排列”选项卡。“排列”选项卡的组与窗体的“排列”选项卡完全相同，而且组中的按钮也完全相同。

（3）“格式”选项卡。“格式”选项卡中的组也与窗体的格式选项卡完全相同，这里不再重复。

（4）“页面设置”选项卡。“页面设置”选项卡是报表独有的选项卡，在这个选项卡中包含了“页面大小”和“页面布局”两个组，用于对报表页面进行纸张大小、边距、方向、列等设置，如图 5.29 所示。

图 5.29 “页面设置”子选项卡

5.3.3 在设计视图中创建和修改报表

使用“报表”按钮和“报表向导”只能进行一些简单的操作，但有时候需要设计更加复杂的报表来满足功能上的需求。利用 Access 提供的报表设计视图，不仅可以设计一个新的报表，还能对已经存在的报表进行编辑和修改。

例 5.4 在设计视图中创建雇员信息报表 54，如图 5.30 所示。

步骤 1：打开”罗斯文”数据库窗口，单击“创建选项卡|报表组|报表设计钮”，打开报表设计器，在报表设计区单击鼠标右键，在弹出的快捷菜单中，选择【报表页眉/页脚】选项，会在报表中添加报表的页眉和页脚节区，如图 5.31 所示。

雇员信息报表（年龄）56

雇员信息54

雇员ID	姓氏	姓氏	职务	尊称	出生日期	雇用日期	年龄	地址
1	张颖		销售代表	女士	1968/12/08	1992/05/01	46	复兴门 245 号
2	王伟		副总裁(销售)	博士	1962/02/19	1992/08/14	52	罗马花园 89(
3	李芳		销售代表	女士	1973/08/30	1992/04/01	41	芍药园小区
4	郑建杰		销售代表	先生	1968/09/19	1993/05/03	46	前门大街 78!
5	赵军		销售经理	先生	1965/03/04	1993/10/17	49	学院路 78 号
6	孙林		销售代表	先生	1967/07/02	1993/10/17	47	阜外大街 11(
7	金士鹏		销售代表	先生	1960/05/29	1994/01/02	54	成府路 119 号
8	刘英玫		内部销售协调	女士	1969/01/09	1994/03/05	45	建国门 76 号
9	张雪眉		销售代表	女士	1969/07/02	1994/11/15	45	永安路 678 号

合计：9 条信息

4/12/2014 PI　　第1页，共1页

图 5.30　雇员信息报表 54

步骤 2：用鼠标右键单击设计器窗口|快捷菜单|“属性”选项，也可直接在报表设计工具的设计选项卡|工具组|属性表钮，打开报表的“属性”栏，单击“数据”选项卡|选择记录源为雇员表，如图 5.32 所示。

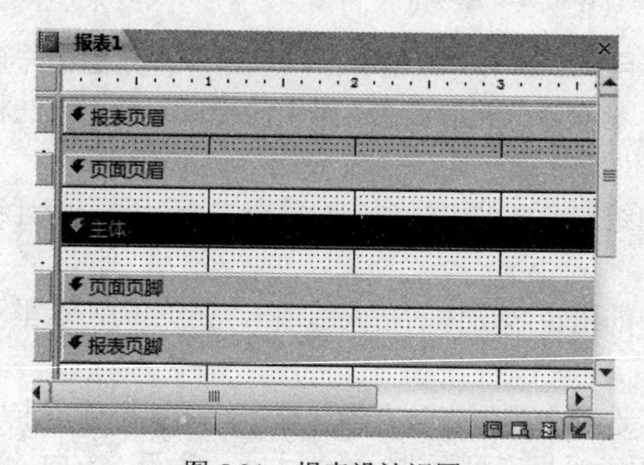

图 5.31　报表设计视图

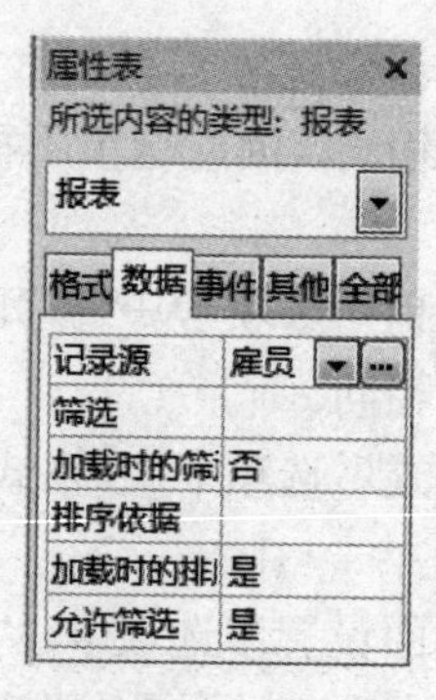

图 5.32　选择记录源

亦可直接在报表设计工具的设计选项卡|工具组|添加现有字段钮|打开可用表|雇员表。

步骤 3：单击报表设计工具的设计选项卡|控件组|“标签”按钮，在报表页眉中添加标题“雇员信息 54”，设置标签格式改变显示效果。

步骤 4：在页面页眉中添加标签，依次添加标题为“雇员 ID”、“姓氏”、“名字”、“职务”、“尊称”、“出生日期”、“雇用日期”、“地址”的标签控件，在报表每页的顶端，作为数据的列标题。

步骤 5：单击报表设计工具的设计选项卡|控件组|“文本框”按钮，在主体中添加文本框，并去掉相应的附加标签。

步骤 6：选中该文本框，单击工具栏中的“属性”按钮，打开“文本框”属性对话框，单击“数据”选项卡，选择控件来源为雇员 ID 字段，如图 5.33 所示。此时，已将文本框与“雇员 ID”字段绑定起来。

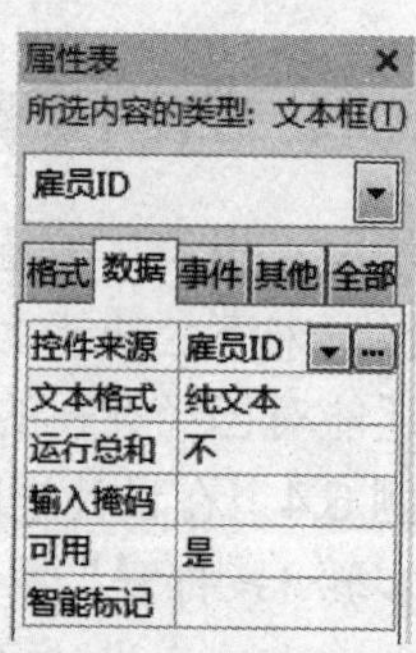

图 5.33　选择控件来源

步骤 7：用同样的方法，在主体中依次添加“姓氏”、“名字”、“职务”、“尊称”、“出生日期”、“雇用日期”、“地址”文本框控件，或直接从字段列表中将这些字段拖曳到报表主体节区里。两

种方法均可创建绑定的显示字段数据的文本框控件。

步骤 8：调整各个控件的布局和大小、位置及对齐方式等，修正报表页面页眉节和主体节的高度，以合适的尺寸容纳其中包含的控件。

步骤 9：在页面页脚中添加 2 个文本框控件，一个用来显示日期，一个用来显示页码信息，分别在“文本框”属性对话框中的控件来源中输入“=Now()”和“="第"&[Page] &"页，共"&[Pages] &"页"”，如图 5.34 和图 5.35 所示。

属性表
所选内容的类型：文本框(T)
Text20
格式 | 数据 | 事件 | 其他 | 全部

控件来源	=Now()
文本格式	格式文本
运行总和	不
输入掩码	
可用	是
智能标记	

图 5.34　显示日期

属性表
所选内容的类型：文本框(T)
Text22
格式 | 数据 | 事件 | 其他 | 全部

控件来源	="第" & [Page] & " 页，共 " & [Pages] & " 页"
文本格式	纯文本
运行总和	不
输入掩码	
可用	是
智能标记	

图 5.35　显示页码

步骤 10：在报表页脚中增加汇总信息。依次添加一个“合计：”标签控件，添加一个文本框控件，在控件来源中输入“=Count([雇员 ID])”，再添加一个“条信息”标签控件。

步骤 11：单击工具箱中的“直线”按钮，分别在报表页眉、页面页眉的适当位置画分隔线，并设置线段的粗细。整个设计视图如图 5.36 所示。

步骤 12：利用“打印预览”工具查看报表显示，如图 5.30 所示，以“雇员信息报表 54”命名并保存报表。设计过程结束。

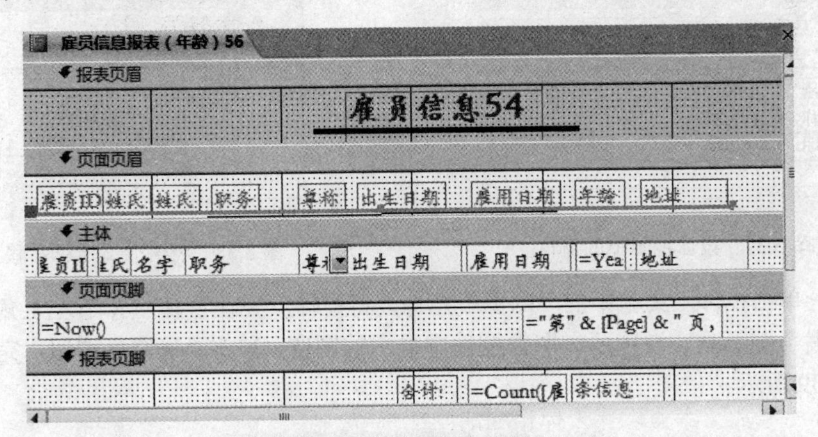

图 5.36　设计报表布局

5.3.4　编辑报表

设计视图是对数据库对象进行设计的窗口。在设计视图中，可新建数据库对象和修改现有数据库对象的设计。在设计视图中从无到有创建并设计报表，虽然功能很强，但工作量也很大。所以一般的做法是，先用自动创建方式或向导方式创建一个具有基本结构的报表，然后再自定义修改。用这两种方法所创建的报表，来适应个性化的需要和喜好。

创建报表之后，在设计视图中可以对已经创建的报表进行编辑和修改，可以更改从基础数据源到文本颜色等各种内容和格式，包括设置报表页码、徽标、标题、日期和时间等。

操作方法有两类，一是功能命令，二是通过控件。

- 功能命令：操作为选定报表，设定在设计视图中，单击“报表设计工具|设计选项卡|页眉/页脚组|页码/徽标/标题/日期和时间”。

该方法可以快速设计页码、徽标、标题、日期和时间。页码利用对话框工具，对格式、位置、对齐方式按需设置；徽标、标题、日期和时间则默认放置于报表页眉节的左、中、右对齐位置。设置后可对其位置、格式重新按需调整修饰。

- 通过控件：操作为选定报表，设定在设计视图中，单击“报表设计工具|设计选项卡|控件组|选择有关控件”来完成。

该方法可以按作者意图，在不同位置设置。通常以文本框控件方式设定。

下面以例子分别给以介绍。

1．设置报表格式和添加图案

例 5.5 在已有的标签报表“标签 类别 55”添加图案或徽标。

步骤 1：在“罗斯文”数据库窗口中单击“报表”对象，选中“标签 类别 55”，单击“视图”上的“设计视图”按钮，打开设计视图中如图 5.37 所示。

步骤 2：在主体节中从上至下有 4 个文本框，每个文本框的数据都来自一个字符串表达式，如“="类别："&[类别 ID]”。其中“[类别 ID]”表示类别 ID 字段。选中第 1 个文本框，删除字符串表达式中的“"类别："&”，选中第 2 个文本框，删除字符串表达式中的“"名称"&”。

步骤 3：同时选中第 1 个、第 2 个和第 3 个文本框，将它们右移，并且选中第 4 个文本框，输入“="XXX 公司"”，居中，将他们下移，如图 5.38 所示。

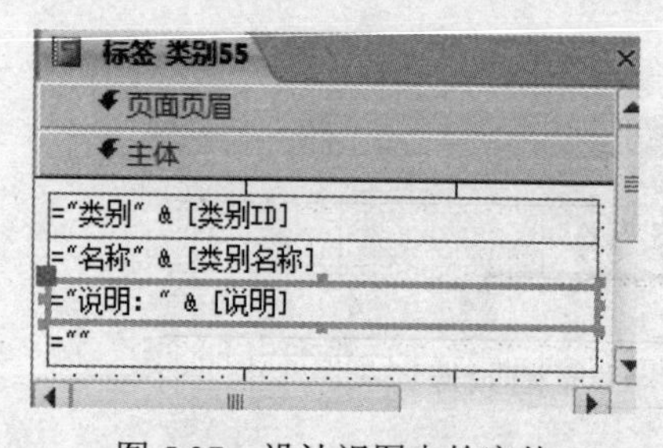

图 5.37 设计视图中的窗体

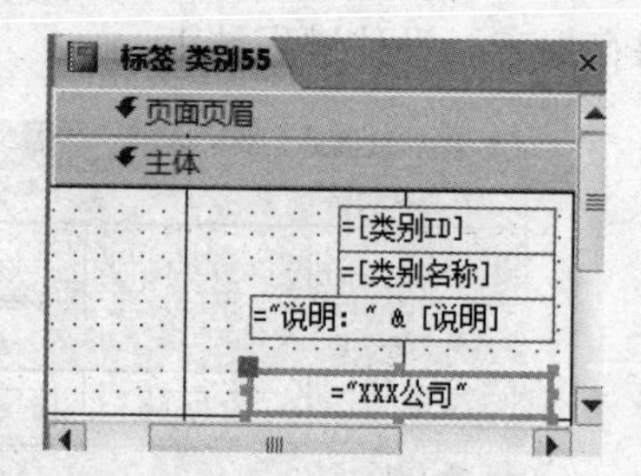

图 5.38 将两个文本框右移

步骤 4：单击控件工具箱中的“图像”控件，将控件放置在窗体主体节左上角空白处，打开“插入图片”对话框，设置要在图像控件中显示的图像，单击“确定”按钮，完成图像的创建，如图 5.39 所示。

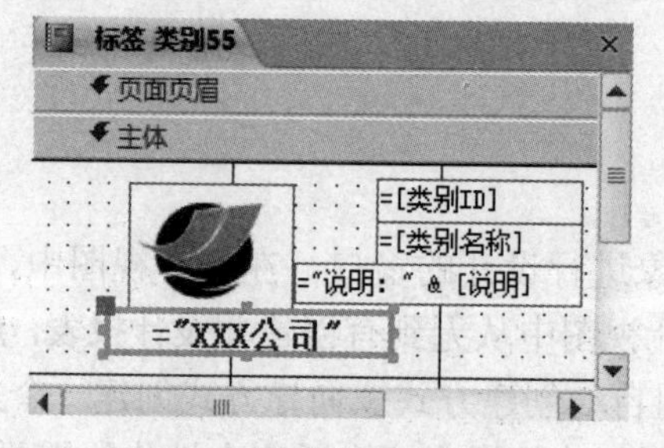

图 5.39 设计视图中的报表

步骤 5：保存修改后的标签报表。图 5.40 所示为“打印预览”视图中的标签报表。

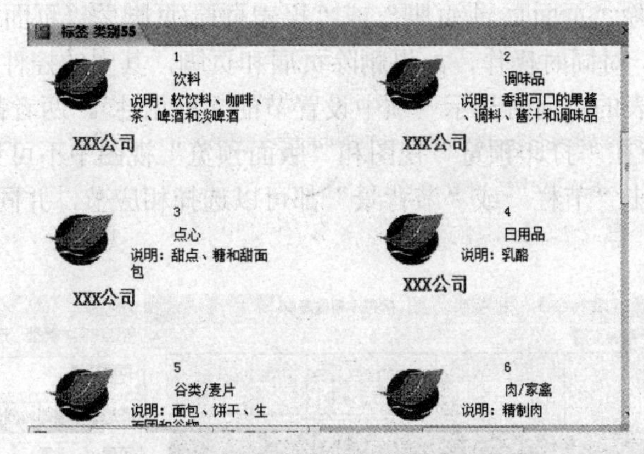

图 5.40　“打印预览”视图中的报表

2．添加日期和时间

在报表设计视图中给报表添加日期和时间，可以先选定报表，设定在设计视图中，执行单击“报表设计工具|设计选项卡|页眉/页脚组|日期和时间”命令钮，在打开的日期和时间”对话框中进行显示格式的设置。其默认位置是在报表页眉右对齐。

此外，也可以在报表上添加一个文本框，通过设置其控件来源属性为日期/时间的计算表达式来显示，例如，=Date()、=Time()或=Now()，可显示日期、时间或日期与时间，该控件位置可以安排在报表的任何节区里。

3．添加页码

在报表中添加页码，与上类似，可以执行单击“报表设计工具|设计选项卡|页眉/页脚组|页码”功能菜单命令，在打开的“页码”对话框中进行页码格式、位置和对齐方式的设置。

如果要在第一页显示页码，请选中“首页显示页码”复选框。

还可用表达式在文本框中创建页码。Page 和 Pages 是内置变量，[Page]代表当前页号，[Pages]代表总页数。常用的页码格式如表 5.1 所示。

表 5.1　页码常用格式

代码	显示文本
= "第" & [Page] & "页"	第 N（当前页）页
= [Page]"/" [Pages]	N/M（当前页/总页数）
= "第" & [Page] & "页，共" & [Pages] & "页"	第 N 页，共 M 页

另外，在报表中，可以在某一节中使用分页控制符来标志要另起一页的位置。这项任务是通过单击工具箱中的“分页符”按钮，再选择报表中需要设置分页符的位置来实现。

4．使用节

报表中的内容是以节来划分的，每一个节都有其特定的目的，并按照一定的顺序打印在页面或报表上。在设计视图中，可以通过放置控件来确定其在每节中显示内容的位置；通过对属性值相等的记录进行分组，可以进行一些计算或简化报表，使其易于阅读。

新建空报表时，默认出现“页面页眉-主体-页面页脚”节。

对节的操作主要应在报表设计视图中进行，有以下几种：

（1）添加或删除节：右击主体节|出现快捷菜单|选择“页面页眉/页脚”或“报表页眉/页脚”，就可以添加或删除“页面页眉/页脚”或“报表页眉/页脚”。“页面页眉/页脚”或“报表页眉/页脚”只能作为一对同时操作，如果删除页眉和页脚，其中的控件也将同时被删除。

（2）可以在属性表的“何时显示”项中设置节的“可见性”，两者都显示/只打印显示/只屏幕显示，可以使该节在“打印预览”视图和“版面预览”视图中不可见。

（3）选择节：双击“节栏”或“节背景”都可以选择相应节，并同时打开其“属性”窗口，如图 5.41 所示。

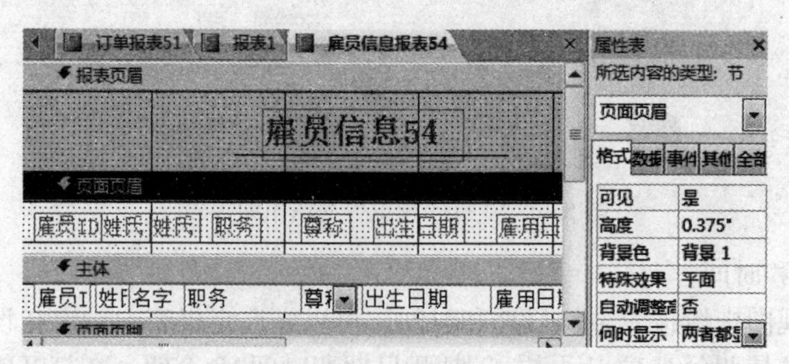

图 5.41　选择节同时打开节属性窗口

（4）改变节的大小：可以分别增加或减小窗体和报表节的高度。但是，更改某一节的宽度将更改整个窗体或报表的宽度。若要更改节的高度，请将指针放在该节的下边缘上，并向上或向下拖动指针；若要更改节的宽度，请将指针放在该节的右边缘上，并向左或向右拖动指针；若要同时更改节的高度和宽度，请将指针放在该节的右下角，并沿对角按任意方向进行拖动。

5．绘制线条和矩形

在报表设计中，经常还会通过添加线条或矩形来修饰版面，以达到更好的显示效果。

在报表上绘制线条或矩形：可以使用“报表设计工具|设计选项卡|控件组|控件下拉钮|直线/矩形”控件，在所需位置进行绘制。

为增加报表的易读性。利用“格式”选项卡|控件格式组|形状格式/轮廓下拉按钮|，可以进行有关线条/矩形样式、边框和特殊效果的更改调整。

5.3.5　使用计算控件

在报表中，有时需要对某个字段按照指定的规则进行计算，因为有时报表不仅需要详细的信息，还需要给出每个组或整个报表的汇总信息。这些信息均可以通过设置绑定控件的数据源为计算表达式形式而实现，这些控件称为“计算控件”。

计算控件的控件来源是计算表达式，当表达式的值发生变化时，会重新计算结果并输出。文本框是最常用的计算控件。

例 5.6　以例 5.4 创建的雇员信息报表为基础，根据雇员的“出生日期”字段使用计算控件来计算雇员年龄。

步骤 1：在“罗斯文”数据库导航窗口中单击“报表”对象，选中“雇员信息报表 54”，单击“设计视图”按钮，在设计视图中打开所选报表如图 5.42 所示。

步骤 2：在页面页眉内添加“年龄”标签，并适当的调整各个标签之间的间距。

步骤 3：在主体节内添加“文本框”控件，去掉其附加标签，并打开其“属性”窗体，选择“全部”选项卡，设置“名称”属性为“年龄”，设置“控件来源”属性为计算年龄的表达式“=Year(Date())-Year([出生日期])”，如图 5.42 所示。

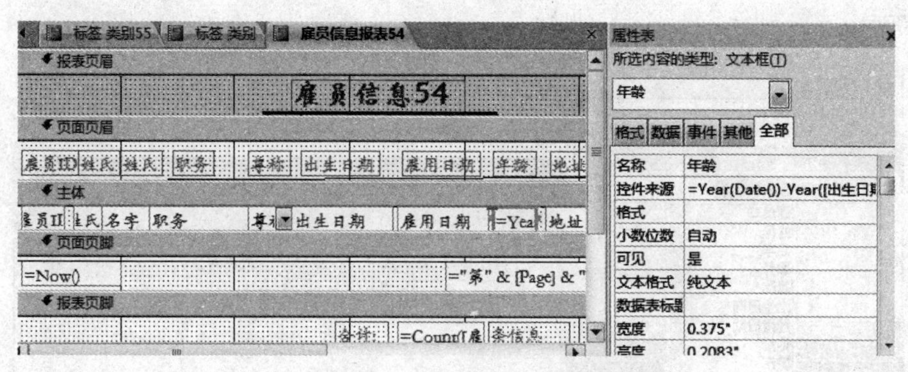

图 5.42 设置计算控件属性

注意，计算控件的控件来源必须是等号“=”开头的计算表达式。

步骤 4：单击工具栏上的“打印预览”按钮，预览报表中计算控件显示结果，如图 5.43 所示，命名“雇员信息报表（年龄）56”保存报表。

雇员信息54

雇员ID	姓氏	姓氏	职务	尊称	出生日期	雇用日期	年龄	地址
1		张颖	销售代表	女士	1968/12/08	1992/05/01	46	复兴门 245
2		王伟	副总裁(销售)	博士	1962/02/19	1992/08/14	52	罗马花园 89
3		李芳	销售代表	女士	1973/08/30	1992/04/01	41	芍药园小区
4		郑建杰	销售代表	先生	1968/09/19	1993/05/03	46	前门大街 78
5		赵军	销售经理	先生	1965/03/04	1993/10/17	49	学院路 78 号
6		孙林	销售代表	先生	1967/07/02	1993/10/17	47	阜外大街 11
7		金士鹏	销售代表	先生	1960/05/29	1994/01/02	54	成府路 119
8		刘英玫	内部销售协调	女士	1969/01/09	1994/03/05	45	建国门 76 号
9		张雪眉	销售代表	女士	1969/07/02	1994/11/15	45	永安路 678

合计: 9 条信息

图 5.43 “雇员信息报表（年龄）56” 计算控件显示结果

5.3.6 记录排序

在报表中对数据进行分组是通过排序实现的。对数据按照某些字段进行排序，排序的结果是将排序字段相同的数据集中到一起，然后按照某种规则划分不同的组，对分组后的数据可以进行汇总。

例 5.7 在例 5.6 的“雇员信息报表（年龄）56”中，按照雇员的“年龄”由小到大进行排序。

步骤 1：使用导航打开例 5.6 的“雇员信息报表（年龄）56”，设定在设计视图下。

步骤 2：“右击报表设计器任一位置 | 快捷菜单 | 排序与分组”菜单命令，在报表设计器页面页脚的下方打开“分组、排序和汇总”对话框，如图 5.44 所示。

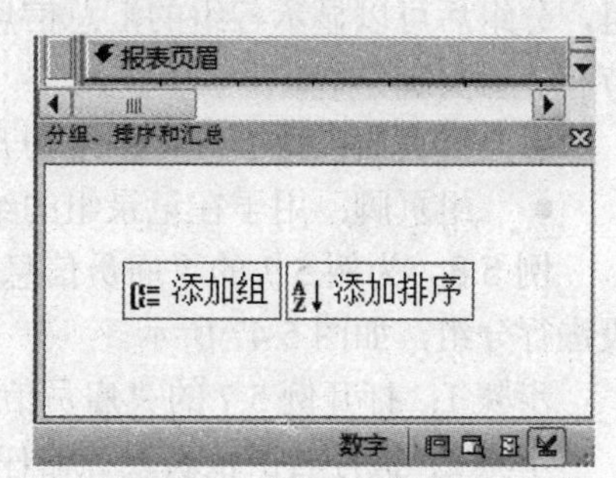

图 5.44 分组和排序窗口

步骤 3：单击“添加排序”钮，从下拉列表中选择排序字段，在本例中，下拉列表中没有“年龄”字段，需要在单元格中输入表达式“=Year(Date())-Year([出生日期])”（实际上，也可用“出生日期”字段）在“排序次序”中可以设置升序的排序方式，如图5.45所示；

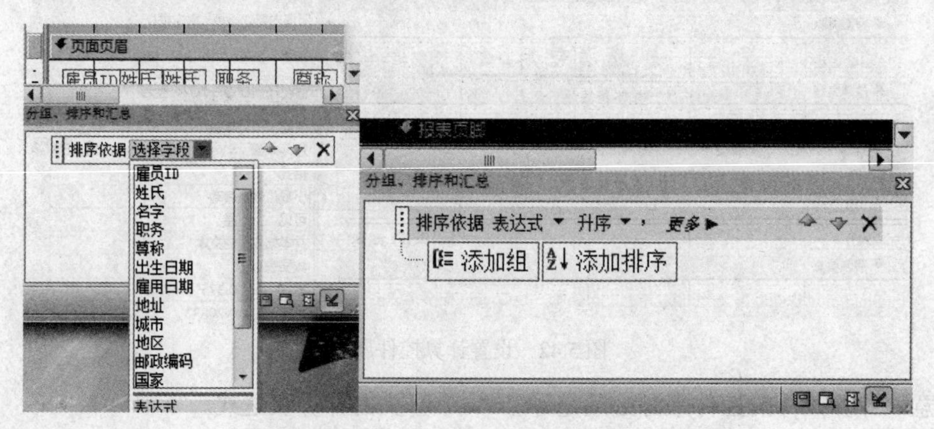

图5.45　选择排序字段图和“排序与分组”对话框

步骤4：关闭对话框，完成对报表数据的排序。在“打印预览”视图中查看报表，如图5.46所示。

雇员信息报表（年龄排序）57

雇员信息（年龄排序）57

雇员ID	姓氏	姓氏	职务	尊称	出生日期	雇用日期	年龄	地址
3	李	芳	销售代表	女士	1973/08/30	1992/04/01	41	芍药园小区
9	张	雪眉	销售代表	女士	1969/07/02	1994/11/15	45	永安路678
8	刘	英玫	内部销售协	女士	1969/01/09	1994/03/05	45	建国门76号
4	郑	建杰	销售代表	先生	1968/09/19	1993/05/03	46	前门大街78
1	张	颖	销售代表	女士	1968/12/08	1992/05/01	46	复兴门245
6	孙	林	销售代表	先生	1967/07/02	1993/10/17	47	阜外大街11
5	赵	军	销售经理	先生	1965/03/04	1993/10/17	49	学院路78号
2	王	伟	副总裁(销售)	博士	1962/02/19	1992/08/14	52	罗马花园89
7	金	士鹏	销售代表	先生	1960/05/29	1994/01/02	54	成府路119

图5.46　排序后的报表

5.3.7　记录分组

在Access中，相关计算组成的集合称为组。在报表中，可以对记录按指定的规则进行分组，分组后可以显示各组的汇总信息。分组中的信息通常放置在报表设计视图中的“组页眉”节和“组页脚”节。

- 组页眉：用于在记录组的开头放置信息，如组名称或组总计数。
- 组页脚：用于在记录组的结尾放置信息，如组名称或组总计数。

例5.8　为例5.7的“雇员信息报表（年龄排序）57”添加分组设置，以“出生日期”字段进行分组，如图5.47所示。

步骤1：打开例5.7的“雇员信息报表（年龄排序）57”。设定在设计视图下。

步骤2：执行右击报表设计器任一位置｜快捷菜单｜排序与分组菜单命令，在报表设计器页面页脚的下方打开“分组、排序和汇总”对话框。

雇员信息报表（年龄排序）57 | 雇员信息报表（年龄排序分组）58

雇员信息（年龄排序分组）58

雇员ID	姓氏 姓氏	职务	尊称	出生日期	雇用日期	年龄	地址
3	李芳	销售代表	女士	1973/08/30	1992/04/01	41	芍药园小区
9	张雪眉	销售代表	女士	1969/07/02	1994/11/15	45	永安路 678
8	刘英玫	内部销售协	女士	1969/01/09	1994/03/05	45	建国门 76 号
4	郑建杰	销售代表	先生	1968/09/19	1993/05/03	46	前门大街 78
1	张颖	销售代表	女士	1968/12/08	1992/05/01	46	复兴门 245
6	孙林	销售代表	先生	1967/07/02	1993/10/17	47	阜外大街 11
5	赵军	销售经理	先生	1965/03/04	1993/10/17	49	学院路 78 号
2	王伟	副总裁(销售)	博士	1962/02/19	1992/08/14	52	罗马花园 89

图 5.47 按年分组后的学生信息

步骤 3：在“分组、排序和汇总”对话框中，选取“添加组”钮 | 选择字段下拉钮 | 选择出生日期字段，将“分组形式”设置为“按年”，如图 5.48 所示。

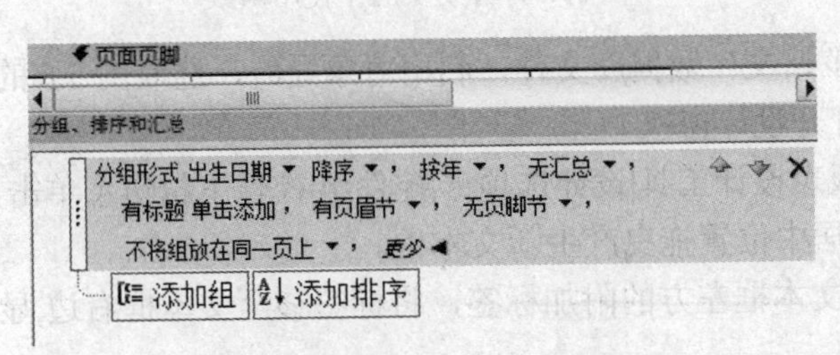

图 5.48 “排序与分组”对话框

步骤 4：关闭对话框，预览报表，如图 5.47 所示。

分组必定与排序同时设置，如图 5.48 所示。任何字段都可设置排序，但不一定要使用分组。“分组形式”属性由分组字段的数据类型决定，如表 5.2 所示。

表 5.2 “分组形式”选项说明

分组字段数据类型	选项	记录分组形式
文本	每一个值	分组字段或表达式上，值相同的记录
	前缀字符	分组字段或表达式中，前面若干字符相同的记录
数字、货币和 Yes/No	每一个值	分组字段或表达式上，值相同的记录
	间隔	分组字段或表达式上，指定间隔值内的记录
日期/时间	每一个值	分组字段或表达式上，值相同的记录
	年	分组字段或表达式上，日历年相同的记录
	季	分组字段或表达式上，日历季相同的记录
	月	分组字段或表达式上，月份相同的记录
	周	分组字段或表达式上，周相同的记录
	日	分组字段或表达式上，日期相同的记录
	时	分组字段或表达式上，小时数相同的记录
	分	分组字段或表达式上，时间分相同的记录

例 5.9 分组报表中使用函数，在例 5.8 的基础上，为“雇员信息报表（年龄排序分组）59”分组页眉添加含有函数的控件，如图 5.49 所示。

雇员信息（年龄排序分组）59

雇员ID	姓氏	职务	尊称	出生日期	雇用日期	年龄	地址
1973 年出生							
3	李芳	销售代表	女士	1973/08/30	1992/04/01	41	芳药园小区
1969 年出生							
9	张雪眉	销售代表	女士	1969/07/02	1994/11/15	45	永安路 678
8	刘英玫	内部销售协	女士	1969/01/09	1994/03/05	45	建国门 76 号
1968 年出生							
4	郑建杰	销售代表	先生	1968/09/19	1993/05/03	46	前门大街 78
1	张颖	销售代表	女士	1968/12/08	1992/05/01	46	复兴门 245
1967 年出生							
6	孙林	销售代表	先生	1967/07/02	1993/10/17	47	阜外大街 11

图 5.49　分组页眉中使用函数

步骤 1：打开“罗斯文”数据库文件，利用对象导航，选取例 5.8 的“雇员信息报表（年龄排序分组）59”，打开设计窗口。

步骤 2：执行“报表设计工具|设计选项卡|控件组|控件下拉钮 | 单击文本框控件按钮”，再于“出生日期页眉”居中位置拖曳产生新文本框。

步骤 3：选取新文本框左方的附加标签，将标签移至文本框右边,显示的文字内容更改为“年出生”。

步骤 4：在新文本框内输入“=Year([出生日期])”，设计视图如图 5.50 所示。

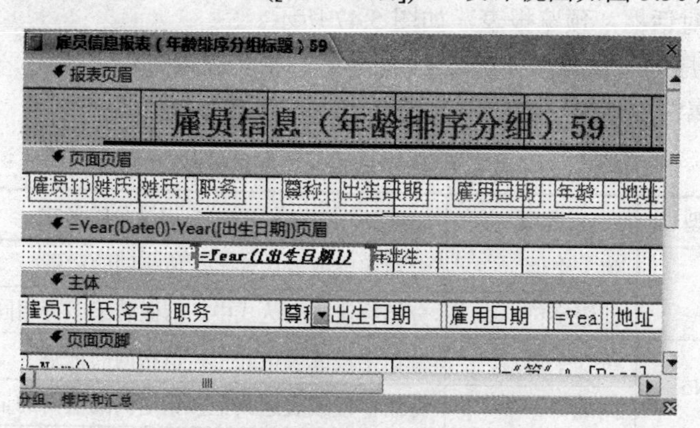

图 5.50　在新建文本框中输入函数

步骤 5：在“打印预览”视图中查看报表，如图 5.49 所示。

使用分组后，报表可分组使用页眉及页脚，如本例的“出生日期页眉”和“出生日期页脚”。在分组使用页眉及页脚是报表的特色，即窗体设计至多可使用 5 个节，报表则可根据需要，使用无限多个节。

分组页眉和页脚一定在主体的上下，打印时会将分组内数据置于主体中。若使用函数，则视函数的位置，针对各分组及整份报表做计算。但页面页眉和页面页脚无法使用函数，即无法针对一页内的数据做计算。常用的函数包括统计计算类函数、日期类函数等，主要函数的功能见表 5.3 所示。

表 5.3　报表中常用函数

函数	功能
Avg	在指定的范围内，计算指定字段的平均值
Count	计算指定范围内记录个数
First	返回指定范围内多条记录中的第一记录指定的字段值
Last	返回指定范围内多条记录中的最后一记录指定的字段值
Max	返回指定范围内多条记录中的最大值
Min	返回指定范围内多条记录中的最小值
Sum	计算指定范围内的多条记录指定字段值的和
Date	当前日期
Now	当前日期和时间
Time	当前时间
Year	当前年

5.4　报表的输出

报表每页打印的记录数与每条记录的高度有关，若高度越高，则可打印记录数愈少，每条记录的高度等于主体的高度。

5.4.1　报表页面设置

版面指的是报表页面在打印时的设置，如纸张大小、打印方向等。由于报表必须通过打印机输出，所以也可以在报表中针对打印机做打印前的更改。

"报表设计工具|页面设置选项卡 | 页面布局组/页面大小组"可对有关方面进行设置，包括"纸张大小"、"页边距"、"横纵向"、"列"和"页面设置"等，如图 5.51 所示。亦可在进入打印预览窗口后，在"打印预览选项卡 | 页面布局组/页面大小组"中进行页面设置。

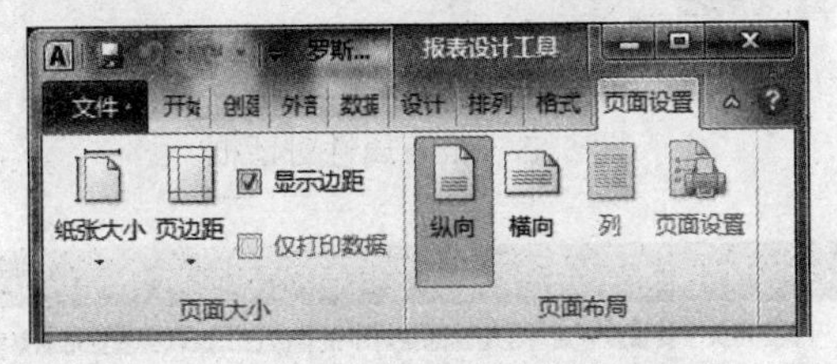

图 5.51　报表设计工具-页面设置选项卡

完成页面设置后，就可在"文件 | 打印"命令来打印报表了。

1．更改报表边界

页面布局组 | 页面设置钮 | 打开"页面设置"对话框，如图 5.52 报表页面设置对话框。在该对话框中可以设置报表四周与纸边的距离，也就是报表边界。此段距离会在报表四周形成不打印数据的外框，单位为毫米。

2．计算与更改报表宽度

在报表设计视图可使用的空间应是纸张宽度减去左右页边距后的空间。以图 5.52 为例，左右版各为 2.54cm，且纸张为 A4，宽度是 21cm，所以我们在设计视图中，使用的宽度不能超过 21-（2.54×2）=15.92cm。

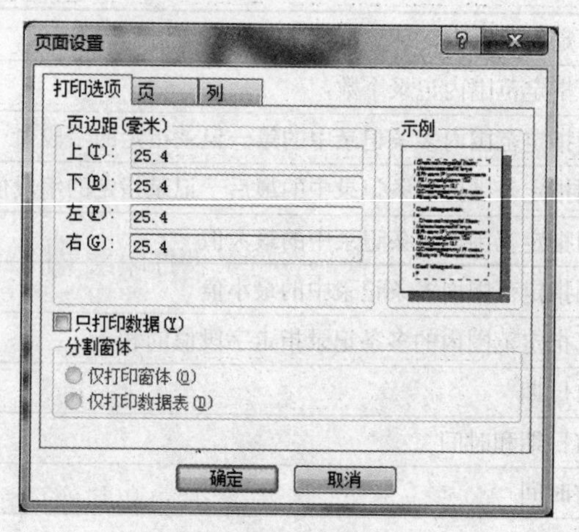

图 5.52　报表页面设置对话框

图 5.53 所示的报表宽度属性是 15.037cm，可以在此设置宽度属性，也可在设计窗口拖曳报表右边界，更改报表宽度。若将报表宽度设置为 16cm 或大于 16cm，都会因为宽度过大（超过了纸张宽度）而发生如图 5.54 所示的错误。

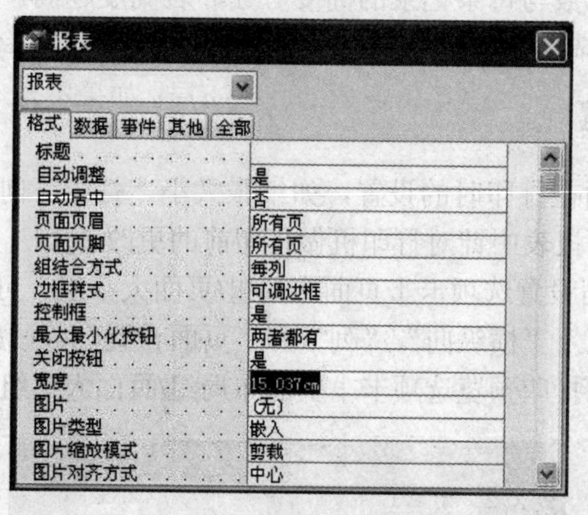

图 5.53　报表属性对话框

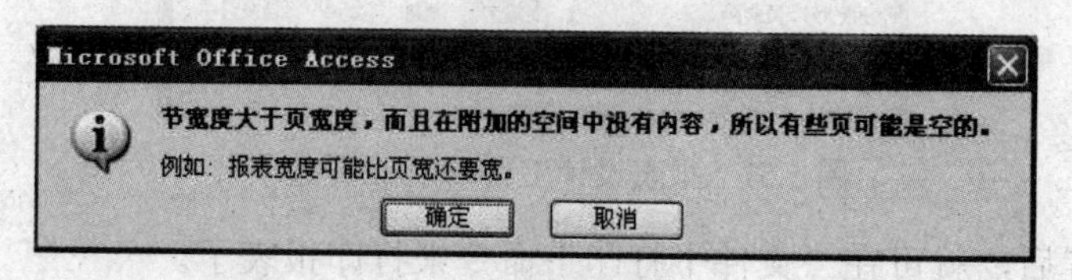

图 5.54　报表过宽

3．更改打印方向

解决报表过宽的另一方法，是将打印纸张设置为“横向”。在设计视图中，单击“页面设置卡|页面布局组|页面设置钮”，|打开页面设置对话框。在对话框中切换到“页”选项卡，单击“横向”单选钮即可。打印方向的默认值为“纵向”。

若在预览或打印时，显示如图 5.54 所示的对话框，仍可打印，但超出部分将无法打印。

此时有三个解决方案，一是在图 5.52 中缩小左右边界；二是在图 5.53 中缩小报表本身的宽度。若无法缩小，必定是有控件超出允许宽度；三是更改打印方向，从“纵向”改为“横向”，从而增加纸张宽度。

5.4.2　报表的打印

完成了报表的设计，就可以进行打印预览和输出的操作了。

1．预览报表

预览报表可显示打印页面的版面，快速查看报表打印结果的页面布局情况，还能在打印之前确认报表数据是否正确。

在设计视图中预览报表的方法是，先选中报表，再单击状态栏右边“打印预览”或“开始卡|视图组|视图下拉钮|打印预览令”或右击报表空白处|快捷菜单|打印预览令。

2．打印报表

第一次打印报表以前，还需要检查页边距、页方向和其他页面设置。当确定设置符合要求后，可以在数据库导航窗口中选定需要打印的报表，再选择“打印预览”或“报表视图”浏览相应的报表，然后执行“文件卡|打印命令”，在弹出的“打印”对话框中进行打印机的型号、打印范围和打印份数的设置。操作步骤如下：

（1）打开报表设计视图，执行“报表设计工具|页面设置卡|页面布局组|页面设置命令”，打开如图 5.52 所示“页面设置”对话框，设置页面的参数。

（2）打印之前要先预览一下报表的设计情况。执行状态栏的“打印预览”命令可快速检查报表的页面布局，其显示的是有示例数据的版面布局；如果不合理，可在设计视图中进行修改和完善。

（3）确认版面合理，则可进行打印。执行“文件卡|打印|打印”菜单命令，打开“打印”对话框，设置打印的参数，如打印范围、份数，然后单击“确定”按钮进行打印。

3．保存报表

通过使用预览报表功能检查报表设计，若满意就可以保存报表。保存报表只需要单击快速访问工具栏中的“保存”按钮即可。第一次保存报表时，应按照 Access 数据库对象的命名规则，在“另存为”对话框中输入一个合法路径和名称，然后单击“确定”按钮。

5.4.3　数据的导入/出

设计数据库主要目的，就是处理大量的数据。使用不同的软件处理数据格式，会有所不一样，为数据之间能够共享、通用，Access 2010 提供数据格式转换功能。即数据的导入和导出。

Access 2010 数据导出是指将本系统生成的各类数据导出成其他类型的数据，以便其他处理软件使用。

数据的导入，指将其他数据处理软件生成的数据导入至 Access 2010 系统中使用。

1．外部数据选项卡

Access 2010 的“外部数据”选项卡提供数据的导入与导出功能，具体的由其下的“导入并链接”、“导出”和“收集数据”三个命令组来逐步展开与实现。如图 5.55 所示。

鼠标直接右击 Access 导航对象|快捷菜单|导出/导入，出现相应的“导出”/“导入”子菜单，进行相应选择，也可进行有关的导出/导入。有关菜单如图 5.56 所示。

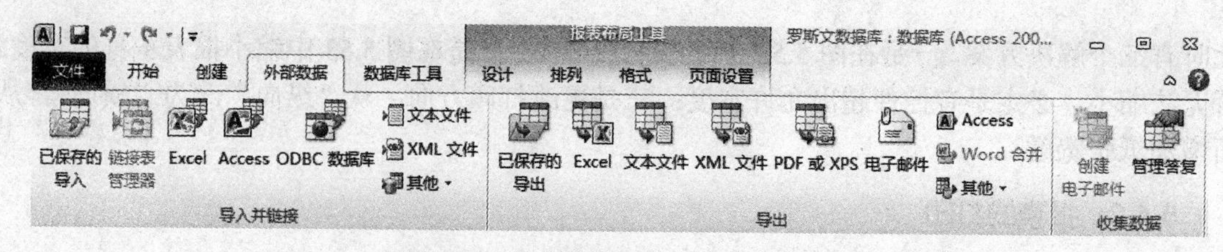

图 5.55　外部数据选项卡与其命令组

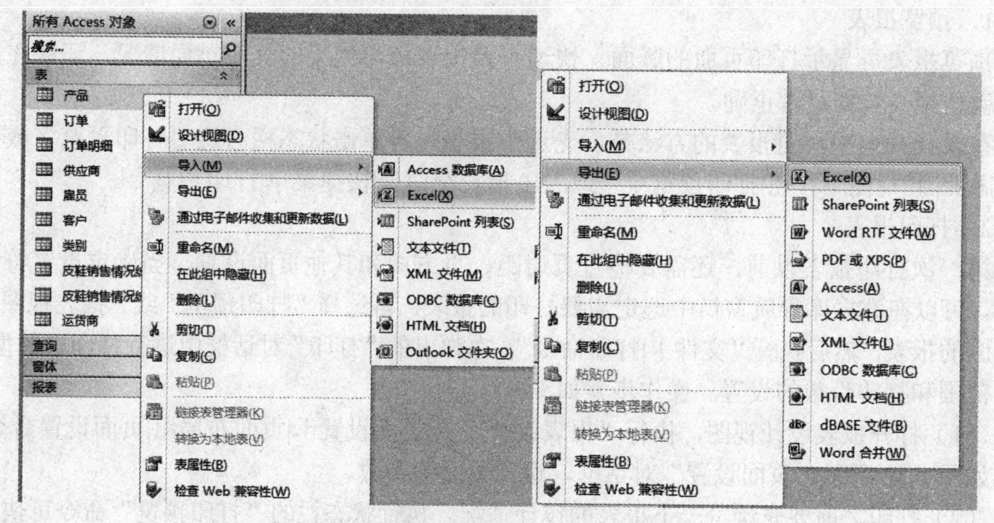

图 5.56　快捷菜单的导出/导入子菜单

2．外部数据的导入

“导入并链接”命令组如下图 5.57 所示。

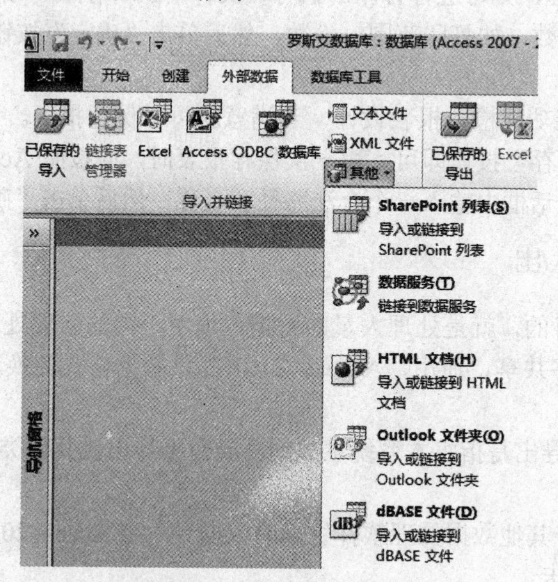

图 5.57　导入并链接命令组

它可以将外部数据和数据库对象，如电子表格、文本、Access 97-2003 或其他版本、dBase、ODBC 数据库、XML、HTML 等格式文件导入到本系统数据库中。

其操作是，通过“外部数据卡|导入并链接组|Excel/文本文件/Access”命令，打开“获取

外部数据-Excel/文本文件/Access 数据库”对话框，进行简单的选择操作，可以转化成系统的“表”或相关对象。

3．导出

“导出”命令组如下图 5.58 所示。

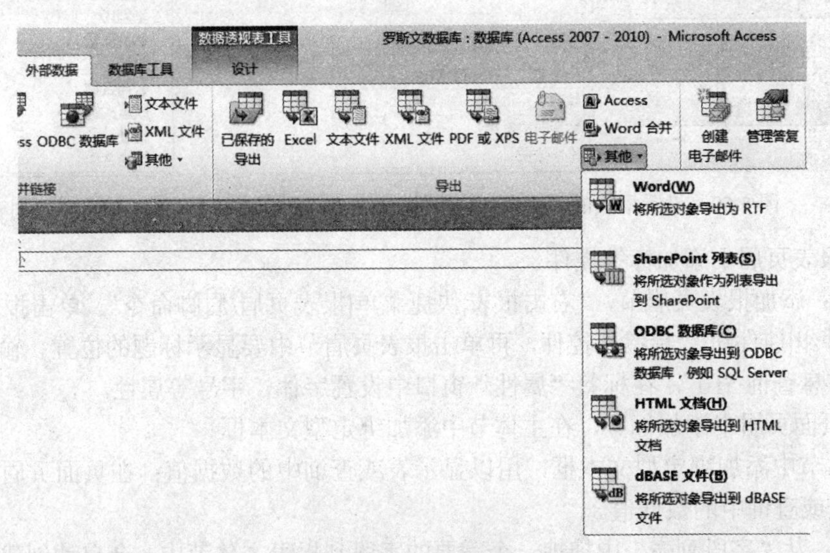

图 5.58　导出命令组

Access 可以将系统数据和数据库对象输出/导出的文件类别很多，如 Access、Excel、网页、MS Windows SharePoint Services、MS Word 或其他文本格式、XML、其他数据库等。只是在“保存类型”框中，单击选择相应的“保存类型”。有兴趣的读者请参考相关资料。

5.5　报表综合实例

创建一个自定义报表，从中了解“报表”对象如何与“窗体”对象、“查询”对象结合在一起，在报表上如何显示“表”或“查询”对象中的数据，以及在“窗体”对象中如何打开“报表”对象，也可以从中了解从无到有创建“报表”对象、使用“报表”对象的过程。

例 5.10　设计一个报表，能将例 4.10 中用查询窗体查询出的信息显示出来。

1. 创建一个空白报表

步骤 1：在“罗斯文”数据库导航窗口中单击“报表”对象，点击“创建卡|报表组|空报表钮”，创建打开一个空白报表，默认情况下，空白报表包含页面页眉、页面页脚和主体 3 个节。

步骤 2：执行“文件卡|对象另存为按钮|另存为对话框”，将空白报表保存为“产品信息查询 510”。

2. 为报表指定数据源

步骤 3：右击“报表|快捷菜单|报表属性”，打开“报表属性”窗口，设置“记录源”属性为“产品信息查询 53”，如图 5.59 所示。

报表与数据源绑定后，在设计视图中点击“报表设计工具|设计卡|工具组|添加现有字段钮”，会出现该“查询”对象的“字段列表”，如图 5.60 所示。

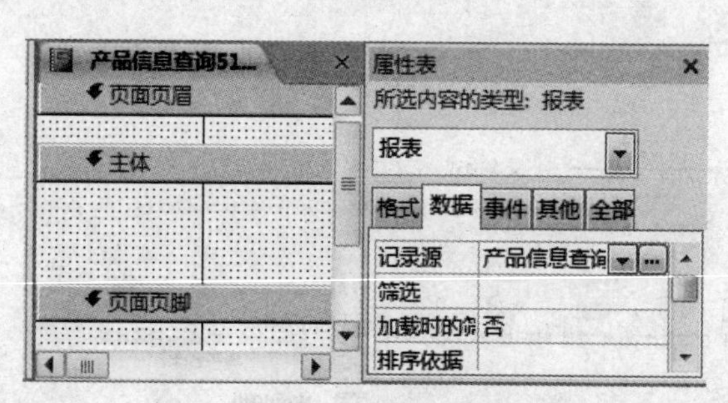

图 5.59 设置报表的“记录源”属性

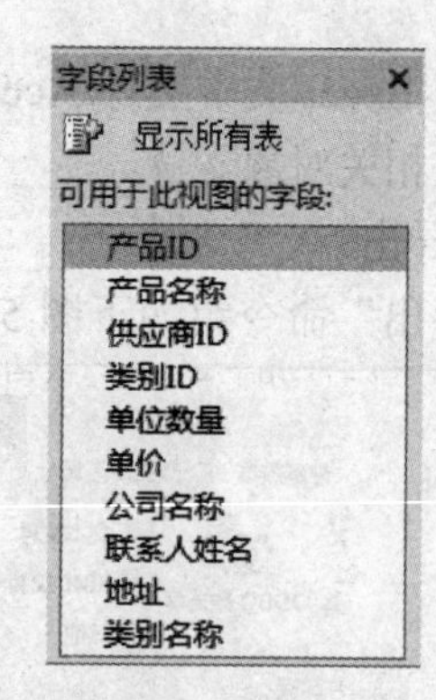

图 5.60 字段列表

3. 在报表页眉中添加标签控件

步骤 4：添加报表页眉节，“右击报表|快捷菜单|报表页眉/眉脚命令”。单击报表设计工具|设计卡|控件组|控件钮|“标签”控件，再单击报表页眉节中要显示标题的位置。输入标题文字为“产品信息查询 510”，在标签“属性”窗口中设置字体、字号等属性。

4. 在页面页眉中添加标签，在主体节中添加绑定型文本框

在主体节中添加绑定型文本框，用以显示表或查询中的数据值；在页面页眉中添加标签用以标识表或查询中的数据值。

步骤 5：从“字段列表”中拖拽一个需要的字段到报表主体节中，会自动创建绑定型文本框及其附加标签。

步骤 6：使绑定型文本框及其附加标签的相对位置成上下结构。先剪切附加标签将其粘贴到页面页眉节的适当位置，再移动主体节中的绑定型文本框到对应的附加标签下面。

步骤 7：重复步骤 5～6，直到所需文本框及其标识创建完成，如图 5.61 所示。

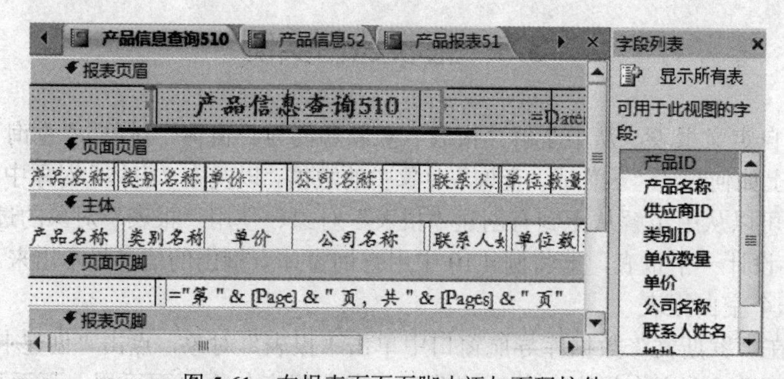

图 5.61 在报表页面页脚中添加页码控件

5. 在页面页脚中添加页码

步骤 8：单击工具栏上的“文本框”控件按钮，在页面页脚中合适的位置添加文本框，打开“文本框”属性对话框，在“控件来源”属性中输入“="第 " & [Page] & " 页，共 " & [Pages] & " 页"”，以显示其页码。因报表页脚节中没有放置控件，所以可以按住该节的下边线拖拽以缩小节面积，如图 5.62 所示。

6. 预览报表

至此就创建了一个基于“产品信息查询 510”对象显示数据的自定义报表。单击“报表设计工具|设计卡|视图组|打印预览”按钮，或在“打印预览”视图中显示所建报表。

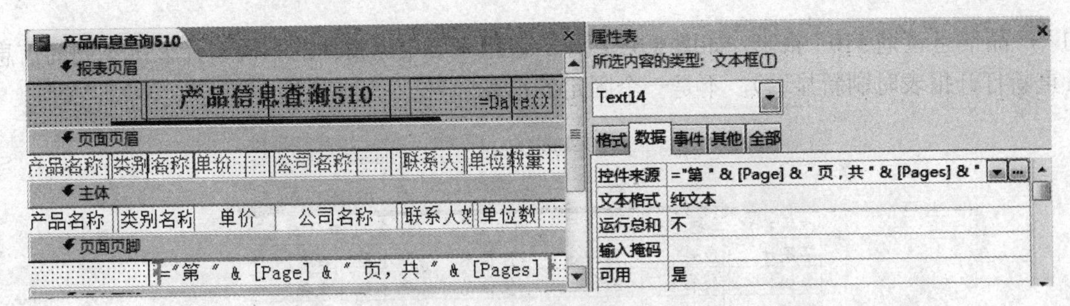

图 5.62 设置页面页脚中文本框的“控件来源”属性

7. 在窗体中添加预览报表的命令按钮

步骤 9：在窗体设计视图中打开例 4.10 的“产品信息查询窗体 410”窗体。

步骤 10：在“窗体设计工具|设计卡|控件组|控件下拉按钮|命令按钮”控件，再单击窗体欲放置该控件的位置，出现“命令按钮向导”的第 1 个对话框，在“类别”列表框选择“报表操作”、在“操作”列表框选择“预览报表”，如图 5.63 所示。

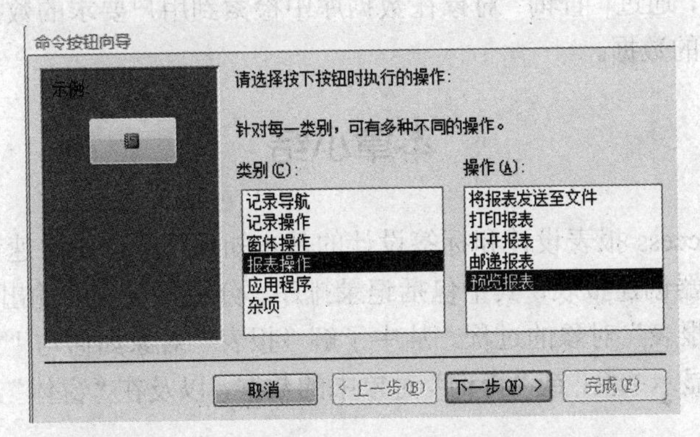

图 5.63 “命令按钮向导”的第 1 个对话框

步骤 11：在随后出现的一组向导对话框中，设置单击命令按钮时预览的报表为“产品信息查询 510”报表、设置命令按钮上的文字为“预览报表”。添加命令按钮后的“产品信息查询 510”窗体如图 5.64 所示。

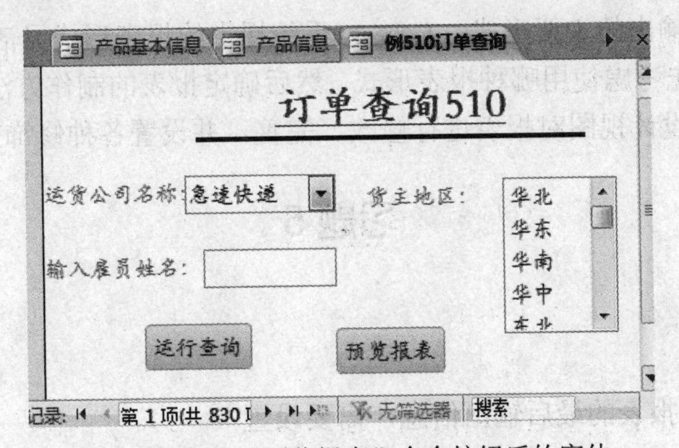

图 5.64 添加“预览报表”命令按钮后的窗体

8. 在窗体上浏览“报表”对象

步骤 12：在“窗体”视图中打开“产品信息查询 510”窗体，选择“运货公司名称”为“急速快递”，“货主地区”为“华南”，然后单击“预览报表”按钮，可打开按给定条件创建的“产品信息查询 510”报表，如图 5.65 所示。该报表会根据窗体的不同选择显示不同的信息（重新打开报表时刷新显示），不是一个固定的报表。

例510订单查询窗口 | 产品信息查询510

产品信息查询510

2014年12月6日

产品名称	类别名称	单价	公司名称	联系人	单位数量
苹果汁	饮料	$18.00	佳佳乐	陈小姐	每箱24
牛奶	饮料	$19.00	佳佳乐	陈小姐	每箱24
汽水	饮料	$4.50	金美	王先生	每箱12
啤酒	饮料	$14.00	力锦	刘先生	每箱24
蜜桃汁	饮料	$18.00	力锦	刘先生	每箱24
绿茶	饮料	$263.50	成记	刘先生	每箱24
运动饮料	饮料	$18.00	成记	刘先生	每箱24

图 5.65　按条件查询后的报表

本实例将“查询”对象、“窗体”对象和“报表”对象结合在一起，通过“窗体”对象确定了对象的查询要求，通过“查询”对象在数据库中检索到用户要求的数据，然后通过“报表”对象输出了用户查询的数据。

本章小结

本章先介绍了 Access 报表设计和标签设计的基本知识，简介了快速创建报表，接着较详细介绍使用报表设计器创建报表，其中包括记录排序、分组及报表的输出。最后，通过报表综合实例，给出使用“报表”对象的过程。从中了解“报表”对象如何与“窗体”、“查询”对象结合，在报表上如何显示“表”或“查询”对象中的数据，以及在“窗体”对象中如何打开“报表”对象。

Access 将数据库中的表、查询甚至窗体中的数据结合起来生成可以打印的报表，尽管多页报表看起来与进行了打印优化的连续窗体很相似，但窗体和报表的使用目的存在着很大的差别。窗体主要用来在窗口中显示数据和实现人机交互，而报表主要是用来分析和汇总数据，然后将它们打印出来。

报表是系统打印输出的主要形式。Access 系统提供的报表形式灵活，制作方法多样。在实际应用过程中，首先考虑使用哪种报表形式，然后确定报表的制作方法。用户可以选用向导生成报表，然后使用设计视图对报表进行修改、完善，并设置各种修饰效果，最后打印输出。

习题 5

一、选择题

1．如果要在整个报表的最后输出信息，需要设置（　　）。

A．页面页脚　　B．报表页脚　　C．页面页眉　　D．报表页眉

2．可作为报表记录源的是（　　）。

A．表　　B．查询　　C．Select 语句　　D．以上都可以

3．在报表中，要计算“英语”字段的最高分，应将控件的“控件来源”属性设置为（　　）。

A．=Max([英语])　　B．Max([英语])

C．=Max[英语]　　D．=Max(英语)

4．若要在报表的每一页底部都输出信息，需要设置的是（　）。

A．页面页脚　　B．报表页脚　　C．页面页眉　　D．报表页眉

5．在使用“报表设计器”设计报表时，如果要统计报表中某个字段的，应将计算表达式放在（　）。

A．组页眉/组页脚　　B．页面页眉/页面页脚

C．报表页眉/报表页脚　　D．主体

6．在关于报表数据源的叙述中，以下正确的是（　）。

A．可以是任意对象　　B．只能是“表”对象

C．只能是“查询”对象　　D．可以是“表”对象或“查询”对象

7．在报表设计的工具栏中，用于修饰版面以达到更好显示效果的控件是（　）。

A．直线和矩形　　B．直线和圆形

C．直线和多边形　　D．矩形和圆形

8．关于报表叙述正确的是（　）。

A．报表只能输入数据　　B．报表只能输出数据

C．报表可以输入/输出数据　　D．报表不能输入数据和输出数据

9．如果要求在页面页脚中显示的页码形式为“第 X 页，共 Y 页”，则页面页脚中的页码的控件来源应该设置为（　）。

A．="第" & [Pages] & "页，共" & [Page] & "页"

B．="第" & [Page] & "页，共" & [Pages] & "页"

C．="共" & [Pages] & "页，共" & [Page] & "页"

D．="共" & [Pages] & "页，共" & [Pages] & "页"

10．在使用“报表设计器”设计报表时，如果要统计报表中某个组的汇总信息，应将计算表达式放在（　）。

A．组页眉/组页脚　　B．页面页眉/页面页脚

C．报表页眉/报表页脚　　D．主体

11．报表页面页眉主要用来（　）。

A．显示记录数据

B．显示报表的标题、图形或说明性文字

C．显示报表中字段名称或对记录的分组名称

D．显示本页的汇总说明

12．如果设置报表上某个文本框的控件来源属性为“=3*2+7”，则预览此报表时，该文本框的显示信息是（　）。

A．13　　B．3*2+7　　C．未绑定　　D．出错

13．在报表的“设计”视图中，区段被表示成带状形状，称为（　）。

A．主体　　B．节　　C．主体节　　D．细节

二、填空题

1．报表记录分组操作时，首先要选定分组字段，在这些字段上________值的记录数据归

为同一组。

2．在报表设计中，可以通过添加________控件来控制另起一页输出显示。

3．Access 的报表对象的数据源可以设置为________。

4．报表数据输出不可缺少的内容是________的内容。

5．计算控件的控件来源属性一般设置为________开头的计算表达式。

6．要设计出带表格线的报表，需要向报表中添加________控件完成表格线显示。

7．Access 的报表要实现排序和分组统计操作，应通过设置________属性来进行。

三、简答题

1．创建报表的步骤有哪几步？报表的样式有哪几种？

2．“报表设计器”的节/带区有哪几种？它们的打印范围是什么？

3．报表和标签有什么区别？

4．报表设计的工具有哪些？

第6章 宏

- 宏的概述
- 宏的创建
- 宏的运行与调试
- 宏的应用

宏操作，简称为“宏”，是Access中的一个对象，是一个或多个操作的集合，其中每个操作实现特定的功能。Access 2010中提供了许多新的宏操作，使用这些新的宏操作可以生成功能更加强大的宏。例如，条件语句更加灵活和易于使用，宏操作更加易于查找，而且智能感知可帮助您更加准确地键入表达式。本章将在介绍宏和事件基本概念的基础上，讲解宏的创建和参数设置、宏的调试和运行、事件触发宏等内容。

6.1 宏的概述

宏是Access的数据库对象之一，使用宏可以控制其他数据库对象、自动执行一个或一组操作命令。与命令按钮一次只能执行一个命令不同的是，使用宏可以一次执行多个操作任务。

6.1.1 宏的基本概念

宏是由一个或多个操作组成的集合，其中的每个操作都能自动执行，并实现特定的功能。在Access中，可以在宏中定义各种操作，如打开或关闭窗体、显示及隐藏工具栏、预览或打印报表等。通过直接执行宏，或者使用包含宏的用户界面，可以完成许多复杂的操作，而无需编写程序。

Access 2010中宏可以分为3类：独立宏、嵌入宏和数据宏。

宏可以是包含操作序列的一个宏，也可以是由若干个子宏组成一个宏。每一个子宏都有自己的宏名并且又可以由一系列操作组成。在宏中还可以包含由IF条件表达式来控制操作执行的逻辑块，用以确定在某些情况下运行宏时是否执行某些操作。

图6.1创建了名为“宏1”的宏，其中包含一个MessageBox操作和一条注释。运行后弹出一个窗口显示“密码错误，请重新输入!”信息，运行效果见图6.2所示。

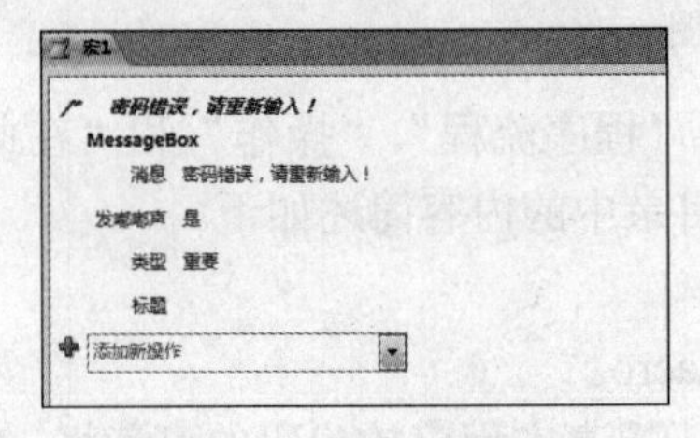

图6.1 宏设计示例：宏1

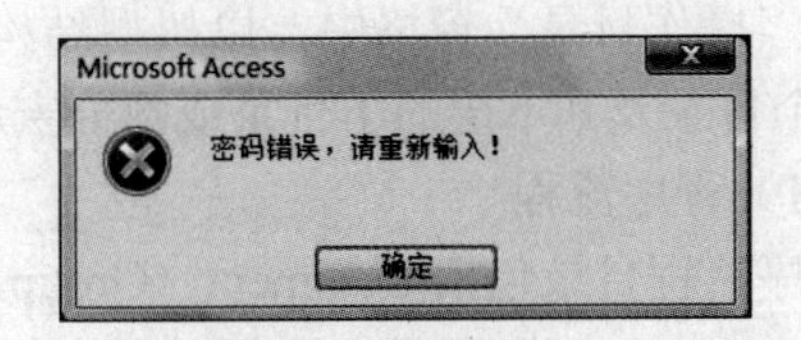

图6.2 宏运行示例

宏中包含的每个操作也有名称，都是系统提供的、由用户选择的操作命令，名称不能更改。一个宏中的多个操作命令在运行时按先后次序顺序执行。如果设计了条件宏，则操作会根据对应设置的条件决定能否执行。

6.1.2 宏与 VBA

在 Access 2010 中，宏提供了处理许多编程任务的简单方法，例如打开和关闭窗体以及运行报表。用户可以轻松快捷地绑定所创建对象，而不需要记住任何语法，并且每个操作的参数都显示在宏生成器中。但是它仅仅依赖几十条指令，其功能受到局限。微软提供了程序语言 Visual Basic for Application（VBA），具备更强的表现力。在 VBA 中宏指令都有其对应的形式。事实上，宏指令系统是一种中介语言，宏指令都是翻译成 VBA 才得以执行的。

宏的优点在于无须通常意义的编程即可完成对数据库对象的各种操作。在使用宏时，只需给出操作的名称、条件和参数，就可以自动完成特定的操作。与宏不同，Access 的模块是将 VBA 代码的声明、语句和过程作为一个单元进行保存的集合。

6.1.3 宏的设计视图

图 6.3 所示是进行宏设计时使用的宏设计视图，在“宏生成器”窗格中，显示带有“添加新操作”占位符的下拉列表框。

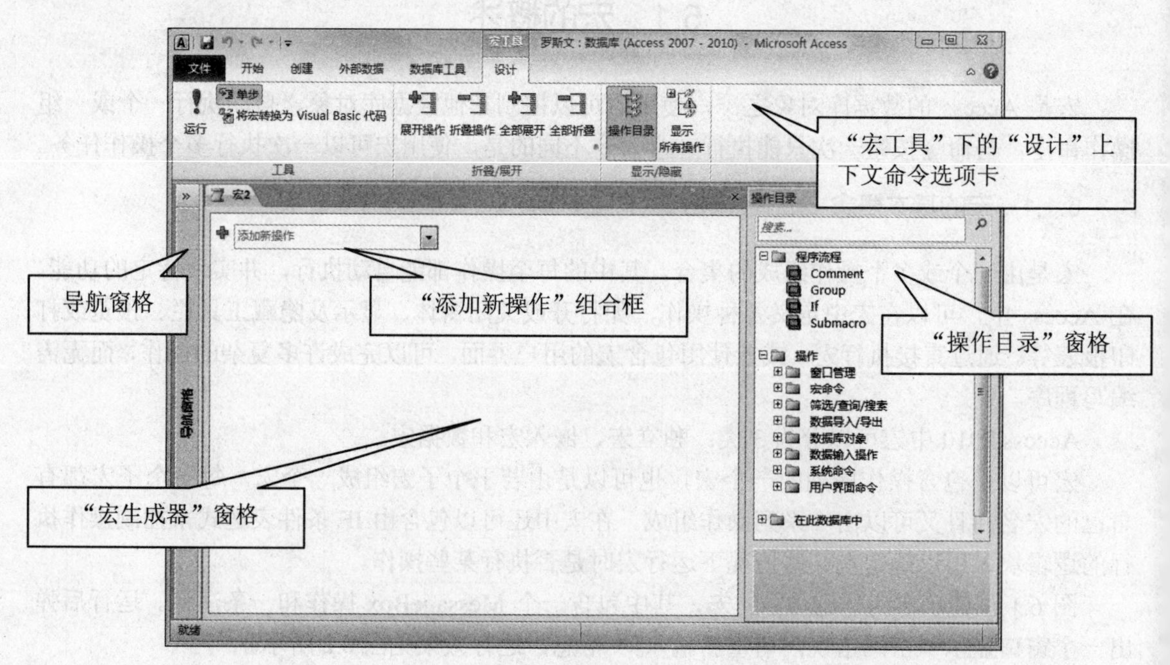

图 6.3　宏设计视图

在“操作目录”窗格中，以树型结构分别列出了“程序流程”、“操作”和“在此数据库中”3 个目录及其下层的子目录或部分宏对象。操作目录中的内容简述如下。

（1）程序流程

程序流程目录包括 Comment、Group、If 和 Submacro。

①Comment：注释是宏运行时不执行的信息，用于提高宏程序的代码的可读性。

②Group：允许操作和程序流程在已命名、可折叠、未执行的块中分组，以使宏的结构更清晰、可读性更好。

③If：通过判断条件表达式的值来控制操作的执行，如果条件表达式的值为“True”便执行相应逻辑块内的那些操作，否则（即为“False”）就不执行相应逻辑块内的那些操作。

④Submacro：用于在宏内创建子宏，每一个子宏都需要指定其子宏名。一个宏可以包含若干个子宏，而每个子宏又可以包含若干操作。

（2）操作

“操作”目录包括“窗口管理”、“宏命令”、“筛选/查询/搜索”、“数据导入/导出”、“数据库对象”、“数据输入操作”、“系统命令”和“用户界面”等 8 个字目录，总共包含 66 个操作。

（3）在此数据库中

在“在此数据库中”目录中，将列出当前数据库中已有的宏对象。并且将根据已有宏的实际情况，还可能会列出宏对象上层的“报表”、“窗体”和“宏”等目录。

6.1.4　常用的宏操作

一个宏可以含有多个操作，并且可以定义它们执行的顺序。Access 2010 的宏操作命令总共有 66 个，按功能可以分为不同的 8 种类别，表 6.1 列出了常用的基本操作。

表 6.1　常用的宏操作

所属类别	操作命令	功能
窗口管理	CloseWindow	用于关闭数据库对象
	MaximizeWindow	用于最大化窗口
	MinimizeWindow	用于最小化窗口
	MoveAndSizeWindow	用于移动并调整激活窗口
	RestoreWindow	用于还原窗口
宏命令	RunMacro	用于运行一个宏
	RunMenuCommand	用于执行 Access 菜单命令
	StopMacro	用于终止正在运行的宏
筛选/查询/搜索	FindRecord	用于查找指定条件的第一条或下一条记录
	OpenQuery	用于打开查询
数据导入/导出	ExportWithFormatting	用于指定数据的输出格式
数据库对象	OpenForm	用于打开窗体
	OpenReport	用于打开报表
	OpenTable	用于打开表
	GoToRecord	用于指定当前记录
	GoToControl	用于选择焦点
数据输入操作	DeleteRecord	用于删除当前记录
	EditListITems	用于编辑、查阅列表中的项
	SaveRecord	用于保存当前记录

续表

所属类别	操作命令	功能
系统命令	Access Beep	用于计算机的扬声器发出嘟嘟声
	CloseDatabase	用于关闭当前数据库
	Quit	用于退出 Access
用户界面命令	AddMenu	用于为窗体或报表将菜单添加到自定义菜单栏
	MessageBox	用于显示消息框
	Redo	用于重复最近的用户操作
	UndoRecord	用于撤销最近的用户操作

“宏生成器”窗格中通常显示一个带有“添加新操作”占位符的下拉组合框，单击右侧的下拉按钮可以在系统预置好的操作命令序列中进行选择。

当选择了某一个宏操作后，在“宏生成器”窗格下部将出现该宏操作所对应的参数设置界面，通过对参数的设置来控制宏的执行方式，将鼠标放置在操作名上会显示该操作的提示信息。

有关设置操作参数的提示：

（1）通常建议按操作参数的排列顺序来设置操作参数，因为某一参数的选择将决定其后面参数的选择。

（2）如果通过从数据库窗口拖拽数据库对象的方式来向宏中添加操作，Access 会自动为这个操作设置适当的参数。

（3）如果操作中带有调用数据库对象名称的参数，则可以将对象从数据库窗口中拖拽到参数框，从而自动设置参数及其对应的对象类型参数。

（4）可以用前面加有等号“=”的表达式来设置许多操作参数。

6.2 创建宏

在使用宏之前，首先要创建宏。在 Access 2010 中，宏可以包含在宏对象（亦称为独立宏）中，它们也可以嵌入在窗体、报表或控件的事件属性中。在 Access 2010 中可以使用宏生成器方便地创建宏，本节分别介绍独立宏、嵌入宏和数据宏的创建。

6.2.1 创建操作序列的独立宏

操作序列的独立宏一般只包含一条或多条操作和一个或多个“注释”（Comment）。宏执行时按照操作的顺序一条一条地执行，直到操作执行完毕为止。

例 6.1 在“罗斯文”数据库，创建一个操作序列的独立宏，该宏包含一条注释和两条操作命令。其中注释内容为“操作序列的独立宏”，第一条操作命令“OpenTable”是打开“供应商”表，第二条操作命令“MessageBox”是显示含有“这是操作序列独立宏的例子！”消息的消息框，保存该宏名为“操作序列的独立宏”。

步骤 1：打开“罗斯文”数据库，单击“创建”选项卡|“宏与代码”分组中的“宏”按钮，显示“宏设计视图”。

步骤2：在“宏生成器”窗格中，单击“添加新操作”组合框右端的下拉按钮，在弹出的“操作”下拉列表中选择“Comment”项，展开注释设计窗格，该窗格自动成为当前窗格并由一个矩形框围住，在注释窗格中输入“操作序列的独立宏”内容。此时在注释窗格的下方又会自动显示一个“添加新操作”下拉组合框。

步骤3：单击“添加新操作”组合框右端的下拉按钮，在弹出的“操作”下拉列表中选择“OpenTable”项，展开“OpenTable”操作块的设计窗格，此时在该操作块的设计窗格的下方又会自动显示一个“添加新操作”下拉组合框。

步骤4：单击该操作块的设计窗格中的“表名称”右侧的下拉按钮，在弹出的下拉列表中选择“供应商”表。

步骤5：单击“添加新操作”组合框右端的下拉按钮，在弹出的“操作”下拉列表中选择“MessageBox”项，展开“MessageBox”操作块的设计窗格。在该操作块设计窗格中的“消息”文本框中输入“这是操作序列独立宏的例子！”。

步骤6：单击“快速访问工具栏”中的“保存”按钮，另存宏名为“操作序列的独立宏”。确定后返回“宏设计视图”，如图6.4所示。

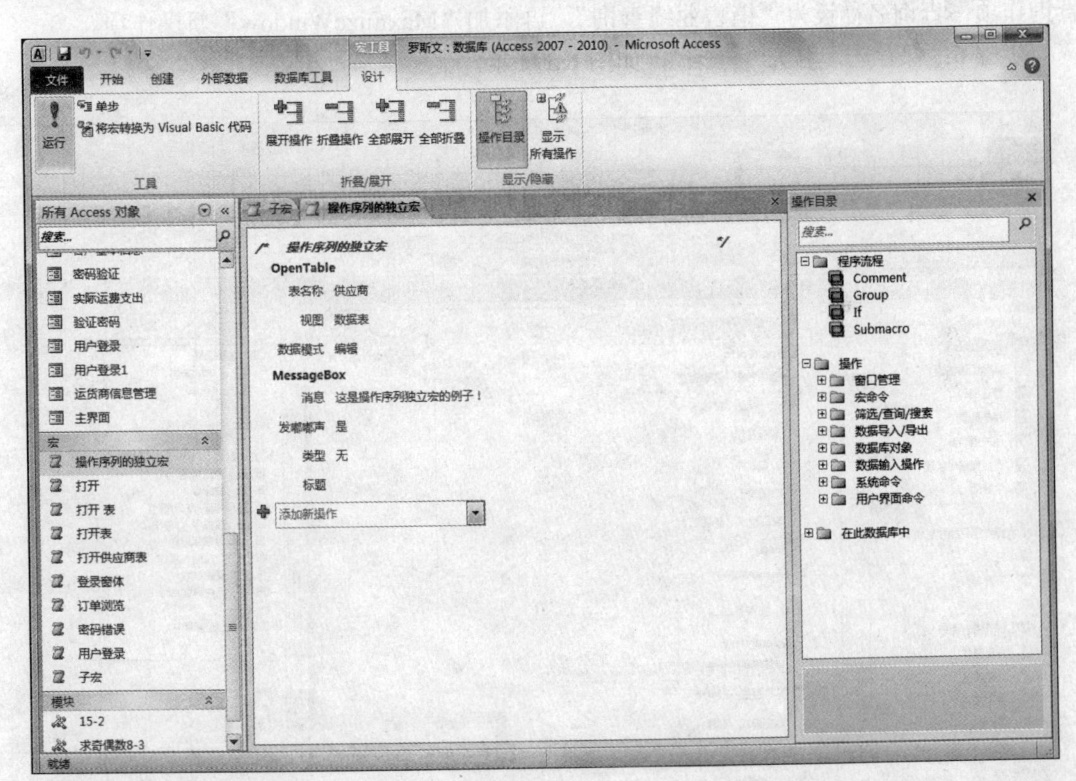

图6.4 “操作序列的独立宏”的宏设计视图

步骤7：单击“宏工具”下的“设计”命令选项卡的“工具”组中的“运行”按钮，直接运行该宏。

6.2.2 创建含子宏的独立宏

一个宏不仅可以包含若干操作，而且还可以包含若干个子宏，而每一个子宏又可以包含若干个操作，这样的宏通常也称为宏组。每一个宏都有其宏名，每一个子宏都有其子宏名。当要引用宏组中的子宏时，可用格式“宏名.子宏名”实现。

例 6.2 在“罗斯文”数据库中创建一个宏组，该宏包含 2 个子宏。第 1 个子宏的宏名为“窗体子宏”，该宏包括 2 个操作，用于打开“订单浏览”窗体并发出“嘟”声。第 2 个子宏的宏名为“查询子宏”，该宏包括 2 个操作，用于打开“销售业绩查询”并使该查询窗口最大化。保存该宏名为“子宏”。

步骤 1：在“罗斯文”数据库中，打开“宏设计视图”。

步骤 2：在“宏生成器”窗格的“添加新操作”列表中选择“Submacro”项，展开子宏块设计窗格，窗格下端的“End Submacro”表示该子宏块结束。

步骤 3：在该子宏设计窗格内设置子宏名为“窗体子宏”，并添加“OpenForm”新操作项，窗体名称设为“订单浏览”，再添加“Beep”新操作项。

步骤 4：在“End Submacro”的下一行“添加新操作”列表中选择“Submacro”项，展开子宏设计窗格。

步骤 5：在该子宏设计窗格内设置该子宏名为“窗体子宏”，并添加“OpenQuery”新操查询作项，查询名称设为“销售业绩查询”，再添加“MaxmizeWindow”新操作项。

步骤 6：保存宏，名为“子宏”，如图 6.5 所示。

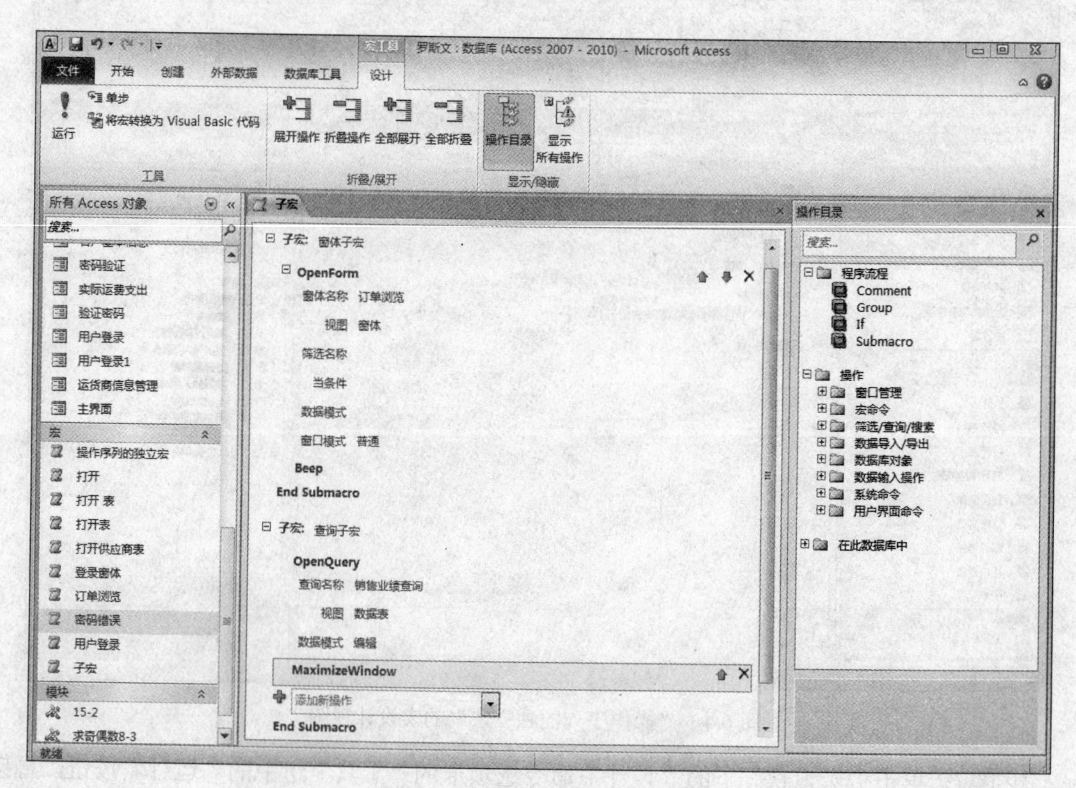

图 6.5 “子宏”的宏设计视图

6.2.3 创建带条件的宏

条件宏已不是宏的一个分类项，但考虑到它的应用的普遍性，在本节中单列一项学习。

在某些情况下，可能希望仅当特定条件成立时才执行宏中一个或多个操作，则可以使用“If”块。还可以使用“Else If”和“Else”块来扩展“If”块。图 6.6 显示了一个简单的“If”块，其中包括“Else If”和“Else”块。

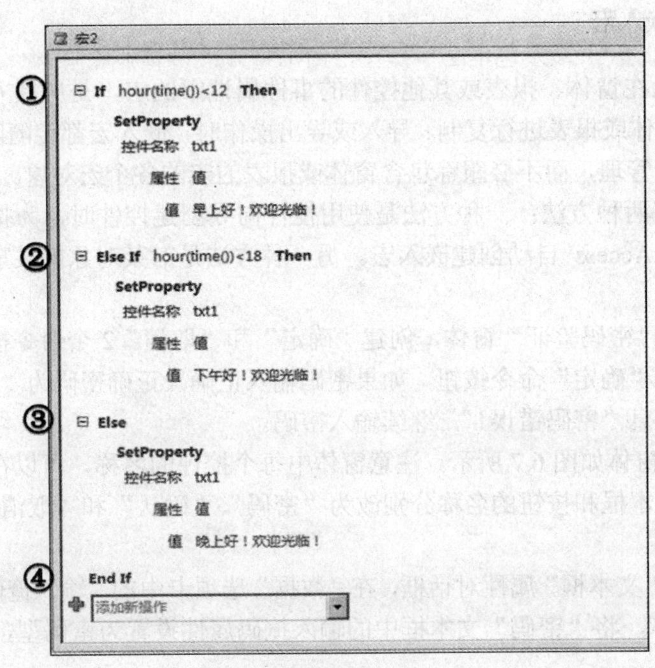

图 6.6　简单的“If”块

①如果函数 hour(time())的值小于 12，则执行“If”块；

②如果函数 hour(time())的值小于 18，则执行“Else if”块；

③如果以上块都不执行，则执行“Else”块；

④“If”块在此结束。

If 操作的条件表达式，其返回值只有两个：“真”和“假”。当条件成立时，表达式的返回值为“真”；条件不成立时，表达式的返回值为“假”。

表达式可以在宏生成器的“If”块设计窗格中的“条件表达式”文本框中直接输入，也可以在“条件表达式”文本框右侧单击“ ”按钮，在表达式生成器中生成条件表达式。表 6.2 列出了一些宏条件示例。

表 6.2　宏条件示例

条件表达式	含义
[产品名称]=“苹果汁”	“苹果汁”是运行宏的窗体中“产品名称”字段的值
[订购日期] Between #1/1/1996# And #1/1/1997#	执行此宏的窗体上的“订购日期”字段值在 1996 年 1 月 1 日和 1997 年 1 月 1 日之间
Forms![产品基本信息]![单价]<30	“产品基本信息”窗体内的“单价”字段值小于 30
IsNull([产品名称])	运行此宏的窗体上的“产品名称”字段值是 Null（空值），这个表达式等价于 [产品名称] Is Null
[货主城市] In (“北京”，“上海”，“天津”) And Len ([产品名称])<>4	运行此宏的窗体上“货主城市”字段值是“北京”，“上海”，“天津”之一，且“产品名称”的长度不等于 4

在输入条件表达式时，可能会引用窗体或报表上的控件值。可以使用如下的语法：

Forms![窗体名]![控件名]或[Forms]![窗体名]![控件名]

Reports![报表名]![控件名]或[Reports]![报表名]![控件名]

6.2.4 创建嵌入宏

嵌入宏是嵌入在窗体、报表或其他控件的事件属性中的宏，是所嵌入到的对象或控件的一部分。每次对窗体或报表进行复制、导入或导出操作时，嵌入宏都会随附于窗体或报表。这使得数据库更易于管理，而不必跟踪包含窗体或报表的宏的各个宏对象。

创建嵌入宏有两种方法：一种方法是使用控件向导创建控件时，为执行某种操作而对该控件的默认事件，Access 自动创建嵌入宏。另一种方法是对某对象的某事件属性使用宏生成器创建嵌入宏。

例 6.3 建立“密码验证”窗体，创建“确定”和“取消”2 个命令按钮的嵌入宏，当运行该窗体时，单击“确定”命令按钮，如果密码输入正确（正确密码为“001”），登陆系统主界面，否则显示信息“密码错误！”，继续输入密码。

步骤 1：设计窗体如图 6.7 所示。注意窗体中每个控件的名称，可以在“名称”属性中进行修改，这里将文本框和按钮的名称分别改为“密码”、“确认”和“取消”，下面的宏引用要与此一致。

步骤 2：打开“文本框”属性对话框，在“数据”选项卡中的“输入掩码”属性中输入“密码”或“password”，将“密码”文本框中的输入掩码属性设置为密码型，以防输入时被人窥视，如图 6.8 所示。

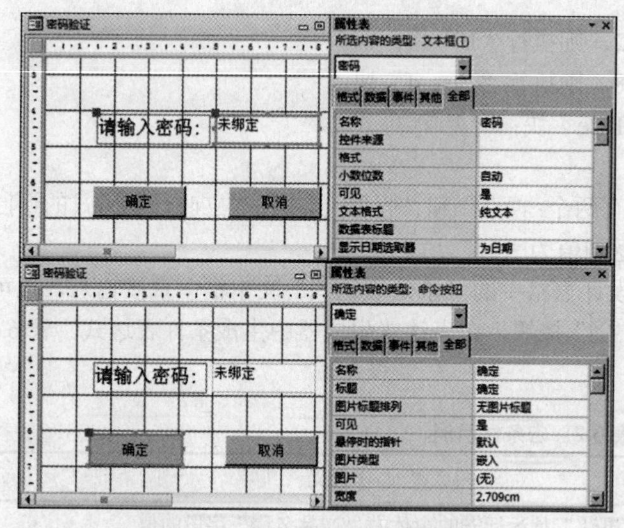

图 6.7 设计“密码验证”窗体

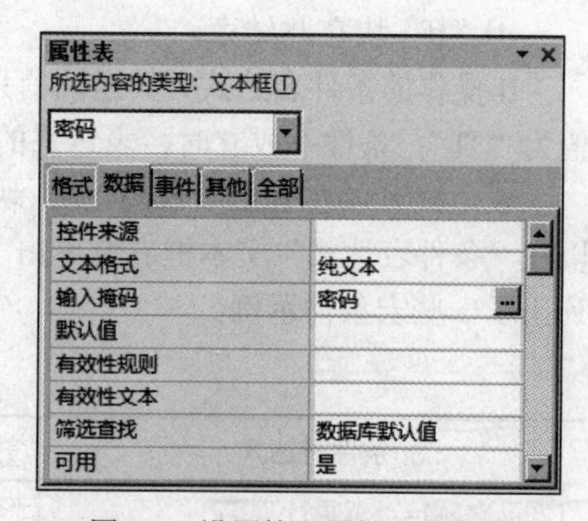

图 6.8 设置掩码属性为密码型

步骤 3：设置“密码验证”窗体的窗体属性，比如“滚动条”设置为“两者均无”，“记录选择器”和“导航按钮”均设置为“否”，“边框样式”设置为“对话框边框”。

步骤 4：打开“确定”命令按钮属性对话框，在“事件”选项卡中单击“单击”属性行右端的省略号“…”按钮，在显示的“选择生成器”对话框中选定“宏生成器”，打开“宏设计视图”。

步骤 5：如图 6.9 所示，在宏生成器窗格中进行相应的输入。输入完毕后，关闭宏设计视图，返回窗体设计视图，“确定”属性表对话框如图 6.10 所示。

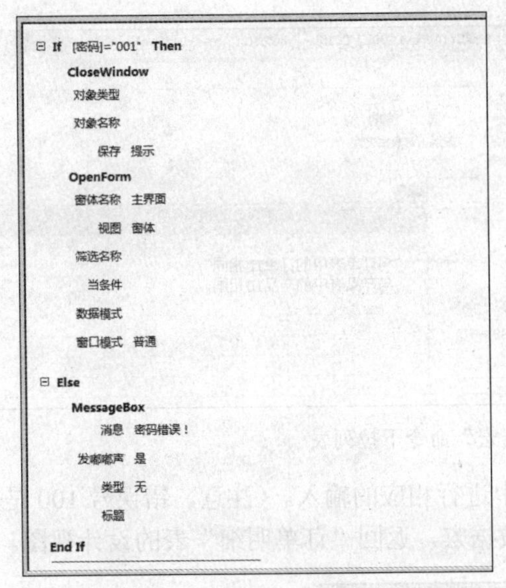

图 6.9　“确定”按钮的嵌入宏

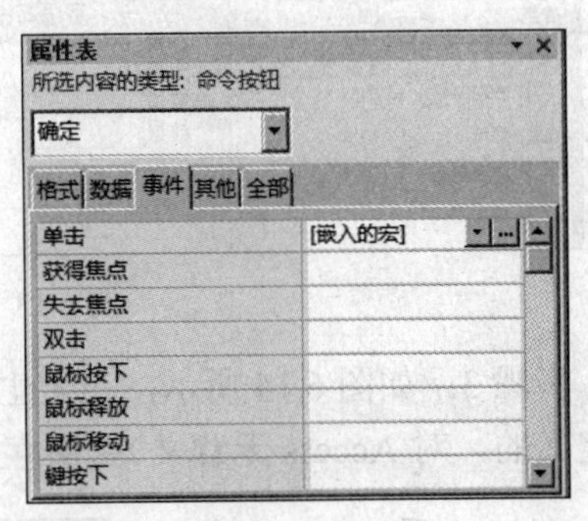

图 6.10　“确认”按钮的“单击”事件

步骤 6：使用同样的方式设置“取消”按钮的“单击”事件嵌入宏，运行“取消”宏时，执行 QuitAccess 操作指令，退出 Access。

步骤 7：输入密码错误时，运行效果如图 6.11 所示。

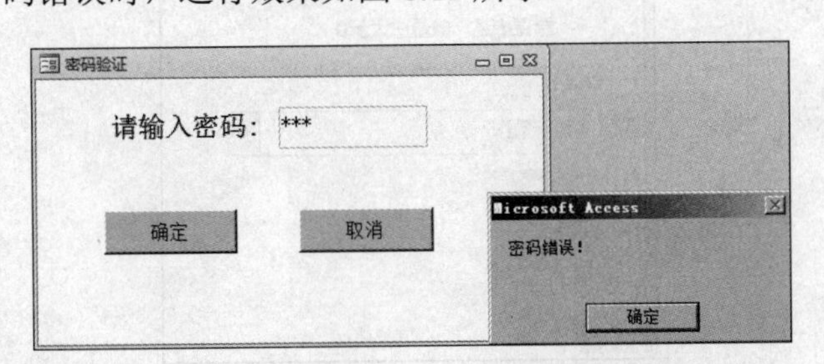

图 6.11　“密码”填写错误时的运行结果

6.2.5　创建数据宏

数据宏是 Access 2010 中新增的一项功能，该功能允许用户在表事件（如添加、更新或删除数据等）中添加逻辑。通过使用数据宏将逻辑附加到用户的数据中来增加代码的可维护性，从而实现源表逻辑的集中化。数据宏包括五种宏：插入后、更新后、删除后、删除前、更改前。

例 6.4　在“罗斯文”数据库中，为“订单明细”表创建一个“更改前”的数据宏，用于限制输入的“数量”字段值不得小于等于 0。如果输入的值小于等于 0，那么单击“保存”按钮时，显示如图 6.12 所示的消息框。

图 6.12　消息框

步骤 1：在“罗斯文”数据库中，打开“表”对象列表中的“订单明细”表的设计视图。

步骤 2：单击“表格工具”上下文工具|“设计”选项卡|“字段、记录和表格事件”分组中的“创建数据宏”按钮，在弹出的下拉列表选择“更改前”选项，如图 6.13 所示，打开“订

单明细”表的“宏设计视图”。

图 6.13　“创建数据宏”命令下拉列表

步骤 3：如图 6.14 所示，在宏生成器窗格中进行相应的输入。（注意，错误号 100 是用户自定义的，对 Access 无意义）。保存并关闭该数据宏，返回“订单明细”表的设计视图。

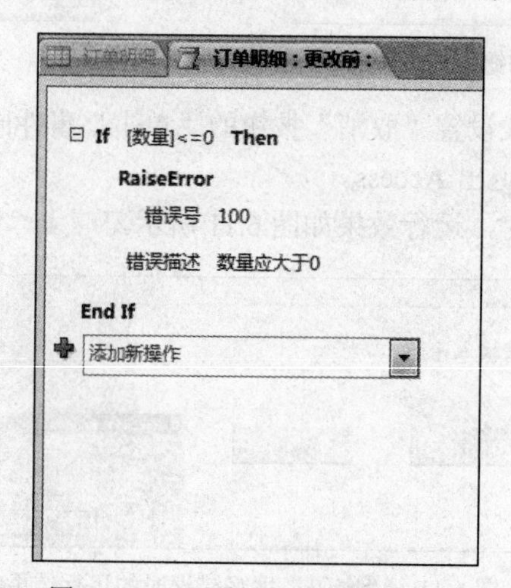

图 6.14　“订单明细”表的宏设计

6.3　运行与调试宏

可以直接运行某个宏，也可以调试宏，还可以为响应窗体、报表上或窗体、报表的控件上所发生的事件而运行宏。对于含有子宏的宏，如果需要运行宏中的任何一个子宏，则需要用“宏名.子宏名”格式指定某个子宏。

6.3.1　运行宏

宏可以有以下几种运行方式：

- 直接运行宏。
- 或从其他宏中运行宏。
- 或在窗体、报表或控件的事件中运行宏。

一、直接运行宏

直接运行宏主要是为了对建立的宏进行调试。可以有以下 3 种方式：

- 若要从宏设计视图中执行宏，可单击“宏工具”上下文工具|“设计”选项卡|“工具”分组中的“运行”按钮。
- 若要从数据库窗口中运行宏，可单击“宏”对象，然后双击相应的宏名。对于含有子宏的宏，仅运行该宏中的第一个子宏名的宏。
- 单击“数据库工具”选项卡|“宏”分组中的“运行”按钮，然后在“执行宏”对话框中选择宏。如图 6.15 所示。

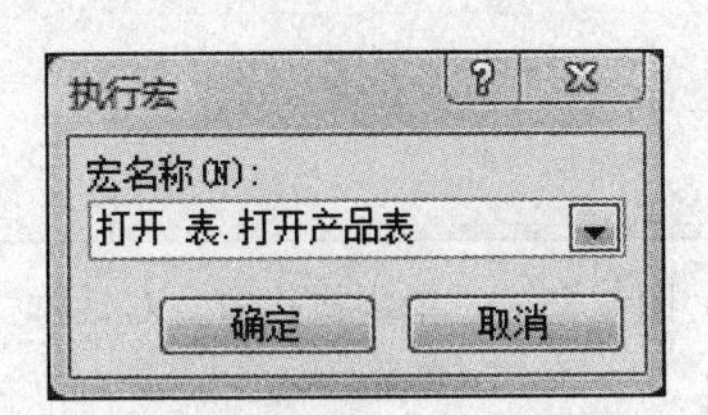

图 6.15　“执行宏”对话框

二、从其他宏中运行宏

如果要从其他的宏中运行宏，必须在宏设计视图中将“RunMacro”操作添加到相应的宏操作中，并且将“宏名称”参数设置为要运行的宏名。

三、在窗体、报表或控件的事件中运行宏

通常情况下直接运行宏只是进行测试，可以在确保宏的设计无误之后，将宏附加到窗体、报表或控件中，以对事件做出响应，也可以创建一个运行宏的自定义菜单命令。

Access 可以对窗体、报表或控件中的多种类型事件作出响应，包括鼠标单击、数据更改以及窗体或报表的打开或关闭等。

在 Access 报表、窗体或控件上添加宏以响应某个事件，操作步骤如下：

（1）在设计视图中打开窗体或报表。

（2）创建宏或事件过程。例如，可以创建一个用于在单击命令按钮时显示某种信息的宏或事件过程。

（3）将窗体、报表或控件的适当事件属性设为宏的名称，例如，如果要使用宏在单击按钮时显示某种信息，可以将命令按钮的 OnClick 属性设为用于显示信息的宏的名称。

6.3.2　调试宏

如果创建的宏没有实现预期的效果，或者宏的运行出了错误，就应该对宏进行调试，查找错误。常用的调试方法是通过对宏进行单步执行来发现宏中错误的位置。

使用单步执行宏，可以观察宏的流程和每一个操作的结果，并且可以排除导致错误或产生非预期结果的操作。

（1）打开相应的宏。

（2）单击“宏工具”上下文工具|“设计”选项卡|“工具”分组中的“单步”按钮。

（3）单击“工具”组中的“运行”按钮，打开“单步执行宏”对话框。如图 6.16 所示。

（4）执行下列操作之一：

- 若要执行显示在“单步执行宏”对话框中的操作，单击“单步执行”按钮。

- 若要停止宏的运行并关闭对话框，请单击“停止”按钮。
- 若要关闭单步执行，并继续执行后续操作，可单击“继续”按钮。

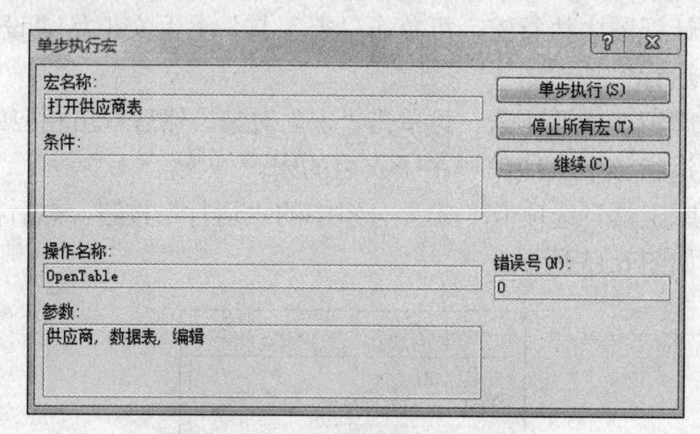

图 6.16 “单步执行宏”对话框

6.4 宏应用实例

宏编程要让 Access 在正确的时间，正确的地点，对正确的对象进行正确的操作，其要点是选择适当的操作指令和触发事件，正确引用对象的名称。

从下面的应用实例我们可以看到，有些操作没有现成的，非编程不可，而由现成的宏命令组合出一个新操作，常常只需要寥寥几个命令语句。关键是把握命令、事件、对象之间的关系。

例 6.5 在例 6.3 的基础上，继续完善“密码验证”窗体，要求当密码输入错误超过 3 次以上，将自动退出 Access。

1. 控件准备

步骤 1：打开“罗斯文”数据库，在设计视图中打开“密码验证”窗体，在窗体上添加一个未绑定文本框，作为计数器。

步骤 2：打开文本框的“属性”对话框，设置“名称”为“计数器”，“默认值”为“1”，“可见性”为“否”，如图 6.17 所示。

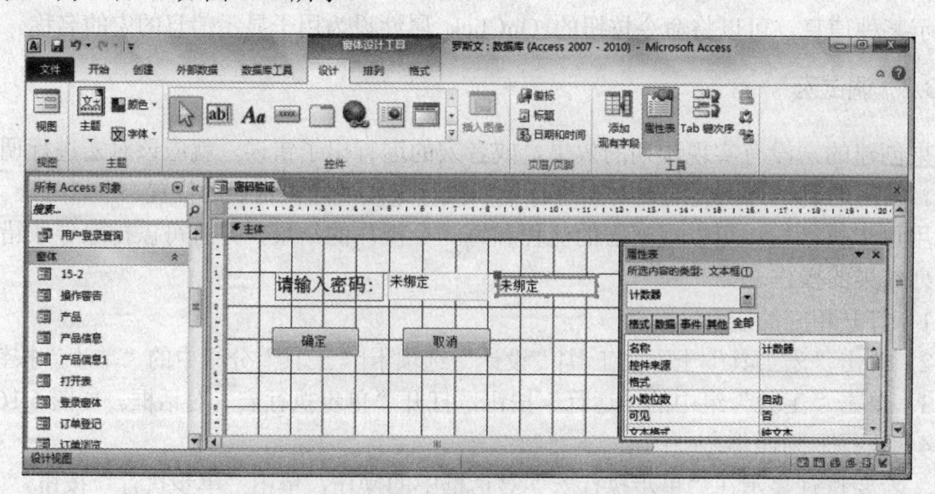

图 6.17 完善后的“密码验证”窗体设计视图

2. 宏编程

步骤 3：打开宏设计视图，按图 6.18 所示进行输入，并将宏组命名为“密码管理”保存。

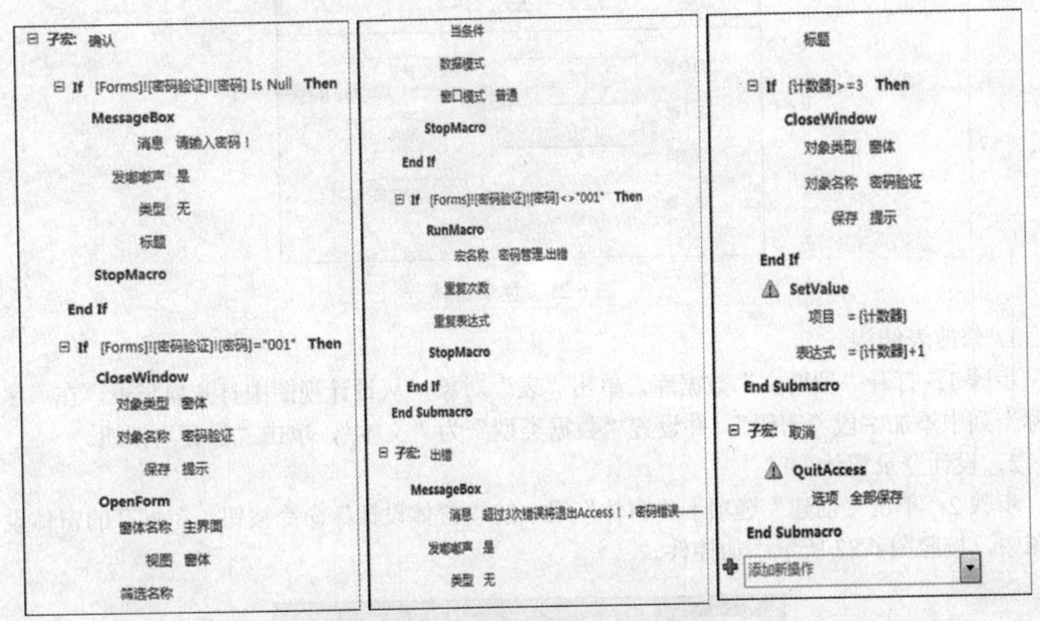

图 6.18　“密码管理”宏组的设计

子宏“确认”中的操作 RunMacro，表示当密码不为“001”时，会自动运行宏组“密码管理”中的“出错”宏。设置该指令的操作参数“宏名”为“密码管理.出错”。

子宏“出错”中的操作 SetValue，该指令有赋值的功能，如果错误次数没有超过 3 次，计数器将自动加 1，用下列表达式来实现：[计数器]=[计数器]+1。该指令的操作参数如图 6.19 所示。

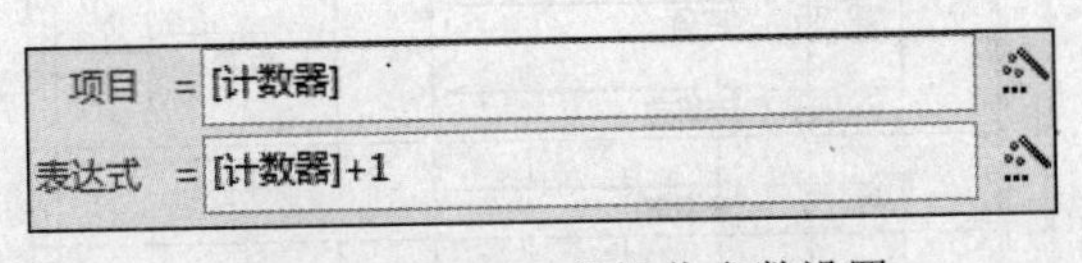

图 6.19　SetValue 的操作参数设置

3. 触发设置

步骤 4：将“密码管理.确认”、“密码管理.取消”分别挂到“密码验证”窗体“确认”、“取消”按钮的“单击”事件。输入一个错误密码，试运行该窗体检验效果如图 6.20 所示。

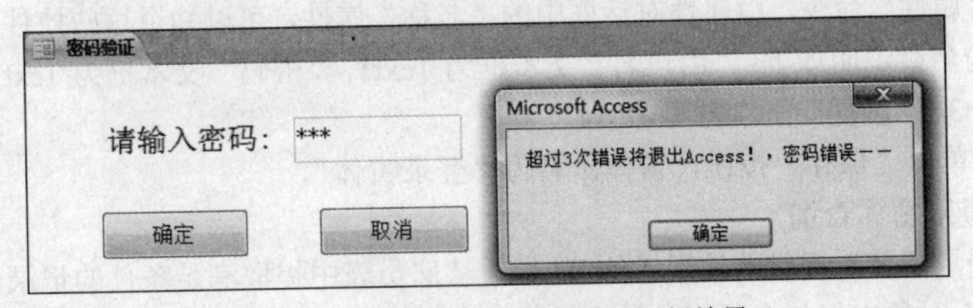

图 6.20　“密码”填写错误时的运行结果

例 6.6　为“罗斯文”数据库做一个完整的登录窗体，如图 6.21 所示，雇员可以使用各自预设的密码登陆进入系统主界面（假设预设密码均为雇员 ID），并且可以修改登录密码。

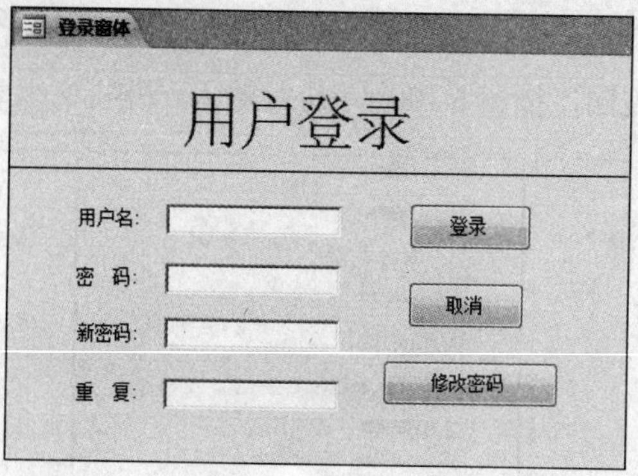

图 6.21　登录窗体

1. 修改表结构

步骤 1：打开“罗斯文”数据库，单击“表”对象，从设计视图中打开雇员表，在“字段名称”列中添加字段“密码”，并设置“数据类型”为“文本”，单击“保存”按钮。

2. 设计登录窗体

步骤 2：单击“创建”选项卡“窗体”组中的“窗体设计”命令按钮，在打开的窗体设计视图中，按照图 6.22 所示添加控件。

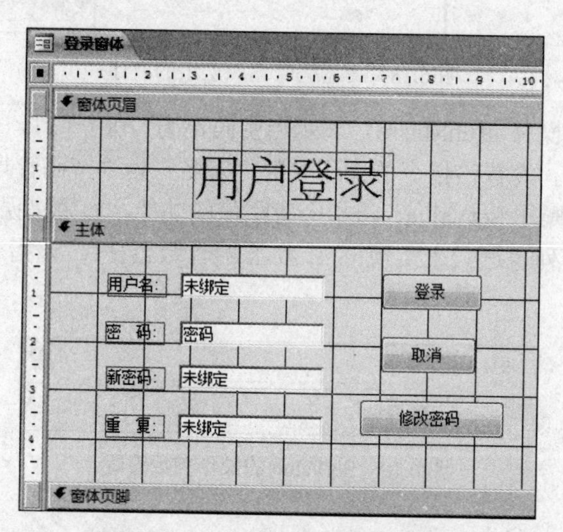

图 6.22　“登录窗体”的设计视图

步骤 3：为方便对这些控件的引用，可记录下这些控件的名称，选中控件，在其右键快捷菜单中选择“属性”命令，由属性对话框中的“名称”属性，可以知道这些控件的名称。现将本例中控件的名称说明如下：“用户名”文本框为 Text1，“密码”文本框为 Text2，“新密码”文本框为 Text3，“重复”文本框为 Text4。

步骤 4：单击“保存”按钮，窗体命名为“登录窗体”。

3. 创建登陆窗体查询

根据“登录窗体”提供的使用者的 ID 号，从雇员表中提取满足条件的记录生成“查询”对象。“查询”对象中仅包含“雇员 ID”和“密码”字段。

步骤 5：在数据库窗口中单击“创建”选项卡“查询”组中的“查询设计”命令按钮，打开的查询设计视图和“显示表”窗口。

步骤6：从“显示表”窗口中将雇员表添加到设计视图显示区后关闭窗口。将“雇员ID”和“密码”字段依次拖动到设计视图设计区的字段行。

步骤7：在“雇员ID”字段的条件单元格中输入“[forms]![登陆窗体]![Text1]”，其中“登录窗体”是系统登录窗体的名称，“Text1”是该窗体上的“雇员 ID”文本框控件，用于接收用户输入的雇员ID。

步骤8：保存查询并命名为“登录窗体查询”，其设计视图如图6.23所示。

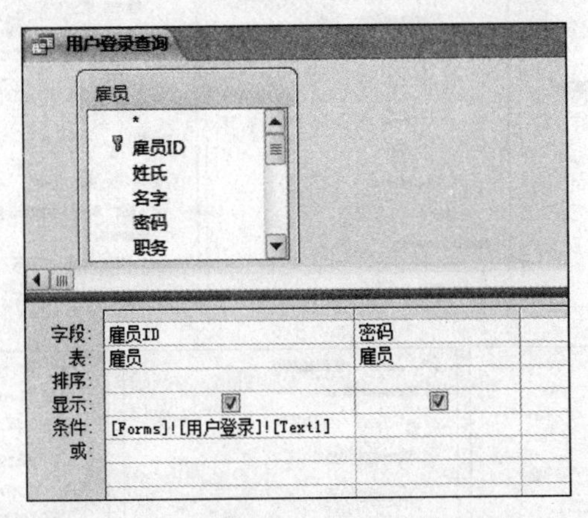

图6.23　“登录窗体查询”的设计视图

4. 为登录窗体设置记录源

步骤9：打开“登录窗体”的设计视图，在“窗体”属性对话框中，单击“数据”选项卡，在“记录源”属性的下拉菜单中选择“登录窗体查询”，然后单击“窗体设计工具”上下文工具|“设计”选项卡|“工具”分组中的“添加现有字段”按钮，弹出“登录窗体查询”的字段列表框。

步骤10：将“字段列表”中的“密码”字段拖曳到“登录窗体”的设计视图中，生成的“密码”文本框，它与“登录窗体查询”绑定，是原始的用户密码。设置其“可见”属性为“否”，并删除“密码”文本框的附加标签。

为窗体添加绑定文本框“密码”，当用户输入不同的雇员 ID 时，根据“登录窗体查询”可以显示出其对应的密码。

步骤11：选择“用户名”文本框、“新密码”文本框和“重复”文本框，设置其“输入掩码”属性为“密码”，单击“保存”按钮。

5. 宏编程

步骤12：打开宏设计视图，按图6.24所示进行输入，并将宏组命名为“登录窗体”保存。

为了使窗体自动根据“Text1”文本框的值查询出对应的密码，需要建立一个“重新查询”宏，Requery 指令能通过再查询控件的数据源来更新活动对象中的特定控件的数据，Requery 如果不填参数，意义为更新整个当前窗体的记录源。

“登录”宏的功能，我们在例6.5中已经有所介绍。功能是：若通过验证，则关闭“登录窗体”，打开“系统主界面”窗体。如图6.24所示，IF块条件单元中设置为“[Text2]=[密码]”，利用窗体上的“Text2”文本框和隐藏的“密码”文本框的数值比较来决定是否执行宏的操作。

“修改密码”宏的功能，是在输入雇员ID及其原始密码正确的情况下，能够设置新的密码。

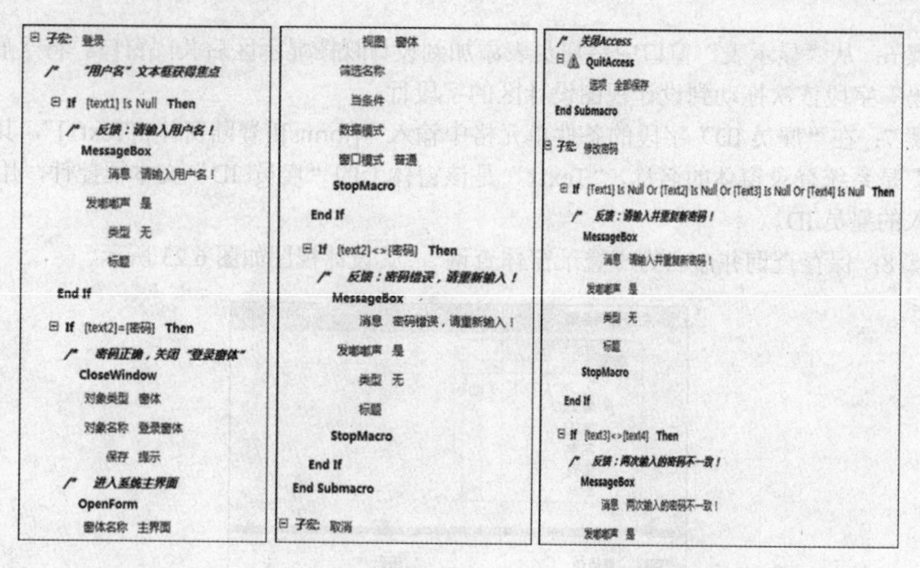

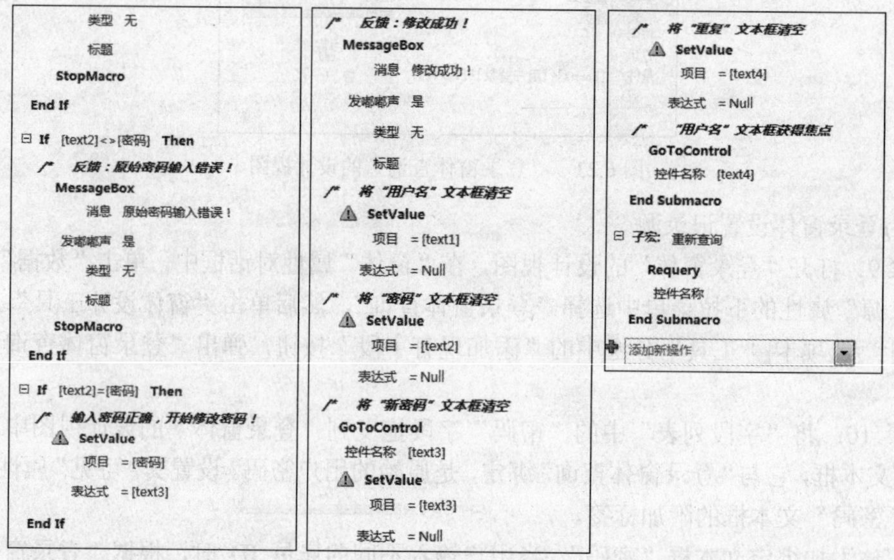

图 6.24 "登录窗体"宏组的设计

子宏"修改密码"中的第 1 个 IF 块的条件中输入[Text1] Is Null Or [Text2] Is Null Or [Text3] Is Null Or [Text4] Is Null，表示当"登录窗体"中的任何一个文本框为空时，提示"请输入并重复新密码！"

子宏"修改密码"中的第 4 个 IF 块的条件中输入[Text2]=[密码]，表示输入的密码和该雇员 ID 对应的原始密码匹配时，可以进行密码的重新设置，用 Setvalue 指令可以实现密码的重置，其操作参数如图 6.25 所示。

子宏"修改密码"中的 Setvalue 指令，可以用来实现文本框的清空，其操作参数如图 6.26 所示。

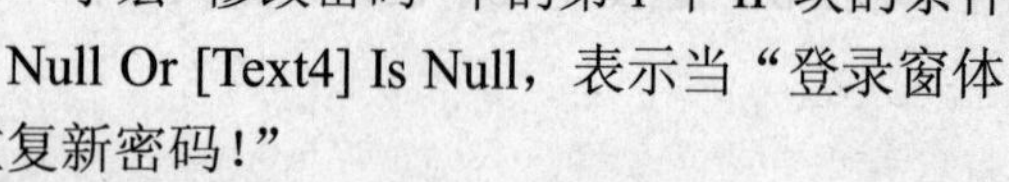

图 6.25 重新设置密码的操作参数

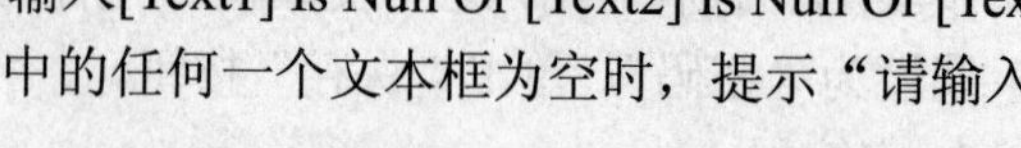

图 6.26 清空文本框的操作参数

当密码修改成功后，清空所有文本框中的内容，并将光标移动到“用户名”文本框。此时，雇员表中密码字段的相应字段值会得到更改。

6. 触发设置

步骤 13：打开“登录窗体”的设计视图，然后打开“用户名”文本框的属性窗口，选择“事件”选项卡，设置“更新后”属性为“登录窗体.重新查询”宏，如图 6.27 所示。

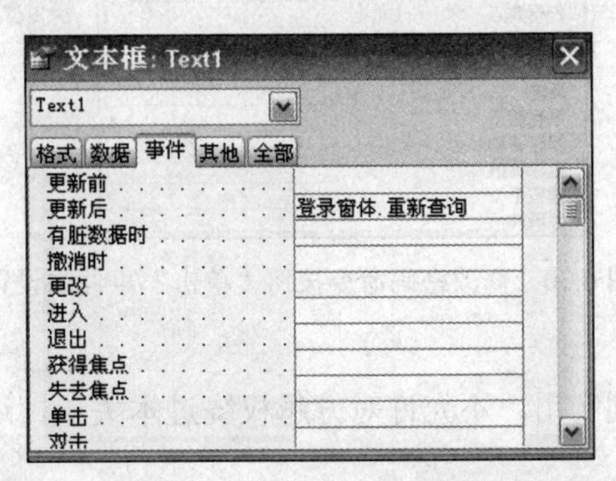

图 6.27　用户名文本框“更新后”事件的设置

步骤 14：打开“登录”命令按钮的属性窗口，选择“事件”选项卡，设置“单击”属性为“登录窗体.登录”宏，如图 6.28 所示。

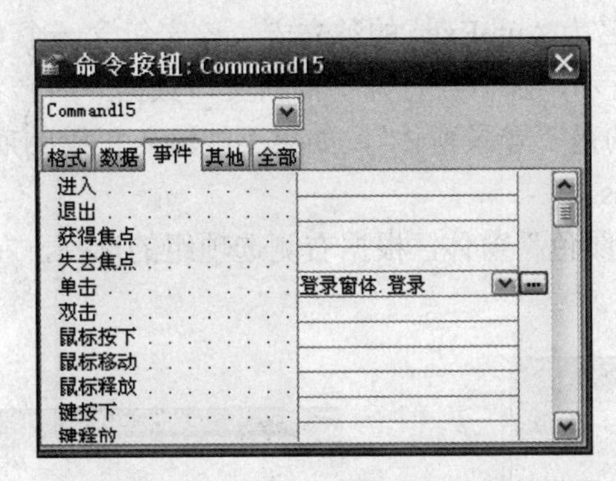

图 6.28　登录命令按钮“单击”事件的设置

步骤 15：打开“取消”命令按钮的属性窗口，选择“事件”选项卡，设置“单击”属性为“登录窗体.取消”宏，如图 6.29 所示。

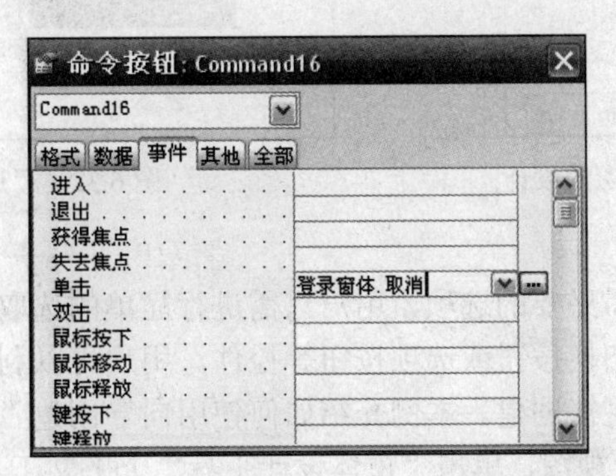

图 6.29　取消命令按钮“单击”事件的设置

步骤 16：打开“修改密码”命令按钮的属性窗口，选择“事件”选项卡，设置“单击”

属性为“登录窗体.修改密码”宏，如图 6.30 所示。

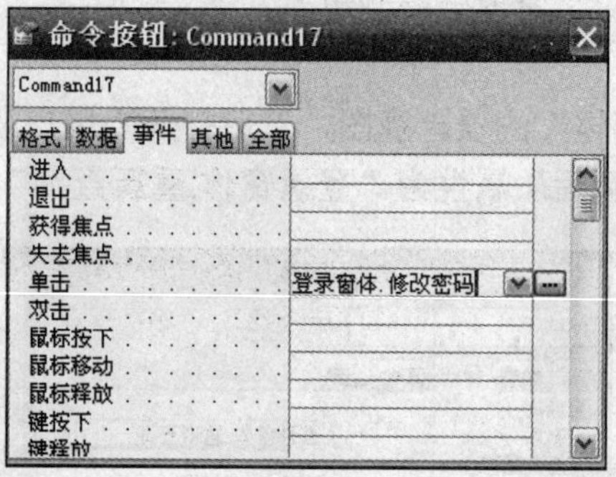

图 6.30　修改密码命令按钮“单击”事件的设置

7. 运行调试

为了使本设计真正达到实用，不允许对方越权绕过本关卡，还须调试成功后在窗体属性对话框进行设置。

步骤 17：在“登录窗体”的窗体属性表进行如下设置：“格式”选项卡中“滚动条”为“两者均无”，“记录选择器”和“导航按钮”为“否”，“边框样式为”为“对话框边框”，“控制框”为“否”。“其他”选项卡中“弹出方式”和“模式”为“是”，“快捷菜单”为“否”。

步骤 18：创建一个宏名为 AutoExec 的独立宏，该宏包含一个 OpenForm 操作，用于打开“登录窗体”，如图 6.31 所示，那么在打开“罗斯文”数据库时，将首先执行该 AutoExec 中的所有操作，即首先打开的是“登录窗体”，如果不能输入正确的雇员 ID 和密码，就无法进入本系统，只能退出 Access。

例 6.7　设计一个“选颜色”窗体，根据右侧选项组的选择，左侧出现相应的颜色，如图 6.32 所示。

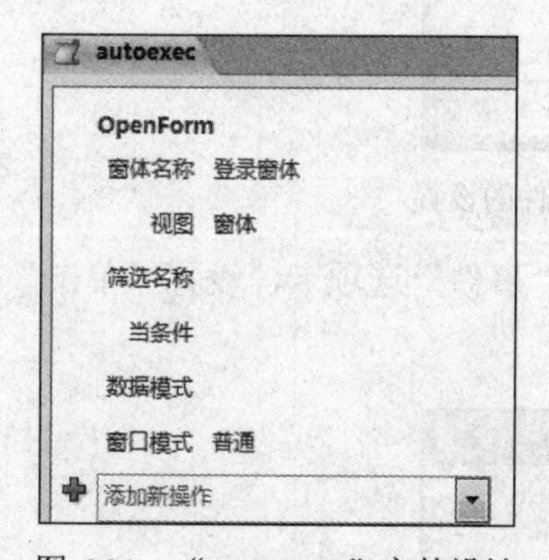

图 6.31　“AutoExec”宏的设计

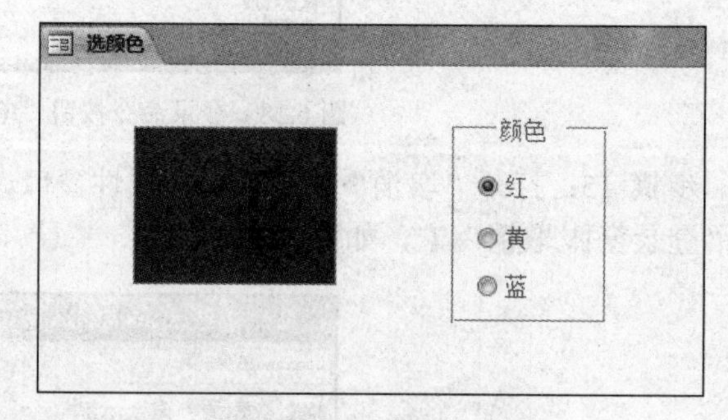

图 6.32　“选颜色”窗体

1. 创建选项组控件

“选项组”控件提供了必要的选项，用户只需进行简单的选取即可完成参数设置。“选项组”中可以包含复选框、切换按钮或选项按钮等控件。用户可以利用向导来创建“选项组”。也可以在窗体设计视图中直接创建。本例介绍如何使用向导创建“颜色”选项组。

步骤 1：打开窗体设计视图，单击“窗体设计工具”上下文工具|“设计”选项卡|“控件”分组中的“使用控件向导”按钮，再单击“选项组”按钮。在窗体上单击要放置选项组的右侧位置，打开“选项组向导”第 1 个对话框。在该对话框中要求输入选项组中每个选项的标签名。

此例在“标签名称”框内分别输入“红”、“黄”、“蓝”，结果如图 6.33 所示。

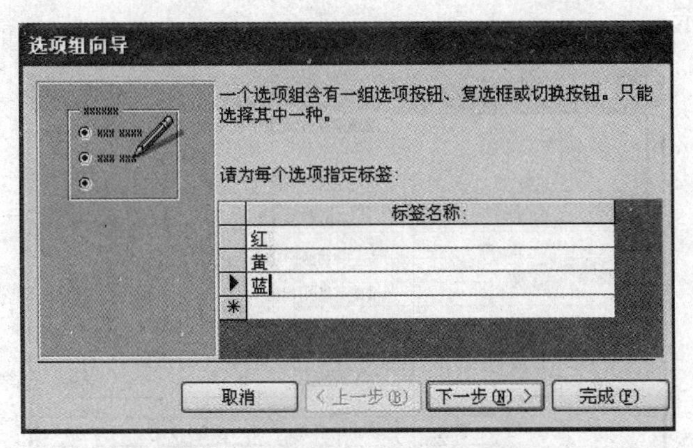

图 6.33　“选项组向导”第 1 个对话框 vv

步骤 2：单击“下一步”按钮，屏幕显示“选项组向导”第 2 个对话框。该对话框要求用户确定是否需要默认选项，选择“否，不需要默认选项”，如图 6.34 所示。

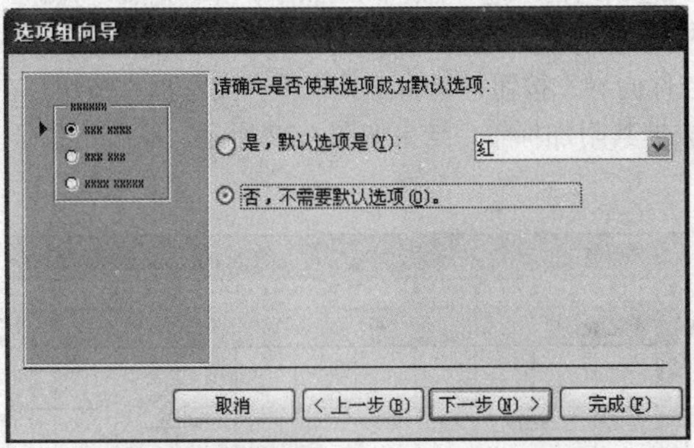

图 6.34　“选项组向导”第 2 个对话框

步骤 3：单击“下一步”按钮，打开“选项组向导”第 3 个对话框。此处设置“红”选项值为 1，“黄”选项值为 2，“蓝”选项值为 3，如图 6.35 所示。

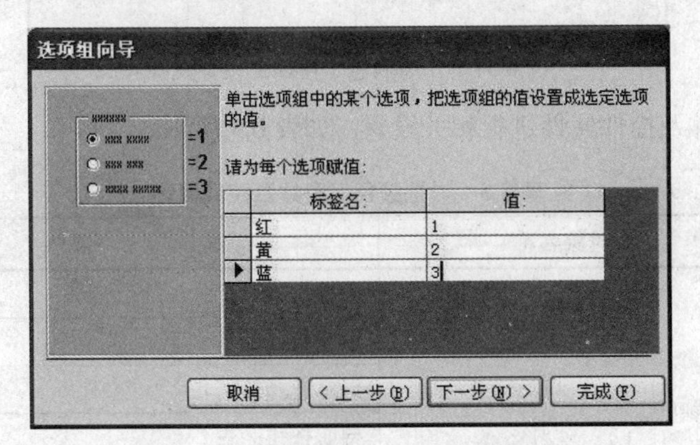

图 6.35　“选项组向导”第 3 个对话框

步骤 4：单击“下一步”按钮，打开“选项组向导”第 4 个对话框，选项组可选用的控件为“选项按钮”、“复选框”和“切换按钮”。本例选择“选项按钮”及“蚀刻”按钮样式，选择结果如图 6.36 所示。

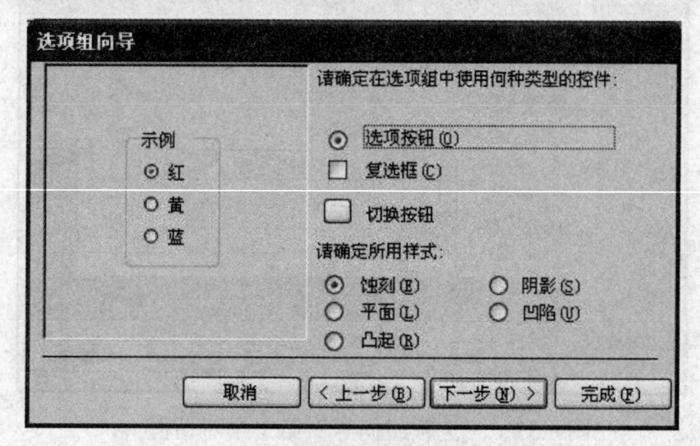

图 6.36 “选项组向导”第 4 个对话框

步骤 5：单击“下一步”按钮，打开“选项组向导”最后一个对话框，在“请为选项组指定标题”文本框中输入选项组的标题“颜色”，然后单击“完成”按钮。

2. 设计窗体及控件属性设置

步骤 6：取消“控件向导”按钮，单击工具栏中“文本框”按钮，在窗体上左侧位置单击要放置的文本框，并去掉其附加标签，结果如图 6.37 所示。单击“保存”按钮，并命名为“选颜色”。

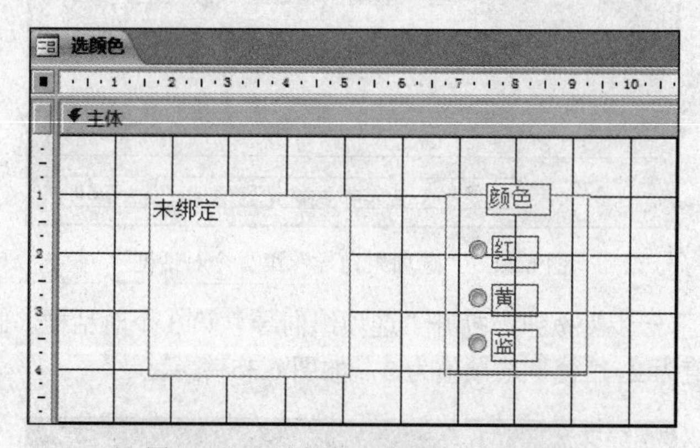

图 6.37 “选颜色”窗体的设计视图

步骤 7：对窗体及控件属性进行相关设置，如表 6.3 所示。

表 6.3 “选颜色”窗体及控件属性

对象	对象名称	属性
窗体	选颜色	标题：选颜色
		滚动条：两者均无
		记录选择器：否
		导航按钮：否
		分隔线：否
		边框样式：对话框边框

续表

对象	对象名称	属性
选项组	Frame1	名称：Frame1
		默认值：0
文本框	Text1	名称：Text1
		字号：54
		字体粗细：加粗
		文本对齐：居中

3. 宏编程

步骤 8：打开宏设计视图，按图 6.38 所示进行输入，并将宏命名为“选颜色”保存。

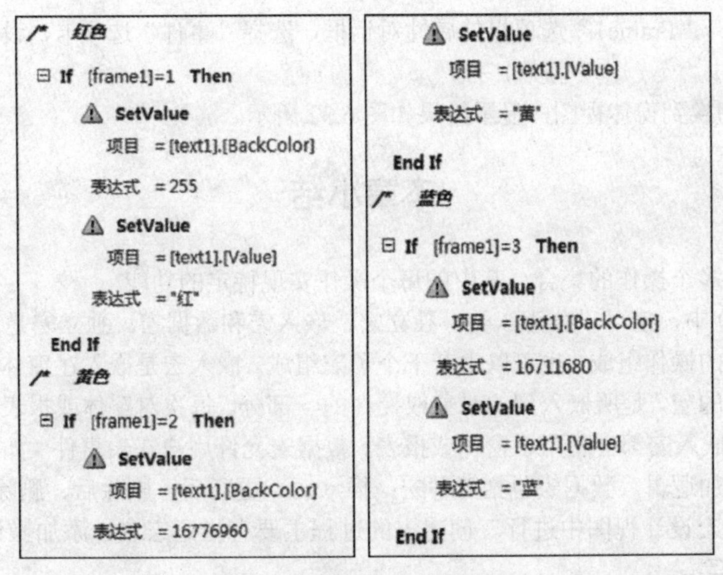

图 6.38　“选颜色”宏设计视图

在窗体的“颜色”选项组中选择不同的颜色时，控件“Frame1”被赋予不同的值。现以选择“红色”为例进行说明。选择“红色”时，满足“条件”列中第一行的条件“[Frame1]=1”，执行两个 SetValue 指令，分别完成设置背景色和显示文字的功能，两个指令的操作参数分别如图 6.39 和 6.40 所示。

图 6.39　设置文本框的背景为红色　　图 6.40　设置文本框中显示内容为“红”

Access 中通常用一个十进制的值来进行对象颜色设定，这个整数值的获取可以用以下方法，以红色的十进制数值为例进行说明。

打开文本框“Text1”的“属性”对话框，单击“背景色”属性右侧的“…”按钮，如图 6.41 所示。打开如图 6.42 所示的“颜色”对话框，选择第 2 行 1 列的红色，单击“确定”按钮，此时，在“背景色”的文本框中显示数值“255”，此数值即可进行对红色的设定。

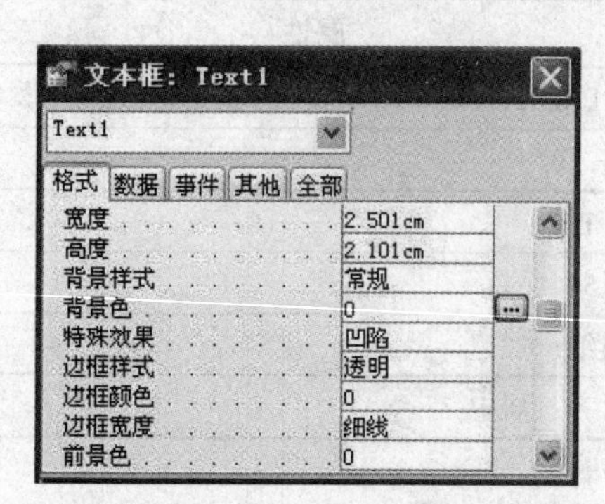

图 6.41 “文本框”属性对话框

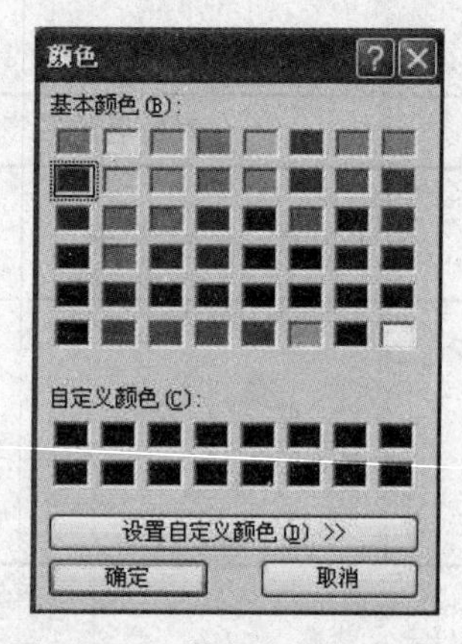

图 6.42 “颜色”属性对话框

4. 触发设置

步骤 9：打开“Frame1”选项组的属性对话框，选择“事件”选项卡，设置“单击”属性为“选颜色”宏。

步骤 10：切换到窗体视图，显示结果如图 6.32 所示。

本章小结

宏是一个或多个操作的集合，其中的每个操作实现特定的功能。

Access 2010 中，宏可以分为 3 类：独立宏、嵌入宏和数据宏。独立宏是由包含在宏对象中由一系列相关的操作组成，也可以由若干个子宏组成。嵌入宏是嵌入在窗体、报表或其他控件的事件属性中的宏，是所嵌入到的对象或控件的一部分。每次对窗体或报表进行复制、导入或导出操作时，嵌入宏都会随附于窗体或报表。数据宏允许用户在表事件（如添加、更新或删除数据等）中添加逻辑。数据宏包括五种宏：插入后、更新后、删除后、删除前、更改前。

创建宏要在宏设计视图中进行。创建宏的过程主要有指定宏名、添加操作、设置操作参数以及提供备注等。

当创建了一个宏后，需要对宏进行运行与调试，以便察看创建的宏是否含有错误，是否能完成预期任务。使用单步执行宏，可以观察宏的流程和每一个操作的结果，便于发现错误。通常情况下直接运行宏只是进行测试，在实际的应用系统中，设计好的宏更多的是通过窗体、报表或查询产生的事件来触发相应的宏，使之运行。

习题 6

一、选择题

1．为窗体或报表上的控件设置属性的正确宏操作命令是（　　）

A．SetLocalVar　　B．Set OrderBy

C．SetTempVar　　D．SetProperty

2．要运行宏中的一个子宏时，需要以（　　）格式来指定宏名。

A．宏名　　B．子宏名.宏名

C．子宏名　　D．宏名.子宏名

3．打开查询的宏操作是（　）。

A．OpenForm　　B．OpenQuery

C．Open　　D．OpenModule

4．用于查找满足指定条件的下一条记录的宏命令是（　）。

A．FindRecord　　B．FindFirstRecord

C．FindFirst　　D．FindNext

5．在一个宏的操作序列中，如果既包含带条件的操作，又包含无条件的操作，则没有指定条件的操作会（　）。

A．不执行　　B．有条件执行

C．无条件执行　　D．出错

6．下列关于宏的执行，以下说法不正确的是（　）。

A．在“导航窗格”，选择“宏”对象列表中的某个不含有子宏的宏并双击，可以直接运行该宏中的所有操作

B．在“导航窗格”，选择“宏”对象列表中的某个不含有子宏的宏并双击，可以直接运行该宏中的所有操作

C．在一个宏中可以运行另一个宏

D．在打开数据库时，可以自动运行 AutoExec 宏

7．打开窗体需要执行的宏操作是（　）。

A．OpenQuery　　B．OpenReport

C．OpenForm　　D．OpenWindow

8．通过（　）操作可以运行数据宏。

A．RunMenuCommand　　B．RunCode

C．RunMacro　　D．RunDataMacro

9．数据宏的创建是在打开（　）设计视图的情况下进行的。

A．窗体　　B．报表　　C．查询　　D．表

10．宏命令 Requery 的功能是（　）。

A．实施指定控件重新查询　　B．查找符合条件的第 1 条记录

C．查找符合条件的下一条记录　　D．指定当前记录

11．下列操作中不属于“数据输入操作”子目录中的操作是（　）。

A．DeleteRecord　　B．EditListItems

C．GotoPage　　D．SaveRecord

12．在宏的表达式中要引用报表 test 上控件 textName 的值，可以使用的引用是（　）。

A．textName　　B．test! textName

C．Reports!test!textName　　D．Report!textName

13．在创建含有 IF 块的宏时，如果要引用窗体上的控件值，正确的表达式引用是（　）。

A．[窗体名]![控件名]　　B．[窗体名][控件名]

C．[Form]![窗体名]![控件名]　　D．[Forms]![窗体名]![控件名]

14．发生在控件接收焦点之前的事件是（　）。

A．Enter　　B．Exit　　C．GotFocus　　D．LostFocus

15．如果不指定对象，CloseWindow 基本操作关闭的是（　）。

A．正在使用的表　　B．当前正在使用的数据库

C．当前窗体　　D．当前对象（窗体、查询、宏）

二、填空题

1．打开一个表应该使用的宏操作是________。

2．某窗体中有一个命令按钮，在窗体中单击此命令按钮打开一个报表，需要执行的宏操作是________。

3．用于使计算机发出“嘟嘟”声的宏操作命令是________。

4．宏是一个或多个________的集合。

5．如果要引用宏组中的子宏，采用的语法是________。

6．有多个操作构成的宏，执行时是按________依次执行的。

第7章 模块与VBA程序设计

VBA（Visual Basic for Applications）是Microsoft Office 集成办公软件的内置编程语句。它是基于VB（Visual Basic）发展的的一种程序设计语句，主要用于Office系统中各个组件的程序设计。因此，在Access数据库应用系统中编写相应的Access应用程序使用VBA较为方便。本章主要介绍了VBA的相关概念、语法基础、结构控制、过程设计以及事件驱动程序和ADO访问数据库程序设计等内容。

7.1 模块的基本概念

模块是Access系统中的一个重要对象，同时又是应用程序的基本组成单位。它以VBA为基础编写，它是一些代码的集合，由变量的声明和过程构成。过程是一个可单独执行的代码语句，而一个模块可包括多个过程。Access中，模块分为类模块和标准模块两种类型。

7.1.1 类模块

窗体模块和报表模块都属于类模块，它们从属于各自的窗体或报表。在窗体或报表的设计视图环境下可以用两种方法进入相应的模块代码设计区域：一是鼠标单击工具功能区“查看代码”按钮进入；二是为窗体或报表创建事件过程时，系统会自动进入相应代码设计区域。

窗体模块和报表模块通常都含有事件过程，而过程的运行用于响应窗体或报表上的事件。使用事件过程可以控制窗体或报表的行为以及它们对用户操作的响应。

窗体模块和报表模块中的过程可以调用标准模块中已经定义好的过程。

窗体模块和报表模块具有局部特征，其作用范围局限在所属窗体或报表内部，而生命周期则是伴随着窗体或报表的打开而开始，关闭而结束。

7.1.2 标准模块

标准模块一般用于存放供其他Access数据库对象使用的公共过程。在系统中可以通过创建新的模块对象而进入其代码设计环境。

标准模块通常安排一些公共变量或过程供类模块里的过程调用。在各个标准模块内部也可以定义私有变量和私有过程仅供本模块内部使用。

标准模块中的公共变量和公共过程具有全局特性，其作用范围在整个应用程序里，生命周期是伴随着应用程序的运行而开始，关闭而结束。

7.1.3 将宏转换为模块

在Access系统中，根据需要可以将设计好的宏对象转换为模块代码形式。

一定要注意，无论哪一种模块，都是由一个模块通用声明部分以及一个或多个过程或函数组成。

模块的通用声明部分用来对要在模块中或模块之间使用的变量、常量、自定义数据类型以及模块级 Option 语句进行声明。

Option 语句常用格式如下：

- Option Base 1：声明模块中数组下标的默认下界为 1，不声明则为 0。
- Option Compare Database：声明模块中要进行字符串比较时，将根据数据库的区域 ID 确定的排序级别进行比较；不声明则按字符 ASCII 码进行比较。Option Compare Database 只能在 Microsoft Access 中使用。
- Option Explicit：强制模块中用到的变量必须先进行声明。

7.2 创建模块

过程是模块的单元组成，模块功能的实现就是通过执行具体的过程来完成的。过程分两种类型：Sub 子过程和 Function 函数过程。

7.2.1 在模块中加入过程

在窗体或报表的设计视图里，单击工具功能区的“查看代码”按钮，即可进入标准模块的设计和编辑窗口。

一、子过程的定义

子过程是一系列由 Sub 和 End Sub 语句所包含起来的 VBA 语句，只执行一个或多个操作，而不返回数值。定义格式如下：

```
Sub  子过程名
[程序代码]
End Sub
```

子过程定义格式中“Sub 子过程名”和“End Sub”是必不可少的，子过程名的命名规则与变量命名规则相同。子过程由“Sub”开始定义，由 End Sub 结束，在这两者之间的程序便是完成某个功能的子过程体。

子过程体内部不能再定义其他过程，可以引用过程名来调用该子过程。此外，VBA 提供了一个关键字 Call，可显示调用一个子过程。在过程名前加上 Call 是一个很好的程序设计习惯。

二、函数过程的定义

函数过程通常情况下称为函数，是一系列由 Function 和 End Function 语句所包含起来的 VBA 语句。Function 过程和 Sub 过程很类似，但函数过程可以通过函数名返回一个值。定义格式如下：

```
Function 函数过程名 As（返回值）类型
[程序代码]
End Function
```

函数过程定义的函数体内不允许定义其他的函数过程和子过程，函数过程不能使用 Call 来调用执行，需要直接引用函数过程名，并由接在函数过程名后的括号所辨别。

请注意二者的区别：

- 子过程无返回值。
- 函数过程有返回值。

三、创建过程

子过程或函数过程既可以在标准模块中建立，也可以在窗体模块中建立。

（1）在窗体代码编辑器或模块代码编辑器中执行“【插入】｜【过程】”菜单命令，即可打开“添加过程”对话框如图 7.1 所示。

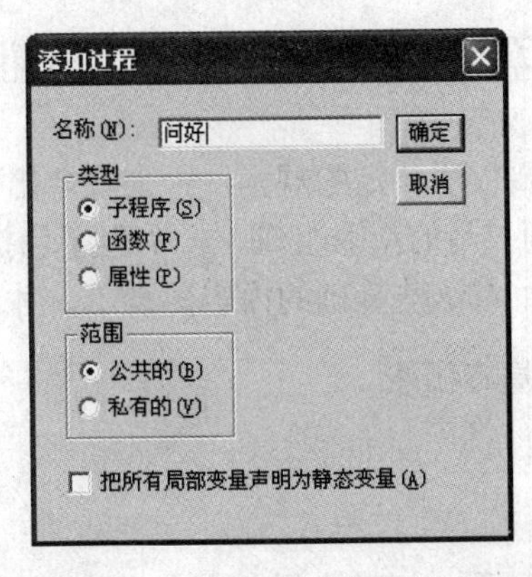

图 7.1　“添加过程”对话框

（2）在“名称”右边的文本框中输入过程名称，如图 7.1 所示，“问好”为过程名。

（3）在“类型”选项组中选择“子程序”或“函数”选项。

（4）确定所创过程是私有的还是公有的，在“范围”选项组中选择单选按钮之一。

（5）根据应用的需求，确定过程是否为静态，若选中“把所有局部变量声明为静态变量”复选框，则会在过程说明之前加上 Static 说明符。

（6）单击“确定”按钮，即可回到代码窗口，根据上述选择系统自动构造的过程框架，并将录入光标定位在过程内第 1 行，输入代码，如图 7.2 所示。

图 7.2　简单的过程

（7）可为过程添加形式参数及其类型声明，为函数过程的返回值添加类型声明。

（8）在 Sub 和 End Sub 之间或者在 Function 和 End Function 之间编写程序代码。

创建子过程或函数过程的方法，除了上述使用菜单命令创建外，也可以直接打开要编写过程的模块，键入 Sub 或 Function，系统会在后面自动加上 End Sub 或 End Function 语句，然后在其中输入过程代码。

7.2.2　在模块中执行宏

在模块的过程定义中，使用 Docmd 对象的 RunMacro 方法，可以执行设计好的宏。其调用格式为：

```
Docmd.RunMacro MacroName [,RepeatCount] [,RepeatExpression]
```

其中，MacroName 表示当前数据库中宏的有效名称；RepeatCount 可选项，用于计算宏运行次数的整数值；RepeatExpression 可选项，数值表达式，在每一次运行宏时进行计算，结果为 False 时，停止运行宏。

7.3 VBA 程序设计基础

编写程序和写文章一样，要依照一定的规则，否则就会出错。在 VBA 中，程序是由过程组成的，过程由根据 VBA 规则书写的指令组成。一个程序包括语句、变量、运算符、函数、数据库对象、事件等基本要素。对这些基础的内容熟悉了，才能编写好的程序。

7.3.1 面向对象程序设计基本概念

一、对象和类

1. 对象

存在于客观世界中的相互联系、相互作用的所有事物都是对象，比如电视机、汽车、桌子、计算机等都是对象，每个对象都有区别于其他对象的独特的存在状态和客观行为。VBA 是面向对象的程序设计语言，界面上的所有事物都可以被称为对象。每一个对象有自己的属性、方法和事件，用户就是通过属性、方法和事件来处理对象的。对象是基本元素，它是将数据和操作过程结合在一起的数据结构，或者是具有属性和方法的结构体。

2. 对象的属性

每个对象都有自己区别于其他对象的特征状态，用来描述这种特征状的数据就是属性。换言之，属性就是对象的物理性质。比如，要描述计算机的外观特征，可以用它的颜色、大小尺寸等来描述它，这些特征就是它的属性。

在 VBA 中，每个对象都有若干个属性。比如窗体中的“文本框”就是一个对象，文本框的大小、字体颜色、内容的对齐方式、字体大小就是“文本框”的属性，每个属性都有一个预先设置的默认值，多数都不要改动。改变对象的属性值，可以改变对象的行为外观。对象属性的设置一般有两种途径：

- 选定对象，然后在属性窗口中找到相应属性直接设置。
- 在代码中通过编程设置，格式如下：

  对象.属性名称＝属性值。

注意，对象和属性名中间用“.”隔开，以表示从属关系。

例如，某个命令按钮的前景颜色属性描述为 Command1.ForeColor= &HC0000（深蓝色）。

在程序中获取对象的属性的格式如下：

变量＝对象.属性

3. 对象的方法

一般来说，方法就是要执行的动作，完成某种任务的功能，是对象可以执行的操作。

方法和函数有相似之处：函数是由一段代码完成某一功能的，方法也是通过一段代码完成对对象的某种操作。但是方法和函数又有着不同之处：方法是固定属于某一个对象的，而函数可以被其他程序调用；函数是在程序设计过程中由程序语句所调用的，而方法是由对象调用的。可以这样理解方法，它是某个对象所特有的函数，通过执行该函数所定义的操作来完成一定的功能。

方法只能在程序代码中使用，其用法依赖于方法的参数个数以及它是否有返回值。当方法不需要参数且无返回值时，调用格式如下：

对象名.方法名

例如，Debug.Print　"VBA 编程"。表示使用 Print 方法在立即窗口显示"VBA 编程"。常用方法如表 7.1 所示。

表 7.1　常用方法

方法	功能	主要应用对象
Print	打印文本	立即窗口
Move	移动窗体或控件	窗体或控件
Show	显示窗体	窗体
Hide	隐藏窗体	窗体
Refresh	重绘窗体或控件	窗体或控件
Setfocus	将焦点移至指定的控件或窗体	窗体或控件

4. 对象的事件

事件是一种特定操作，事件是预先定义好的、能被对象识别的动作。

在 Access 中，事件可以分为焦点、鼠标、键盘、窗体、打印、数据、筛选、错误和事件 8 类。

下面主要介绍焦点、键盘、鼠标和窗体类事件的名称和事件发生情况。

（1）焦点类事件。表 7.2 列出了焦点类事件名称和发生情况。

表 7.2　焦点类事件

事件	作用范围	事件说明
Activate（激活）	窗体和报表	当获得焦点并成为活动状态时发生
Deactivate（停用）	窗体和报表	当焦点不做编辑的窗体和报表时发生
Enter（进入）	控件	在光标移到控件时发生
Exit（退出）	控件	在光标离开控件时发生
GotFocus（获得焦点）	窗体和控件	在光标移到窗体或控件时发生
LostFocus（失去焦点）	窗体和控件	在光标离开窗体或控件时发生

（2）键盘类事件。表 7.3 列出了键盘类事件名称和发生情况。

表 7.3　键盘类事件

事件	作用范围	事件说明
KeyDown（键按下）	窗体和控件	按下键盘时发生
KeyPress（击键）	窗体和控件	按住和释放按键或组合按键时发生
KeyUp（键释放）	窗体和控件	释放按键时发生

（3）鼠标类事件。表 7.4 列出了鼠标类事件名称和发生情况。

表 7.4　鼠标类事件

事件	作用范围	事件说明
Click（单击）	窗体和控件	单击鼠标时发生
DblClick（双击）	窗体和控件	双击鼠标左键时发生
MouseDown（鼠标按下）	窗体和控件	鼠标指针位于窗体或控件上时按下鼠标指针时发生
MouseMove（鼠标移动）	窗体和控件	鼠标指针位于窗体或控件上移动鼠标指针时发生
MouseUp（鼠标释放）	窗体和控件	鼠标指针位于窗体或控件上，释放鼠标键时发生

（4）窗体类事件。表 7.5 列出了窗体类事件名称和发生情况。

表 7.5　窗体类事件

事件	作用范围	事件说明
Close（关闭）	窗体和报表	当关闭窗体或报表时发生
Load（加载）	窗体	当窗体加载时发生
Open（打开）	窗体和报表	当打开窗体或报表时发生
Resize（调整）	窗体	鼠标指针位于窗体或控件上移动鼠标指针时发生
Unload（卸载）	窗体	鼠标指针位于窗体或控件上，释放鼠标键时发生

为了使得对象在某一事件发生时能够做出所需要的反应，就必须针对这一事件编写相应的代码来完成相应的功能。如果某个对象中的某个事件已经被添加了一段代码，当此事件发生时，这段代码程序就被自动激活并开始运行。如果这个事件不发生，那么事件所包含的代码就不会被执行；反之，若没有为这个事件编写任何代码，即使这个事件发生了，也不会产生任何动作。

在 VBA 中，对象的事件语法格式为：

```
对象名_事件名称()
```

例如，对窗体的“单击”事件描述为 Form_Click()。

属性、事件和方法构成了对象的 3 个要素，其中属性是对象的静态特性，事件和方法是对象的动态特性。使用方法将导致发生对象的某些事件，使用属性则会返回对象的信息或引起对象的性质的改变。

5. 类

类是对一组相似对象的性质描述。这些对象具有相同的性质、相同种类的属性以及方法。类是对象的抽象，而对象是类的具体实例。方法定义在类中，但执行方法的主体是对象而不是类。

6. DoCmd 对象

DoCmd 对象的主要功能是通过调用 Access 内置的方法，在 VBA 中实现某些特定的操作。DoCmd 又可以看作是 VBA 中提供的一个命令，在 VBA 中使用时，只要输入“DoCmd.”命令，即显示 DoCmd 对象可选用的操作方法。

例如，利用 DoCmd 对象的 OpenForm 方法打开“罗斯文系统”窗体，语句格式为：

```
DoCmd.OpenForm "罗斯文系统"
```

二、事件过程

事件是 Access 窗体或报表及其上的控件对象可以识别的动作。在 Access 中，可以通过两种方式来处理事件响应：一是使用“宏”对象来设置事件属性；二是为某个事件编写 VBA 代码过程，完成指定动作。这样的代码过程称为事件过程或事件响应代码。

可以在“属性”窗口的“事件”选项卡中进入事件代码编写界面。一旦创建了事件，Access 会自动为第 1 个事件生成事件过程模板，并默认创建这个过程为 Private 的，即该事件过程只能被同一个模块中的其他过程所访问。

7.3.2　VBA 的编程环境

一、Visual Basic 编辑器

编写程序可以利用 Visual Basic 编辑器（简称 VBE），如图 7.3 所示。VBE 提供了完整的开发和调试工具。窗口主要由标准工具栏、工程窗口、属性窗口和代码窗口等组成。

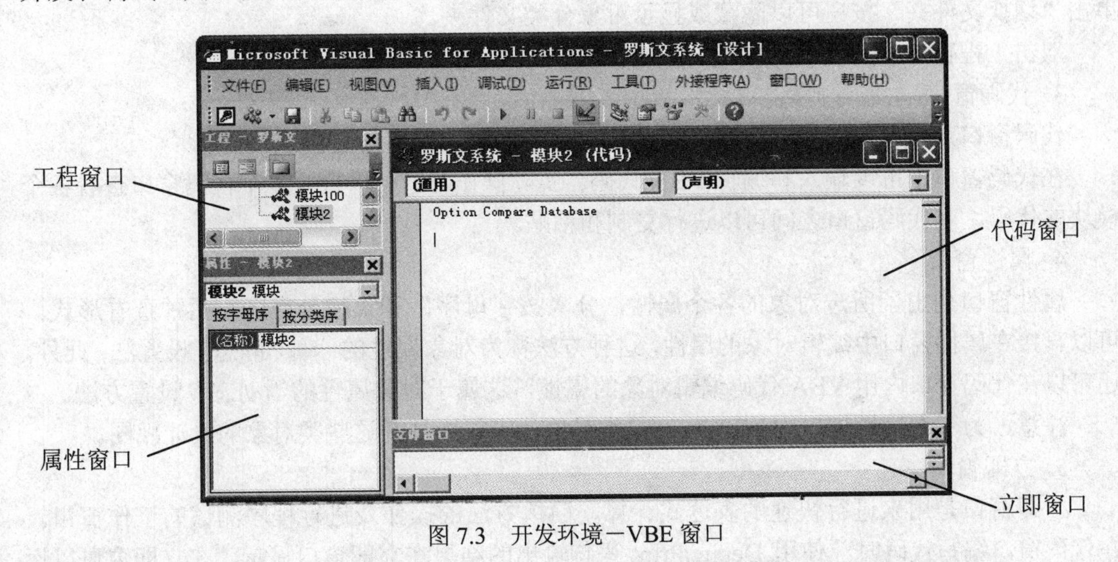

图 7.3　开发环境－VBE 窗口

1. 标准工具栏

VBE 窗口中的工具栏如图 7.4 所示。工具栏中主要按钮的功能见表 7.6 所示。

图 7.4　VBE 标准工具栏

表 7.6　标准工具栏按钮功能说明

按钮	名称	功能
	Access 视图	切换 Access 数据库窗口
	插入模块	用于插入新模块
	运行子模块/用户窗体	运行模块程序
	中断运行	中断正在运行的程序
	终止运行/重新设置	结束正在运行的程序，重新进入模块设计状态

续表

按钮	名称	功能
	设计模式	打开或关闭设计模式
	工程项目管理器	打开工程项目管理器窗口
	属性窗体	打开属性窗体
	对象浏览器	打开对象浏览器窗口
行 1，列 1	行列	代码窗口中光标所在的行号和列号

2. 工程窗口

工程窗口又称工程资料管理器，在其中的列表框中列出了应用程序的所有模块文件。单击“查看代码”按钮可以打开相应代码窗口，单击“查看对象”按钮可以打开相应对象窗口，单击“切换文件夹”按钮可以隐藏或显示对象分类文件夹。

双击工程窗口上的一个模块或类，就会显示出相应代码的窗口。

3. 代码窗口

代码窗口是由对象组合框、事件组合框和代码编辑区三部分构成。

在代码窗口中可以输入和编辑 VBA 代码。实际操作时，可以打开多个代码窗口查看各个模块的代码，且代码窗口之间可以进行复制和粘贴。

4. 属性窗口

属性窗口列出了所选对象的各个属性，分“按字母序”和“按分类序”两种查看形式。可以直接在属性窗口中编辑对象的属性，这种方法称为对象属性的一种“静态”设置法；此外，还可以在代码窗口内用 VBA 代码编辑对象的属性，这属于对象属性的“动态”设置方法。

注意，为了在属性窗口中列出 Access 类对象，应首先打开这些类对象的设计视图。

5. 立即窗口

立即窗口是用来进行快速的表达式计算、简单方法的操作及进行程序测试的工作窗口。在代码窗口编写代码时，使用 Debug.Print 语句输出的结果在立即窗口显示。在立即窗可以运行表达式的值、调用函数或子过程、以及对窗体运行。单击菜单栏中“【视图】|【立即窗口】”，在代码编辑框底部，可以打开立即窗口。

二、启动 VBA 编辑器

启动 VBE 的常用方法有多种。

1. 单击“【创建】｜【模块】”，打开 VBE 窗口。

2. 通过事件过程启动

在设计视图中选中要添加事件的控件，打开它的“属性”窗口，选择“事件”选项页，把光标定位到要添加的事件所对应的文本框中，如图 7.5 所示，在命令按钮的“属性”窗口中，将光标定位到“单击”事件右边的文本框，单击右侧“…”按钮，会打开“选择生成器”对话框，如图 7.6 所示。在对话框中选择“代码生成器”后单击“确定”按钮，则可以打开如图 7.3 的 VBE 窗口。

3. 通过“模块”对象启动

模块也是 Access 数据库的一种对象。在数据库窗口中单击已建立的“模块”对象，也可启动 VBE。

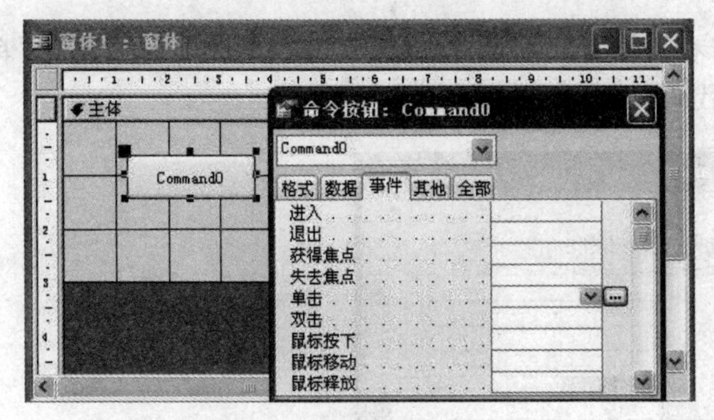

图 7.5　控件及其属性窗口

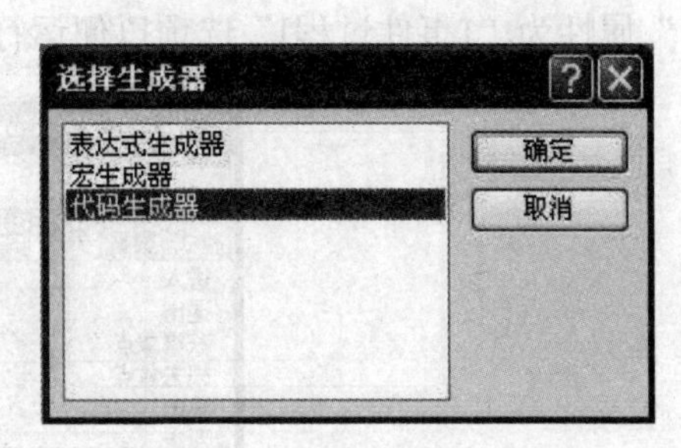

图 7.6　“选择生成器”对话框

4. 通过菜单启动

单击菜单栏中“【插入】|【模块】”菜单命令，启动 VBE。

5. 按 Alt+F11 组合键（该组合键还可以在数据库窗口和 VBE 之间相互切换）。

三、VBE 环境中编写 VBA 代码

VBA 代码是由语句组成的，一条语句就是一行代码，例如：

```
A=3                    '将 3 赋值给变量 A
Debug.Print A          '在立即窗口显示变量 A 的值 3
```

在 VBA 模块中不能存储单独的语句，必须将语句组织起来形成过程，即 VBA 程序是块结构，它的主体是事件过程或自定义过程。

在 VBE 的代码窗口，将上面的两条语句写入一个自定义的子过程 print1：

```
Sub print1 ( )
    Dim A As Integer
    A=3
    Debug.Print A
End Sub
```

将光标定位在子过程 print1 的代码中，按 F5 键运行子过程代码，在立即窗口会看到程序运行结果：3。

对事件过程的代码编写，用启动 VBE 的第 2 种方法，打开代码编辑窗口，在代码窗口的左边组合框选定一个对象后，右边过程组合框中会列出该对象的所有事件过程，再从该对象事件过程列表选项中选择某个事件名称，系统会自动生成相应的事件过程模板，用户添加代码即可。

例 7.1　新建一个窗体并在其上放置一个命令按钮和一个标签，单击命令按钮后，标签的标题显示“欢迎学习 VBA 程序设计语言”。

步骤 1：打开窗体的设计视图，在新建窗体上添加一个命令按钮并命名为“显示”，再添加一个标签，如图 7.7 所示。

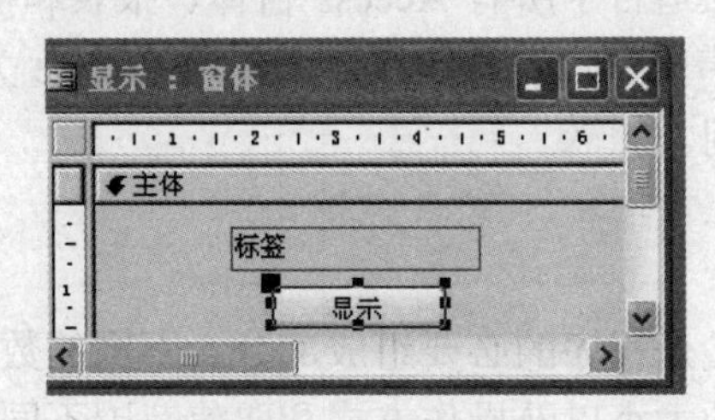

图 7.7　新建窗体

步骤 2：选择“显示”命令按钮，单击右键打开属性窗体，单击“事件”选项卡并设置“单击”属性为“[事件过程]”选项以便运行代码，如图 7.8 所示。

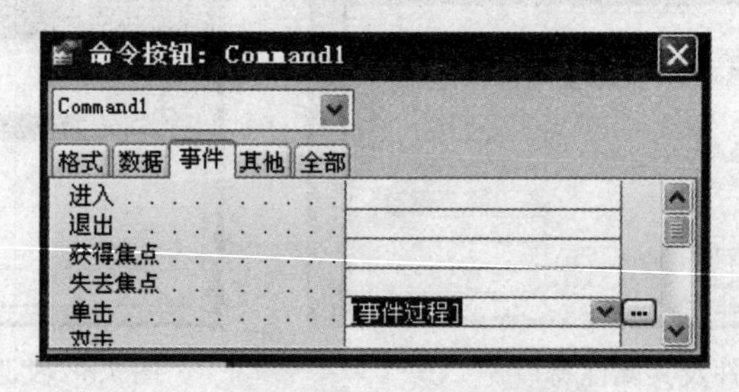

图 7.8　设置“单击”事件属性

步骤 3：单击属性栏右侧的“…”按钮，即进入新建窗体的类模块代码编辑区，如图 7.9 所示。在打开的代码编辑区里，可以看见系统已经为该命令按钮的“单击”事件自动创建了事件过程的模板。

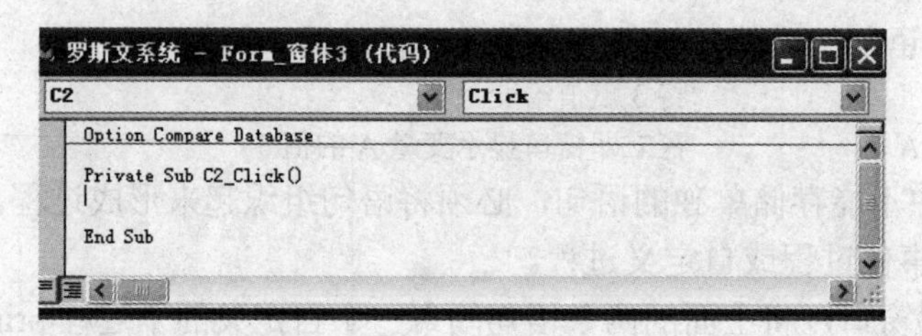

图 7.9　事件过程代码编辑区

步骤 4：在该模板中添加 VBA 程序代码，这个事件过程即作为命令按钮的“单击”事件的驱动程序。这里，仅给出了一条语句：Label2.Caption="欢迎学习 VBA 程序设计语言"，如图 7.10 所示。

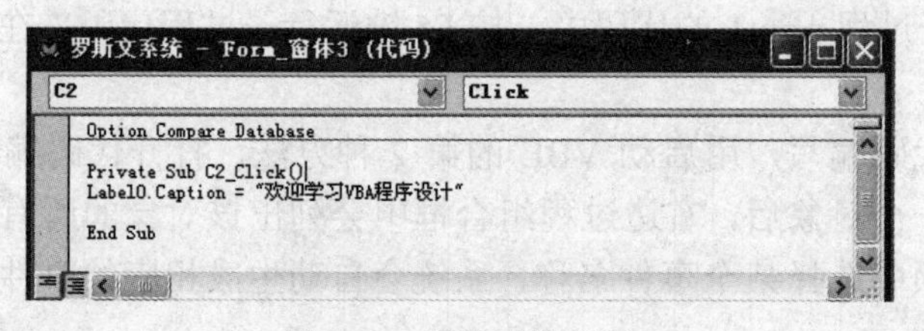

图 7.10　事件过程代码

步骤 5：按 Alt+F11 组合键回到窗体设计视图，运行窗体，单击“显示”命令按钮即激活命令按钮“单击”事件，系统会调用设计好的事件过程来响应“单击”事件的发生，在窗体的标签控件的标题显示“欢迎学习 VBA 程序程序语言”。

上述事件过程的创建方法适合于所有 Access 窗体、报表和控件的事件代码处理。其间，Access 会自动为每一个事件声明事件过程模板，并使用 Private 关键字指明该事件过程只能被同一模块中的其他过程所访问。

7.3.3　基本数据类型

数据是程序处理的对象，是程序的必要组成部分。不同的数据类型可以存储不同的数据，同时也决定了数据存储空间的大小以及操作方式和取值范围不同。在使用变量和常量时，必须指定它们的数据类型。VBA 基本的标准数据类型如表 7.7 所示。

表 7.7　VBA 的数据类型

数据类型	关键字	类型符	占字节数	取值范围
字符型	String	$	与字符串长度有关	定长字符串：0～65535 个字符 变长字符串：0～20 亿个字符
整型	Integer	%	2	-32768～32767
长整型	Long	&	4	-2147483648～2147483647
单精度型	Single	!	4	负数：-3.402823E38～-1.401298E-45 正数：1.401298E-45～3.402823E38
双精度型	Double	#	8	负数：-1.79769313486231E30～-4.94065645841247E-324 正数：4.94065645841247E-324～1.79769313486232E308
货币型	Currency	@	8	-922337203685477.5808～922337203685477.5807
布尔型	Boolean	无	2	True 与 False
日期型	Date	无	8	01/01/100～12/31/9999
对象型	Object	无	4	任何对象引用
变体型	Variant	无	按需分配	

对上述数据类型说明如下：

1. 布尔型

布尔型数据只有两个值：True 和 False，分别表示“真”和“假”。

当布尔型数据转换成其他类型数据时，True 转换为-1，False 转换为 0。

当其他类型数据转换成布尔型数据时，非 0 数据转换为 True，0 转换为 False。

2. 日期型

用两个“#”符号把表示日期和时间的值括起来表示日期常量。例如#2013/05/09#。

3. 变体型

Variant 数据类型是一种特殊的数据类型。如果变量没有被明确定义为某一种类型，那么这变量就被当作变体数据类型。Variant 数据类型占用的内存比其他数据类型多。

7.3.4　常量与变量

根据程序运行的需要，要使用常量和变量。对于常量，在程序运行期间，其内存单元中存放的数据始终不能改变；对于变量，在程序运行期间，其内存单元中存放的数据可以根据需要随时改变，即在程序运行的不同时刻，可以将不同的数据放入存储单元保存，新的数据存入后，原来的数据将被覆盖。

一、符号常量或变量的命名规则

在 VBA 中，符号常量或变量的命名须遵循以下原则：

（1）符号常量或变量的名字须以字母开头，后跟字母、数字或下划线组成的序列，长度不能超过 255 个字符；

（2）不能使用 VBA 中的关键字命名常量或变量；

（3）VBA 不区分常量或变量名中的大小写字母，如 XYZ，xyz，Xyz 等均视为相同名字。

二、常量

常量在程序运行的过程中其值不会发生变化。VBA 支持 4 种类型的常量：直接常量、符号常量、固有常量和系统定义常量。

1. 直接常量

直接使用的数值、日期或字符串值常量，如 3.1415926，12，“HELLO”，#2013/07/20#等。

2. 符号常量

在程序设计中，对于一些使用频率较高的直接常量，可以用符号常量形式来表示，这样做可以提高程序代码的可读性和可维护性。符号常量定义的一般格式如下：

```
Const 常量名 = 常量值
```

例如，以下是合法的常量说明：

```
Const PI = 3.1415926
Const MYSTR = "Visual Basic 6.0"
Const ConDate=#2013/8/20#
```

符号常量会涵盖全局或模块级的范围。符号常量定义时不需要为常量指定数据类型，VBA 会自动确定其数据类型。符号常量名称一般要求大写，以便与变量区分。在程序运行过程中对符号常量只能进行读取操作，而不允许修改或为其重新赋值。

3. 固有常量

除了用 Const 语句定义常量之外，VBA 还自动定义了许多内部符号常量，即固有常量。它们主要作为 DoCmd 命令语句中的参数。通常，固有常量通过前两个小写字母来指明定义该常量的对象库，例如，来自 Access 的常量以“ac”开头，来自 VB 库的常量则以“vb”开头。在 VBE 中，通过执行“【视图】|【对象浏览器】”菜单命令打开“对象浏览器”对话框，从中可以查看所有可用对象库中的固有常量列表。

例如，vbRed 代表“红色”，vbCrLf 代表“回车换行符”，vbMaximized 代表“最大化”，vbMinimized 代表“最小化”等。

4. 系统常量

VBA 中有 4 个系统常量：True、False 表示逻辑值，Empty 表示变体型变量尚未指定初始值，还有 Null。

三、变量

变量是在程序运行的过程中其值是可以发生变化的对象。在程序中使用变量前，一般应先声明变量名及其数据类型，系统根据所做的声明为变量在内存中分配存储单元。在程序运行时，变量调用该存储单元的内容。变量可以代表一个可变的对象，一个可变的数值以及一串可变的字符串。在 VBA 中可以显式或隐式声明变量及其类型。

1. 显式声明变量

显式声明变量就是变量先定义后使用，定义的一般格式如下：

```
Dim 变量名[As 数据类型]
Static 变量名[As 数据类型]
Private 变量名[As 数据类型]
Public 变量名[As 数据类型]
```

Dim、Static、Private、Public 是关键字，说明这个语句是变量的声明语句。

[As 数据类型]：可以是 VBA 提供的各种标准类型名称或用户自定义类型名称。若省略“As 数据类型”，则所声明的变量默认为变体类型（Variant）。一条声明语句可同时定义多个变量，但每个变量必须有自己的类型声明，类型声明不能共用，变量声明之间用逗号分隔。

此外，还可把类型说明符放在变量名的尾部，标识不同类型的变量。例如：

Dim X As Integer, Y As Single，等价于 Dim X%, Y!

2. 隐式声明变量

如果一个变量未经声明便直接使用，称为隐式声明。使用时，系统会默认为该变量是变体类型（Variant）。

虽然系统允许变量未经声明便直接使用，但隐式变量声明不利于程序的调试和维护。为了避免使用隐式声明变量，可以使用“强制声明语句”（Option Explicit）规范变量的使用。

在程序开始处（即在代码窗口的“通用声明”部分）手动加入 Option Explicit 语句，如图 7.11 所示。或者在 VBE 窗口中执行“【工具】|【选项】”菜单命令，在打开的“选项”对话框中单击“编辑器”选项卡，复选“要求变量声明”选项，如图 7.12 所示，这样就可在任何新建模块的“通用声明”部分中自动加入 Option Explicit 语句。

图 7.11 代码窗口的“通用声明”部分

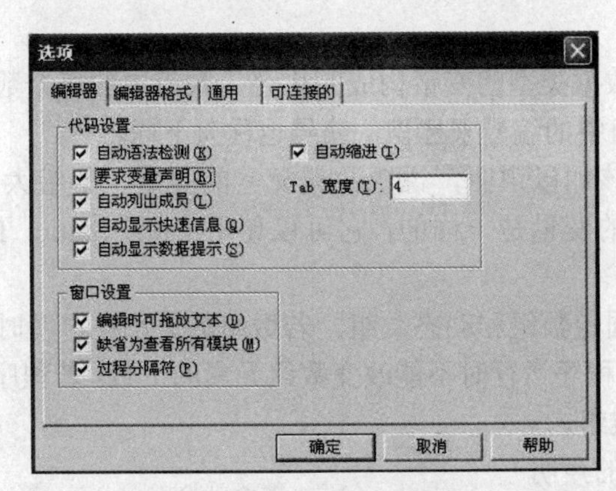

图 7.12 “选项”对话框

这样任何对变量的引用，均遵循“先定义，后使用”的变量引用原则。

3. 变量的作用范围

变量的作用范围确定了能够识别并使用变量的那部分代码。在一个过程内部声明的变量，只有过程内部的代码才能访问或识别那个变量的值。模块范围的变量，在同一个模块内有效。全局变量在整个应用程序内都有效。

变量的作用范围的区分：

（1）普通局部变量：这种变量只能在声明它的过程中使用，而且变量在过程执行时才分配存储空间，过程执行后即释放存储空间。

定义格式：

Dim 变量名 [As 数据类型]

（2）静态局部变量：这种变量只能在声明它的过程中使用，属于局部变量。与普通局部变量的区别在于：Static 定义的局部变量在整个程序运行期间均有效，并且过程执行结束后，只要程序还没有结束，该变量的值就仍然存在，该变量占用的内存空间不被释放。

定义格式：

Static 变量名 [As 数据类型名]

（3）模块变量：必须在某个模块的声明部分进行预先声明，可以用于该模块内的所有过程，但对其他模块内的过程不能适用。

定义格式：

Private （或 Dim）变量名 [As 数据类型名]

（4）全局变量：全局变量必须在某个模块的声明部分进行预先声明，在整个程序内有效。

定义格式：

Public 变量名 [As 数据类型名]

4. 变量的生存周期

变量的生存周期与变量的作用范围是不同的概念，变量的生存周期就是变量第一次（声明时）出现到消失时代码所执行的时间。

以 Dim 语句声明的局部变量的生存周期与子过程或者函数过程等长。

要在过程中保留局部变量的值，可以用 Static 关键字代替 Dim 以定义静态变量。静态变量的生存周期在程序执行期间一直存在，但它的有效作用范围是由其定义位置决定的。

全局变量的生成周期是从声明到整个应用程序结束。

5. 数组

数组是一个由相同数据类型的变量构成的集合。数组中的每个数据也称为数组元素，可用数组名和该元素在数组中的编号来标识，编号也称为下标。

数组在使用之前应该加以声明，说明数据元素的类型、数组大小、数组的作用范围。数组的声明方式和其他的变量是一样的，它可以使用 Dim、Static、Private 或 Public 语句来声明。

数组有两种类型：固定数组和动态数组。若数组的大小在声明时被指定的话，则它是固定大小数组，这种数组在程序运行时不能改变数组元素的个数。若程序运行时数组的大小可以被改变，则它是个动态数组。

（1）固定大小数组的声明

格式如下：

Dim 数组名([下标下界 To]下标上界)[As 数据类型]

其中数组名和变量的命令规则相同，“下界”表示数组中所有元素标号的开始位置，若省略，系统默认从 0 开始，“上界”表示标号的最大值，不能省略。数据类型表示数组中每个元素的数据类型。

例如，Dim A1(8) As Integer，其下界默认为 0，上界为 8，共 9 个元素，每个元素均是整型的。

也可以指定下界，如：

Dim A2(1 To 8) As Integer，该数组下界为 1，上界为 8，共 8 个元素。

可以定义二维数组和多维数组，其格式如下：

Dim 数组名([下标 1 下界 To]下标 1 上界，[下标 2 下界 To]下标 2 上界[，…]) [As 数据类]

例如：

```
Static A3(19, 19) As Integer
Static A4(1 To 20, 1 To 20) As Integer
```

在二维数组中，第一个数值表示行下标，第二个数值表示列下标。

（2）动态数组的声明

如果在程序运行之前不能确定数组的大小，可以使用动态数组。

建立动态数组的步骤分为 2 步：

①先声明空数组及数据类型。例如，Dim Array( ) As Integer。

②在使用数组前再声明数组大小。例如，ReDim Array(10)。

其中 ReDim 语句声明只能用在过程中，它是可执行语句，可以改变数组中元素的个数。但每次用 ReDim 配置数组时，原有数组的值全部清零，除非使用 Preserve 来保留以前的值。

例如：

```
ReDim Preserve A1(20)        '重新定义数组 Array 为 21 个元素，保留以前的值
ReDim A1(20)                 '重新定义数组 Array 为 21 个元素，并初始化数组
```

可以认为，数组就是把多个变量合并在一起使用，每个具体元素的用法与变量相同。可以赋值，也可以参加表达式运算，输入或输出等。但在引用数组元素时要注意以下几点：

- 数组声明语句不仅定义数组、为数组分配内存空间，而且还对数组初始化，数值型数组的元素值初始化为 0，字符型数组的元素值初始化为空等。
- 引用数组元素的方法是在数组名后的括号中指定下标，如：a=b(4):s=k(2,3)，其中 b(4)表示把数组 b 中下标为 4 的元素的值赋给变量 a，k(2,3)表示把数组 k 中行下标为 2，列下标为 3 的元素的值赋给变量 s。
- 引用数组元素时，数组名、数组类型和维数必须与数组声明一致。
- 引用数组元素时，下标应在数组声明所指定的范围内。
- 在同一过程中，数组与简单变量不能同名。

7.3.5　运算符与表达式

VBA 中的表达式是由符合 VBA 语言规则的运算符连接的 VBA 常量、变量、函数等构成的一个序列，并能按 VBA 的运算规则计算出一个结果，即表达式的值。根据表达式值的类型，有 4 种类型的运算符：算术运算符、字符串运算符、关系运算符和逻辑运算符，分别构成了算术表达式、字符串表达式、关系表达式和逻辑表达式。

一、算术运算符与算术表达式

算术运算符是用来进行数学计算的运算符。表 7.8 列出了这些运算符并说明了它们的作用（假设表中所用变量 x 为整型变量，值为 3）。

表 7.8　VBA 的算术运算符

运算符	含义	运算优先级	算术表达式例子	结果
^	乘方	1	x^2	9
-	负号	2	-x	-3
*	乘	3	x*x*x	27

续表

运算符	含义	运算优先级	算术表达式例子	结果
/	除	3	10/x	3.3333333333333
\	整除	4	10\x	3
Mod	取模	5	10 Mod x	1
+	加	6	10+x	13
-	减	6	x-10	-7

表 7.8 列出的 8 种运算符中，“-”运算符在单目运算（1 个操作符）中作取负号运算，在双目运算（2 个操作数）中作算术减运算，其余运算符都是双目运算。运算优先级表示当算术表达式中含有多个操作符时，先执行哪个操作符。

表 7.8 的运算符中，加（+）、减（-）、乘（*）、取负（-）、浮点数除法（/）等几个运算符的含义与数学中的基本相同。其他的几个运算符略有不同。

指数运算符（^）用来计算乘方和方根。例如：3^2 表示 3 的 2 次方，而 4^0.5 表示计算 4 的平方根。

整数除法（\）执行整除运算，结果为整型值。例如：3\2 的值为 1，5.8\2 的值为 3。整除的操作数一般为整型值，但当操作数带有小数时，首先被四舍五入为整数，然后进行整除运算，其运算结果被截断为整数，而不再进行四舍五入。

模数运算符（Mod）用来求余数。其结果为第一个操作数除第二个操作数所得的余数。例如：5 Mod 3 余数为 2，5.8 Mod -2 余数为 0，-10 Mod 3 余数为-1。从以上例子可见，当操作数带有小数时，首先被四舍五入为整数，然后进行求余运算。求余运算的结果的符号与第一个数相同。

已知 VBA 的算术运算符号后，就可以将数学表达式转换为 VBA 的算术表达式。例如：数学表达式（3×3×3+5）÷2 和（$1+3^{2+3}$）÷5 的 VBA 表达式为：(3^3+5)/2 和(1+3^(2+3))/5。若在 VBA 表达式中有多重括号，都只能使用小括号。

二、连接运算符与字符串表达式

连接运算符有两个：“&”和“+”。

（1）“&”用来强制将两个表达式作字符串连接。

例如，"Visual Basic" & "6"的运行结果是“Visual Basic6”。

在字符串变量后使用运算符“&”时应注意，变量与运算符“&”间应加一个空格，如表达式 x & y 不能写成 x&y。

（2）当两个运算数都是字符串表达式时，“+”也可以用作字符串的连接。

例如，"Visual Basic"+"6"的运行结果也是“Visual Basic6”。

表 7.9 两种连接运算符“&”和“+”的比较

表达式 1	表达式 2	“&”运算的结果	“+”运算的结果
"456"	"2"	"4562"	"4562"
456	2	"4562"	458
"456"	2	"4562"	458
"456b"	2	"456b2"	出错

从表中可见，用“+”作连接运算时，只要有一个表达式为数值型，运算结果为两个表达式的和。

为了避免混淆，增进代码的可读性，字符串连接运算符最好使用“&”。

三、关系运算符与关系表达式

关系运算符的作用是将两个操作数进行大小比较。由操作数和关系运算符组成的表达式称为关系表达式。关系表达式的运算结果是一个逻辑值，若关系成立，返回 True；否则，返回 False。若比较的双方有任何一个为 NULL，比较结果仍为空。

表 7.10 列出了 VBA 的关系运算符。

表 7.10　VBA 关系运算符

关系运算符	含义	关系表达式示例	运算结果
=	等于	"ABCD"="ABR"	False
>	大于	"ABCD">"ABR"	False
>=	大于等于	"bc">="abcdef"	True
<	小于	23<3	False
<=	小于等于	"23"<="3"	True
<>	不等于	"abc"<>NULL	NULL
Like	字符串匹配	"CDEF" Like "*DE*"	True
Is	对象引用比较		

对关系运算符需注意以下规则：

（1）如果两个操作数是数值型，则按其大小比较。

（2）如果两个操作数是字符型，则按字符的 ASCII 码值从左到右一一比较，直到出现不同的字符为止。例如：

```
"ABCDE" <>"ABCDC"          结果为 True
"ABCDE" <"ABCDC"           结果为 False
```

（3）关系运算符的优先级相同。但优先级低于算术运算符。

（4）Like 运算符用于字符串的比较，如果字符串 1 与字符串 2 匹配，则返回 True，否则返回 False。在表达式中可以使用通配符。通配符“？”代表任意一个字符，“*”代表多个任意字符。“#”代表一个数字（0～9）。例如：

```
"abbbba" Like  "a*a"        '结果为 True
"abbbba"Like "a?a"          '结果为 False
"a2a"Like "a#a"             '结果为 True
```

（5）Is 运算符用于两个对象变量引用比较，如果两者引用的对象相同，结果为 True，否则为 False。

（6）“=”既可以作为关系运算符，又可以作为赋值运算符，如何识别其功能，请读者分析。

四、逻辑运算符与逻辑表达式

逻辑运算符用于构建逻辑表达式，包括：与（And）、或（Or）和非（Not）3 个运算符。逻辑运算返回的逻辑值为 True、False 或 NULL。

运算法则如表 7.11 所示。

表 7.11 逻辑运算法则

A	B	A And B	A Or B	Not A
True	True	True	True	False
True	False	False	True	False
False	True	False	True	True
False	False	False	False	True

例如：

```
Dim X                          '定义变量
X = (10>4 AND 1>=2)            '返回 False
X = (10>4 OR 1>=2)             '返回 True
X = NOT(4=3)                   '返回 True
```

又例如下列代码中，运算结果较为特别：

```
Public Sub xx()
a = 10: b = 8: c = 6: d = Null
Debug.Print a And b            '返回 8（两个 8 位二进制“与”运算结果）
Debug.Print a And d            '返回 NULL
End Sub
```

五、日期运算符和日期运算表达式

日期型数据是一种特殊的数值型数据，日期型数据之间可以进行加“+”和减“-”的运算。

（1）两个日期型数据相减，结果是一个数值型数据，即两个日期相差的天数。例如：#05/10/2013#-#04/10/2013#，结果为 30。

（2）一个日期型数据与一个数值型数据 n 相加，结果为当前日期型数据 n 天以后的日期。例如：#05/10/2013# +10，结果为#05/20/2013#。

但要注意，两个日期型数据不能相加。

六、对象运算符与对象运算表达式

对象表达式中使用两种对象运算符：

（1）! 运算符，该运算符的作用可以引用一个打开的窗体、报表以及窗体和报表上的控件。

例如：

```
Forms ![订单]                  '运行的结果是打开订单窗体
Reports ![发货单]              '运行的结果是打开发货单报表
Forms ![订单]![订单编号]       '运行的结果是打开订单窗体上订单编号控件
```

（2）.（点）运算符，使用.（点）运算符可以引用窗体、报表和其他控件上的属性以及方法的引用。

例如：

```
Me.Com1.caption="按钮"         '运行的结果是当前窗体命令按钮的标题为“按钮”
Me. Text1.Setfocus             '运行的结果是对名称为 Text1 的文本框设置焦点
```

七、表达式的运算顺序

表达式可能包含上面介绍的各种运算，计算机按规定的先后顺序对表达式求值。表达式的运算顺序由高到低为：函数运算、算术运算、关系运算、逻辑运算。

当一个表达式由多个运算符连接在一起时，运算进行的先后顺序是由运算符的优先级决定的。优先级高的运算先进行，优先级相同的运算依照从左向右的顺序进行。VBA 中常用运算符的优先级划分如表 7.12 所示。

表 7.12　运算符的优先级

优先级	高 ← 低			
高 ↑	算术运算符	连接运算符	比较运算符	逻辑运算符
	指数运算（^）	字符串连接（&）	相等（=）	Not
	负数（-）	字符串连接（+）	不等（<>）	And
	乘法和除法（*、/）		小于（<）	Or
	整数除法（\）		大于（>）	
	求模运算（Mod）		小于等于（<=）	
低	加法和减法（+、-）		大于等于（>=）	

关于运算符的优先级作如下说明：

（1）优先级：算术运算符>连接运算符>比较运算符>逻辑运算符。

（2）所有比较运算符的优先级相同；也就是说，按从左到右顺序处理。

（3）算术运算符和逻辑运算符必须按表 7.12 所列优先顺序处理。

（4）括号优先级最高。可以用括号改变优先顺序，强令表达式的某些部分优先运行。

例如：设 x=2.5、y=4.7、a=7　执行下列语句：

```
Debug.print x+a Mod 3*(x+y) Mod 4/4
```

运行结果为 2.5。请分析该语句的运行过程。

7.3.6　常用标准函数

VBA 提供了大量内部的标准函数，使用标准函数可以提高编程效率。标准函数一般用于表达式中，或者直接将结果赋给其一变量。使用形式为：

```
函数名([<参数 1>][，<参数 2>][，<参数 3>] [，…])
```

函数的调用要注意三个要素，即函数名、函数的参数和函数返回值。函数的参数放在函数后面的圆括号中，参数可以是常量、变量或表达式，可以有一个或多个，少数函数为无参函数。

根据函数的参数和返回值。VBA 的内部函数大体上可分为：转换函数、数学函数、字符串函数、时间/日期函数和随机函数等。

一、转换函数

转换函数用于数据类型或形式的转换，包括整型、浮点型、字符串型之间以及与 ASCII 码字符之间的转换。表 7.13 列出了 VBA 中的常用转换函数。

表 7.13　常用转换函数

函数名称	功能说明	示例	示例结果
Str(Numerical)	将数值型数据转换成字符串型数据	Str(358)	" 358"
Val(String)	将数字字符串转换成相应的数值	Val("25.25.2868")	25.25
Chr(ASCIICode)	将 ASCII 码值转换成对应的字符	Chr(97)	"a"

续表

函数名称	功能说明	示例	示例结果
Asc(String)	返回字符串中第一个字符的ASCII码值	Asc("Cb")	67
Cint(Var)	将数值的小数部分进行四舍五入，然后返回一整型数	Cint(23.512)	24
Int(Var)	将浮点型或货币型数转换为不大于参数的最大整数	Int(6.5)	6
		Int(-7.8)	-8
Lcase(String)	将大写字母转为小写字母	Lcase("AbCdEF")	"abcdef"
Ucase(String)	将小写字母转换为大写字母	Ucase("AbCdEF")	"ABCDEF"

说明：

（1）对 Str()函数，若参数为正数，则返回字符串前有一前导空格，如表 7.13 中的示例结果所示。

（2）对 Val()函数，若参数字符串中包含“.”，则只将最左边的一个“.”转换成小数点；若参数字符串中包含有“+”或“-”，则只将字符串首的“+”、“-”号转换为正、负号；若参数字符串中还包含有除数字以外的其他字符，则只将字符串中其他字符以前的串转换成数值。例如，Val("+3.14+2")转换为 3.14，Val("156B ")转换为 156，Val("kkk")转换结果为 0。

（3）对 Chr()函数，参数范围为 0～255，其中 Chr(10)、Chr(13)分别为“回车”、“换行”符。

二、数学函数

VBA 中的数学函数与数学中的定义一致，但三角函数中的参数 x 以弧度为单位。表 7.14 列出了 VBA 中的常用数学函数。

表 7.14　常用数学函数

函数名称	功能说明	示例	示例结果
Sin(x)	计算正弦值	Sin(0)	0
Cos(x)	计算余弦值	Cos(0)	1
Tan(x)	计算正切值	Tan(1)	1.5574077246549
Atn(x)	计算反正切值	Atn(1)	0.785398163397448
Log(x)	计算自然对数值，参数 x>0	Log(10)	2.3
Exp(x)	计算以 e 为底的幂	Exp(3)	20.086
Sqr(x)	计算平方根，要求参数 x≥0	Sqr(9)	3
Abs(x)	计算绝对值	Abs(-9)	9
Hex(x)	将十进制数值转换为十六进制数值或字符串	Hex(100)	"64"
Oct(x)	将十进制数值转换为八进制数值或字符串	Oct(100)	"144"
Sgn(x)	判断参数的符号	Sgn(5)	1

说明：

（1）对函数 Tan(x)，当 x 接近 $\pi/2$ 或 $-\pi/2$ 时，会出现溢出。

（2）对函数 Sgn(x)，当 x>0，返回值为 1；当 x=0，返回值为 0；当 x<0，返回值为-1。

三、字符串函数

字符串函数主要用于各种字符串处理。VBA 中字符串长度是以字为单位，也就是每一个西文字符和每个汉字都作为 1 个字，存储时占两个字节。这与传统概念有所不同，原因是编码方式不同。

VBA 中采用的是 Unicode 编码，使用国际标准化组织（ISO）的字符标准来存储和操作字符串。Unicode 是全部用两个字节表示一个字符的字符集。为了保持与 ASCII 码的兼容性，保留 ASCII，仅将其字节数变为 2，增加的字节以零填入。表 7.15 列出了 VBA 中的常用字符串函数。

表 7.15　字符串函数

函数名称	功能说明	示例	示例结果
InStr([N],String1,String2,[M])	从字符串 String1 中的第 N 个字符开始找字符串 String2	InStr(2,"ABEfCDEFG","EF",0)	7
Left(String,N)	取出字符串左边的 N 个字符作为一个新的字符串	Left("aaaDEFG",3)	"aaa"
Len(String)	求字符串长度（即字符串的字符个数）	Len("中国人民万岁")	6
LenB(String)	求字符串存储时所占字节数	LenB("中国人民万岁")	12
Ltrim(String)	去掉字符串左边的空格	Ltrim("ABCD")	"ABCD"
Mid(String,N1,N2)	从字符串的中间取子串	Mid ("ABCDEFG",2,3)	"BCD"
Right(String,N)	取出字符串右边的 N 个字符	Right("ABCDEFG",3)	"EFG"
Rtrim(String)	去掉字符串右边空格	Rtrim("AB ")	"AB"
Trim(String)	去掉字符串左右两边空格	Trim("ABCD")	"ABCD"
StrReverse(String)	将字符串反序	StrReverse("ABCDEF")	"FEDCBA"

其中 InStr([N],String1,String2,[M])为两个字符串比较函数，求第二个串在第一个串中最先出现的位置。第一个参数为字符串比较的起点，第四个参数[M]为比较的方式：当 M 取值为 0 时，按二进制比较；当 M 取值为 1 时，比较时不区分大小写，当 M 取值为 2 时，基于数据库中包含的信息比较。若省略第一个参数，则 M 也省略，且从字符串 1 的第一个符号开始比较。若找不到，则函数返回 0。

函数 Mid(String,N1,N2)的功能是从字符串的 N1 位置开始，截取长度为 N2 的一个子串。

四、日期与时间函数

日期与时间函数主要是向用户显示日期与时间信息。表 7.16 列出了 VBA 中的常用日期与时间函数，其中的“DateString”表示日期字符串，“TimeString”表示时间字符串。日期的显示与 Windows“控制面板”中设置的日期格式一致。

表 7.16　日期与时间函数

函数名称	功能说明	示例	示例结果
Date[()]	返回系统的当前日期	Debug.Print Date	显示形式为：2013-08-10
Day(DateString)	返回 1～31 之间的整数，代表某一日	Day("2013-8-10")	10

续表

函数名称	功能说明	示例	示例结果
Month(DateString)	返回 1～12 之间的整数，代表某一月	Month ("2013-8-10")	8
Year(DateString)	返回代表年份的整数	Year("2013-8-10")	2013
Now	返回系统当前日期和时间	Debug.Print Now	显示形式为："yyyy-mm-dd hh:mm:ss"
Hour(TimeString)	返回小时	Hour("02:10:25")	2
MINute(TimeString)	返回分钟	Hour("02:10:25")	10
Second(TimeString)	返回秒钟	Hour("02:10:25")	25
Weekday(DateString)	返回一个整数，代表某个日期是星期几	Weekday("2013-8-10")	7（代表星期六）

对于函数 Weekday(DateString)作如下说明：

参数 DateString 是一个日期字符串，函数返回值是整数（1～7），为星期代号，1 代表星期日，2 代表星期一，…，7 代表星期六。

五、随机函数

VBA 的随机函数和随机语句就是用来产生随机数的。表 7.17 列出了 VBA 中随机函数与随机数语句。

表 7.17 随机函数与随机数语句

函数名称	功能说明	示例	示例结果
Rnd[(x)]	产生[0，1)之间的随机数	Rnd	[0，1)之间的单精度随机数
Randomize[(x)]	给随机函数 Rnd()重新赋予不同的种子	Randomize	

说明：

（1）对随机函数 Rnd[(x)]，参数 x 可有，也可省去，参数 x 为随机数生成时的种子。返回值：当 x>0 或省去参数，以上一个随机数作种子，产生序列中的下一个随机数；当 x≤0 时产生与上次相同的随机数。

例如：

```
Debug.Print Rnd(-2)        '产生随机数：0.7133257
Debug.Print Rnd(2)         '产生随机数：0.6624333
Debug.Print Rnd(-2)        '产生随机数：0.7133257
Debug.Print Rnd(0)         '产生随机数：0.7133257
Debug.Print Rnd            '产生随机数：0.6624333
```

为了生成[A，B]范围内的随机整数，可使用公式：Int((B-A+1)*Rnd+A)。例如，Int(9*Rnd)+1 产生[1，9]之间的随机整数。Int(9*Rnd)产生 0～8 之间的整数。

（2）对随机数语句 Randomize[(x)]，Randomize 用 x 将 Rnd 函数的随机数生成器初始化，给它一个新的种子值，使产生的序列更随机，消除随机序列中出现循环的可能。如果省略 x，则用系统计时器返回的值作为新的种子值。Rnd 函数将产生出不同的随机数序列。

VBA 中的函数众多，哪些可以使用，可以使用下列方法查找：在代码窗口中输入 vba 然后再输入一个点“.”，可以使用的函数就在列表中了，如图 7.13 所示。

图 7.13　函数查找

例 7.2　随机函数和数组的应用：编程产生 10 个随机数，求其中的最大值、最小值、平均值。

步骤 1：建立窗体，添加三个命令按钮 C1（确定）、C2（重置）、C3（关闭）。三个文本框：文本框 Text1，显示最大值；文本框 Text2，显示最小值；文本框 Text3，显示平均值。添加 4 个标签，其中标签 1，显示随机数，如图 7.14 所示。

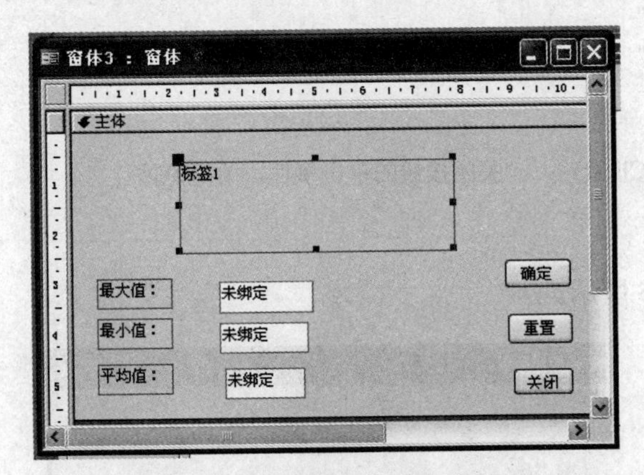

图 7.14　函数和数组应用窗体

步骤 2：添加代码。进入 VBE，在“代码窗口”编写如下代码：

```
Option Compare Database
Dim a(1 To 10) As Integer        '模块级数组 a(1to10)，用于存放随机数

Private Sub Form_Load()    '窗体的加载事件过程，产生 10 个随机数，并在标签 1 中显示
Dim p As String
Randomize
p = ""
For i = 1 To 10
a(i) = Int(Rnd * 90) + 10
p = p &Str(a(i)) & ","
Next i
Label1.Caption = LTrim(Left(p, Len(p) - 1))
```

```
End Sub

Private Sub C1_Click()        '确定按钮的单击事件，求最大值、最小值、平均值
Dim max As Integer, min As Integer, s As Integer
min = 100: max = 10: s = 0
For i = 1 To 10
If a(i) > max Then max = a(i)
If a(i) < min Then min = a(i)
s = s + a(i)
Next i
Text1.SetFocus                '设置焦点，使光标指向 Text1
Text1.Text = max
Text2.SetFocus
Text2.Text = min
Text3.SetFocus
Text3.Text = s / 10           '计算平均值
End Sub

Private Sub C2_Click()        '重置按钮的单击事件，对三个文本框赋空值。并产生新的一组随机数
Form_Load
Text1.Value = " "
Text2.Value = " "
Text3.Value = " "
End Sub

Private Sub C3_Click()        '关闭按钮的单击事件，关闭窗体
DoCmd.Close
End Sub
```

运行结果如图 7.15 所示。

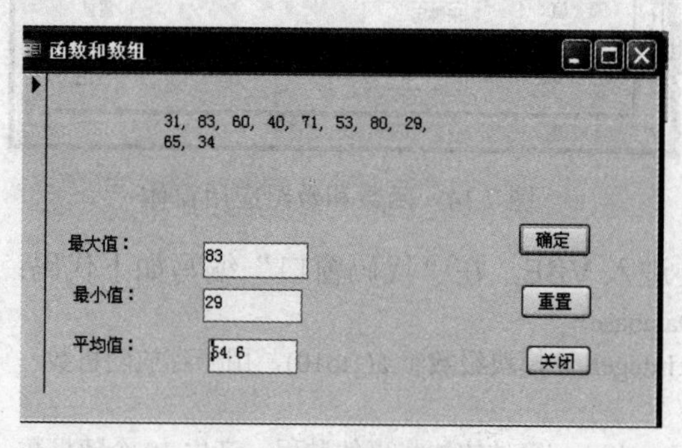

图 7.15　运行结果

7.3.7　输入输出函数和过程

VBA 与用户之间的直接交互是通过 InputBox()函数、MsgBox()函数和 MsgBox 过程进行的。

一、InputBox()函数

InputBox()函数产生一个对话框，这个对话框作为输入数据的界面，等待用户输入数据或

按下按钮，并返回所输入的内容。函数返回值是 String 类型（每执行一次 InputBox 只能输入一个数据）。

格式：InputBox(prompt[,title][,default][,xpos][,ypos])

参数说明：

（1）prompt：该项不能省略，是作为对话框提示消息出现的字符串表达式，最大长度为 1024 个字符。在对话框内显示 prompt 时，可以自动换行，如果想按自己的要求换行，则需插入回车、换行符来分隔，即 Chr(13)+Chr(10)。

（2）title：作为对话框的标题，显示在对话框顶部的标题区。

（3）default：是一个字符串，用来作为对话框中用户输入区域的默认值，一旦用户输入数据，则该数据立即取代默认值，若省略该参数，则默认值为空白。

（4）xpos，ypos：是两个整数值，作为对话框左上角在屏幕上的点坐标，其单位为 twip（缇，即 1/1440 英寸）。若省略，则对话框显示在屏幕中心线向下约 1/3 处。

例 7.3　输入任意 10 个数，分别求奇数和偶数的和。

步骤 1：建立模块，并输入代码。

```
Public Sub 求和()
s = 0: k = 0
For i = 1 To 10
        x = Val(InputBox("输入任意 10 个数", "数据输入"))
If x Mod 2 = 0 Then
s = s + x
Else
k = k + x
End If
Next i
    MsgBox "偶数" & s
    MsgBox "奇数" & k
End Sub
```

步骤 2：运行程序，如图 7.16 所示，通过循环语句，执行输入框函数，输入 10 条数据，如 1、2、3、4、5、6、7、8、9、10。

图 7.16　InputBox 对话框

步骤 3：显示运行结果，如图 7.17 所示。

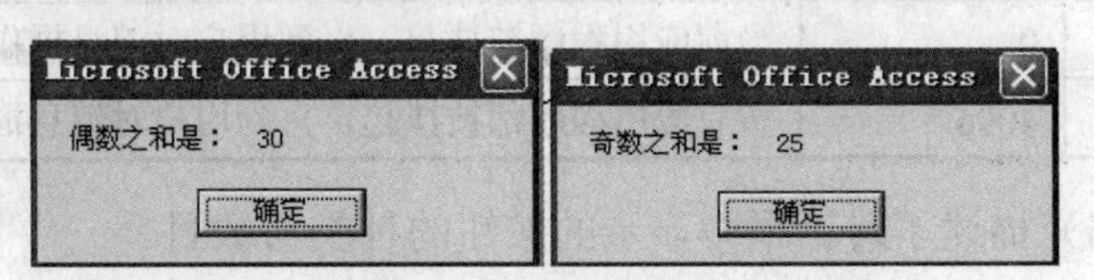

图 7.17　Msgbox 提示框显示的运行结果

二、MsgBox()函数

使用 MsgBox()函数有两个目的。其一是提示作用，其二是可通过用户在对话框上的选择，接收用户所作的响应，返回一个整型值，以决定其后的操作。

格式：MsgBox(msg[,type][,title])

参数说明：

（1）msg：显示提示信息。

例如，M=MsgBox(“时间结束”)的执行结果如图 7.18 所示，单击“确定”按钮后，MsgBox 返回数值 1，并赋与变量 M。

图 7.18　MsgBox 对话框

（2）Type：指定显示按钮的数目及形式、使用的图标样式、默认按钮是什么，以及消息框的强制返回级别等。该参数是一个数值表达式，是各种选择值的总和，默认值为 0。表 7.18 列出了 Type 参数的设置值及其描述。

表 7.18　Type 参数的设置值及其描述

符号常量	值	描述
vbOkOnly	0	只显示“确定”按钮
vbOkCancel	1	显示“确定”及“取消”按钮
vbAbortRetryIgnore	2	显示“终止”、“重试”及“忽略”按钮
vbYesNoCancel	3	显示“是”、“否”及“取消”按钮
vbYesNo	4	显示“是”、“否”按钮
vbRetryCancel	5	显示“重试”及“取消”按钮
vbCritical	16	显示图标
vbQuestion	32	显示图标
vbExclamation	48	显示图标
vbInformation	64	显示图标
vbDefaultButton1	0	第 1 个按钮是默认值
vbDefaultButton2	256	第 2 个按钮是默认值
vbDefaultButton3	512	第 3 个按钮是默认值
vbDefaultButton4	768	第 4 个按钮是默认值
vbApplicationModal	0	当前应用程序被挂起，直到用户对消息框作出响应才继续工作
vbSystemModal	4096	所有应用程序都被挂起，直到用户对消息框作出响应才继续工作

第 1 组值（0～5）描述了对话框中显示的按钮的种类与数目。

第 2 组值（16，32，48，64）描述图标的样式。

第 3 组值（0，256，512，768）指明默认按钮。

第 4 组值（0，4096）等待模式。

Type 参数由上述每组值选取一个数字相加而成。参数表达式既可以用符号常数，也可以用数值，例如：

16=0+16+0 或 vbCritical：显示“确定”按钮，“”图标，默认活动按钮为“确定”。

321=1+64+256 或 vbOkCancel+vbInformation+vbDefaultButton：显示“确定”和“取消”按钮，“”图标，默认活动按钮为“取消”。

（3）Title：用来显示对话框标题。

上述参数中，只有 msg 是必选的，若省略 type 参数则对话框中仅显示一个“确定”命令按钮，且无显示图标，如果省略 title 参数，则以当前工程的名称作为对话框的标题。

MsgBox 函数的返回值是 1～7 的整数，或相应的符号常量，分别与对话框的 7 种命令按钮相对应，对应关系见表 7.19。

表 7.19　MsgBox 函数的返回值

符号常量	值	命令按钮	符号常量	值	命令按钮
vbOk	1	确定	vbIgnore	5	忽略
vbCancel	2	取消	vbYes	6	是
vbAbort	3	终止	vbNo	7	否
vbRetry	4	重试			

三、MsgBox 过程

MsgBox 函数也可写成语句形式。

格式：MsgBox Msg[,type][,title]

说明：各参数的含义及作用与 MsgBox 函数相同。由于 MsgBox 语句没有返回值，因此常被用于简单的信息显示。

例如：执行下列代码后，显示的消息框如图 7.19 所示。

```
Public Sub 消息框()
MsgBox "欢迎进入本系统", 1, "销售系统"
End Sub
```

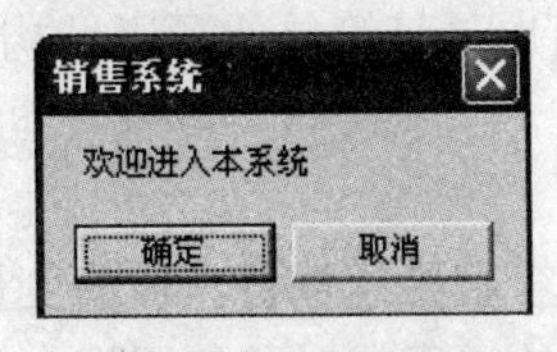

图 7.19　简单消息框

7.4　VBA 的基本控制结构

VBA 程序采用事件驱动调用过程的程序设计方法，但对于具体的过程本身，采用的仍然是结构化程序方法。无论程序的功能多么复杂，都只有 3 种结构：顺序结构、分支结构和循环结构。

7.4.1 顺序控制

一、VBA 程序书写约定

每一种程序设计语言源程序代码的书写都有一定的约定，否则编写的代码计算机就不能识别，产生编译或运行错误。在 VBA 中编写程序要注意以下几点。

（1）VBA 源代码不区分字母的大小写

在代码窗口中，VBA 对用户输入的程序代码进行自动转换，以提高程序的可读性。

VBA 关键字的首字母总被转换成大写，其余字母被转换成小写。若关键字由多个英文单词组成，每个单词的首字母都将被转换成大写。

（2）连写和断行

同一行上可以写多个语句，语句间用冒号“：”分隔；例如：x=1:y=2。

一个语句可分为若干行书写，但须在行后加续行标志（空格加下划线“_”）。

例如：

```
Dim   a1 AS Long,_
A2 As String
```

注意：续行符后面不能加注释，也不能将变量名或属性名分隔在两行上。一般加在运算符的前后或逗号分隔符的后面。

（3）程序的注释

程序的注释的目的，是为了提高程序的可读性。在 VBA 中注释以两种方式实现。即使用 Rem 语句和单引号(’)。

例如：

```
Rem  声明变量
Dim a ,b
A=123                              '对变量 a 赋数值型数据
B="VBA 程序设计"                    '对变量 B 赋字符型数据
```

二、VBA 的基本语句

在一个程序中，最基本的语句是变量的声明和定义语句、赋值语句和执行语句、注释语句和结束语句。

1. 赋值语句

赋值语句是使用最多的语句，也是最简单的顺序结构。通过赋值运算符“＝”对变量或对象的属性赋值。

语句格式：变量 = 值。

语句功能：把赋值号右边的内容赋给运算符左边的变量或属性。

其中“变量”包括变量、数组的元素或对象的属性。“值”可以是表达式、常量、变量或函数返回值，以及带有属性的对象，例如：

```
Dat1 =15                           '把数值常量 15 赋给变量 Dat1
x =x+1                             '把变量 x 的值加上 1 后再赋给 x
S="Welcome"                        '把字符串常量赋给字符串变量
Form1.Caption="销售系统"            '对窗体的标题属性赋值。
```

注意：赋值运算符左边必须是变量或对象的属性，不能是数值、常量和表达式。在赋值时，赋值运算符两边的数据类型要匹配。但数据类型相容时可以赋值，例如，可以把 Single

表达式赋给整型变量。

在 VBA 中，如果变量未被赋值时而直接引用，则数值型变量的值为 0，字符型变量的值为空串“”。

2．End 语句

End 结束一个过程或块。

语句格式为：End

程序运行时，End 语句在程序运行的任何位置关闭代码执行。在执行时，End 语句会重置所有模块级变量和所有模块级静态局部变量。且不调用 Unload 等事件，只是生硬地终止代码执行，并释放程序所占的内存空间。End 语句除用来结束程序外，在不同环境下还有其他一些用途，包括：

```
End Sub                 '结束一个 Sub 过程
End Function            '结束一个 Function 过程
End If                  '结束一个 If 语句块
End Type                '结束记录类型的定义
End Select              '结束情况语句
```

例如：

```
Public Sub End 应用()
Dim p1, p2 As String
p1 = "1234"
p2 = InputBox("请输入密码")
If p1 <> p2 Then
        MsgBox "密码错，程序结束"
        End          '密码错，程序结束
Else
        MsgBox "密码正确，程序继续执行"
End If
End Sub
```

7.4.2　条件语句

VBA 支持三种选择结构，分别是：If...Then... 结构、If... Then... Else... 结构、Select Case 结构。

一、If... Then... 结构

使用该结构可以有条件的执行某些语句，它有两种语法形式：

- 只选择执行一条语句

格式 1：If <条件> Then <语句>

功能：条件成立执行语句(序列)，否则执行下一行语句。

例如：

```
If x>y Then y=x+1
```

- 执行多条语句

格式 2：If <条件> Then

　　<语句序列>

　　End If

例如：

```
If x>y Then
Y=x+1
Debug.print y
End If                '格式 2 要使用 End if 语句
```

注意：执行多条语句也可以写成下列形式：

```
If x > y Then y = x + 1: Debug.Print y
```

二、If... Then... Else... 结构

格式：If <条件>　Then

```
<语句序列 1>
Else
<语句序列 2>
End If
```

功能：根据条件成立与否，从两个分支中选择一个分支执行。

例如：求两个数中最大数的代码段为：

```
If x>y Then
C=x
Else
C=y
End If
```

如果“条件”成立（其值为 True 或非 0 值），则执行“语句序 1”；否则（条件为 False 或条件表达式值为 0），执行“语句序列 2”。

三、If 语句的嵌套

若要判断三种或三种以上的条件，就要使用 If 语句的嵌套来实现。条件语句格式如下：

```
If <条件 1> Then
<语句块 1>
[ElseIf <条件 2> Then
<语句块 2>]
[ElseIf <条件 3> Then
<语句块 3>]
……
[Else
<语句块 n>]
End If
```

嵌套条件语句的功能是：若“条件 1”为 True，执行“语句块 1”；否则若“条件 2”为 True，执行“语句块 2”……若上述条件均不成立，则执行最后一个 Else 后的“语句块 n”。其中“ElseIf”为一个关键字。

条件语句的说明：

（1）条件语句中的“条件”不但可以是逻辑表达式或关系表达式，还可以是数值表达式。在 VBA 中，通常把数值表达式看成是逻辑表达式的特例：非 0 值表示 True，0 值表示 False。

（2）“语句块”中的语句不能与 Then 在同一行上，否则 VBA 认为这是一个单行结构的条件语句。

（3）块结构条件语句，必须以 End If 结束，而单行结构的条件语句不需要 End If。

例 7.4　输入一个年号，判断它是否闰年。

判断闰年的方法是：如果此年号能被 400 整除，则为闰年。如果它能被 4 整除而不能被 100 整除，则它也是闰年；否则它不是闰年。

程序代码如下：

```
Public Sub 条件应用()
Dim year As Integer
Dim Leap As Boolean
    year = Val(InputBox("输入年号："))
If year Mod 400 = 0 Then
Leap = True
ElseIf (year Mod 4 = 0) And Not (year Mod 100 = 0) Then
Leap = True
Else
 Leap = False
End If
If Leap Then
        MsgBox (Str(year) + "年是闰年")
Else
        MsgBox (Str(year) + "年不是闰年")
End If
End Sub
```

在程序运行中，在输入框函数中分别输入 2008，显示闰年，输入 2013，显示不是闰年。

四、Select…Case 语句

在 VBA 中，如果情况较复杂，分支较多，可以使用多路分支结构——Select…Case。其一般格式为：

```
Select Case <测试条件>
    Case <表达式列表 1>
        [<语句块 1>]
    [Case <表达式列表 2>
        [<语句块 2>]]  ……
    [Case Else
        [<语句块 n>]]
End Select
```

情况语句以 Select Case 开头，以 End Select 结束，程序运行时，先判断测试条件的值，如果测试条件匹配某个 Case 子句的表达式列表，则执行该 Case 子句后的语句块。若有多个 Case 子句的表达式列表匹配，则只有第一个匹配后面的语句块会被执行。其他的语句块将不会再执行。当测试条件与所有的 Case 子句中的表达式列表都不匹配，则执行 Case Else 子句后的语句块。

在 Select…Case 语句中的测试条件可以是字符串、数值、变量或者表达式。表达式列表可以是下列几种形式之一：

- 表达式结果：此种格式表达式结果列表中只有一个数值或字符串与测试条件的值进行比较。例如：Case 1 或 Case“ch”等。
- 表达式结果 1 To 表达式结果 2：此种格式提供了一个数值或字符串的取值范围，可以将该范围内的所有取值与测试条件的值进行比较。要求表达式结果 1 的值必须小于

表达式结果 2 的值。例如：Case 1 to 4 或 Case "a" to "d"。

- Is“关系运算符”表达式：“Is”后只能使用各种关系运算符，可以将测试条件的值与关系运算符后的数值或字符串进行关系比较，若检验结果为真，则执行相应语句体部分。否则，与其后的表达式列表进行比较。例如：Case Is <5 或 Case Is>"bc"等。
- 表达式结果 1[，表达式结果 2]…[，表达式结果 n]：此格式提供多个数值或字符串与测试条件的值进行比较，若有一个相等，则执行此表达式结果列表后相应的语句体部分。例如：Case 1,2,3,4 或 Case "a","b","c"。

例 7.5 某物流公司货物运费的折扣规则是：250 公里内没有折扣；250～750 公里，折扣 5%；750～1500 公里，折扣 8%；1500～2500 公里，折扣 10%；2500 公里以上，折扣 15%。编程输入运费单价、运输货物重量和运输距离，计算货物的运费。

程序代码：

```
Dim d1, F1, S As Single
p1 = Val(InputBox("请输入运价"))
w1 = Val(InputBox("请输入货物重量："))
S = Val(InputBox("请输入运输距离:"))
Select Case S
Case Is < 250
F1 = p1 * w1 * (1 - 0)
Case 250 To 750
F1 = p1 * w1 * (1 - 0.05)
Case 750 To 1500
F1 = p1 * w1 * (1 - 0.08)
Case 1500 To 2500
F1 = p1 * w1 * (1 - 0.15)
End Select
MsgBox "重量为：" + Str(w1) + ",距离为：" + Str(S) + "的货物，运费是：" + Str(F1) + "元"
End Sub
```

四、IIf 函数

IIf 函数用于执行简单判断及相应的计算。

格式：IIf(条件, 表达式 1,表达式 2)

功能：当“条件”为真时，返回表达式 1 的值为函数值；而当“条件”为假时，返回表达式 2 的值为函数值。

例如：求 a、b 中的最大值，使用该函数语句较为简单：Max＝IIf(a>b,a,b)，执行后 Max 为 a 和 b 中较大值。又例如：求 a，b，c 三个数中的最大值，其代码为：max1 = IIf(a > b, IIf(a > c, a, c), IIf(b > c, b, c))。

7.4.3 循环结构

所谓循环结构，是指程序运行过程中有条件的对同一个程序段重复执行若干次，被重复执行的部分称为循环体。VBA 支持的循环结构有：For 循环、While 循环和 Do 循环语句结构。每一种循环结构都是由循环的初始状态、循环体、循环变量与条件表达式等四部分构成。

一、For … Next 循环

For … Next 循环是计数型循环语句，常用于循环次数已知的程序结构中，一般格式如下：

```
For <循环变量>=<初值> To <终值> [Step<步长>]
    [<循环体>]
[Exit For]
Next [<循环变量>]
```

功能：For 循环按确定的次数执行循环体，该次数是由循环变量的初值、终值和步长确定的。

说明：

（1）循环变量：是一个数值型变量。用于统计循环次数。循环次数＝Int（终值-初值）/步长+1。

（2）初值：用于设置循环变量的初始取值，为数值型变量或一个数值。

（3）终值：用于设置循环变量的最后取值，控制循环次数。为数值型变量或一个数值。

（4）步长：用于决定循环变量每次增加的数值。即循环变量在变化时的增量。当初值≤终值时，步长应为正数；反之，应为负数。步长为 1 时，可略去不写，步长不应等于 0，否则构成死循环。

（5）循环体：是需重复执行的语句，可以是一条语句或多条语句。

（6）Exit For：在某些情况下，有条件的中途退出循环。

（7）Next：循环终端语句。用于结束一次 For 循环，循环变量增加一个步长值，然后和终值进行比较，决定是否执行下一次循环。在其后面的“循环变量”与 For 语句中的“循环变量”必须相同。

For 循环执行步骤：

（1）将初值赋给循环变量。

（2）判断循环变量是否在初值与终值之间。

（3）若循环变量超过终值范围，则退出循环。否则继续执行循环体。

（4）在执行完循环体后，循环变量增加一个步长值，再返回第二步继续执行。

例 7.6　一只猴子摘了一堆桃子，它每天吃当天桃子数的一半，每次又忍不住多吃了一个，这样到第 10 天时，只有一个桃子可吃了，请计算猴子最初共有多少个桃？（结果为 1534）。

本题采用倒推法计算比较方便。设第 n 天剩下的桃子数为：$p_n =1/2\ p_{n-1}-1$，那么 n-1 天剩下的桃子应为：$p_{n-1} =(p_n+1)*2$。

程序代码如下：

```
Public Sub 桃子()
Dim i As Integer
Dim p As Integer
p = 1
For i = 9 To 1 Step -1
p = (p + 1) * 2
    Debug.Print "第" & i; "天桃子数为：" & p
Next i
End Sub
```

运行结果：

```
第 9 天桃子数为：4
第 8 天桃子数为：10
第 7 天桃子数为：22
```

第 6 天桃子数为：46
第 5 天桃子数为：94
第 4 天桃子数为：190
第 3 天桃子数为：382
第 2 天桃子数为：766
第 1 天桃子数为：1534

二、While … Wend 循环

While 语句又称当循环语句，属条件型循环。根据某一条件进行判断，决定是否执行循环，一般格式如下：

```
While <条件>
    [循环体]
Wend
```

功能：当给定的“条件”为 True 时，执行循环体。

说明：

（1）While 循环语句先对“条件”进行测试，然后才决定是否执行循环。

（2）如果“条件”总是成立，则不停地执行循环体，构成死循环。因此在循环体中应包含有对“条件”的修改操作，使循环能正常结束。

（3）在循环语句之前，要对循环变量赋初值。

（4）对循环次数末知的情况下，使用该循环语句。

例 7.7 显示 100 到 999 的所有水仙花数（水仙花数是指一个三位数各位数字的立方和等于该数字本身，如：$153=1^3+5^3+3^3$，所以 153 是一个水仙花数）。

程序代码如下：

```
Public Sub 水仙花()
Dim n As Integer
Dim b As Integer, c As Integer, d As Integer
n = 100                                  '对循环变量赋初值
While n <= 999
   b = Int(n / 100)                      '求百位上的数字
   c = Int(n / 10) - b * 10              '求十位上的数字
   d = n Mod 10                          '求个位上的数字
   If n = b ^ 3 + c ^ 3 + d ^ 3 Then Debug.Print n
   n = n + 1                             '循环变量加 1
Wend
End Sub
```

运行结果：

```
153
370
371
407
```

三、Do … Loop 循环

Do 循环语句也是根据条件决定循环的语句。其构造形式较灵活：既可以指定循环条件，也能够指定循环终止条件。

格式 1：Do [While | Until<条件>]

```
          [<循环体>]
```

```
        [Exit Do]
    Loop
```

格式 2：Do

```
        [<循环体>]
        [Exit Do]
    Loop [While | Until<条件>]
```

功能：当循环“条件”为真（While 条件）或直到指定的循环结束“条件”为真之前（Until<条件>）重复执行循环体。

说明：

（1）While 是当条件为 True 时执行循环，而 Until 则是在条件为 Flase 时执行循环。

（2）当只有 Do 和 Loop 两个关键字时，其格式简化为：

```
Do
    [<循环体>]
Loop
```

此时，为使循环能正常结束，循环体中应有 Exit Do 语句。

（3）在格式 1 中，While 和 Until 放在循环的开头是先判断条件，再决定是否执行循环体的形式。

（4）在格式 2 中，While 和 Until 放在循环的末尾，是先执行循环体，再判断条件，以决定是重复循环还是终止循环。当条件不成立的情况下，格式 2 比格式 1 多执行一次。

例 7.8　求自然对数 e 的近似值，e=1+1/1!+1/2!+1/3!+…+1/n!，要求 1/n!精确到 0.00001。

程序代码如下：

```
Public Sub 求 e()
e = 1
i = 1
t = 1
Do While t > 0.00001                '由精度控制循环
t = t / i                           '计算 1/n!
e = e + t
i = i + 1
Loop
Debug.Print e, i                    '输出运算结果和循环次数
End Sub
```

运行结果：

```
e=2.71828152557319                  i= 10
```

或改为用 Until 判断条件，程序代码如下：

```
e = 1
i = 1
t = 1
Do Until t < 0.00001                '当条件成立，结束循环
t = t / i
e = e + t
i = i + 1
Loop
```

```
Debug.Print e, i
End Sub
```

在上述 3 种循环语句中，循环体中均可以再包含循环语句，即循环语句是允许嵌套的。但是，循环语句不允许交叉。

例 7.9 多重循环：利用二重循环，打印三角形图案。

```
Public Sub 图案()
For i = 1 To 5                     '外层循环，控制打印行数
    For k = 1 To 10 – i            '内层循环，控制每一行前面的空格数
Debug.Print " ";
Next k
 For j = 1 To (i * 2) – 1          '并列内层循环，控制每一行打印符号个数
 Debug.Print "*";
 Next j
   Debug.Print                     '打印空行（换行）
Next i
End Sub
```

对上面二重循环进行分析，有以下几点要注意：

（1）在多重循环中，层次要清楚，每层循环的功能要明确。

（2）内外层循环的控制变量不能是同一个变量。

（3）外循环变量每循环一次，内循环就要从头到尾执行一遍。

通过上面分析，对下面显示的运行结果就更好理解了。

```
    *
   ***
  *****
 *******
*********
```

7.5 过程调用和参数传递

一个模块中通常包含一个或多个过程，模块功能的实现是通过过程的调用来实现的。在本节中将介绍子过程与函数过程的调用及参数传递。

7.5.1 过程调用

将程序分解成若干个较小的逻辑部件，可以简化程序的设计，称这些部件为过程。使用过程有两大优点：

（1）过程把一个大的程序分成离散的逻辑单元，程序的编写调试较为容易。

（2）一个程序中的过程，只需稍作修改，便可以成为另一个程序的构件。

一、函数过程的调用

函数过程的调用与标准函数的调用相同，它不能作为单独的语句使用，必须作为表达式或表达式中的一部分使用。调用格式如下：

函数过程名（[实参列表]）

说明：“实参列表”是指与形参相对应的需要传递给函数过程的值或变量的引用（地址），当参数多于 1 个时，它们之间与形参一样用逗号隔开。

二、子过程的调用

子过程的调用有两种方式，语句格式分别为：

（1）Call 子过程名[(<实参列表>)]

（2）子过程名[<实参列表>]

说明：

第1种调用方式中，若有实参则须用括号括起来，否则括号可省略。

第2种调用方式中，不论是否有实参，都不用括号。

下面是上述两种调用方式的语句示例：

```
Call Test1(a,b)
Test1 a,b
```

例7.10　利用函数计算下列数学表达式的值：

M!/(m-n)!n!

这是数学中的组合问题。新建一个模块，建立一个求阶乘的函数、一个组合函数并调用求阶乘的函数，由子过程调用组合函数，从而得出计算结果。

程序代码如下：

```
Public Static Function fac(n As Integer)                '求阶乘函数
y = 1
For i = 1 To n
y = y * i
Next i
fac = y                                                 '函数的返回值
End Function

Public Function fact(m As Integer, n As Integer)        '求组合数的函数
Dim s As Double
s = 1 * fac(m) / (fac(m - n) * fac(n))                  '调用求阶乘的函数
fact = s                                                '函数的返回值
End Function

Public Sub  组合()                                      '子过程作为主调过程，调用其他函数
Dim n1 As Integer
Dim m1 As Integer
n1 = Val(InputBox("请输入 n1"))
m1 = Val(InputBox("请输入 m1"))
If (m1 >= 0 And n1 >= 0 And m1 >= n1) Then
MsgBox "运算结果" & fact(m1, n1)                        '调用组合函数，并显示运算结果
End If
End Sub
```

运算结果：

当输入n1＝4，m1＝6时，计算结果为15。

7.5.2　参数传递

在含参数的过程被调用时，一般主调过程和被调过程之间会有参数传递，即主调过程的实参传递给被调过程的形参。

一、形式参数的定义

过程定义时可以设置一个或多个形参（形式参数的简称），多个形参之间用逗号分隔。其中每个形参的一般定义如下：

[ByVal | ByRef] 形参名 [()] [As 类型名]

VBA 允许用两种不同的方式在过程之间传递参数。在子过程或函数过程的定义部分，可以指定参数列表中的变量的传递方式：ByRef（按地址传递）或者 ByVal（按值传递）。

（1）ByRef（按地址传递）

这是 VBA 在过程间传递参数的默认方法。ByRef 是指按地址传递变量，则过程调用时，将相应位置实参的地址传送给形参，参与被调用过程的处理。而被调过程内部对形参的任何操作引起的形参值的变化又会反向引起实参的改变。这是因为形参和实参指向同一个内存单元。所以数据的传递具有双向性。

（2）ByVal（按值传递）

ByVal 关键字表示按值传递参数，则过程调用时，将相应位置实参的值单向传送给形参，参与被调过程的执行，而被调过程内部对形参的任何操作引起的形参值的变化不会引起实参的改变。在这个过程中，对数据的传递只有单向性。

二、调用时的参数传递

含参数的过程被调用时，主调过程中的调用式必须提供相应的实参，并通过实参向形参传递的方式完成操作。关于实参向形参的数据传递要注意以下两点：

（1）实参可以是常量、变量或表达式。

（2）实参与形参的数目、类型以及顺序，都应一致。

如果在过程的定义时形参用 ByVal 声明，说明此参数为传值调用；若形参用 ByRef 声明，说明此参数为传址调用；没有说明传递类型，则默认为传址调用。

例 7.11 创建有参过程 p1()，通过主调过程 p2()被调用，观察参数值的变化。

```
Public Sub p1(ByVal a As Integer, b As Integer, ByRef c As Integer)    '被调过程
   a = a + 1
   b = b + 2
   c = a + b
   Debug.Print "a="; a, "b="; b, "c="; c
End Sub
Public Sub p2()                    '主调过程
Dim y As Integer, z As Integer
x = 1: y = 3: z = 5
Debug.Print "调用前"
Debug.Print "x="; x, "y="; y, "z="; z
Call p1(x, y, z)                   '调用过程 p1
Debug.Print "调用后"
Debug.Print "x="; x, "y="; y, "z="; z
End Sub
```

运行结果：

```
调用前
x= 1          y= 3          z= 5
a= 2          b= 5          c= 7
调用后
x= 1          y= 5          z= 7
```

在 p1()过程中，参数 a 为传值调用，b、c 为传地址调用。所以 p2 调用 p1 后，x 的值没有改变，y、z 的值发生了改变。

7.6　VBA 代码调试与出错处理

几乎所有的程序员都不能保证编写的程序没有错误，一个优秀的程序员，是在不但的纠错中提高自己的能力。所以调试和出错处理是程序设计中一个重要环节。VBA 提供了一套调试工具和错误处理方法。

7.6.1　VBA 程序的错误类型

一、错误类型

VBA 程序运行时，可能产生的错误可以分为三种类型。

（1）编译错误

VBA 在编译代码过程中遇到问题时就会产生编译错误，如代码中的 Do 与 Loop 没有成对出现等。或是设计上违背了 VBA 的相关规则。如类型不匹配等。编译错误也包含语法错误，如标点符号的错误、括号的不匹配和参数传递无效等。

（2）运行错误

运行错误发生在程序运行时，主要因非法运算引起，如被 0 除、打开或关闭并不存在的文档、向不存在的文件写入数据等。

（3）逻辑错误

逻辑错误是指应用程序没有按照设计的思路去执行，得出了无效的结果。例如因循环控制变量设置不当，条件语句中的条件有误等。

二、对错误的处理（设置错误陷阱）

如果程序执行过程中遇到错误，可以通过 On Error 语句设置处置方法。该语句有三种形式。

（1）On Error Goto 标号：

其功能是当错误发生后，转到标号所在位置继续执行指令。

（2）On Error Resume Next：

其功能是当错误发生时忽略错误继续执行下一行语句。

（3）On Error Goto 0：

其功能是当错误发生关闭错误处理，对所有错误不予理采，继续执行后面的语句。

例 7.12　设置错误陷阱示例：建立一个窗体，添加命令按钮，在命令按钮向导中选择“记录操作”，在操作中选择“添加新记录”，标题为：添加记录，如图 7.20 所示。

打开命令按钮的单击事件，生成的代码如下：

```
Private Sub Command0_Click()
On Error GoTo Err_Command0_Click          '转错误处理
  DoCmd.GoToRecord , , acNewRec           '添加记录
Exit_Command0_Click:
Exit Sub
Err_Command0_Click:                       '错误处理
MsgBox Err.Description
```

```
        Resume Exit_Command0_Click
    End Sub
```

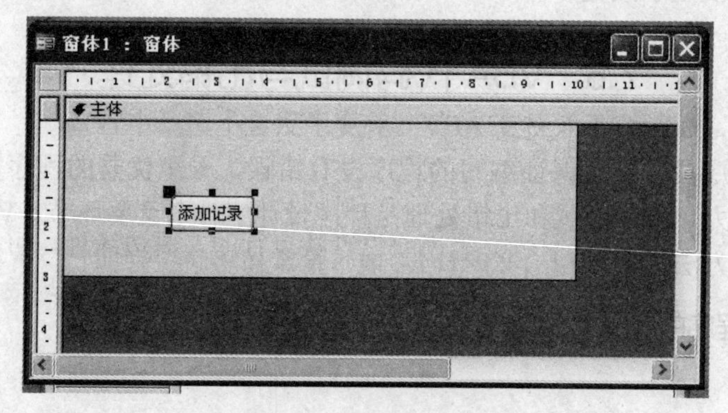

图 7.20　添加记录窗体

7.6.2　调试工具的使用

VBA 提供了相关的调试工具，利用这些工具对程序中的代码进行调试。首先打开代码编辑器窗口。在代码编辑器中，单击“【视图】|【工具栏】|【调试】”，即打开了 VBE 调试工具栏，如图 7.21 所示。其中各个按钮的主要功能如表 7.20 所示。

图 7.21　调试工具栏

表 7.20　调试工具栏各按钮的作用

按钮	名称	作用
	设计模式/退出设计模式	打开或关闭设计模式
	运行子过程/用户窗体	从光标所在位置继续运行程序
	中断	临时中断程序执行，打开调试工具栏进行调试工作
	重新设置	清除执行堆栈及模块级变量并重置工程
	切换断点	在当前的程序行上设置或清除断点
	逐语句	一次一条语句地执行代码
	逐过程	在代码窗口中一次执行一个过程
	跳出	不执行当前执行的过程的其余语句，直接结束过程
	本地窗口	打开本地窗口，其中有三个列表，“表达式”、“值”、“类型”
	立即窗口	打开立即窗口，使用“？”可以显示表达式的值、运行函数、显示程序运行中 Debug.print 语句执行的结果
	监视窗口	程序运行过程中，查看表达式和变量的值

VBA 程序代码调试主要有两大步骤：断点设置和单步跟踪。

1．断点设置

VBA 提供的很多调试工具都是在程序处于挂起（中断）时才能使用，因此可以在程序代码中设置断点，当 Access 运行到包含断点的代码行时，会暂停代码的运行，进入中断模式，也就是使程序处于挂起状态。设置断点的方法主要有三种：

（1）在“代码窗口”中，将光标定位到要设置断点的行，按 F9 键可设置/清除断点。

（2）在“代码窗口”中，用鼠标单击要设置断点行的左侧边缘处，可设置/清除断点。

（3）在 VBE 的代码窗口中，将光标移到要设置断点的行。单击测试工具栏上的“切换断点”按钮。可设置/清除断点。

声明语句和注释语句不能被设置为断点，断点也不能在程序运行中设置。进入中断模式后，设置的断点将加粗和突出显示该行。如果要继续运行程序，可单击调试工具栏的“运行子过程/用户窗体”按钮。

2. 单步跟踪

在程序代码被挂起后，可以逐语句或逐过程地执行断点后的程序代码，以便找出程序中的错误和查看预期结果。

（1）逐语句执行

单步执行过程：单击调试工具栏上的“逐语句”按钮，或按 F8 键，可以一行一行地执行程序中的代码，包括被调用过程中的代码。单击调试工具栏上的“跳出”按钮，或“运行子过程/用户窗体”按钮，则一次执行完该过程中的剩余代码。

（2）逐过程执行

断点设在过程名所在行，单击调试工具栏上的“逐过程”按钮，可以一行一行地执行程序中的代码，但是被调用的过程按整体调用执行。

7.7　事件驱动程序设计

在面向对象程序设计基本概念部分已对常用事件作了介绍。例如用鼠标单击按钮、窗体和报表的打开等，这就是事件的发生。如何去响应这些事件？其一是使用宏对象来设置事件属性；其二是为某个事件编写 VBA 代码，即事件过程或事件驱动程序。例如单击按钮时运行某段程序，单击按钮就是驱动程序运行的事件，被执行的程序就是事件驱运程序。使用事件驱动程序的好处是增加了程序的互动性。

7.7.1　事件程序的基本结构

事件程序必须有两个重要要素：对象和发生在该对象上的事件。所以程序结构如下：

```
(Private) Sub 对象名称_事件名称（自变量）’过程名称由对象名和事件名组成
程序代码
End Sub
```

其中：对象名称_事件名称（自变量）是选取对象和事件后系统自动添加的，用户不能修改。括号中的自变量由系统指定，但有些事件程序没有自变量。如果修改名称后该事件程序将失效。

7.7.2 事件驱动程序举例

例 7.1、例 7.2 就是事件驱动程序，下面再通过例子更进一步说明事件及事件驱动程序。

例 7.13 更新前事件应用。对象中的数据被修改时，当按下键或将焦点从该对象上移开时触发该事件。该事件可以用于检验数据输入的有效性，当输入数据无效时，可将参数设置为 1，此时就无法将焦点从该对象上移开。

步骤 1：建立窗体，在窗体上添加一文本框，名称为 T1。窗体的数据源为：订单明细表，文本框的控件数据为：订单明细表. 数量。

步骤 2：打开文本框属性窗口，单击“事件”选项卡，选择“更新前”，打开事件过程窗口，如图 7.22 所示。

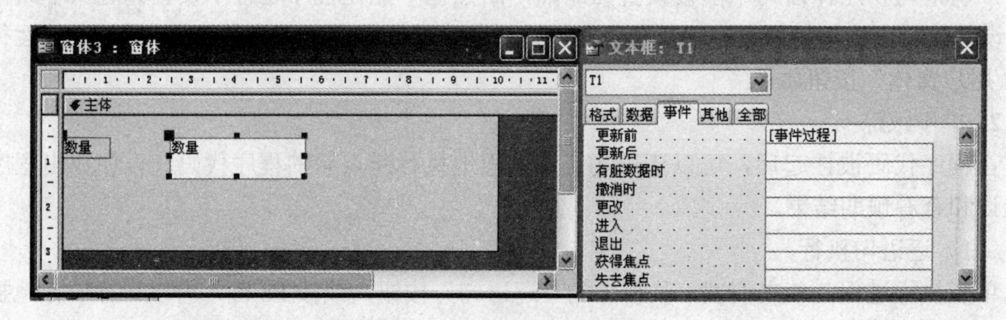

图 7.22 更新前事件窗体

步骤 3：为文本框“事件过程”输入代码：

```
Private Sub T1_BeforeUpdate(Cancel As Integer)
   If Me!T1 = " " Or IsNull(Me!T1) Then              '测试数据是否为空
      MsgBox "数量不能为空", vbCritical, "提示"
         Cancel = 1                                   '取消 BeforeUpdate 事件
   ElseIf IsNumeric(Me!T1) = False Then               '测试数据是否为数值型
      MsgBox "数量为数值型数据", 32, "提示"
 Cancel = 1
   ElseIf Me!T1< 0 Or Me!T1 > 200 Then                '测试数据是否在有效范围内
      MsgBox "数量要在  0～200 之间", 32, "提示"
Cancel = 1
 Else
      MsgBox "输入数据正确", 48, "提示"
End If
End Sub
```

步骤 4：运行及效果如图 7.23、7.24 所示。

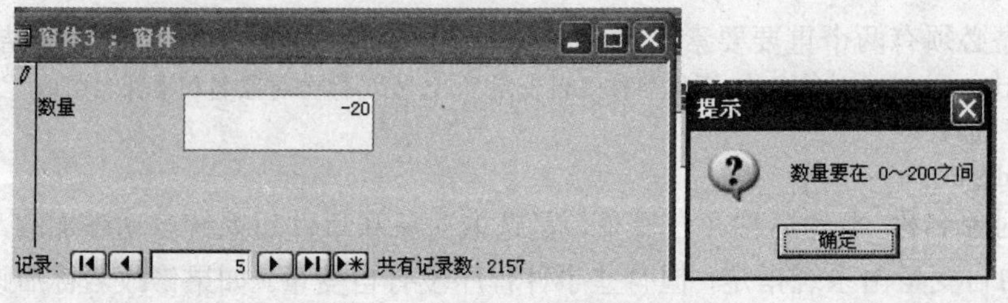

图 7.23 输入有效范围外的数据及提示（1）

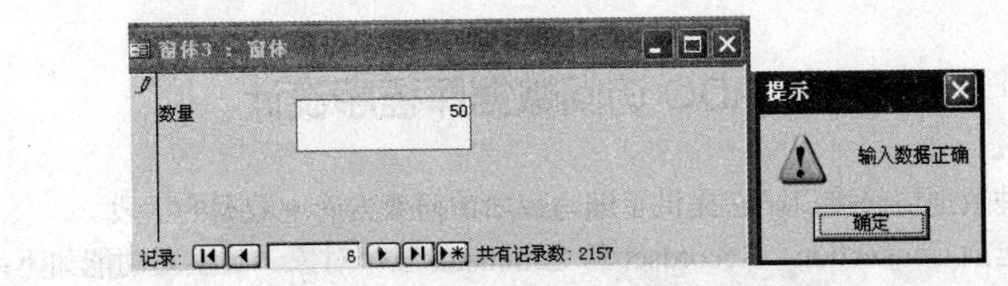

图 7.24　输入有效范围内的数据及提示（2）

例 7.14　设计计算窗体，如图 7.25 所示。分别在文本框中输入数值数据，然后单击计算按钮，则分别在各命令按钮的标题中显示和、差、积和商的值。

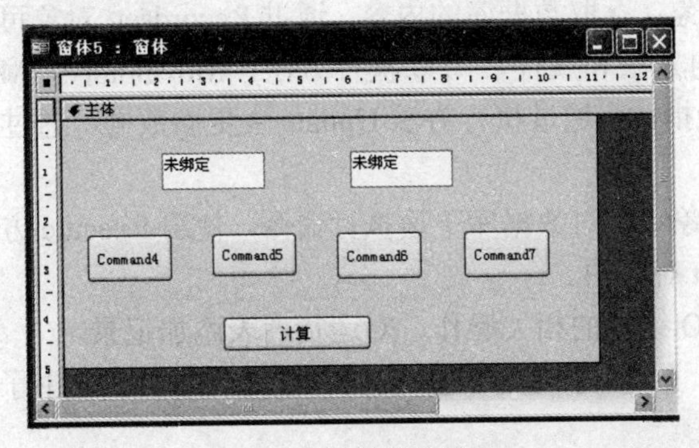

图 7.25　计算窗体界面

步骤 1：建立窗体，添加文本框 T1、T2，用于输入数据。添加命令按钮 C1、C2、C3 和 C4，用于显示计算结果。C5 命令按钮设计事件驱动程序，并添加标题为“计算”。

步骤 2：对标题为“计算”的命令按钮添加事件过程，代码如下：

```
Private Sub C5_Click()
Dim a As Integer, b As Integer
T1.SetFocus
 a = T1.Value
 T2.SetFocus
 b = T2.Value
    C1.Caption = "两数之和＝" & a + b
    C2.Caption = "两数之差＝" & a - b
    C3.Caption = "两数之积＝" & a * b
    C4.Caption = "两数之商＝" & a / b
End Sub
```

步骤 3：单击标题为“计算”的命令按钮，分别在文本框中输入数据 9 和 3。计算结果显示在 C1、C2、C3 和 C4 的标题中，如图 7.26 所示。

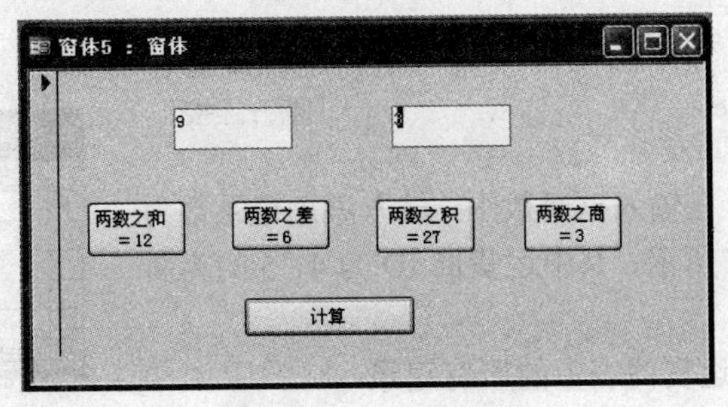

图 7.26　计算结果

7.8 ADO 访问数据库程序设计

ADO 是一种数据访问接口，它提供了编写程序访问数据库中数据的手段。

ADO 主要包括 Connection、Recordset 和 Command 三个对象。其主要功能如下：

（1）Connection 对象：负责打开或连接数据库文件。“连接”就是指记录集（Recordset）与数据库的通信。利用 Connection 对象的方法和属性，可以使用 Open 方法打开一个数据源的连接，使用 Close 方法释放一个数据源的连接。

（2）Recordset 对象：存取数据库的内容。通过 Recordset 对象可以操纵来自数据提供者的数据，利用该对象的方法和属性，可以执行方法：MoveFirst、 MoveLast、MoveNext 和 MovePrevious 移动记录指针，通过执行方法 Update 去更新数据，通过执行方法 AddNew 去添加记录等。

（3）Command 对象：是对数据库下达执行命令，使用 Execute 方法执行查询并将查询结果返回到一个 Recordset 对象中。

例 7.16 利用 ADO 组件的相关操作，对运货商表添加记录。

步骤 1：新建模块，【插入】|【过程】，打开添加过程窗口，选中子程序，并输入子程序名称：“添加记录”。

步骤 2：在代码输入区输入下列代码：

```
Public Sub 添加记录()
Dim CurConn As New ADODB.Connection            '定义连接变量
Dim rst As New ADODB.Recordset                 '定义记录集变量
Dim strConnect As String
strConnect = "D:\罗斯文系统.mdb"                 '确定要打开的数据库
CurConn.Provider = "Microsoft.jet.oledb.4.0"   '设置 ADO 对象属性
CurConn.Open strConnect                        '打开数据库
rst.Open "运货商", CurConn, adOpenDynamic, adLockOptimistic, adCmdTable
                                               '从连接的数据库中获取数据
Dim i As Integer, a As Integer
a = Val(InputBox("输入要添加的记录数"))
For i = 1 To a
    rst.AddNew                                 '在数据库中添加一条空白记录
    rst.Fields("公司名称") = InputBox("输入公司名称")
    rst.Fields("电话") = InputBox("输入公司电话")
    rst.Update                                 '更新记录
Next i
  rst.Close                                    '关闭记录集
  CurConn.Close                                '断开连接
End Sub
```

步骤 3：运行程序，在输入框函数中，输入添加记录数为 2。所添加记录如图 7.27 所示，其中运货商 ID 为 4、5 的为新添加的记录。

运货商 : 表

	运货商ID	公司名称	电话
▶	1	急速快递	(010) 65559831
	2	统一包裹	(010) 65553199
	3	联邦货运	(010) 65559931
	4	海洋公司	075934567
	5	寸金公司	07593532111
*	(自动编号)		

图 7.27 添加记录效果

例 7.17 编程显示运货商表中的所有记录。

步骤 1：新建模块，【插入】|【过程】，打开添加过程窗

口，选中子程序，并输入子程序名称：“显示记录”。

步骤 2：在代码输入区输入下列代码：

```
Public Sub 显示记录()
Dim CurConn As New ADODB.Connection
Dim rst As New ADODB.Recordset
Dim strConnect As String
strConnect = "D:\罗斯文系统.mdb"
CurConn.Provider = "Microsoft.jet.oledb.4.0"
CurConn.Open strConnect
rst.Open "运货商", CurConn, adOpenDynamic, adLockOptimistic, adCmdTable
Do While Not rst.EOF '通过循环输出“运货商”表中的全部记录
    Debug.Print rst.Fields("运货商 ID") & rst.Fields("公司名称") & rst.Fields("电话") + Chr(10) +
Chr(13)
    rst.MoveNext'指向下一条记录
Loop
rst.Close
CurConn.Close
End Sub
```

步骤 3：打开立即窗口，运行结果如图 7.28 所示。

图 7.28　显示记录效果

例 7.18　编程对运货商表中满足条件的记录更新。

步骤 1：新建模块，【插入】|【过程】，打开添加过程窗口，选中子程序，并输入子程序名称：“更新记录”。

步骤 2：在代码输入区输入下列代码：

```
Public Sub 更新记录()
Dim CurConn As New ADODB.Connection
Dim rst As New ADODB.Recordset
Dim strConnect As String
strConnect = "D:\罗斯文系统.mdb"
CurConn.Provider = "Microsoft.jet.oledb.4.0"
CurConn.Open strConnect
rst.Open "运货商", CurConn, adOpenDynamic, adLockOptimistic, adCmdTable
rst.MoveFirst                    '定位到第一条记录
Do While Not rst.EOF
    If rst.Fields("公司名称") = "寸金公司" Then
```

```
            rst.Fields("电话") = "075934568"
        End If
        rst.MoveNext                              '定位到下一条记录
    Loop
    rst.Close
    CurConn.Close
    End Sub
```

步骤 3：运行程序，然后打开“运货商”表，查看寸金公司的电话号码已更改，如图 7.29 所示。

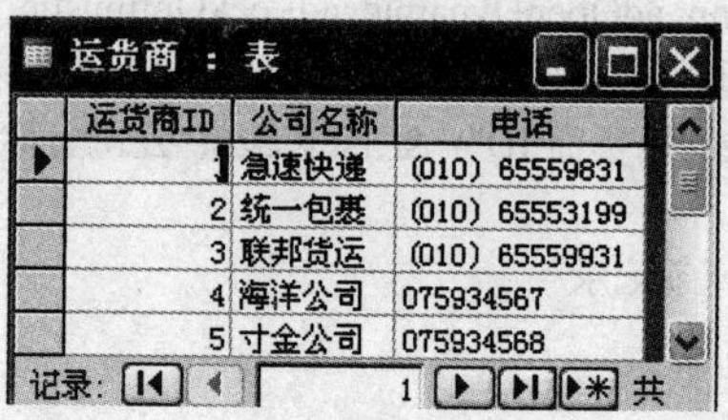

运货商 ：表

运货商ID	公司名称	电话
1	急速快递	(010) 65559831
2	统一包裹	(010) 65553199
3	联邦货运	(010) 65559931
4	海洋公司	075934567
5	寸金公司	075934568

记录：1 共

图 7.29 更改后的记录

本章小结

本章介绍了 VBA 编程的基础知识，VBA 流程控制和模块、Sub 过程或 Function 过程在 Visual Basic 编辑器中编写的操作步骤。同时介绍了面向对象的概念，以及事件驱动程序的设计和利用 ADO 访问数据库的程序设计。根据不同的内容，设计了不同的程序实例，通过实例对内容进行实践与验证，让读者对所述内容有更直接的理解。同时通过具体的实例，给读者一种模仿、启发和参照的模板，并在学习过程中不断分析、不断的编程、不断提高，逐步熟练掌握 VBA 程序设计方法。

习题 7

一、选择题

1．用于获得字符串 Str 从第 2 个字符开始的三个字符的函数是（　　）。

A．Mid(Str,2,3)　　B．Middle(Str,2,3)

C．Right(Str,2,3)　　D．Left(Str,2,3)

2．假定窗体的名称为 Test，则把窗体的标题设置为 Access Test 的语句是（　　）。

A．Me="Access Test"　　B．Me.Caption="Access Test"

C．Me.text="Access Test"　　D．Me.Name="Accsee Test"

3．在计算控件中，每个表达式前都要加上（　　）运算符。

A．"="　　B．"!"　　C．"."　　D．"like"

4．逻辑量在表达式里进行算述运算，True 值被当成（　　）。

A．-1　　B．0　　C．1　　D．2

5．定义了二维数组 A(2 to 6,4)，则该数组的元素个数为（　　）。

A．25　　　　B．36　　　　C．20　　　　D．24

6．“Like”属于（　　）。

A．关系运算符　　　　B．逻辑运算符

C．特殊运算符　　　　D．标准运算符

7．在表达式中引用对象名称时，如果它包含空格或特殊的字符，就必须用（　　）将对象名称包围起来。

A．井号“#”　　　　B．方括号“[]”

C．圆括号“(　　)”　　　　D．双引号 " "

8．表达式 4+5\6*7 / 8 Mod 9 的值是（　　）。

A．4　　　　B．5　　　　C．6　　　　D．7

9．运行下列的程序段：

```
For  s=15  to  3  step  - 2
        S=s-3
Next   s
```

则循环次数为（　　）。

A．1　　　　B．2　　　　C．3　　　　D．5

10．在 VBA 中有返回值的处理过程是（　　）。

A．声明过程　　　　B．Sub 过程

C．控制过程式　　　　D．Function 过程

二、程序设计题

1．创建名称为“窗体 1”的窗体。在窗体上画一个名称为 text1 的文本框，其标签为：机器原价（万元），画一个名称为 text2 的文本框，其标签为折旧率%（如折旧率为 4%，即输入 4）。画一个名称为 Command1、标题为“计算”的命令按钮，然后编写事件过程，使得窗体运行后，能够完成如下任务：在 text1 输入机器的原价后，如果每年的折旧率按 text2 中输入的内容计算，多少年后它的价值不足原机器价值的一半（提示：机器价值为上一年机器价值*(1-折旧率百分比)）。按确定按钮后，用 msgbox 弹出经过的年数结果。

2．创建名称为“窗体 1”的窗体。在窗体上画一个名称为 Command1、标题为“确定”的命令按钮，一个名称为 Label1、标题为“lab”的标签，然后编写事件过程，使得窗体运行后，单击命令按钮，则在标签中显示 1～15 之间能被 3 整除的数的个数。要求：用程序实现求 1～15 之间能被 3 整除的数的个数。

3．编写一个函数过程求解 N!，并要求在主函数中调用，根据输入的 N 求结果。

4．将一个数组中的数据反序重新存放，例如原来的顺序为 1、2、3、4、5，要求改为 5、4、3、2、1。

5．趣味数学题：36 块砖，36 人搬，男搬 4，女搬 3，两个小孩抬一块，要求一次搬完。设计一程序，求解男、女、小孩各需多少人？（要求使用二重循环）

附录 VBA常用函数

1．转换函数

函数	功能	示例	结果
Int(x)	求不大于 x 的最大整数	Int(6.6)	6
		Int(-4.3)	-5
Fix(x)	截尾取整	Fix(-6.6)	-6
Hex$(x)	把十进制转换成十六进制	Hex(100)	"64"
Oct$(x)	把十进制转换成八进制	Oct(100)	"144"
Asc（x$)	返回 x$中第一个字符的 ASCII 码	Asc("ABC")	65
Chr$(x)	把 x 的值转换成 ASCII 码	Chr（64）	"A"
Str$(x)	把 x 的值转换成字符串	Str(11.34)	"11.34"
Val(x)	把字符串 x 转换成数值	Val("11.34")	11.34
CInt(x)	把 x 的值四舍五入取整	CInt(12.54)	13
CCur(x)	把 x 的值四舍五入为货币类型	Ccur(11.54)	11.54
CDbl(x)	把 x 的值转换成双精度数	CDbl(11.54)	11.54
CLng(x)	把 x 的值四舍五入为长整型数	CLng(11.54)	12
CSng(x)	把 x 的值转换成单精度数	CSng(11.54)	11.54
CVar(x)	把 x 的值转换成变体类型值	CVar(11.54)	11.54
CDate	将字符串转化成为日期	CDate("2010/5/5")	2010/5/5

2．数学函数

函数	功能	示例	结果
Sin(x)	返回 x 的正弦值	Sin(0)	0
Cos(x)	返回 x 的余弦值	Cos(0)	0
Tan(x)	返回 x 的正切值	Tan(0)	0
Atn(x)	返回 x 的反正切值	Atn(0)	0
Abs(x)	返回 x 的绝对值	Abs(2.8)	2.8
Sgn(x)	返回 x 的符号：x 为负数时	Sgn(2)	-1
	x 为 0 时	Sgn(0)	0
	x 为正数时	Sgn(3)	1
Sqr(x)	返回 x 的平方根	Sqr(25)	5
Exp(x)	求 e 的 x 次方	Exp(2)	7.389
Rnd[(x)]	产生随机数	Rnd	0～1 之间的数

3．日期和时间

函数	功能	示例	结果
Now	返回系统日期/时间	Now	2010-5-5 10:20
Day(d)	返回当前的日期	Day(Now)	5
WeekDay(d)	返回当前的星期	WeekDay(Now)	3
Month(d)	返回当前的月份	Month(Now)	5
Year(d)	返回当前的年份	Year(Now)	2010
Hour(t)	返回当前的小时	Hour(Now)	10
Minute(t)	返回当前分钟	Minute(Now)	23
Second(t)	返回当前秒	Second(Now)	24
Timer	返回从 0 点开始已过的秒数	Timer	35385.5
Time	返回当前时间	Time	10:23

4．字符串函数

函数	功能	示例	结果
LTrim$(S)	去掉 S 左边的空格	LTrim$("_abc_")	"abc_"
Rtrim$(S)	去掉 S 右边的空格	Rtrim$("_abc_")	"abc_"
Trim$(S)	去掉 S 两边的空格	Trim$("_abc_")	"abc"
Left$(S,n)	取 S 左边 n 个字符	Left$("abc",2)	Ab
Right$(S,n)	取 S 右边 n 个字符	Right$("abc",2)	Bc
Mid$(S,p,n)	从 p 开始取 n 个字符	Mid$("abcde",2,3)	Bcd
Len(S)	字符串 S 的长度	Len("VBA 程序设计")	7
LenB(S)	字符串 S 的字节长度	LenB("VBA 程序设计")	13
String$(n,S)	返回 n 个 S 的首字符	String$(3,"abc")	Aaa
Space$(n,S)	返回 n 个空格	Space$(3)	"_ _ _"
InStr(n,S1,S2,m)	在 S1 中查找 S2	InStr("abcdef","ef")	5
Ucase$(S)	把 S 换成大写	Ucase$("abc")	"ABC"
Lcase$(S)	把 S 换成小写	Lcase$("ABC")	"abc"

参考文献

[1] 谭浩强，Access 及其应用系统开发．北京：清华大学出版社，2002．

[2] 马龙，中文 Access 2000 技巧与实例．北京：中国水利水电出版社，1999．

[3] [美] Perpection 公司，Microsoft Access 2000 即学即会．北京：北京博彦科技发展有限公司译．北京：北京大学出版社，1999．

[4] 廖疆星，张艳钗，肖捷，中文 Access 2002 数据库开发指南，北京：冶金工业出版社，2001．

[5] 李禹生，向云柱等，数据库应用技术——Access 及其应用系统．北京：中国水利水电出版社，2002．

[6] 李昭原，数据库技术新进展．北京：清华大学出版社，1997．

[7] 王珊，萨师煊，数据库系统概论（第四版）．北京：高等教育出版社，2006．

[8] 李雁翎，数据库技术应用——Access．北京：高等教育出版社，2005．

[9] 张迎新，数据库及其应用系统开发．北京：清华大学出版社，2006．

[10] 范国平，陈晓鹏，Access 2002 数据库开发实例导航．北京：人民邮电出版社，2003．